中级电工培训教材

维修电工工艺学

(第二版)

劳动和社会保障部教材办公室组织编写

中国劳动社会保障出版社

图书在版编目（CIP）数据

维修电工工艺学/徐文宪编.—2版.—北京：中国劳动社会保障出版社，2001
中级电工培训教材
ISBN 7-5045-3329-7

Ⅰ．维…
Ⅱ．徐…
Ⅲ．电工-维修-技术培训-教材
Ⅳ．TM07

中国版本图书馆 CIP 数据核字（2001）第 069341 号

中国劳动社会保障出版社出版发行
（北京市惠新东街1号　邮政编码：100029）
出　版　人：张梦欣

*

中国铁道出版社印刷厂印刷装订　新华书店经销
850 毫米×1168 毫米　32 开本　16.75 印张　1 插页　436 千字
2001 年 2 月第 2 版　　2019 年 1 月第 17 次印刷

定价：22.00 元

读者服务部电话：（010）64929211/64921644/84626437
营销部电话：（010）64961894
出版社网址：http://www.class.com.cn

版权专有　　侵权必究

如有印装差错，请与本社联系调换：（010）50948191
我社将与版权执法机关配合，大力打击盗印、销售和使用盗版图书活动，敬请广大读者协助举报，经查实将给予举报者奖励。
举报电话：（010）64954652

内 容 简 介

本书是劳动和社会保障部教材办公室委托广州市职业技术培训中心（原广州市劳动保护宣传教育中心）编写的中级电工培训教材之一。

本书主要内容有：常用电工材料、电气测量、低压电器、变压器、电焊机、交流电动机、直流电机、控制电机、电力拖动、电力拖动的电气控制等。

本书由徐文宪、陆祺泰、梁中坚编写，徐文宪主编；符曦主审。

前 言

　　为配合全面开展的中级培训，提高电工队伍的技术素质，加强电气安全技术管理，我们委托广州市劳动保护宣传教育中心编写了这套中级电工培训教材。

　　这套教材包括电工数学、电工与电子基础、维修电工工艺学、内外线电工工艺学等四种。在这套教材的编写过程中，注意了理论联系实际及内容的科学性、先进性，反映了电工专业的新技术、新工艺、新材料、新设备，同时结合在职培训的特点，力求做到层次分明、重点突出、文字简练、通俗易懂。

　　这套教材可供中级电工考工培训使用，也可作电气专业爱好者和技工学校学生的学习参考书。这套教材对于中小企业及用电面广的地区尤为适用。

　　搞好在职工人的培训是一项长期的战略任务。我们将根据需要，陆续组织编写机械类及其他专业的在职培训教材。欢迎各地在使用这套教材时，提出宝贵意见和建议，使我们把在职培训教材的编写工作做到更好。

劳动部培训司
1989 年 7 月

再 版 说 明

由原广州市劳动保护宣传教育中心（现广州市职业技术培训中心）编写的中级电工培训教材《电工数学》《电工与电子基础》《维修电工工艺学》《内外线电工工艺学》，自第1版出版以来，经过几年在实际教学中的使用，教师和学员对教材的层次分明、重点突出、文字简练、通俗易懂等特点给予了充分的肯定。

随着新技术和新设备的不断增加，特别是我国近年来颁布新的电工标准后，第1版教材的内容需要进行修订。在本套教材第2版的编写过程中，我们继续坚持了注重理论联系实际，在保持科学性和先进性的同时结合在职培训的特点等编写指导思想，对第1版教材中的图形符号和技术标准做了全面的修改，并结合实际，增加了一些新的内容，欢迎各地在使用第2版教材时提出宝贵意见和建议，使这套教材能够更好地适用于实际培训工作。

劳动和社会保障部教材办公室

目 录

第一章 常用电工材料 ……………………………………（1）

§1—1 绝缘材料…………………………………………（1）
§1—2 导电材料…………………………………………（8）
§1—3 磁性材料…………………………………………（15）
§1—4 电热和电阻合金材料……………………………（20）
§1—5 电机用电刷………………………………………（25）
习题………………………………………………………（27）

第二章 电气测量 …………………………………………（29）

§2—1 电工仪表及电气测量的基本知识………………（29）
§2—2 磁电式仪表………………………………………（31）
§2—3 电磁式仪表………………………………………（46）
§2—4 电动式仪表………………………………………（51）
§2—5 感应式仪表………………………………………（59）
§2—6 比率表……………………………………………（62）
§2—7 电桥………………………………………………（72）
§2—8 数字万用表………………………………………（81）
§2—9 电子示波器………………………………………（89）
习题………………………………………………………（99）

第三章 低压电器 …………………………………………（103）

§3—1 概述………………………………………………（103）
§3—2 低压电器的电弧和灭弧方法……………………（107）

§3—3　低压断路器（自动开关）…………………………(109)
§3—4　控制继电器……………………………………………(118)
§3—5　电磁铁…………………………………………………(133)
§3—6　漏电保护开关…………………………………………(147)
§3—7　低压配电屏……………………………………………(152)
§3—8　低压电器的常见故障和维修…………………………(155)
习题……………………………………………………………(159)

第四章　变压器……………………………………………(161)

§4—1　变压器的作用和分类…………………………………(161)
§4—2　变压器的基本结构、铭牌和额定值…………………(163)
§4—3　变压器的工作原理……………………………………(169)
§4—4　变压器的相量图………………………………………(173)
§4—5　变压器的等效电路……………………………………(176)
§4—6　变压器的运行特性……………………………………(178)
§4—7　三相变压器及其联结组………………………………(181)
§4—8　变压器的并联运行……………………………………(192)
§4—9　特殊用途的变压器……………………………………(194)
§4—10　变压器的维护与检修…………………………………(207)
习题……………………………………………………………(216)

第五章　电焊机………………………………………………(218)

§5—1　对弧焊电源的要求……………………………………(218)
§5—2　交流电焊机……………………………………………(219)
§5—3　直流电焊机……………………………………………(221)
§5—4　弧焊整流器……………………………………………(224)
§5—5　电焊机常见故障及处理………………………………(224)
习题……………………………………………………………(226)

第六章　交流电动机 (227)

- §6—1　交流绕组 (227)
- §6—2　交流绕组的磁场 (246)
- §6—3　三相异步电动机 (249)
- §6—4　单相异步电动机 (314)
- §6—5　特殊用途的异步电动机 (349)
- §6—6　同步电动机 (357)
- 习题 (361)

第七章　直流电机 (363)

- §7—1　直流电机的基本结构和原理 (363)
- §7—2　直流电机的铭牌数据 (369)
- §7—3　直流电机的电枢绕组 (373)
- §7—4　直流电机的磁场 (382)
- §7—5　直流电机的基本方程式 (389)
- §7—6　直流电机的换向 (393)
- §7—7　直流发电机 (397)
- §7—8　直流电动机 (403)
- §7—9　直流电机的维护及一般故障的处理 (409)
- §7—10　直流电机的局部修理 (413)
- §7—11　直流电机的重绕计算 (420)
- 习题 (430)

第八章　控制电机 (433)

- §8—1　伺服电动机 (433)
- §8—2　测速发电机 (439)
- §8—3　步进电动机 (442)
- 习题 (448)

第九章 电力拖动 (449)

§9—1 电力拖动的基本知识 (449)
§9—2 三相异步电动机的电力拖动 (455)
§9—3 直流电动机的电力拖动 (459)
§9—4 同步电动机的电力拖动 (468)
习题 (471)

第十章 电力拖动的电气控制 (472)

§10—1 概述 (472)
§10—2 电动机的控制 (476)
§10—3 车床的电气控制 (477)
§10—4 万能铣床的电气控制 (479)
§10—5 平面磨床的电气控制 (481)
§10—6 镗床的电气控制 (484)
§10—7 桥式吊车的电气控制 (487)
§10—8 机床控制线路的分析和维修 (492)
习题 (494)

附表

附表 I 国内外常用电气图形符号对照（新旧对照） (495)
附表 II 电气设备常用基本文字符号（新旧对照） (506)
附表 III S7—10 kV 及以下系列低损耗电力变压器的主要技术数据 (514)
附表 IV SL7—35 kV 及以下统一设计系列低损耗电力变压器的主要技术数据（1982年） (516)
附表 V Y 系列（IP44）电动机技术数据（50 Hz） (520)

第一章 常用电工材料

本章主要介绍绝缘材料、导电材料、磁性材料等三大类常用电工材料以及电气维修中经常使用的电热和电阻合金材料、电刷用材料。

§1—1 绝缘材料

电阻系数大于 $1\times 10^9\ \Omega\cdot cm$ 的材料在电工技术上叫做绝缘材料，其主要作用是隔离带电体或不同电位的导体。

一、绝缘材料的分类

1. 按绝缘材料的物理状态分类

(1) 气体绝缘材料。常用的有空气、氮气、氢气、二氧化碳、六氟化硫等。

(2) 液体绝缘材料。常用的有变压器油、电容器油、电缆油等矿物油，还有硅油、三氯联苯等合成油。

(3) 固体绝缘材料。常用的有绝缘漆、胶和熔敷粉末，纸板、木材等绝缘纤维制品，漆布、漆管和绑扎带等绝缘浸渍纤维制品，云母制品，电工薄膜、复合制品和粘带，电工用层压制品，电工用塑料和橡胶制品等。

固体绝缘材料按其化学性质又可分为以下几类：

(1) 无机绝缘材料。如云母、石棉、大理石、电工瓷器、玻璃等，主要用于电动机和电器的绕组绝缘、开关底座、绝缘子等。

(2) 有机绝缘材料。如虫胶、树脂、橡胶、纸、麻、纱、丝等，主要用于制造绝缘漆和绕组导线的被覆绝缘物。

(3)混合绝缘材料。是上述两种材料经加工合成的成型绝缘材料,用作电器底座、外壳等。

2.按耐热性能分级　电工绝缘材料按其能承受的极限温度划分为七个耐热等级,见表1—1。

3.按绝缘材料的应用和工艺特征分类　具体分类情况见表1—2。

表1—1　　　常用绝缘材料的耐热等级

级别	绝　缘　材　料	极限工作温度(℃)
Y	纸和木材、棉花等天然纤维的纺织品,以醋酸纤维和聚酰胺为基础的纺织品,以及易于热分解和熔化点较低的塑料(脲醛树脂)	90
A	工作于矿物油中的和用油或油树脂复合胶浸过的Y级材料,漆包线、漆布、漆丝的绝缘及油性漆、沥青漆等	105
E	聚酯薄膜和A级材料的复合绝缘材料、玻璃布、油性树脂漆、聚乙烯醇缩醛高强度漆包线、乙酸乙烯耐热漆包线	120
B	聚酯薄膜、经合成树脂粘合或浸渍涂覆的云母、玻璃纤维、石棉等,聚酯漆、聚酯漆包线	130
F	以有机纤维材料补强和布带补强的云母片制品,玻璃丝和石棉,玻璃漆布,以玻璃丝布和石棉纤维为基础的层压制品,以无机材料作补强和石棉带补强的云母粉制品,化学热稳定性较好的聚酯和醇酸类材料,复合硅有机聚酯漆	155
H	无补强或以无机材料为补强的云母制品、加厚的F级材料、复合云母、有机硅云母制品、硅有机漆、硅有机橡胶聚酰亚胺复合玻璃布、复合薄膜、聚酰亚胺漆等	180
C	不采用任何有机粘合剂及浸渍剂的无机物如石英、石棉、云母、玻璃和电瓷材料等	180以上

表1—2　　　绝缘材料按应用和工艺分类

分类代号	分类名称	分类代号	分类名称
1	漆、树脂和胶类	4	压塑料类
2	浸渍纤维制品	5	云母制品类
3	层压制品	6	薄膜、粘带和复合制品

二、绝缘材料的性能

电气设备的运行情况很大程度取决于绝缘材料的电气性能和老化程度。

1. **绝缘材料的电气性能** 绝缘材料在外电场作用下发生的导电、损耗甚至击穿，一般常用绝缘电阻值和击穿电压值来衡量其电气性能。

（1）绝缘电阻。对绝缘材料外加一定的直流电压后，绝缘材料中便流过一个极其微弱的电流，这说明绝缘材料并非是绝对不导电的，而是有一个绝缘电阻存在。

通常所指的绝缘电阻，实际上是体积电阻和表面电阻的并联电阻值。绝缘材料的体积电阻率在 $1\times 10^9 \sim 1\times 10^{21}$ $\Omega\cdot cm$ 之间。绝缘电阻值越高，绝缘材料的绝缘性能越好。绝缘电阻与材料的种类、形状、外界条件等密切有关。

（2）击穿电压。当外施于绝缘材料的电场强度增大到某一极限值时，通过绝缘材料的电流剧增，材料将发生破裂或分解，从而完全丧失绝缘性能，即发生击穿现象。

绝缘材料发生击穿时的电压称为击穿电压，此时的电场强度称为击穿强度，又称为绝缘的耐压强度，单位是 kV/mm。影响绝缘材料击穿强度的除绝缘材料本身的结构和成分外，还有温度、受潮程度、电压的作用时间和交流电压的频率等因素，其中以温度、受潮程度的影响最为显著。

2. **绝缘材料的老化及耐热性能** 绝缘材料在使用过程中，由于各种因素的长期作用，会发生化学和物理变化，导致绝缘材料发脆、出现裂纹，使绝缘性能和机械强度下降，即出现老化现象。引起绝缘材料老化的因素很多，但主要的因素是发热。例如，对 A 级绝缘材料，当温度超过其最高允许温度 6~8℃ 时，则绝缘寿命会减少一半。所以，工作温度过高，就会加速绝缘材料的老化过程。为此，对各类绝缘材料都规定了它们的最高允许使用温度，以延缓绝缘材料的老化过程，见表 1—1 所示绝缘材料的耐热等级和极限工作温度。

目前,在合成绝缘材料时,添加防老化剂是减缓老化过程的常用方法。

三、电工绝缘材料的型号

电工绝缘材料的统一型号一般由四位数字组成。

第一位数字是按绝缘材料的应用和工艺特征分类的代号(见表1—2)。

第二位数字表示同一分类中的不同品种。常用标号表示为:

1. 漆、树脂和胶类　"0"表示浸渍漆,"3"表示瓷漆,"6"表示硅钢片漆。

2. 浸渍纤维制品类　"2"或"4"表示漆布、漆绸,"6"表示半导体漆布,"7"表示漆管。

3. 层压制品类　"0"表示层压纸板,"2"表示层压玻璃布板,"5"表示层压纸管,"6"表示层压玻璃布管,"7"表示纸棒,"8"表示玻璃布管。

4. 压塑料类　"0"表示电木粉填料压塑料,"3"表示玻璃纤维填料压塑料。

5. 云母制品类　"1"表示柔软云母板,"2"表示塑料云母板,"4"表示云母带,"5"表示换向器云母板,"7"表示衬垫云母板,"8"表示云母箔。

6. 薄膜、粘带和复合制品类　"0"表示薄膜,"5"表示薄膜绝缘纸和玻璃漆布复合箔。

第三位数字表示耐热等级。"0"表示 Y 级,"1"表示 A 级,"2"表示 E 级,"3"表示 B 级,"4"表示 F 级,"5"表示 H 级,"6"表示 C 级。

第四位数字表示同一类产品的顺序号,以示配方、成分或性能的差别。

例如,型号1031的绝缘材料,称为丁基酚醛醇酸漆。其型号表示为:

漆 —— 1　　0　　3　　1——丁醇改性酚醛树脂
　　　浸渍漆　　B级绝缘　漆与醇酸树脂复合

四、常用绝缘材料

1. 空气　空气的物理和电气性能稳定,击穿后能迅速恢复,在电力系统中得到广泛应用。空气的电阻率为 1×10^{18} Ω,在标准状态下,电极距离为 1 cm 的均匀电场中,其直流击穿强度为 33 kV/cm。

2. 绝缘油　绝缘油主要包括矿物油和合成油两大类。主要用于变压器、油开关、电容器和电缆等工业产品中,起绝缘、冷却、恒温、浸渍、填充、灭弧和储能的作用。

一般要求绝缘油的电气性能好,闪点高,凝固点低;在氧、高温和高电场作用下性能稳定;无毒,对仪器设备的结构件材料无腐蚀作用。此外还要求其黏度小,且不会随温度的改变而有明显的变化。

绝缘油试验项目和标准见表 1—3。

表 1—3　　绝缘油的试验项目和标准

序号	试验项目	试验标准	
		新油	运行中油
1	5℃时的外观	透明	透明
2	50℃时的黏度(恩格勒)	不大于 1.8	
3	闪点(℃)	不低于 135	与新油比较,不应低于 5℃以上
4	凝固点	户外油开关用: 气温不低于 -10℃的地区,规定为 -25℃ 气温低于 -10℃的地区,规定为 -45℃ 变压器用: 气温不低于 -10℃的地区,规定为 -10℃ 气温低于 -10℃的地区,规定为 -45℃	

续表

序号	试验项目	试验标准	
		新油	运行中油
5	机械混合物	无	无
6	游离炭	无	无
7	灰分（%）	不大于 0.005	不大于 0.01
8	活性硫	无	无
9	酸价（KOH mg/g 油）	不大于 0.05	不大于 0.4
10	钠试验的等级	2	
11	20℃/40℃时的相对密度	不超过 0.895	
12	安定性 （1）氧化后的酸价（KOH mg/g 油） （2）氧化后沉淀物含量（%）	不大于 0.35 0.1	
13	电气绝缘强度（kV） (1)用于 6 kV 及以下的设备 (2)用于 6～35 kV 的设备 (3)用于 35 kV 以上的设备	不低于 25 不低于 30 不低于 40	不低于 20 不低于 25 不低于 35
14	水溶性酸碱	无	无
15	水分	无	无
16	介质损失角正切值（有条件时做）	20℃时不大于 1% 70℃时不大于 4%	20℃时不大于 2% 70℃时不大于 7%

3．绝缘漆　绝缘漆的种类较多，常用的有以下几种：

（1）浸渍漆。浸渍漆主要用于浸渍电动机、电器、仪表的线圈和绝缘零部件，以填充其间隙和微孔，提高电气和机械性能。常用的有 1030 油改性醇酸漆、1032 三聚氰胺醇酸漆及 1010 沥青漆等。

（2）覆盖漆。覆盖漆有瓷漆（含有填料和颜料的漆）和清漆

(不含填料和颜料的漆）两种，是用以涂覆经浸渍处理过的线圈和绝缘零部件，作为绝缘保护层，以防止大气、油类及其他腐蚀性物质的侵蚀和机械损伤。常用的覆盖清漆是1321醇酸晾干漆，常用的覆盖瓷漆是1320和1321醇酸灰瓷漆。

（3）硅钢片漆。硅钢片漆用以涂覆硅钢片表面以降低铁心涡流损耗，增强抗锈及耐腐蚀能力。常用的是1611油性硅钢片漆。

4．浸渍纤维制品　浸渍纤维制品常用的有以下三种：

（1）玻璃纤维漆布（带）。主要用作电动机、电器的衬垫和线圈绝缘。常用的是2432醇酸玻璃漆布（带）。

（2）玻璃漆管。主要用作电动机连接线和引出线的绝缘套管。常用的是2730醇酸玻璃漆管。

（3）绑扎带。主要用于绑扎变压器铁心或电动机转子绕组的端部。常用的是B17玻璃纤维无纬胶带。

5．其他常用的绝缘制品

（1）聚氯乙烯管、带。聚氯乙烯的机械性能好、电气性能稳定、耐酸、耐碱、耐潮、耐电晕，成本低，可做电缆和导线的良好护层和绝缘物。常用的是5101聚氯乙烯管和5301聚氯乙烯带。

（2）丁腈橡胶。具有优良的耐油、耐溶剂性。适用于作充油电缆护套和电动机、电器引接线的绝缘。

（3）电工用薄膜及其复合制品。电工用薄膜是指由合成树脂制成的薄膜，其厚度大致为 $0.006 \sim 0.5$ mm，也可按需要制成更薄或更厚的薄膜。它被用来作为线圈和电线、电缆外皮的绕线绝缘层以及电容器的介质层。

复合制品是在薄膜的一面或两面粘合一层纤维材料（如青壳纸、漆布等）的一种复合材料。其作用是加强薄膜的机械性能、提高抗拉强度和表面平整度。常用的复合制品有聚酯纤维纸与聚酯薄膜合成的复合箔、玻璃漆布与聚酯薄膜合成的复合箔、绝缘纸与聚酯薄膜合成的复合箔等。主要用于中、小型电动机的槽绝缘，电动机、电器线圈的端部绝缘。

(4) 粘带。它是指在常温或在一定温度和压力下能自粘成型的带状材料，适用于电动机、电器线圈的绝缘、包扎固定和电线接头的绝缘包扎等。电工用粘带有薄膜粘带、织物粘带和无底材粘带等三类。

(5) 云母制品。在电动机、电器工业中，需要用云母及其制品作高温绝缘材料，如电动机的整流子、电容器等。

电工绝缘材料常用的是白云母和金云母。白云母具有玻璃光泽，无色透明；而金云母则近于金属和半金属光泽，常见的为金黄色、棕色或浅绿色，透明度稍差。它们都具有良好的电气性能和力学性能，耐高温，化学稳定性和耐电晕性好，并易于剥离加工。白云母的电气性能较金云母好，但金云母柔软性和耐热性能比白云母强。

由于天然云母矿产量低，开采加工的损失率高，且加工效率低，成本高，因此合成云母和粉云母得到迅速发展。当前制造的合成云母主要是氟金云母，而粉云母是利用云母碎料在 750～800℃ 煅烧后制成的。

常用的云母制品有云母带、云母板、云母箔和云母玻璃四种，由云母或粉云母、胶粘剂和补强材料组成。不同的材料组成不同特性的云母制品。胶粘剂主要有沥青漆、醇酸漆、环氧树脂漆、有机硅胶漆等。补强材料主要有云母带纸、电话纸、无碱玻璃布和云母玻璃布等。

§1—2 导电材料

一、几种常用的导电金属的特性和用途

用作导电材料的金属应具有高的导电性和足够的机械强度，不易氧化和腐蚀，容易加工焊接，资源丰富以及价格便宜等特点。常用的良导体有银、铜、铝、铁、钨等，其特性和用途见表1—4。最常使用的导电线材是铜和铝，但在某些特殊场合下，也需用其他金属或合金作为导电材料。如架空线用铝镁硅合金以保证较高的机械强度，电热材料常用镍铬合金或铁铬铝合金以得到较大的电阻系数。熔丝常用铝锡合金，因其熔点低；电光源采用钨丝则因其熔点高。

表 1—4　　几种导电纯金属的特性和用途

名称	符号	抗拉强度 (N/mm^2)	电阻率 (20℃) $(\Omega \cdot mm^2/m)$	电阻温度系数 (1/℃)	主要特性	主要用途
银	Ag	157~176	0.015 9	9.003 8	有最好的导电性和导热性，抗氧化性好，易加工，焊接性好	航空导线，耐高温导线、射频电缆导体和导层，低压开关触点等
铜	Cu	196~216	0.016 9	0.003 93	有好的导电、导热性，良好的耐蚀性和焊接性，易压力加工	各种电线电缆用导体、母线和载流零件等
铝	Al	69~78	0.026 5	0.004 23	有较好的导电、导热性和抗氧化、耐蚀性，相对密度小，易加工	各种电线、电缆用导体、母线、载流元件和电缆护层等
铁	Fe	245~323	0.097 8	0.005	机械强度大，易加工，电阻率比铜大 6~7 倍，交流损耗大，耐蚀性差。价格便宜	输送功率不大的导线，接地装置和钢芯铝线的钢芯
钨	W	980~176	0.054 8	0.004 5	抗拉强度和硬度高，耐磨，熔点高，性脆，高温易氧化，要特殊加工	电光源灯丝、电极，某些开关触点（合金）

铜导线的导电性能、机械强度、焊接性能都比铝导线好。因此，对要求较高的动力线、控制线及电动机、电器线圈，大多采用铜线。在长度与电阻同铜导线一样的情况下铝导线的截面积虽比铜导线大了 1.68 倍，但它的质量仅为铜导线的 0.54 倍。而且铝资源丰富，价格便宜。因此，在许多中、小型电动机，变压器及动力、照明线中已得到广泛使用。

二、电线

电线的品种繁多，常用的有裸导线、绝缘导线、电磁线等。

1. 裸导线 没有绝缘外皮的导线称为裸导线，多用铜、铝、钢制成，按其结构形状可分为圆单线、裸绞线、型线和软接线等。

（1）圆单线。常用作负荷不大的架空线、电动机、变压器绕组用线，但单股铝线机械强度小，一般不允许用作架空线。

（2）裸绞线。用多股圆单线绞合而成，一般用作电力架空线。它的表示法是将股数和线径写在一起，如 7×1.70（或 7/1.70）表示 7 根直径为 1.7 mm 的圆单线绞合在一起。其截面积计算公式为：

$$S = 0.785nd^2$$

式中　n ——绞合线的股数；

　　　d ——每股线的直径，mm。

铜绞线的型号为"TJ"，可作为高低压架空输配电线，但因其价格高且比铝重故一般少用，宜用铝绞线或钢芯铝线。铝绞线的型号为"LJ"，其标称截面积为 16～600 mm²。钢芯铝线的型号为"LGJ"，其标称截面积为 16～400 mm²。

（3）型线。非圆形的裸导线，主要有扁线和母线，常用型线的品种见表 1—5。

（4）软接线。柔软的铜绞线和各种编织线都称为软接线。常用软接线的品种见表 1—6。

2. 绝缘导线 有绝缘外皮的导线称为绝缘导线，其工作电

表 1—5　　　　　　　常用型线的品种

类别	名称	型号	主 要 用 途
扁线	硬扁铜线 软扁铜线 硬扁铝线 软扁铝线	TBY① TBR LBY LBR	适用于电机、电器,安装配电设备及其他电工制品
母线	硬铜母线 软铜母线 硬铝母线 软铝母线	TMY② TMR LMY LMR	适用于电机、电器,安装配电设备及其他电工制品,也可作输配电的汇流排
铜带	硬铜带 软铜带	TDY③ TDR	适用于电机、电器,安装配电设备及其他电工制品

注：① "B" 表示扁形。
　　② "M" 表示母线。
　　③ "D" 表示带状。

表 1—6　　　　　　　常用软接线的品种

名称	型号	主 要 用 途
裸铜电刷线、软裸铜电刷线	TS① TSR	供电动机、电器线路连接电刷用
裸铜软绞线	TRJ②	供移动式电器设备连接线之用
	TRJ—3	供要求较柔软的电气设备连接线之用,如引出线、接地线等
	TRJ—4	供要求特别柔软的电气设备连接线之用,如整流器、晶闸管的引线等
软裸铜编织线	TRZ—1③ TRZ—2	供移动式电气设备及小型电炉连接线之用
软铜编织蓄电池线	QC④	供汽车、拖拉机、电瓶车蓄电池连接线之用

注：① "S" 表示电刷线。
　　② "J" 表示绞线。
　　③ "Z" 表示编织线。
　　④ "QC" 表示汽车、拖拉机蓄电池线。

压一般为 500 V（也有 250 V 的）。线芯的温度一般不能超过 70℃,大多用作动力、照明配电导线。

绝缘导线有橡皮绝缘导线与聚氯乙烯绝缘导线两大类,其型号、用途分别见表 1—7 及表 1—8。

表 1—7　　　　橡皮绝缘线的型号和用途

型号	名称	用途
BX	铜芯棉纱编织橡皮线	用于交流额定电压 500 V 的电路中固定敷设
BLX	铝芯棉纱编织橡皮线	
BXR	多股铜芯橡皮软线	用于交流电压 500 V 连接电气设备移动部分
BBX	铜芯玻璃丝编织橡皮线	用于交流额定电压 500 V 的电路中固定敷设
BBLX	铝芯玻璃丝编织橡皮线	用于交流电压 500 V 连接电气设备移动部分
BXG	铜芯穿管橡皮线	用于交流电压 500 V 电路配电，适于管内敷设
BLXG	铝芯穿管橡皮线	

表 1—8　　　聚氯乙烯绝缘线的型号和主要用途

型号	名称	用途
BV（BLV）	铜（铝）芯塑料线	交流 500 V 以下室内固定敷设
BVV（BLVV）	铜（铝）芯塑料护套线	同 BV，比 BV 绝缘程度更好
BVR	多股铜芯塑料软线	交流 500 V 以下，要求电线比较柔软的场所
BV—1（BLV—1）	室外用铜（铝）芯塑料线	交流 500 V 以下，室外固定敷设
BVV—1（BLVV—1）	室外用铜（铝）芯塑料护套线	交流 500 V 以下，室外固定敷设
BVR—1	室外用铜芯塑料软线	交流 500 V 以下，室外要求电线比较柔软的场所
RVB	塑料平行连接用软线	用于交流额定电压 250 V 及以下的移动式日用电器的连接
RVS	塑料绝缘双绞连接软线	

3. 电磁线　电磁线是一种包有绝缘层的导电金属线，用以绕制电工产品的线圈绕组。目前多采用圆、扁的铜芯线，也有采

用铝芯线的。

电磁线按绝缘层的特点和用途,可分为漆包线、绕包线、无机绝缘导线和特种电磁线等四类,使用最广泛的为漆包线和绕包线。

(1) 漆包线。它是在导线上涂覆绝缘漆后烘干而成,其漆膜光滑、均匀,利于线圈的自动绕制,漆膜较薄能提高空间的利用率。广泛应用于中、小型和微型电工产品中,常用漆包线的特点和用途见表1—9。

表1—9　　　　常用漆包线的特点和用途

名　称	规　格	耐热等级	特点及主要用途
油性漆包圆铜线	Q[①]	A	电气性能较好,漆膜机械强度较差,适用于一般电机、电器绕组
缩醛漆包圆铜线	QQ—1[②]	E	漆膜具有优良的机械强度和良好的电气性能,适用于中、小型高速电动机绕组、油浸变压器线圈及电器仪表线圈
	QQ—2		
缩醛漆包扁铜线	QQB		
缩醛漆包扁铝线	QQLB		
聚酯漆包圆铜线	QZ—1	B	具有优良的电气性能,广泛用于中、小型电动机绕组、干式变压器线圈和电器、仪表线圈
	QZ—2		
聚酯漆包圆铜线	QZL—1		
	QZL—2		
聚酯漆包扁铜线	QZB[③]		
聚酯漆包扁铜线	QZLB		

注:① "Q"表示油性漆。
　　② "QQ"表示缩醛漆,"1"表示漆膜薄,"2"表示漆膜厚。
　　③ "QZ"表示聚酯漆。

(2) 绕包线。用天然纤维丝、玻璃丝、绝缘纸或合成树脂薄膜等紧密地包绕在导线芯上,形成绝缘层。也有在漆包线上绕包绝缘层的。除薄膜绝缘层外,其他的需经胶粘绝缘漆浸渍处理,以提高电气、机械、防潮等性能。它的绝缘层较漆包线厚,能较好地承受过压和过载,一般用于大、中型电工产品中。常用玻璃丝包线的特点和用途见表 1—10。

表 1—10　　常用玻璃丝包线的特点和用途

名　称	型号	耐热等级	特点及主要用途
双玻璃丝包圆铜线	SBEC*	B	力学及电气性能良好，广泛用于电机、电器绕组
双玻璃丝包圆铝线	SBELC		
双玻璃丝包扁铜线	SBECB		
双玻璃丝包扁铝线	SBELCB		
双玻璃丝包聚酯漆包扁铜线	QZSBECB	B	电气及力学性能优良，适用于大型高压电机、特种电动机的绕组和干式变压器线圈
双玻璃丝包聚酯漆包扁铝线	QZSBELCB		

注：＊"SB"表示玻璃丝包线，"E"表示双层的，"C"表示醇酸树脂浸渍的。

三、电力电缆

将单根或多根导线绞合成线芯，裹以相应的绝缘层，再在外面包密封包皮（铅、铝、塑料等）的称之为电缆。电缆种类繁多，按用途分就有电力电缆、通讯电缆、控制电缆等。最常用的电力电缆是输送和分配大功率电力的电缆。

1. 电力电缆的分类

（1）按绝缘材料分。可分为油浸纸绝缘电力电缆、橡皮绝缘电力电缆、聚氯乙烯绝缘电力电缆。

（2）按工作电压分。电力电缆按现行标准额定电压制成 1 kV、3 kV、6 kV、10 kV、20 kV 和 35 kV、60 kV、110 kV、220 kV、330 kV 的电压等级。

（3）按电缆芯数和截面积分。按电缆芯数可分为单芯和多芯（二芯、三芯、四芯）电力电缆。单芯和两芯一般用来输送直流及单相交流电，三芯电缆广泛应用于三相交流电网中，四芯电缆用于三相四线供电系统，其第四芯（又称中性线芯）主要用来通过三相不平衡电流，其截面积仅为其他芯线的 0.4～0.6 倍，二芯及四芯电力电缆使用电压均在 1 kV 以下。

电力电缆截面按一定规格标准制造,规格有:2.5 mm²、4 mm²、6 mm²、10 mm²、16 mm²、25 mm²、35 mm²、50 mm²、70 mm²、95 mm²、120 mm²、150 mm²、185 mm²、240 mm²、300 mm²、400 mm²、625 mm² 和 800 mm² 等。

2．电力电缆的型号和名称　每一个型号表示一种电力电缆的结构,同时也说明了这种电缆的使用场合和特性,其表示法见表 1—11。

表 1—11　电力电缆型号名称的表示方法

绝缘种类代号	导体代号	内护层代号	派生代号	外护层代号
Z—纸绝缘 X—橡皮绝缘 V—塑料绝缘 （聚氯乙烯）	L—铝 T—铜 (有时省略不写)	Q—铅包 L—铝包 H—橡套 V—聚氯乙烯护套 HF—非燃性橡套	P—干绝缘 F—分相铅包 C—滤尘器用	1—纤维被覆 2—钢带铠装 20—裸钢带铠装 3—细钢丝铠装 30—裸细钢丝铠装 5—圆粗钢丝铠装 31—钢丝编织 32—铜丝编织 11—防腐护层 12—钢带铠装有防腐护层 120—裸钢带铠装有防腐护层

例如:$ZLQP_{20}$ 表示铝芯绝缘铅包裸钢带铠装干绝缘电缆。铜芯电缆有时用 T（第二个字母）,也可省略。

§1—3　磁性材料

磁性材料按其特性可分为软磁材料和硬磁材料两大类。

一、软磁材料

软磁材料的主要特点是导磁率高,剩磁弱。它在较弱的外磁场作用下就能产生较强的磁感应强度,而且随着外磁场的增强迅速达到磁饱和状态,但外磁场去掉后,磁性就基本消失。对软磁材料的基本要求是导磁率高、铁耗低。常用的软磁材料有电工硅钢片和电工用纯铁两种。

1. 电工硅钢片　电工硅钢片是电动机、仪表和电讯设备等广泛应用的重要磁性材料，使用量占磁性材料 90% 以上，其分类和用途见表 1—12。

表 1—12　　　　电工硅钢板的分类和用途

分类		合金等级	含硅量（%）	新牌号*／旧牌号	公称厚度（mm）	主要用途
热轧硅钢板	热轧电动机钢板	低硅	≤2.8	DR／D2, D3, D4	0.5	大、中、小型直流电动机，中、小型交流电动机，微特电动机、扼流圈
		高硅	>2.8			
	热轧变压器钢板	高硅	3.1~4.55	DR／D3, D4	0.35	大型交流电动机、电力变压器、互感器、调压器、电抗器、磁放大器
	中磁场	高硅	3.81~4.8	DH41	0.1	间频变压器、音频变流机、电信工业
	弱磁场			DR41	0.2	
	高频率			DG41	0.35	
冷轧钢带	冷轧无取向电工钢带（片）		1.5 2.5 3.0	DW／OD	0.35 0.5 0.65	发电机 电动机
	冷轧取向电工钢带（片）		2.8~3.5	DQ	0.27 0.3 0.35	巨型电机 电力变压器 电信工业

注：* 新牌号表示的意义如下：

　　DR—表示电工用热轧硅钢板；横线以前的数字为铁损值的 100 倍，横线以后的数字为厚度值的 100 倍。G—表示频率 400 Hz 时在强磁场下检验的钢板；不含"G"的牌号是在频率 50 Hz 时在强磁场下检验的钢板。例如：牌号 DR280—35 即为厚 0.35 mm 的热轧硅钢薄板。

　　DW—冷轧无取向电工钢带（片）；DQ—冷轧取向电工钢带（片）；G—高磁感。字母后的数字意义同上。例如：牌号 DW440—35 表示厚度 0.35 mm 无取向冷轧电工钢带。

2. 电工纯铁　电工纯铁是厚度不大于 4 mm 的热轧或冷轧的板材，一般用于直流磁场，其中以电磁纯铁应用得较为普遍，它的牌号、性能和用途见表1—13和1—14。

表1—13　　　　电工纯铁的牌号和性能

牌号	等级	最大磁导率 μ_m (H/m)×10^{-2} 不小于	矫顽力 H_c A/m 不大于	不同场强下的磁通密度（T）				
				B_5	B_{10}	B_{15}	B_{50}	B_{100}
DT3、DT4 DT5、DT6	普级	7.5	96	1.40	1.50	1.62	1.71	1.80
DT3A、DT4A DT5A、DT6A	高级	8.8	72					
DT4E DT6E	特级	11.3	48					
DT4C DT6C	超级	15.1	32					

注：表中 B 的下标数值为磁场强度，单位为A/cm。

表1—14　　　　电工纯铁的用途

种类	牌号	用途
铝镇静纯铁	DT3、DT3A、DT4	不保证磁时效的一般电磁元件
硅铝镇静纯铁	DT5、DT5A	
铝镇静纯铁	DT4A、DT4E、DT4C	在一定时效工艺下保证无时效的电磁元件
硅铝镇静纯铁	DT6、DT6A、DT6E、DT6C	在一定时效工艺下保证无时效，磁性范围较稳定的电磁元件

二、硬磁材料

　　硬磁材料也称永磁材料，是指磁滞回线的形状宽而厚的铁磁材料，主要特点是永磁材料经饱和磁化后，具有较强的剩磁和矫顽力，若去掉所加的外磁场后，仍能在较长时间内保持强的和稳定的磁性。常用永磁材料的品种、牌号及磁性能见表1—15。

表 1—15　常用永磁材料的品种、牌号及磁性能

种类	系列		牌号	磁性能（不小于）			居里点 T_c (°C)	密度 α (kg/m³)
				剩磁 B_r (Wb/m²)	矫顽力 BH_c (kA/m)	最大磁能积 BH (kJ/m³)		
铸造铝镍钴系永磁材料	各向同性	铝镍 10	LN10	0.6(6 000)	36(340)	10(1.2)	760	7.0
		铝镍钴 13	LNG13	0.68(6 800)	48(600)	13(1.6)	810	7.2
	热磁处理各向异性	铝镍钴 32	LNG32	1.20(12 000)	44(550)	32(4.0)		7.4
		铝镍钴钛 32	LNGT32	0.80(8 000)	100(1 250)	32(4.0)	850	7.3
	定向结晶各向异性	铝镍钴 52	LNG52	1.30(13 000)	56(700)	52(6.5)	890	7.4
		铝镍钴钛 72	LNGT72	1.05(10 500)	111(1 400)	72(9.0)	850	6.8
粉末烧结铝镍钴系永磁材料	各向同性	粉末铝镍 8	FLN8	0.50(5 000)	38(480)	8(1.0)	760	7.0
	各向异性	粉末铝镍钴 12	FLNG12	0.65(6 500)	42(525)	12(1.5)	810	7.0
		粉末铝镍钴 28	FLNG28	1.05(10 500)	46(575)	28(3.5)	890	7.0
		粉末铝镍钴钛 36	FLNGT36	0.68(6 800)	136(1 700)	36(4.5)	850	7.0

续表

种类	系列	牌号		磁性能(不小于)			居里点 T_c (°C)	密度 α (kg/m²)
				剩磁 B_r (Wb/m²)	矫顽力 BH_c (kA/m)	最大磁能积 BH(kJ/m³)		
铁氧体永磁材料	各向同性	铁氧体10T	Y10T	0.20(2 000)	128~160 (1 600~2 000)	6.4~9.6 (0.8~1.2)	450	4.0~4.9
	各向异性	铁氧体30	Y30	0.38~0.42 (3 800~4 200)	160~216 (2 000~2 700)	26.3~29.5 (3.3~3.7)	456~460	4.5~5.1
稀土钴永磁材料	各向同性	镨钐钴40T	Y40	0.35~0.45 (3 500~4 500)	199~319 (2 500~4 000)	23.9~39.8 (30~50)	612~724	7.8~8.4
	各向异性	钐钴100	Y100	0.60~0.75 (6 000~7 500)	255~382 (3 200~4 800)	59.7~99.5 (7.5~12.5)	474	7.8~8.4
塑性变形永磁材料	各向同性	铁铬钴15	ZTGG15	0.85(8 500)	44(550)	15(1.9)	570	
	各向异性	铁铬钴40	ZTGG40	1.30(13 000)	45(565)	40(50)	670	7.7

· 19 ·

§1—4 电热和电阻合金材料

一、电热材料

电热材料是用来制造各种发热电阻元件,并通过其电阻将电能转换为热能的一种重要材料。对它的基本要求是:电阻率高、电阻温度系数小、加工成形容易,高温下有足够的机械强度和良好的抗氧化性能等。

常用电热材料及元件的品种、使用温度及特点见表1—16。

表1—16 常用电热材料及元件的品种、使用温度和特点

	品　种	发热体使用温度 (°C) 常用	最高	特　点
材料	镍铬合金 Cr20Ni80	1 000~1 050	1 150	电阻系数较高;加工性能好,可拉成细线;高温强度较好,用后不变脆,适用于移动式设备上;具有奥氏体组织,基本上无磁性
	镍铬合金 Cr15Ni60	900~950	1 050	
	铁铬铝合金 1Cr13Al4	900~950	1 100	抗氧化性能比镍铬好,电阻系数比镍铬高,密度较小,用料省;价格较廉;高温强度低,且用后变脆,适用于各种固定式设备;加工性能稍差;具有铁氧体组织,有磁性
	铁铬铝合金 Cr13Al6Mo2	1 050~1 200	1 300	
	铁铬铝合金 0Cr25Al50	1 050~1 200	1 300	
	铁铬铝合金 0Cr27Al7Mo2	1 200~1 300	1 400	
	高熔点纯金属 铂Pt	1 300~1 400	1 600	除铂可在空气中使用外,其余须在真空、氢及分解氨等保护气氛中使用,以防氧化;电阻系数较低,电阻温度系数较大,须配调压装置,开始加热时,须降低电压,防止电流过大;材料价高;铂在高温下形成挥发性氧化物,影响使用寿命;适用于实验室或特殊电炉
	高熔点纯金属 钼Mo		1 800	
	高熔点纯金属 钽Ta		2 200	
	高熔点纯金属 钨W		2 400	

续表

材料	品 种	发热体使用温度（℃）常用	发热体使用温度（℃）最高	特 点
材料	石墨（C）		3 000	电阻系数较低，须配以大电流低电压变压器；适于在真空或保护气氛中使用
元件	硅碳棒 硅碳管（SiO）	1 250～1 400	1 500	高温强度高，硬而脆；元件间的阻值一致性较差；易老化，电阻随使用时间延长而增大，须配调压装置
元件	硅钼棒（$MoSi_2$）	1 500～1 600	1 700	表面有 SiO_2 保护膜，抗氧化性能好，无老化现象；正向电阻温度系数较大，须配调压设备；开始加热时，须降低电压，防止电流过大；室温下脆而硬，1 350℃开始变软，并有延展性；不宜在 800℃ 以下长期使用，因不能形成较好的保护膜
元件	管状电加热元件	介质温度 550℃以下		结构简单，可直接在液体中加热，热效率较高；机械强度好，可弯成各种形状；拆装便利，使用安全；适用于液体加热槽，易熔金属熔化炉，空气干燥加热器及日用电热器等；必须在规定的加热介质和工作温度下使用

二、电阻合金材料

电阻合金材料具有较大的电阻率，主要用以制造电阻元件。它除了必须具备电热材料的基本要求以外，还要求低电阻温度系数和较高的机械强度。广泛用于电动机、电器、仪器及电子工业中，常用电阻合金材料的品种、性能及用途见表1—17。

表1—17 常用电阻合金材料的品种、性能及用途

类别	名称	主要成分(%)	电阻率20℃($\times 10^{-6}$ $\Omega \cdot m$)	电阻温度系数 α ($\times 10^{-6}/℃$)	电阻温度系数 β ($\times 10^{-6}/℃^2$)	对铜热电动势($\mu V/℃$)	密度(g/cm³)	抗拉温度($\times 10^6$ N/m²)	特点	用途简介
调节元件用	康铜	镍39~41 锰1~2 铜余量	0.48	-40~+40		-45	8.9	392~588	抗氧化性能良好	一般用作启动、分流、调节电阻器和仪表中的可变电阻等
	新康铜	锰10.5~12.5 铝2.5~4.5 铁1.0~1.6 铜余量	0.49	(20~200℃) -40~+40		2	8.0	392~539	抗氧化性能较康铜略差,价较低廉	
	镍铬	铬20~23 镍余量	1.13	≈70		3.5~4	8.4	637~784	焊接性能较好	
	镍铬铁	铬15~18 镍55~61 铁余量	1.15	≈150		<1	8.2	637~784	焊接性能较好	
	铁铬铝	铬12~15 铝3.5~5.5 铁余量	1.25	≈120		3.5~4.5	7.4	588~73	焊接性能较差	

续表

类别	名称		主要成分(%)	电阻率20℃ ($\times 10^{-6}$ Ω·m)	电阻温度系数 α ($\times 10^{-6}$/℃)	β ($\times 10^{-6}$/℃²)	对铜热电动势 (μV/℃)	密度 (g/cm²)	抗拉强度 ($\times 10^6$ N/m²)	特点	用途简介
电工仪器用	通用型锰铜	1级	锰11~13 镍2~3 铜余量	0.47	-3~+5	-0.7~0	<1	8.4	392~539	电阻稳定性高，焊接性能好，抗氧化性能较差	用作仪表中的电阻元件，分流器及电桥、电位差计、标准电阻中的电阻元件等
		2级			-5~+10						
		3级			-10~+20						
精密元件用	硅锰铜		锰8~10 硅1~2 铜余量	0.35	-3~5	0~0.25	<1	8.4	392~539	电阻对温度曲线较平坦，宽温度范围内的阻值误差比通用型锰铜小	
分流器用锰铜	F_1级		锰8~10 硅1~2 铜余量	0.35	-5~+10	-0.25~0	<2	8.7	392~539	电阻对温度曲线较平坦，在宽温度范围内的阻值误差比F_2级小	
	F_2级		锰11~13 镍2~5 铜余量	0.44	0~+40	-0.7~0	<2	8.4	392~53	电阻最高点温度比通用型锰铜高	

续表

类别	名称	主要成分(%)	电阻率 20℃ ($\times 10^{-6}$ Ω·m)	电阻温度系数 α ($\times 10^{-6}$/℃)	电阻温度系数 β ($\times 10^{-6}$/℃²)	对铜热电动势 (μV/℃)	密度 (g/cm²)	抗拉强度 ($\times 10^6$ N/m²)	特点	用途简介
精密电阻元件用高电阻率合金	镍铬铝铁	铬 18~20 铝 1~3 铁 1~3 镍余量	1.33	−20~+20		<2	8.1	784~980	机械强度高，耐磨性好，焊接性能较差	用作仪器仪表中的电阻元件，分流器及电位差计，标准电阻元件等
	镍铬铝铜	铬 18~20 铝 2~4 铜 1~3 铁余量	1.33	−20~20		<2	8.1	784~980	焊接性能比镍铬铝铁略好，机械强度高，耐磨性好	
	镍铬锰硅	铬 17~10 锰 2~4 硅 1~4 镍余量	1.35	−20~20		<2	8.1	784~980	焊接性能比镍铬铜略高，机械强度高，耐磨性好	
	镍铬铝钒	铬 17~19 铝 3~5 钒 3~5 锰镍余量	1.70	−30~30		<5	8.1	≈1 568	焊接性能较差	
	镍锰铬钼	锰 34~37 铬 7~10 钼，镍余量	1.90	−50~50		<7		≈1 568	焊接性能较好	

注：表中所列参数：新康铜合金引自 GB6149—85；康铜、锰铜引自 GB6145—85；镍铬、镍铬铁、铁铬铝引自 GB1234—85。

§1—5 电机用电刷

一、电刷的种类、特性和应用范围

电刷是一种传导电流的滑动接触件，用于电机的换向器或集电环上。电刷在换向器或集电环表面工作时，应能形成适宜的由氧化亚铜、石墨和水分等组成的表面薄膜；电刷对换向器或集电环磨损小，使用寿命长；电功率与机械损耗小，并且在电刷下不产生有危害电机的火花，噪声小。

电刷按其材质不同，可分为三类六种。它的型号、基本特性及应用范围见表1—18。

表1—18 电机用电刷型号、基本特性及应用范围

名称	型号 新	型号 老	基本特性	主要应用范围
电化石墨电刷	D104	DS—4	硬度低，润滑性好，换向性能好	一般用于0.4～200 kW直流电动机，充电用直流发电机、汽轮发电机、绕线式异步电动机和直流电焊机等
	D172 D374	DS—72	润滑性好、摩擦系数低、换向性能好	大型汽轮发电机，水轮发电机、励磁机、换向正常的直流电机
		DS—374	电阻系数高，换向性能好	换向困难的高速直流电动机，牵引电动机等
石墨电刷	S6	SQF—6	质软，硬度低	汽轮发电机，80～230 V直流电动机
金属石墨电刷	J102	TS—2	含铜量高，电阻系数小，允许电流密度大	低电压、大电流直流发电机，绕线式异步电动机等
	J164	TS—64		

常用电刷的技术数据见表1—19。

表 1—19　电动机用电刷的主要技术特性

型号	电阻系数 ($\Omega \cdot mm^2/m$)	一对电刷接触电压降（V）	额定电流密度（A/cm^2）	最大圆周速度（m/s）
D104	11	2.5	12	40
D172	13	2.9	12	70
D374	57	2.8	12	50
S—6	20	2.6	12	70
J102	0.22	0.5	20	20
J164	0.1	0.2	20	20

二、电刷的选用

在日常维修中，正确选用电刷对电机的正常运行有着密切的关系。选用电刷主要考虑以下几个问题：

1. 接触电压降　接触电压降大的电刷适用于高电压、换向困难的直流电机。电压降小的适用于电压低、电流大的直流电机和交流电机的集电环电刷。

2. 电流密度　电刷的电流密度不能超过额定值，否则电刷过热，摩擦系数增大，易引起火花。电刷的接触面积只能按实际面积的80%计算。低电压、大电流的直流电机，宜选用含铜量高的金属石墨电刷。

3. 圆周速度　运行中圆周速度超过最大值时，接触电压降会急剧增加，摩擦系数会急剧下降，使电刷运行不稳定，容易发生火花，磨损量也会增加。

三、使用电刷时应注意的事项

1. 同一台电机应采用同一型号的电刷，以免电流分布不均，引起电刷过热和火花过大等现象。

2. 更换电刷时，应整台电机一次换完，否则也会引起电流分配不均。

3. 电刷在刷盒内应能活动自如，松紧适当。太紧会卡住电刷；太松会使电刷晃动，容易引起火花。

4. 宜采用 00 号玻璃砂纸沿电机转向研磨电刷，使电刷与换向器（或滑环）的接触面积达 80% 左右，对换向器式电机忌用金刚砂纸研磨电刷，以防砂粒嵌入槽内，转动时擦伤刷面。

5. 更换电刷后，应及时调整弹簧压力，使每只电刷的压力基本均匀，以免引起电流分布不均。实际上电刷压力因电机工作条件和电刷型号的不同而有所差异，通常在 $1.47 \times 10^4 \sim 2.45 \times 10^4$ N/m^2 的范围内即可。

【习题】

1. 绝缘材料按其物理状态可分为哪几类？其中固体绝缘材料按其化学性质又可分为哪几类？

2. 绝缘材料按耐热性能可分为哪几级？其最高允许温度各是多少？

3. 用什么来衡量绝缘材料的电气性能？

4. 何谓绝缘材料的"老化"，引起老化的主要原因是什么？如何减缓绝缘材料的老化过程？

5. 用于 6～35 kV 的电气设备中的绝缘油，在运行中能耐受的电气绝缘强度是多少？

6. 绝缘浸渍漆和覆盖漆的主要用途是什么？常用的有哪几种？

7. 常用的浸渍纤维制品有哪几种？

8. 在金属材料中，为什么多选用铜和铝作导电材料？

9. 什么叫做"型线"？扁线有哪几个品种？它们的型号如何表示？

10. 软接线主要用于什么场合？

11. 试述常用的聚氯乙烯绝缘线的型号与用途。

12. 试述常用漆包线的特点和用途。

13. 试述电力电缆的标准电压等级和标准截面积。

14. 试述电力电缆型号、名称的表示方法。
15. 磁性材料分哪几类？它们有何特点？
16. 铁氧体和稀土钴永磁材料的最大磁能积和矫顽力的范围是多少？
17. 试述电热材料的特点及对它的要求。
18. 试述电阻合金材料的用途及特点。
19. 试述电刷的种类和应用范围。
20. 试述选用电刷应注意的问题。

第二章 电气测量

§2—1 电工仪表及电气测量的基本知识

电工仪表可分为两个基本类别：直读式仪表和比较式仪表。直读式仪表可直接指示被测量的大小，如电流表可直接读出被测电流值；比较式仪表则要把被测量与相应的标准量进行比较，经过简单的计算才能得到被测量值，例如用电桥测电阻时，把被测电阻与标准电阻比较，乘以倍率才得到电阻值。

一般来说，比较式仪表的灵敏度和准确度较高，但调整耗时多，造价贵。因而，工业上多采用使用方便和价格便宜的直读式仪表。

一、直读式电表的分类

1. 按被测的电量分类 可分为电流表（安培表、毫安表），电压表（伏特表、毫伏表），功率表（瓦特表、千瓦表），电能表（千瓦小时表），摇表（兆欧表），万用表等。其中，有时还按电流的种类再细分为直流表、交流表和交直流两用表。

2. 按结构和工作原理分类 可分为磁电式仪表、电磁式仪表、电动式仪表和感应式仪表。它们有些只适合测量某一种电量，但有的能适合测量多种物理量。

二、直读式电表准确度分类

准确度是测量的最重要指标。不管电表制造得如何精确，它的读数与被测量的实际数值之间总是存在误差的。这些误差可能是电工仪表本身产生的，例如轴承的摩擦、刻度不精确、弹簧变形等引起的误差,称为基本误差。另外,如环境温度和电工仪表规定使用温度不一致,也会引起误差;由于测量方法或读数视角不同也会引起误差。把诸多因不正常使用引起的误差排除后,在正常条件下测量时的最大基本误差 ΔA 与仪表的最大量程 A_m 之比的百分数称为额定相对误差 K,即

$$K = \frac{\Delta A}{A_m} \times 100\% \qquad (2—1)$$

以额定相对误差作为电工仪表准确度的分类,按我国标准,直读式仪表分为 $K = 0.1$、0.2、0.5、1.0、1.5、2.5、5.0 七级。例如 2.5 级电压表额定相对误差为 2.5%,如果其最大量程为 500 V,则可能产生的最大误差为:

$$\Delta U = \pm 2.5\% \times 500 \text{ V} = \pm 12.5 \text{ V}$$

已出厂的电工仪表,其最大量程及误差等级是确定的,因而其最大误差也随之确定。如果用上述的电压表测量 50 V 的电压,其相对误差为 β,则

$$\beta = \frac{\pm 12.5}{50} \times 100\% = \pm 25\%$$

但用该电压表测量 400 V 电压时,其相对误差 β' 为:

$$\beta' = \frac{\pm 12.5}{400} \times 100\% = \pm 3.1\%$$

由此可见,被测值与满刻度值相差越大,相对误差就越大。一般应尽可能使被测量值处于满量程的 50%~80% 为好。若太接近满量程,虽然误差小,但在接通电表时易打坏表针。

0.1~0.5 级电工仪表常用作精密测量或校正其他低档电表,1.0~1.5 级电工仪表常用作实验室测量,2.5~5.0 级电工仪表常用于工厂企业。

例 2—1 有两个电流表,一个满量程 50 A,1.0 级;另一个 5 A,2.5 级。问用于测量 4 A 电流时,相对误差各为多少?

解:50 A、1.0 级电流表,其最大基本误差为:

$$\Delta A = K \times A_m = 1\% \times 50 \text{ A} = 0.5 \text{ A}$$

用于测 4 A 电流时，其相对误差为：

$$\beta = \frac{0.5}{4} \times 100\% = 12.5\%$$

5 A、2.5 级电流表，其最大基本误差为：

$$\Delta A = 2.5\% \times 5 \text{ A} = 0.125 \text{ A}$$

用它测 4 A 电流时，其相对误差为：

$$\beta' = \frac{0.125}{4} \times 100\% = 3.125\%$$

由此可见，选 5 A、2.5 级电流表测 4 A 电流，其测量结果更准。

三、直读式电表表面上的标记

电表表面（刻度盘）上都有一些标记和符号，用来表明电表的类型、被测量、准确度和使用条件等，见表 2—1。

表 2—1　常用电工仪表表面上的符号和含义

符　号	含　义
～　　—　　≂	交流表；直流表；交直流两用电表
Ⓐ　Ⓥ　MΩ	电流表；电压表；兆欧表
⌒　⌇　▭	磁电式表；电磁式表；电动式表
0.1　0.5　2.5　5	准确度分别为：0.1；0.5；2.5；5
☆ 或 ⚡2kV	仪表绝缘试验电压 2 000 V
↑　→　∠60°	仪表直立放置；仪表水平放置；仪表 60°放置

此外，在电表表面上还可能标有防磁等级和适用温度等。

§2—2　磁电式仪表

各类直读式电表都有一个电磁机构，其作用是通入电流后，在电磁作用下，使可动部分受电磁转矩作用而转动。通入电流越

大,转矩也越大,转矩 T 与电流 I 存在一定函数关系,即
$$T = f(I) \tag{2—2}$$
该函数可能是线性的,也可能是非线性的。不同形式的电工仪表,采用产生电磁转矩的电磁机构不同,其相应的转矩与电流函数关系也有所不同,但总是确定的。

要使仪表可动部分停留在一定的位置,以反映被测量的大小,一般要有一个与偏转角成正比的反作用转矩 T_c 与转动转矩 T 相平衡,即
$$T_c = T \tag{2—3}$$

一、磁电式仪表结构及原理

磁电式仪表又称永磁式仪表,其结构如图 2—1 所示。它由三部分组成:产生转矩的电磁机构;产生反作用转矩的机构;阻尼机构。

1. 产生偏转转矩的电磁机构

电磁机构由铁心磁路和可动线圈组成。包括马蹄形永久磁铁 1、软铁极掌 2 和钢质圆柱形铁心 3 组成。在铝框上绕线圈 4,当线圈经弹簧 5 引入直流电流时,载流导体在永久磁铁磁场作用下,产生与电流 I 成正比的转矩 T,即

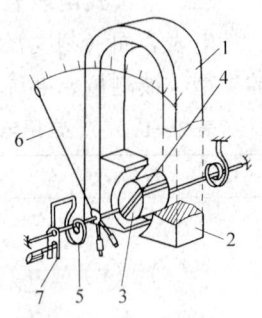

图 2—1 磁电式仪表结构
1—永久磁铁 2—极掌
3—圆柱形铁心 4—线圈
5—螺旋弹簧 6—指针
7—调零螺钉

$$T = K_1 I \tag{2—4}$$

式中 K_1 ——比例系数。

其转动方向按左手定则确定,通常按人们的习惯,以指针顺时针方向转动来确定通入电流的方向,并在电流输入端和输出端分别标记(+)、(-)。若反向通入电流,转动机构带动指针反转,指针被限位钉挡住。若通入交流电,则一时左转,一时右转,机械惯性的影响使指针左右微微颤动或干脆不转,故磁电式

仪表是不能直接测量交流电的,除非把交流电经二极管整流变为直流电后才可测量。

2. 产生反作用转矩的机构　通常,使用螺旋弹簧5实现,弹簧随线圈4偏转而变形,便产生与偏转角 α 成正比的反作用转矩 T_c,即

$$T_c = K_2 \alpha \qquad (2—5)$$

式中　K_2 ——比例系数。

当 $T_c = T$ 时,指针6不再转动,此时偏转角 α 为:

$$\alpha = \frac{K_1}{K_2} I = KI \qquad (2—6)$$

显然,偏转角 α 和电流 I 成正比,所以磁电式仪表表面标尺的刻度是均匀的。

3. 阻尼机构　当线圈的转动转矩与弹簧的反作用转矩达到平衡时,由于机械惯性,指针会在平衡位置上左右摆动,而阻尼机构的存在,可使摆动迅速停止,方便快速读数。阻尼机构是一个铝框(兼作线圈骨架),当铝框在磁场中转动时,产生感应电流,该电流又与磁场相互作用产生一个与转动方向相反的阻尼转矩,当线圈及铝框不转动时,感应电流及其产生的转矩随之消失,故只对指针转动有阻尼作用。

磁电式仪表优点是:标度均匀;由于永久磁铁磁场强,即使很小的电流也可产生足够的转矩,故灵敏度和精确度高,可制成0.1、0.2级仪表。缺点是:电流须由弹簧引入,过大的电流会引起弹簧过热变形,因而过载能力差;同时价格较贵,只能测直流电量。

磁电式仪表我国国家代号是 C,例如 C4-A,表示磁电式安培表;C59-mV,表示磁电式毫伏表。

二、直流电流的测量

测量电流时应把电流表按正确极性串入电路中,为使电路电流的真值不因串入电流表而改变,因而要求电流表的内阻尽可能小,否则会引起误差。例如 1 mA 表头内阻有 150 Ω。若 1.5 kΩ

电阻接入1.5 V电池上,其电流真值是1 mA。测电流时串入150 Ω表头,则测得的电流为0.91 mA。

磁电式电流表由于电流是由弹簧引入的,一般弹簧只容许通过毫安级电流,故测量机构的线圈也用通过毫安级的细导线绕制,称为毫安表头(用更细导线绕制可制成微安表头)。导线越细电阻越大。

由于磁电式仪表表头允许通过的电流很小(毫安级以下),故测量大电流时,通常在表头两端并联一个分流电阻 R_A,如图2—2所示,这样通过表头的电流 I_0 仅是被测电流 I 的一部分。设表头内阻为 R_0,分流电阻为 R_A,则有:

$$I_0 R_0 = (I - I_0) R_A$$

即
$$R_A = I_0 R_0/(I - I_0) = R_0/(I/I_0 - 1) \qquad (2\text{—}7)$$

可见,需扩大的量程越大,则分流电阻应越小。

若一个磁电式电流表配有几个不同阻值的分流电阻,便可做成多量程的电流表。图2—3所示为 C_{19}-mA 型 25 mA、50 mA 双量程电流表的内部接线图。

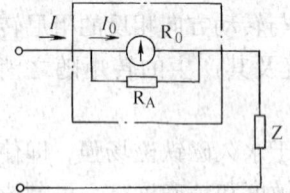 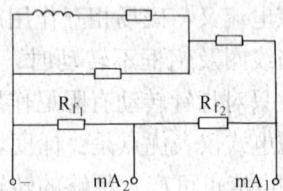

图2—2 电流表扩大量程 　　图2—3 C_{19}-mA 型电流表内部接线图

例 2—2 磁电式仪表表头内阻 $R_0 = 150\ \Omega$,满标值为1 mA。若要使其测满量程为1 A和10 A时,分流电阻各为多少?

解:满量程为1 A时,
$$R_A = R_0/(I/I_0 - 1) = 150/(1/10^{-3} - 1) = 0.15\ \Omega$$

满量程为10 A时,
$$R'_A = 150/(10/10^{-3} - 1) = 0.015\ \Omega$$

注意:电流表并入分流电阻扩大量程后,内阻减小了,但测量时误差并无改善。例如 1.5 Ω 电阻接入 1.5 V 电池上，电流真值为 1 A，串入 1 A 电流表（内阻为分流电阻 0.15 Ω）后，实测得的电流为 0.91 A。

分流器用电阻温度系数小的锰铜制成。小量程的电流表，分流器装在电流表内部。当电流较大时，分流器则装在电流表外部，称为外附分流器，其形状如图 2—4 所示。它有两对接线端，靠外侧的一对接线端 1 与被测电路串联，称为电流端。内侧一对接线端 2 与表头相并联，称电位端。若连接错误，则会把接线的接触电阻串入分流电阻中，由于两者的阻值相近，故会带来较大的误差。

电流表使用时应与负载串联，若接线时不慎与负载并联的话，由于电流表内阻很小，相当于把负载短路，很大的短路电流必定会烧坏电流表。

三、直流电压的测量

内阻 R_0 为 150 Ω 的 1 mA 磁电式表头，若用来测量电压时，最大量程为 150 mV。电压超过时，电流过大便会烧坏表头。

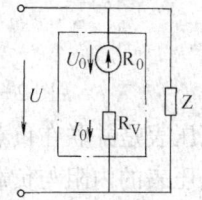

图 2—4 分流器　　　　图 2—5 电压表扩大量程

为了扩大电压测量范围，采用附加电阻 R_V（又称倍压器）与表头串联，如图 2—5 所示。由图可得：

$$U = I_0 (R_0 + R_V)$$
$$U_0 = I_0 R_0$$

整理二式后可得：

$$\frac{U}{U_0} = \frac{R_0 + R_V}{R_0}$$

或

$$R_V = R_0 (U/U_0 - 1) \qquad (2\text{—}8)$$

由式（2—8）可见，所需扩大量程的倍率（U/U_0）越大，倍压器阻值 R_V 便越大。

例 2—3 内阻 R_0 为 500 Ω、量程为 10 V 的表头，欲扩大测量范围为 100 V、300 V 和 600 V，问各需串联多大的附加电阻 R_V？

解：满量程 100 V 时，
$$R_V = R_0(U/U_0 - 1) = 500\ \Omega(100/10 - 1) = 4.5\ \text{k}\Omega$$

满量程为 300 V 时，
$$R'_V = 500\ \Omega(300/10 - 1) = 14.5\ \text{k}\Omega$$

满量程为 600 V 时，
$$R''_V = 500\ \Omega(600/10 - 1) = 29.5\ \text{k}\Omega$$

连接电路如图 2—6 所示。图中，$R_1 = R_V = 4.5\ \text{k}\Omega$；$R_2 = R'_V - R_V = 10\ \text{k}\Omega$；$R_3 = R''_V - R'_V = 15\ \text{k}\Omega$。

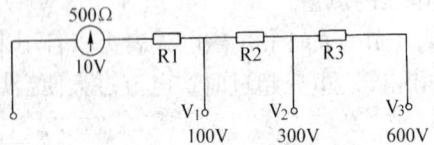

图 2—6　三量程电压表接线图

电压表是并联在负载两端来测量电压的，当电源有内阻时，由于电压表的内阻与负载并联，因而改变了被测电压的真值，为了减小误差，电压表的内阻越大越好。表征电压表的重要指标是每伏内阻欧姆数值。例 2—3 中电压表，各种量程均是（50 Ω/V），是相当差的电压表，因为用的是 10 V/500 Ω = 200 mA 的表头来做电压表，表头的灵敏度太低。若用内阻为 1.52 kΩ、100 μA 的表头做电压表，则可达 10 kΩ/V 的指标。较好的电压表为 20 kΩ/V，其测量误差小。

磁电式电工仪表常见故障及排除方法见表 2—2。

四、万用表

万用表又称多用表、万能表，可测电压、电流、电阻等。采

表 2—2　　磁电式仪表常见故障与排除方法

序号	故障性质	故障原因	排除方法
1	电路通,但仪表无指示	(1) 分流电阻完好,而可动线圈内部有断路处 (2) 游丝变形与支架相碰,无电流通过可动线圈 (3) 可动线圈与分流电阻连接处开路,电流只通过分流电阻	(1) 检查可动线圈,有断路处重绕可动线圈 (2) 更换游丝 (3) 找出开路点、焊好
2	电路通,但仪表指示很小	(1) 分流电阻完好而可动线圈有短路现象 (2) 分流电阻数值变小,使可动线圈流过的电流减小 (3) 游丝焊片与支架相碰,电流被分流	(1) 检查可动线圈,有问题时重绕可动线圈 (2) 更换分流电阻 (3) 将游丝整理好
3	电路不通	(1) 测量线路断线或开焊 (2) 游丝或张丝脱焊,或过载时烧断 (3) 可动线圈内部断线 (4) 附加电阻断线 (5) 仪表严重受振,电阻支架断裂使焊接处断开	(1) 重新焊好 (2) 焊好,更换游丝(张丝) (3) 重绕可动线圈 (4) 焊好,或重换附加电阻 (5) 处理好支架,焊好
4	仪表有指示,但不稳定	(1) 开关磨损或有脏物,接触不良 (2) 线路焊点氧化,接触不良 (3) 线路有短路或击穿,使其接触时好时坏	(1) 处理开关,涂以中性凡士林 (2) 清理焊点,焊牢 (3) 更换故障零件
5	可动部分呆滞,有卡针现象	(1) 磁气隙中有铁屑或纤维物,可动线圈转动受阻 (2) 刻度盘上附有纤维物	(1) 用硬纸片拨出异物 (2) 用吸耳球吹去纤维物或用镊子夹除

续表

序号	故障性质	故障原因	排除方法
5	可动部分呆滞，有卡针现象	(3) 可动线圈变形或装配不当碰铁心 (4) 轴承移位，可动线圈与极掌相碰 (5) 上游丝支片与指针相碰 (6) 轴承太紧，转动不灵活 (7) 张丝疲劳，使可动线圈下沉碰住固定部分	(3) 处理可动线圈 (4) 移动轴承连接片，找正中心并固牢 (5) 调整指针高度 (6) 调整间隙 (7) 更换张丝
6	仪表误差大	(1) 电阻元件阻值变化 (2) 可动部分平衡严重破坏 (3) 仪表读数出现较大的负误差，是因永久磁铁失磁	(1) 找出故障元件，重新调整或更换 (2) 重新调整平衡 (3) 给磁铁充磁
7	仪表零位变化，回零不好及变差大	(1) 轴尖与轴承间隙太松或过紧，可动部分转动不灵活 (2) 轴尖使用日久，磨损变秃 (3) 轴尖生锈，粘有脏物 (4) 轴承凹面磨损、有脏物或有伤痕 (5) 轴承螺钉松动 (6) 张丝弹性失效，回零不好 (7) 游丝偏离中心与周围零件相碰 (8) 磁气隙中有游动性纤维物，影响可动线圈正常偏转 (9) 仪表过载，游丝受热引起弹性减弱	(1) 调整间隙 (2) 更换轴尖 (3) 汽油清洗、抛光 (4) 更换新轴承 (5) 紧固螺钉 (6) 更换张丝 (7) 调整中心位置 (8) 仔细检查，清除异物 (9) 更换游丝
8	玻璃针断	受过载冲击	重新安装指针

用磁电式表头，当测量交流电量时，由转换开关把表内的二极管接入，把交流整流成直流后再测量。各种电量的测量均有多个量程的选择（由转换开关选择）。

1. 直流电流挡　万用表直流电流挡实质上是一个多量程的直流电流表线路，它是通过与表头并联不同阻值的电阻来进行分流，从而实现多量程测量。各分流电阻组成闭路式分流器。

2. 直流电压挡　万用表是利用表头串联多个不同阻值的降压电阻（附加电阻），来实现多量程电压的测量，用选择开关选择测量量程。

3. 交流电压挡　通过一个二极管把交流电压半波整流，并用电容滤波成直流电压，然后测量直流电压。图 2—7 所示为 MF30 型万用表交流电压测量电路。图中，二极管 V1 把正半波整流，V2 把负半波整流。转换开关 S_{a-b} 如放置在 10 V 挡时，正半波电流的路径为：（+）→45.3 kΩ→V1→2.29 kΩ→1 kΩ→P→（−），与表头 P 并联的两个 2CK 型二极管作限幅保护，与表头并联的两个电容作滤波用。3.11 kΩ 电阻是分流电阻。负半波电流的路径为：（−）→V2→45.3 kΩ→（+），它不流过表头。

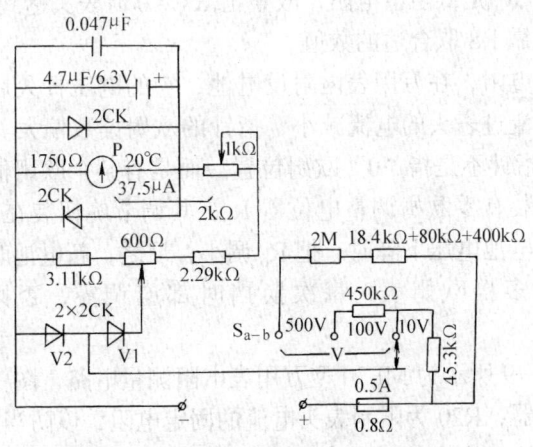

图 2—7　MF30 型万用表交流电压测量电路

4.电阻挡　电阻测量原理如图2—8所示。R_X 是被测电阻，R_A 是表头和分流器的总等值电阻，R8是定值限流电阻，R_b 是调零电位器，E 是万用表内装的干电池。根据欧姆定律：

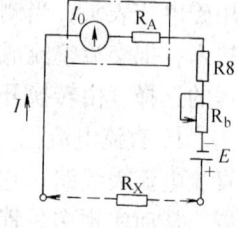

图2—8　测量电阻的原理电路图

$$I = E/(R_A + R_8 + R_b + R_X) \quad (2—9)$$

磁电式表头指针的偏转角与被测电流 I 成正比，而电流 I 又与被测电阻 R_X 的大小有关，因此，指针的偏转角可表示被测电阻 R_X 的大小。但该关系不是正比关系，故欧姆标度尺刻度不是均匀的。

当被测电阻 R_X 未接入时，$R_X = \infty$，即输入端开路，表头电流为0，指针不偏转，此时指针指向刻度左端"∞"处，称为机械零位。

当 $R_X = 0$，即输入端短路，应使流过表头的电流刚好等于表头满偏转时的电流，此时指针应指向右端"0"欧姆位置。由此可见，欧姆表的标度尺是反向的，即指针转角越大，被测欧姆值越小。$R_X = 0$ 时，图2—8所示电路只有 R_A、R_b 和 R8 串联，其中 R_A、R_b 是低阻值电阻，故整定 $R_X = 0$ 时表头达到满偏转电流，主要靠 R8 取合适的数值。

为测电阻，在万用表内附设电池，它的电压日久后会下降，结果会使流过表头的电流减小，指针的欧姆读数偏大。即测 $R_X = 0$ 时，指针不是指"0"欧姆位置，而是有某个欧姆值。为此，万用表内装有零欧姆调整电位器 R_b，其调节旋钮装在万用表面板上。当电池电压下降时，把 R_b 调小；反之，新电池时把 R_b 调大。对于多挡欧姆表，每次换挡时都应调零，否则测量不准确。

图2—9所示为 MF30 型万用表电阻测量电路，图中，R9 为调零电位器，R20 为限制表头电流的固定电阻，以防当被测电阻为零时，流过表头的电流超过满偏电流而损坏表头。

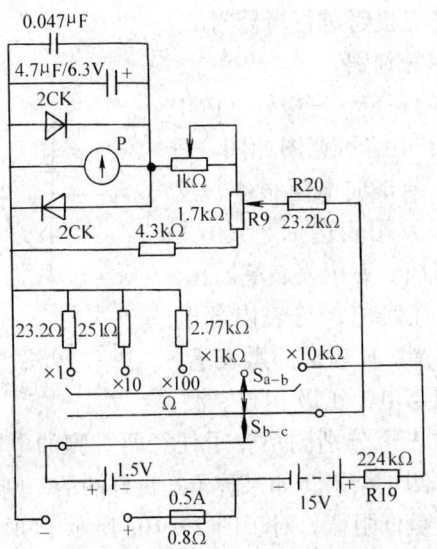

图 2—9 MF30 型万用表电阻测量电路

该仪表共五挡,通过转换开关的可动触片 S_{a-b} 和 S_{b-c} 切换。在 ×1、×10、×100、×1k 四挡中,S_{a-b} 和 S_{b-c} 同时工作,使用 1.5 V 电池,用改变分流电阻的方法实现改变量程;在 ×10k 挡时,只有 S_{a-b} 工作,使用另外一个 15 V 电池,同时串入一个 224 kΩ 的电阻 R19,R20 和 R19 串联后将表头的最大电流限制在满偏值。

欧姆挡的正确使用方法:

(1) 禁止在被测电阻带电的情况下进行电阻测量,否则,将导致损坏表头。

(2) 禁止用欧姆挡对微安表头、检流计等的内阻进行测量,否则将导致损坏被测对象。

(3) 每次换挡时都应调零。

(4) 测高阻值电阻时,应避免双手捏住电阻两端,以免人体电阻与高阻值电阻并联。

5. 晶体三极管的简易测试　在业余条件下,用万用表的欧姆挡可对晶体三极管进行简易测试。

（1）管脚的判别。

1）基极的判定。三极管（PNP和NPN）的PN结示意图如图2—10所示。PN结正向电阻很小，反向电阻很大。万用表选R×100或R×1k的欧姆挡。万用表表笔插孔，（+）端常插红表笔，与表内部电池负极相连，（-）端常插黑表笔，将表头及电阻与电池正极相连。测

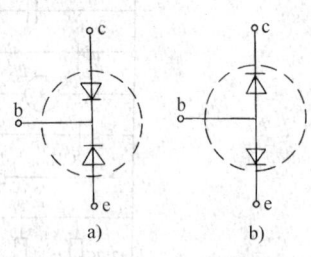

图2—10 三极管PN结安装图
a) PNP型管 b) NPN型管

量方法是用两表笔分别测量管子任意两管脚的电阻，将表笔对调，共有六次测量结果，如果管子是良好的话，则必定有而且仅有二次测量值是低阻值，对于图2-10a所示PNP型管，则红表笔所接的管脚是基极b；对于图2-10b所示NPN型管，则黑表笔所接的管脚是基极b。并且可判定是哪一类型的三极管。如果六次测量结果有多于两次或小于两次低阻值，则被测管一定是坏管。

2）集电极的判定。以NPN晶体三极管为例，判定基极以后，以两表笔分别接其余两管脚，准备一个100 kΩ电阻，接在黑表笔与基极之间，读电阻数；再把两管脚对调，又读电阻数；取两组读数中低电阻数时的测量状态，黑表笔所接的为集电极c，红表笔所接的为发射极e。其接线原理电路图如图2—11所示。

如果没有100 kΩ电阻，可用手指捏住基极和黑表笔所接的管脚，用人体电阻（约100 kΩ）代替。但注意切勿把这两个脚碰触，使人体电阻被短路。

（2）晶体三极管性能的粗略估测（以NPN管为例）。

1）穿透电流I_{CEO}。基极悬空时，集电极流向发射极的电流称为穿透电流，可通过测量其电阻来估算。用电阻挡黑表笔接集电极，红表笔接发射极，读出电阻数越大，说明穿透电流越小，三极管性能越稳定。一般此电阻值，硅管比锗管大,高频管比低频管大,小功率

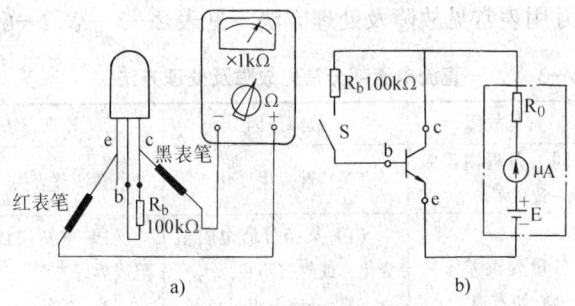

图 2—11 用万用表判别三极管集电极
a) 接线图 b) 原理电路图

管比大功率管大。以小功率锗管为例，电阻值约为几十千欧以上。

2) 共射极电流放大倍数 β。按图 2—11 接线，用 100 kΩ 电阻把集电极与基极接通，测得接通前后两组电阻读数，若两组读数相差越大，则说明管子 β 值越高。

注意，对晶体管测试时，只能使用 $R\times 100$ 挡或 $R\times 1k$ 挡。若用 $R\times 10k$ 挡（表内电池 15 V），则易击穿 PN 结；若用 $R\times 1$ 或 $R\times 10$ 挡，电流过大则易烧坏半导体管。

MF30 型万用表电路原理如图 2—12 所示。

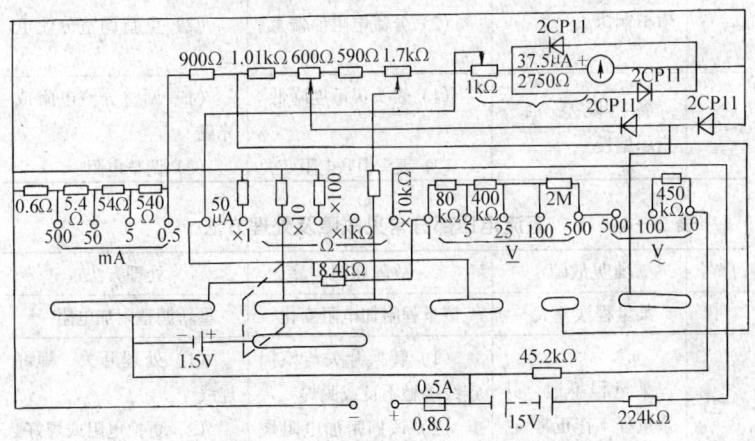

图 2—12 MF30 型万用表电路原理图

6．万用表常见故障及处理方法　见表2—3～表2—6。

表2—3　　直流电流部分常见故障及处理方法

序号	常见故障	故障原因	处理方法
1	同一量程内误差不一致	表头特性发生变化	重新调整表头
2	各量程误差不一致，有快有慢	(1) 某挡分流电阻值变化，或焊接不良 (2) 分流电阻过负载，某挡局部形成短路	(1) 重新调整分流电阻或焊好 (2) 更换分流电阻
3	仪表可形成回路，通电时指针不起	(1) 表头接线脱焊或动圈开路 (2) 表头被短路 (3) 与表头串联的电阻脱焊或内部断开	(1) 检查表头回路，焊好 (2) 检查短路点予以消除 (3) 焊好或更换电阻
4	仪表不能形成回路，通电无指示	转换开关不通或公共线路断开	检查开关触点，焊好公共线
5	各挡误差一致，指示偏快	(1) 与表头串联的电阻短路或阻值变小 (2) 分流电阻值偏大	(1) 重新调整电阻 (2) 重新调整分流电阻
6	各挡误差一致，指示偏慢	(1) 表头灵敏度降低 (2) 表头串联电阻变大	(1) 调整分流电阻或充磁 (2) 调整电阻

表2—4　　直流电压部分常见故障及处理方法

序号	常见故障	故障原因	处理方法
1	某量程误差大	该量程附加电阻变化	重新调整附加电阻
2	某量程不通，其余量程工作正常	(1) 转换开关与该挡连线接触不良或脱焊 (2) 该挡附加电阻烧坏或脱焊	(1) 处理开关，焊好连线 (2) 更换电阻或焊好

续表

序号	常见故障	故障原因	处理方法
3	仪表通电时无指示	(1) 转换开关电压部分公用接点接触不良或断线 (2) 公用附加电阻断	(1) 处理接点、焊好断线 (2) 更换电阻
4	某量程无指示	路该量程附加电阻断线	重新更换电阻

表 2—5　交流电压部分常见故障及处理方法

序号	常见故障	故障原因	处理方法
1	仪表误差大，有时可达 -50%	全波整流器中一只二极管被击穿	检查整流二极管，更换二极管
2	通电时仪表读数很小，或指针只有轻微摆动	整流器二极管工作极不正常	检查整流二极管予以更换
3	小量程误差大，量程增大时误差减小	该挡附加电阻值变化	重新调整附加电阻
4	各量程指示普遍偏慢	整流器工作特性变坏，反向电阻减小	更换整流器

表 2—6　测量电阻部分常见故障及处理方法

序号	常见故障	故障原因	处理方法
1	当测试棒短接时指针调不到零位	(1) 电池容量不足 (2) 转换开关接触不良	(1) 更换电池 (2) 清洗开关
2	转动零欧姆调整器，指针跳跃不定	零欧姆调整器使用日久严重磨损，致使接触不良	清洗触点或予以更换
3	测试棒短接时，指针不动	(1) 转换开关公共接触点断开 (2) 干电池无电压输出或断线	(1) 处理压紧接触点 (2) 更换电池，焊好断线处

续表

序号	常见故障	故障原因	处理方法
4	个别量程误差大	（1）该挡分流电阻变化或烧坏 （2）该挡转换开关接触不良	（1）更换分流电阻 （2）清洗开关触点
5	个别量程不通	转换开关接触不上	压紧接触点

§2—3 电磁式仪表

电磁式仪表结构简单、价格便宜，而且交流、直流均适用，故是工业上常用的仪表。

一、电磁式仪表结构及原理

电磁式仪表可分为吸引式和排斥式两种，本节仅介绍排斥式，其结构如图2—13所示。当固定线圈1通入电流时便产生磁场，通入反方向电流时产生反向磁场，无论正方向磁场或反方向

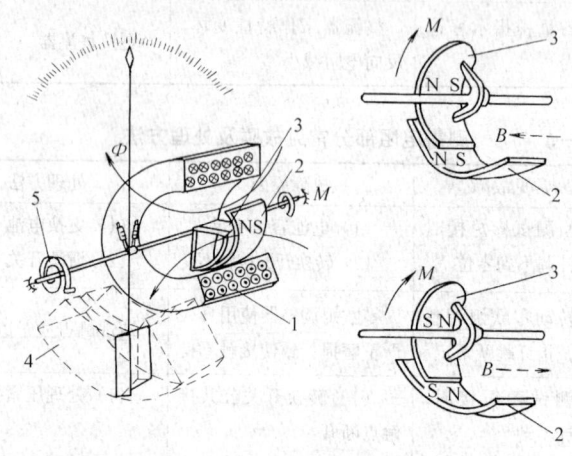

图2—13 电磁式仪表的构造
1—固定线圈 2—固定铁片 3—活动铁片 4—空气阻尼器 5—弹簧

的磁场都会使线圈内腔的固定铁片 2 和活动铁片 3 磁化，其磁化极性是相同的。根据同性磁极相斥的原理，活动铁片 3 便带动指针偏转。电流越大产生的磁场越强。因为固定铁片和可动铁片每片的磁化强度均与电流成正比，故两片之间的排斥力便与通入电流 I 的平方成正比。即转动转矩 T 为：

$$T = K_1 I^2 \qquad (2—10)$$

式中　K_1——比例系数。

通入交流电时，转矩 T 的平均值与交流电流有效值的平方成正比（证明略）。

活动铁片 3 与转轴相联，转轴装有盘状反力弹簧，与上节磁电式仪表一样，弹簧的反作用转矩 T_c 与转角 α 成正比，即

$$T_c = K_2 \alpha \qquad (2—11)$$

式中　K_2——比例系数。

当转动转矩 T 与弹簧反作用转矩 T_c 平衡时，指针停在某一偏转角 α 处。即

$$T = K_1 I^2 = T_c = K_2 \alpha$$

则

$$\alpha = K_1 I^2 / K_2 = K I^2 \qquad (2—12)$$

式中　K——比例系数，$K = K_1 / K_2$。

可见，偏转角 α 与直流电流或交流电流有效值的平方成正比。所以表盘标尺刻度是不均匀的。

阻尼机构是采用盒式空气阻尼器 4，如图 2-13 中虚线盒体所示。当指针摆动时，空气阻力产生阻尼作用，使指针快速停摆。

电磁式仪表的优点是：

(1) 结构简单，价格便宜。

(2) 可测量交、直流电流。

(3) 由于电流通入不需经弹簧而流入固定线圈，故可通入较大的电流，可直接制成 200 A 电流表或 600 V 电压表，且允许短时过载。

电磁式仪表的缺点是：

(1) 标尺不均匀。

(2) 受外界磁场影响大，常需采用磁屏蔽。

(3) 测量交流电时，频率不能太高（1 kHz 以下）。

电磁式仪表主要用于安装式交流电流表和电压表。我国国家代号是 T，如 T_{22}-A 是安培表；T_{24}-V 是伏特表。

二、交流电流的测量

电磁式仪表测交流电时，一般不采用分流器，这是因为电流的分配不仅与电阻有关，而且与线圈的电感有关，故分流电阻很难制得精确。

改变电流量程时，通常把固定线圈分为两组，通过两组线圈的串联或并联接法来实现量程的改变。图 2—14 所示为 T10 型电流表，两组固定线圈额定电流均为 1 A。当被测电流为 0~1 A 时，采用串联接法，如图 2-14a 所示；当被测电流为 1~2 A 时，采用并联接法，如图 2-14b 所示。

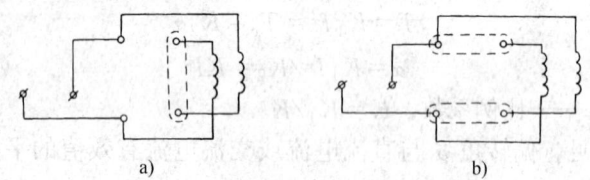

图 2—14　T10—A 电流表改变量程

a）1 A 串联　b）2 A 并联

当被测电流较大时，应采用电流互感器来扩大量程。由于电流互感器二次侧额定电流规定采用 5 A，故所接的电流表亦选为 5 A。按被测交流电流和 5 A 的比值，确定电流互感器的电流比，从而选择电流互感器的型号。交流电流表接线如图 2—15 所示。接线时，互感器二次侧应有一点接地，以确保安全。

三、交流电压的测量

电磁式仪表测量交流电压时，可以采用串联降压电阻 R_V 的方法。这是由于电磁式电表的固定线圈的电感 $X_L \ll R_V$，其影响

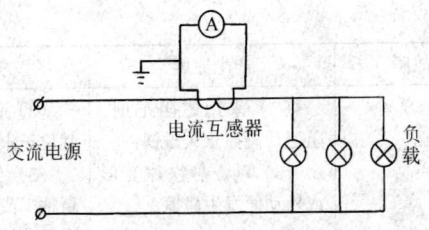

图 2—15 交流电流表经电流互感器接线

带来的误差不太大。降压电阻的计算与磁电式仪表类同。

当被测交流电压超过几百伏时,应采用电压互感器来扩大量程。由于电压互感器二次侧额定电压规定采用 100 V,故所接的交流电压表亦选 100 V,按被测电压与 100 V 的比值,确定电压互感器的变比,从而选择电压互感器的型号。交流电压表接线图如图 2—16 所示。接线时电压互感器二次侧应有一点接地,以确保安全。

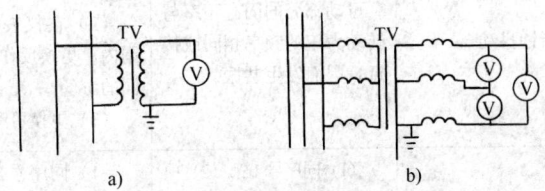

图 2—16 经电压互感器扩大量程接线

a) 测量单相电压　b) 测量三相相间电压

四、电磁式仪表常见故障及排除方法

电磁式仪表常见故障及排除方法见表 2—7。

表 2—7　电磁式仪表常见故障及排除方法

序号	常见故障	产生原因	排除方法
1	卡针及卡滞	(1) 空气阻尼室的翼片碰擦阻尼室壁	(1) 调整阻尼片在阻尼室中的位置,排除碰擦的可能性;如阻尼室与转动中心不同心,则更换支架或重打定位销

续表

序号	常见故障	产生原因	排除方法
1	卡针及卡滞	(2) 采用磁阻尼时，阻尼片碰擦永久磁铁 (3) 动、静铁片变形或松动而发生碰擦 (4) 动铁片碰擦扁线圈窄缝的四周 (5) 可动部分有纤维毛	(2) 调整阻尼片，使其位于永久磁铁的中间 (3) 如是松动，则重新粘牢或固紧；如铁心变形，若材料是硅钢片，则允许整形，若材料是坡莫合金、高导磁合金，则应更换铁心 (4) 调整线圈的位置，使动铁片位于线圈的窄缝中间 (5) 用皮老虎吹拂，去除纤维毛
2	指针抖动	可动部分的固有频率与转动力矩的频率相同或接近，因而发生共振	(1) 增减可动部分的重量 (2) 在仪表可调的范围内，更换反作用力矩不同的游丝 (3) 更换可动部分
3	测量机构有响声	(1) 同序号1第(2)项 (2) 屏蔽或靠近固定线圈的导磁元件（如调磁螺钉）松动 (3) 阻尼机构零件松动	(1) 同序号1第2项 (2) 固紧松动的元件，调小轴承间隙 (3) 将松动部分固紧
4	通电后指针不偏转	在无定位式仪表中有一线圈装反和接反	正确接线和安装线圈
5	通电后指针向反方向偏转	排斥式仪表的动、定铁心相对位置安置错误	正确安置动、定铁心的相对位置
6	直流误差大	(1) 动铁片矫顽力大或因过载而产生剩磁 (2) 在测量机构中有剩磁很大的铁磁物质	(1) 更换动铁片或连支架一起放在退磁线圈中，对铁片进行退磁 (2) 更换剩磁很大的铁磁物质

续表

序号	常见故障	产生原因	排除方法
7	交流误差大	对电压表而言，主要是测量电路的附加电阻感抗大	用改变附加电阻的绕制方法（通常用双绕法）消除感抗，或用并联电容减小感抗
8	变差大	转换开关接触不良	用细砂纸磨平开关接触面，整修开关的滑动弹片，使其接触良好，清洗后涂一层薄的凡士林油

§2—4 电动式仪表

无论磁电式或是电磁式仪表，都只能反映一个电量。而在工程中，往往需要同时反映两个电量的测量，例如，功率 P 是电流 I 和电压 U 的乘积。电动式仪表是能同时反映两个电量的仪表。

一、电动式仪表的结构和原理

电动式仪表的结构如图 2—17 所示。固定线圈 1 通入电流 I_1，其内部产生与 I_1 成正比的磁场。固定线圈内部装有转动线圈 2，它通入电流 I_2，I_2 在 I_1 产生的磁场作用下产生转动转矩 T。T 与电流 I_2 和磁场的乘积成正比，即

$$T = K_1 I_1 I_2 \quad (2—13)$$

式中　K_1——比例系数。

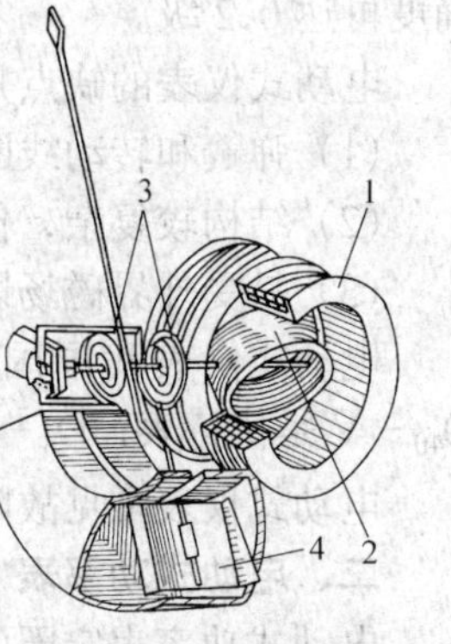

当两线圈分别通入两个同频率而不同相位的交流电流 i_1 和 i_2 时，转动转矩的平均值 T 为：

$$T = K_1 I_1 I_2 \cos\varphi \quad (2—14)$$

图 2—17　电动式仪表的构造
1—固定线圈　2—转动线圈
3—螺旋弹簧　4—空气阻尼器

式中　I_1、I_2——交流电流有效值，A；

　　　　φ——两个交流电流的相位差角（证明略）。

转动线圈 2 与转轴、指针和螺旋弹簧 3 相连。在转矩作用下，指针偏转，弹簧变形产生的反作用转矩 T_c 为：

$$T_c = K_2 \alpha \qquad (2-15)$$

式中　K_2——比例系数；

　　　　α——转角。

反作用转矩 T_c 与转矩 T 平衡时，指针停在某一偏转角 α 上。

直流时，$\alpha = K_1 I_1 I_2 / K_2 = K I_1 I_2$　　　　(2—16)

交流时，$\alpha = K_1 I_1 I_2 \cos\varphi / K_2 = K I_1 I_2 \cos\varphi$　　(2—17)

电动式仪表也是采用盒式空气阻尼器。

电动式仪表的优点是：

(1) 可反映两个电量的积，交、直流均可，因而可制成功率表、功率因数表。当然，两个线圈若加入同一电量时，也可测定一个电量，因而也可制成电流表、电压表。

(2) 表内无铁心，所以没有剩磁和磁滞所引起的误差，其准确度可达 0.2 级。

电动式仪表的缺点是：

(1) 弹簧和转动线圈的截面都很小，因而过载能力差。

(2) 结构较复杂，价格较贵。

(3) 易受外界磁场影响。

电动式仪表我国国家代号是 D。例如，D_2 - V 是安培表；D_{40} - V 是伏特表；D_8 - W 是功率表。

电动式仪表常见故障及排除方法，见表 2—8。

二、电动式功率表

电动式功率表定圈的导线粗、匝数少，作为电流线圈与负载串联；动圈的导线细、匝数多，作为电压线圈，串入附加降压电阻后与负载并联。功率表接线如图 2—18 所示。接线时注意：任何一个线圈的电流反向，都会使指针反转。为此，在每个线圈的一个端钮上都标上"*"（或±）号，称同号端或称电源端，另

表 2—8　　电动式仪表常见故障及排除方法

序号	故障性质	故障原因	排除方法
1	零位变动、指针呆滞、不回零位	(1) 轴尖与轴承的间隙较紧 (2) 轴尖、轴承磨损 (3) 轴尖、轴承粘有脏物 (4) 轴承松动 (5) 轴尖生锈 (6) 游丝弹性失效 (7) 屏蔽罩有剩磁影响	(1) 将上轴承螺钉旋松 (2) 更换新轴尖与轴承 (3) 清洗轴尖、轴承 (4) 旋紧轴承螺钉 (5) 清洗或抛光轴尖 (6) 更换游丝 (7) 可在交流下退磁
2	变差大	(1) 轴尖轴承磨损，有脏物 (2) 可动体与固定部分有轻微摩擦 (3) 屏蔽罩的剩磁影响	(1) 按序号 1 中排除方法处理 (2) 检查并消除摩擦部位 (3) 在交流下退磁或只作交流测量
3	可动部分偏转不自由，有呆滞现象	(1) 刻度盘上有纤维物碰针 (2) 阻尼叶片与阻尼盒相碰 (3) 下轴承螺钉松动，指针下降与刻度盘相碰 (4) 空气阻尼室有异物 (5) 可动线圈的引出线与固定线圈相碰	(1) 取掉纤维物 (2) 调整阻尼片 (3) 调整下轴承至合适位置 (4) 取出异物 (5) 将引出线紧缠在转轴上
4	不平衡误差大	(1) 指针因严重过载冲击而弯曲 (2) 平衡锤位置移动 (3) 可动部分的组合件松动 (4) 轴承松动且变位	(1) 校直指针 (2) 重调平衡，并粘牢平衡锤 (3) 检查松动部分并紧固 (4) 重新调好并紧固

续表

序号	故障性质	故障原因	排除方法
5	倾斜误差大	(1) 轴尖与轴承间隙过大 (2) 更换的轴承曲率半径过大	(1) 重新调整间隙 (2) 更换合适的轴承
6	仪表指针抖动	(1) 轴承与轴尖之间间隙大 (2) 可动部分固有频率与所测电流的频率谐振	(1) 减小间隙 (2) 增减可动部分的质量
7	仪表指示数值不稳定	(1) 量程转换开关因长期磨损而接触不良 (2) 线路元件焊接不良出现虚焊 (3) 游丝焊片松动 (4) 游丝变形,内圈相碰 (5) 可动线圈引出头与焊接片接触不良	(1) 清洗,涂以中性凡士林 (2) 检查焊点并重新焊好 (3) 紧固游丝焊片 (4) 重整游丝,分开相碰处 (5) 重新处理焊头
8	通电后仪表指针不偏转	(1) 测量线路短路或断路 (2) 装配时有一个固定线圈装反 (3) 游丝焊片与可动线圈引出头之间脱焊	(1) 检查测量线路,消除故障点 (2) 检查线路,确认装反时应重新装好 (3) 重新清理,焊好
9	通以额定电流后,仪表指针偏转很小	(1) 固定线圈连接错误 (2) 固定线圈或可动线圈部分短路 (3) 分流电阻短路 (4) 游丝扭绞或碰圈	(1) 改正接线 (2) 检查短路点并消除 (3) 重新配置 (4) 重新予以调整或更换

一端称负载端。两个线圈的同名端相连,并由该端流入电流。另外,无论测直流功率还是交流功率,均按图 2—18 接法。

由于电压线圈的感抗 $X_L \ll R_V$ 附加降压电阻，故该支路可认为是纯电阻电路，即 I_2 与 U 同相。所以，I_1 与 I_2 的相位差也就是电路电流与电压的相位差，即功率表读数反映的是电路的功率。

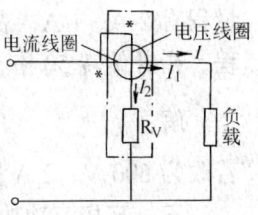

图 2—18　功率表接线

功率表接线误差：在图 2—18 中电压线圈测量得到的电压是电流线圈上的电压与负载上的电压之和，当负载电阻较大时，其误差很小。但当负载电阻较小时，其误差会增大，这时可把电压线圈的同名端不与电流线圈相接，改为电压线圈同名端与电流线圈负载端相连，以减少误差。

接线时注意：虽然两线圈的同名端是相对的，若把原规定的同名端当作负载端而按图 2—18 接线，功率表读数不变。但实际上这种做法是严禁的。因为电压线圈的附加电阻是与规定的负载端相连，接入电压后，绝大部分电压降在附加电阻上，如按上述方法接线则电压线圈与电流线圈的电位差很大，可能会击穿它们之间的绝缘。

多量程功率表改变量程方法：
(1) 电流挡是通过两组固定线圈的串联或并联接法而改变量程的（与图 2—14 相同）。
(2) 电压挡是通过可动线圈串入不同的降压附加电阻来改变量程的（与图 2—6 相同）。但是，不论哪一挡量程，功率表表盘上只有一条共用的标度尺，标度尺只标出分格数而不标明瓦特数，初次使用功率表会出现读数困难问题。读数的原则是：当负载电压和电流刚好都等于所选的电压量程值和电流量程值时，指针便指在满刻度上，即满标尺格数所代表的瓦特数等于所选的电压量程与电流量程之积。测量时，指针指某个格数所代表的瓦特数，则可按其占满标格数的比例求出。

例 2—4　功率表的电压量程有 600 V、300 V、150 V；电流

量程有 2 A、1 A，表盘标尺满刻度 150 格。现选 300 V、1 A 量程，指针偏转 50 格，问功率瓦数是多少？

解： $$P = 300 \times 1 \times \frac{50}{150} = 100 \text{ W}$$

若改为 600 V、2 A 量程来测量，指针便偏转 12.5 格。

三、三相有功功率的测量

1. **三相对称负载** 用一个功率表测某一相的功率，再乘以 3 倍，即可得三相功率。对于有中线的情况，电压线圈的负载端与中线相连；对无中线的三线制的情况，可用三个阻值等于电压线圈和附加电阻总和的电阻，三者星形联结，电压线圈应测量火线和人为中性点的电压，即相电压。

2. **三相负载不对称，但有中线** 采用三个功率表分别测出每相功率再求和。

3. **三相负载不对称，但无中线** 用两个功率表按图 2—19 接线，可测三相功率。该法称为两表法。三相总功率 ΣP 等于两个功率表读数的代数和（证明略）。即

$$\Sigma P = \pm P_1 \pm P_2 \qquad (2\text{—}18)$$

两表法读数可能出现四种情况：

(1) 纯电阻负载且 $\cos\varphi = 1$，两表读数相等，$\Sigma P = 2P_1 = 2P_2$。

(2) 感性负载且 $\cos\varphi > 0.5$，两表读数不等，$\Sigma P = P_1 + P_2$。

(3) 感性负载且 $\cos\varphi = 0.5$，会有一个表读数为零，三相功率即为另一表的读数。

(4) 感性负载且 $\cos\varphi < 0.5$，将有一个表反转，为此应将反转的功率表的电流线圈两端对调，才可读数（切勿把电压线圈两端对调），这时三相功率为两表读数之差。

对于三相三线制电路，不论负载对称与否，星形或三角形联结，均可用两表法测量三相功率。注意：其中单个功率表的读数是没有任何物理意义的，即不代表某一部分电路的功率。

根据两表法原理，把两个功率表的测量机构有机地组合起

来,成为结构紧凑、读数方便的三相功率表,如图 2—20 所示。用电压互感器和电流互感器配合,即可扩大量程。

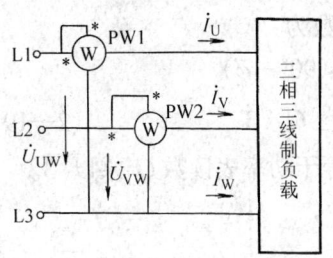

图 2—19 两表法测三相三线制电路功率

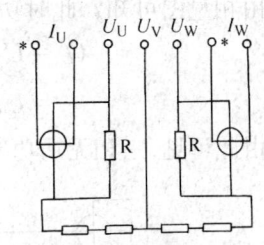

图 2—20 D10—W 型三相功率表原理线路图

四、功率因数低时的功率测量

对负载功率因数很低的情况,例如 $\cos\varphi = 0.1$,普通功率表在负载达到额定电压及电流时的读数,只偏转到满刻度的 1/10,读数不便且误差大。故应采用专用的低功率因数的功率表。

采用电容补偿的低功率因数功率表如图 2—21 所示(型号为 D34—W)。电容串入电压线圈后使该支路变成纯阻性,消除电压线圈原有的大电感的影响,避免电压线圈的电流滞后端电压而产生的角误差。D34—W 型功率表的接线与普通功率表相同,往往还可配合电流表和电压表使用,按 $\cos\varphi = P/(UI)$ 公式可求出功率因数。

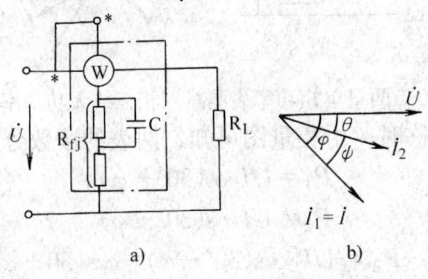

图 2—21 低功率因数功率表

五、三相无功功率的测量

对于对称负载时的三相无功功率测量,可采用有功功率表,但要适当改变其接法。

1. 用一个有功功率表测量　接线图和相量图如图 2—22 所示。由相量图可知，此时功率表读数为：

$$Q' = U_{VW}I_U\cos(90° - \varphi)$$
$$= UI\sin\varphi = \sum Q/\sqrt{3} \qquad (2—19)$$

由此可见，三相无功功率 $\sum Q$ 等于功率表读数 Q' 乘以 $\sqrt{3}$。

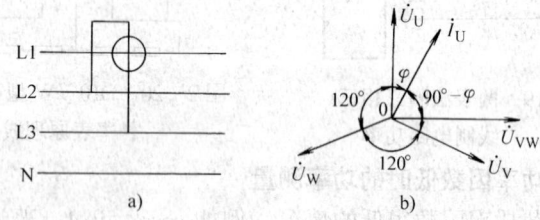

图 2—22　测量三相无功功率时功率表的接线图和相量图
a) 接线图　b) 相量图

2. 用两个有功功率表测量　接线方法如图 2—23 所示，其接法与两表法测三相有功功率（见图 2—19）完全相同。

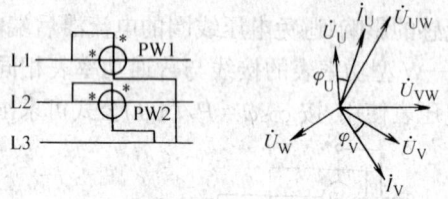

图 2—23　两只单相功率表测量三相三线无功功率接线图

当负载对称时，由相量图可知，两表的读数分别为：

$$P_1 = UI\cos(30° - \varphi) \qquad (2—20)$$
$$P_2 = UI\cos(30° + \varphi) \qquad (2—21)$$
$$P_1 - P_2 = UI[\cos(30° - \varphi) - \cos(30 + \varphi)]$$
$$= UI\sin\varphi = \sum Q/\sqrt{3} \qquad (2—22)$$

由此可见，三相无功功率 $\sum Q$ 等于两个功率表读数之差（$P_1 - P_2$）再乘以 $\sqrt{3}$。

3. 不对称负载三相无功功率的测量 采用两个有功功率表,并加入三个电阻造成一个人工中性点 N,如图 2—24 所示。

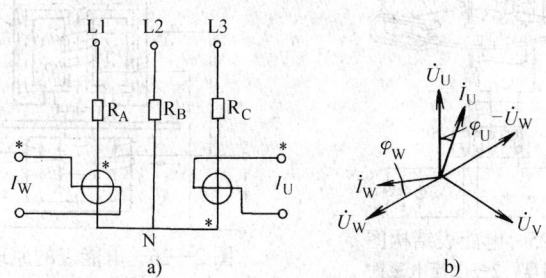

图 2—24 人工中性点无功功率表的线路图与相量图
a) 线路图 b) 相量图

R_B 取值应与每套元件电压回路总电阻(含 R_A、R_C)严格相等,保证 N 点是中性点。两套元件造成一个整体,两转动转矩合成后驱动指针。标度尺直接读出三相无功功率值。当负载为容性时,指针会反转,此时应把电流线圈反接。

§2—5 感应式仪表

交流电能常用感应式仪表测量,称电能表或瓦时表。

一、感应式电能表的结构和原理

电能表结构图和原理图分别如图 2—25 和图 2—26 所示。驱动机构由两个电磁铁 4 和 2 组成,其中,电磁铁 4 的线圈匝数多(8 000~12 000 匝),导线细,作电压线圈与负载并联;电磁铁 2 的线圈匝数少、导线粗,作电流线圈与负载串联。转动部分是一个铝圆盘,与转轴相连并带动一套齿轮 5 和数字计数器,读数是累积计算。永久磁铁 3 起制动作用。

电压线圈的电磁铁 4 沿铝盘的径向安放,它所产生的磁通 Φ_U 只穿过铝盘一次;而电流线圈的电磁铁 2 沿铝盘的弦向(切线方向)安放,它所产生的磁通两次穿过铝盘,分别为 Φ_I、Φ'_I。

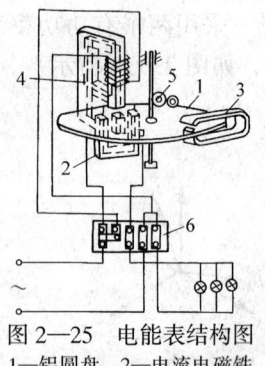
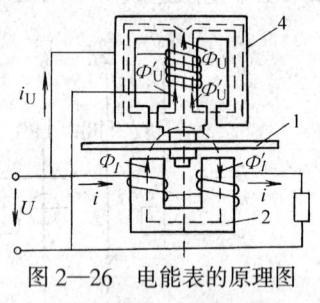

图 2—25 电能表结构图
1—铝圆盘　2—电流电磁铁
3—永久磁铁　4—电压电磁铁
5—计数齿轮　6—接线板

图 2—26 电能表的原理图
1—铝圆盘　2—电流电磁铁
4—电压电磁铁

铝盘在三个交流磁通穿过时分别产生感应涡流,各个涡流在各磁通相互作用下产生电磁转矩。可以证明(略),其合成转矩与电路的有功功率成正比。

铝盘1转动时,切割永久磁铁3的磁力线,又感应出一个涡流,永久磁铁的磁通与该涡流相互作用产生与铝盘转向相反的制动力矩,此力矩与铝盘1的转速成正比。

当转动力矩与制动力矩平衡时,铝盘匀速转动。所以铝盘转速 n 与电路的有功功率 P 成正比,即

$$n = KP \tag{2—23}$$

式中　K——比例系数。

设有功功率不变,则在时间 t 内,电路的电能 A 为:

$$A = Pt = \frac{n}{K}t = K'N \tag{2—24}$$

式中　N——铝盘转动圈数,$N = nt$。

计数器累计铝盘转动的圈数,就能反映一段时间内总共消耗的电能。

二、电能表的接线

电能表的接线需要注意以下几个方面:

1. 电压线圈与电流线圈的同名端已在表内连接。

2. 电流线圈有规定的进线端和出线端，接错则反转。

3. 有互感器时，注意同名端要接对。各类情况接线如图 2—27 至图 2—31 所示。

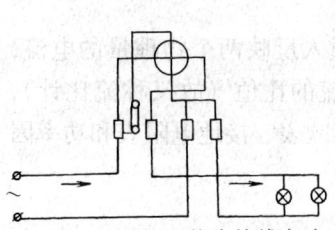

图 2—27　单相电能表接线方法

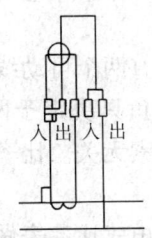

图 2—28　单相电能表经电流互感器接通式

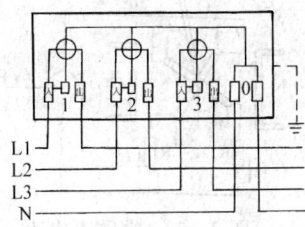

图 2—29　三元件三相电能表直接接通式

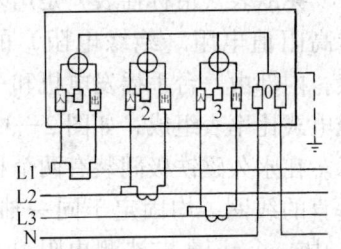

图 2—30　三元件三相电能表经电流互感器的接线图

三、三相无功电能表及接线

无功电能表与有功电能表结构基本相同，只是在串联电磁铁上，增加一个完全相同的电流线圈作为 V 相的电流线圈，并反方向接入电路，接法如图 2—32 所示。

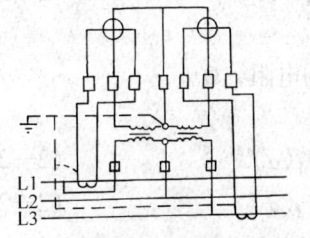

图 2—31　二元件三相电能表经电流互感器和电压互感器的接线图

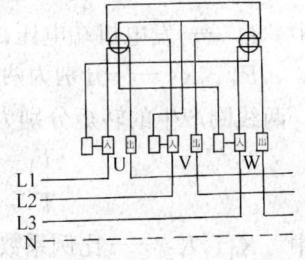

图 2—32　三相无功电能表接线图

电能表的接线和故障维修由电业部门负责。

§2—6 比率表

比率表有两个可动线圈,分别通入反映两个物理量的电流,表针的偏转角只决定于两个动圈电流的比值(故又称流比计),而与其他因素无关。比率表可制成兆欧表、接地电阻表和功率因数表等。

一、磁电式比率表做成兆欧表

兆欧表(俗称摇表)是用来测量高阻值电阻(绝缘电阻)的仪表,内部由一台手摇发电机和一个磁电式比率表组成,如图2—33所示。在永久磁铁极间装有两个相互垂直的线圈,均固定于同一轴上。其中一个线圈与被测电阻 R_X 串联,另一个线圈与固定阻值的电阻 R 串联。两条支路并联接在手摇直流发电机上。

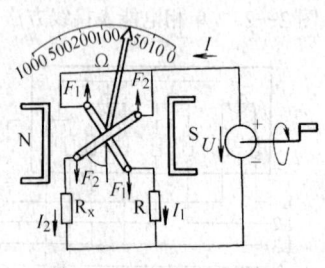

图2—33 兆欧表构造

1. **工作原理** 流过第一个线圈的电流为:

$$I_1 = U / (R + R_1) \tag{2—25}$$

流过第二个线圈的电流为:

$$I_2 = U / (R_X + R_2) \tag{2—26}$$

式中　U ——发电机端电压,V;

　　　R_1、R_2 ——分别为两线圈的电阻,Ω。

两线圈产生的转矩分别为:

$$T_1 = K_1 I_1 f_1(\alpha) \tag{2—27}$$

$$T_2 = K_2 I_2 f_2(\alpha) \tag{2—28}$$

式中　K_1、K_2 ——比例系数。

由于两线圈交叉放置,两个函数 $f_1(\alpha)$ 和 $f_2(\alpha)$ 是不相等的;

而且 T_1 和 T_2 的转向相反（如图 2-33 中标示）。$T_1 \neq T_2$ 时，指针转动；$T_1 = T_2$ 时，指针停在某一偏转角 α 上。故有：

$$K_1 I_1 f_1(\alpha) = K_2 I_2 f_2(\alpha) \qquad (2—29)$$

即
$$\frac{I_1}{I_2} = \frac{K_2 f_2(\alpha)}{K_1 f_1(\alpha)} = f_3(\alpha) \qquad (2—30)$$

或
$$\alpha = f_4(I_1/I_2) \qquad (2—31)$$

而
$$I_1/I_2 = (R_X + R_2)/(R + R_1) \qquad (2—32)$$

故
$$\alpha = f_4\left(\frac{R_X + R_2}{R + R_1}\right) = f(R_X) \qquad (2—33)$$

由此可见，偏转角 α 与被测电阻 R_X 有一定的函数关系，并可通过在表盘上的刻度指示而直读。这种仪表读数只与 (I_1/I_2) 有关而与电源电压无关，即手摇发电时转动快慢不影响读数（通常厂家标明摇表转速为 20 r/min）。

摇表没有游丝、弹簧之类的反作用转矩，故指针是处于随遇平衡状态。

兆欧表我国国家代号 ZC。例如，ZC11—3 是电压 500 V，量程2 000 MΩ；ZC11—10 是电压 2 500 V，量程 2 500 MΩ。

2. 兆欧表的使用

（1）兆欧表的选择。额定电压在 500 V 以下的电气设备，选用 500 V 或 1 000 V 的兆欧表（兆欧表电压过高，其发电机电压在测试过程中会损坏被测设备的绝缘）。测量范围与被测绝缘电阻值相适应，过大会引起误差。

（2）接线方法。一般测绝缘电阻时，只须把被测电阻接在"线端"L 和"地端"E 之间即可。所用引线需绝缘良好，不能用双股线。

测电缆等有屏蔽层的设备绝缘时，要用"屏端"G 来屏蔽表面电流，如图 2—34 所示。由于绝缘材料表面漏电流 I_S 的存在（特别是潮湿和不干净时）会使测量不准确，为了排除表面漏电流的影响，在绝缘表面加上一个金属的保护环，然后用导线将保护环和兆欧表的"屏端"G相连。这样,表面漏电流I_S将不再经兆欧表的测量机构,而直接和发电机构成回路,从而消除它的影响。

(3)注意安全。摇表可摇出500 V电压,手触时会麻手。已测过的设备如电容较大,测完应及时放电,以防麻手。不能测带电设备的绝缘。对含电容的设备,停电后必须先放电才准许测绝缘。低压电子器件禁用摇表。测量开始时不要摇得太快,防止被测物绝缘已经损坏或短路而损坏兆欧表。正常测量时转速尽量接近额定值,太低时动圈的残余力矩和摩擦阻力会带来额外误差。

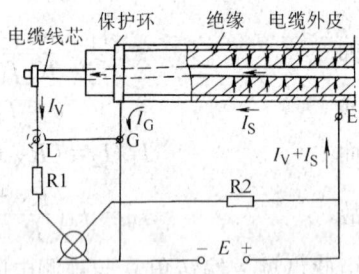

图2—34 端钮"屏"的使用方法

(4)常见故障及排除方法见表2—9。

表2—9 兆欧表常见故障及排除方法

序号	故障性质	故障原因	排除方法
1	发电机无输出电压或电压很低	(1)绕组断线 (2)电路接头脱焊或断线 (3)炭刷磨损,接触不良	(1)重绕线圈 (2)检查脱焊处,焊好 (3)更换炭刷或重新调整炭刷接触面
2	发电机电压低,摇动把手很重	(1)发电机整流环之间脏,有磨损,有炭粒形成短路 (2)转子线圈绝缘损坏,形成短路 (3)发电机并联电容击穿 (4)整流环击穿短路	(1)清洗整流环 (2)重绕转子线圈 (3)更换电容器 (4)修理整流环

续表

序号	故障性质	故障原因	排除方法
3	发电机电压不稳	（1）调速器装置上的螺钉松动，调速轮摩擦点接触不紧 （2）调速器弹簧松动，失灵	（1）紧固螺钉 （2）调整或更换弹簧
4	摇发电机时产生抖动	（1）发电机转子不平衡 （2）发电机转轴变形	（1）重新调整转子平衡 （2）矫正转轴
5	摇发电机打滑，无电压输出	（1）偏心轮固定螺钉松动齿轮啮合不好 （2）调速器弹簧松动或弹性不足	（1）调好偏心轮位置，并使各齿轮啮合好，紧固偏心轮上的螺钉 （2）调整螺钉，拉紧弹簧，使摩擦橡皮压紧摩擦轮
6	摇发电机时，炭刷声音响，有火花产生	（1）炭刷与整流环磨损，表面不光滑，接触不好 （2）炭刷位置偏移与整流环接触不在正中	（1）更换炭刷，修整整流环，并清洗干净 （2）调整炭刷位置
7	发电机摇动困难，有卡住现象	（1）发电机定子与转子间相碰 （2）增速齿轮啮合不好或损坏 （3）滚珠轴承脏，油干固 （4）小机盖固定螺钉松动，转子不在正中 （5）转轴弯曲变形	（1）重新检查、装配，使定子、转子间隙合适 （2）调整齿轮位置，损坏者予以更换 （3）清洗轴承，重新上润滑油 （4）调整小机盖位置，紧固螺钉 （5）矫直转轴
8	机壳漏电	（1）机内布线碰壳 （2）仪表受潮，造成绝缘不良	（1）检查内部线路，消除碰壳现象 （2）烘干，温度控制在60~80℃之内

续表

序号	故障性质	故障原因	排除方法
9	仪表有卡针现象，旋转不灵活	(1) 铁心与线圈相碰 (2) 导丝与固定部分相碰 (3) 上下轴尖位置松动，使转动部分与固定部分相碰 (4) 表盘上有毛刺或纤维物	(1) 固定铁心螺钉 (2) 整理导丝 (3) 重调上、下轴尖位置 (4) 清理表盘上的异物
10	指针指不到∞位置	(1) 导丝使用日久变质发硬，附加力矩变大 (2) 电源电压不足 (3) 电压回路电阻变质，数值增大 (4) 电压线圈局部短路或断路	(1) 更换导丝 (2) 修理电源，查找故障部件 (3) 重调电压回路电阻 (4) 重绕电压线圈
11	指针超出∞位置	(1) 电压回路电阻变小 (2) 导丝变形影响指示 (3) 有无穷大平衡线圈的表计，该线圈短路或断路	(1) 重调电阻 (2) 更换导丝 (3) 重绕平衡线圈
12	当∞与0点调好后，其余各刻度点的误差偏大	(1) 轴尖、轴座偏斜，造成动圈在磁极间相对位置改变 (2) 两线圈间的夹角变化 (3) 线圈支架与极掌间有位移 (4) 仪表指针与线圈间的夹角改变 (5) 机械平衡不良	(1) 重粘轴座，装正轴尖 (2) 重调线圈间夹角 (3) 调整它们的相对位置 (4) 调整线圈与指针的夹角 (5) 重调平衡

续表

序号	故障性质	故障原因	排除方法
13	仪表指针不指零	(1) 电流回路电阻变化,电阻增大指针不到零位,电阻减小指针超过零位 (2) 电压回路电阻变化,电阻增大指针超过零位,电阻变小指针不到零位 (3) 导丝变质、变形,影响指示 (4) 电流线圈局部短路或断路	(1) 重调电流回路电阻 (2) 重调电压回路电阻 (3) 更换导丝 (4) 重绕线圈
14	指针位移较大	(1) 轴尖磨损或生锈 (2) 轴承破裂或有脏物	(1) 重新配制或清洗 (2) 更换轴承或清洗脏物
15	仪表可动部分平衡不好	(1) 指针不直、变形 (2) 平衡锤位置改变 (3) 平衡锤质量变化 (4) 轴承松动,造成轴间距离增大,轴中心位置偏移	(1) 校正指针 (2) 重新调整、紧固螺钉 (3) 重调平衡 (4) 重调轴承螺钉,减小间隙

二、接地电阻表

接地电阻表种类很多,其中一种是采用磁电式比率表,如图 2—35 所示。在永久磁极间(图中未画出)装有两个同轴交叉的可动线圈 W1 和 W2,其中 W1 串接 175 V 手摇直流发电机(额定转速 135 r/min),它经机械换流器变为交流电。自身电阻为

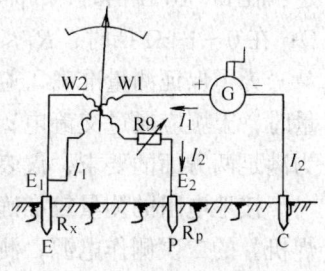

图 2—35 流比计式接地电阻表简化线路图

R_2 的线圈 W2 串接一个可调电阻 R9。如图 2-35 所示引出三个电极,其中 E 极连接被测接地体,接地体表面与土壤接触电阻 R_X 为接地电阻,E 极称接地极。与 R9 相连的辅助接地极 P 称电位极,其接地电阻为 R_P;与发电机相连的辅助接地极 C 称电流极。发电机的电流 I_1 流过 W1 后分流,一部分经 R_X 回 C 极,另一部分经 W2、R9、R_P 形成 I_2。由于 $R_X \ll (R_2 + R_9 + R_P)$,故 R_X 中的电流可认为是 I_1。由于 R_X 与 $(R_2 + R_9 + R_P)$ 是并联,故有:

$$I_1 R_X = I_2 (R_2 + R_9 + R_P) \qquad (2-34)$$

或

$$\frac{I_1}{I_2} = \frac{R_2 + R_9 + R_P}{R_X} \qquad (2-35)$$

比率表指针的偏转角 α 是电流比值(I_1/I_2)的函数(详见兆欧表),故

$$\alpha = f\left(\frac{I_1}{I_2}\right) = f\left(\frac{R_2 + R_9 + R_P}{R_X}\right) = K \frac{1}{R_X} \qquad (2-36)$$

式中 K——常数。

为确保 K 为常数,使它在不同的电位极电阻 R_P 接入线路时仍保持不变,可在仪表内设置可调电阻 R9,每次测量前,拨至"调整"挡位,先调整 R9,使指针指到表盘上"红线"位置,以补偿不同电位极电阻 R_P 的变化。由于 R9 的补偿范围有限,故 R_P 不许有太大的变化范围。对常用的 MC—08 型接地电阻表规定:在 0~10 Ω 挡时,R_P<250 Ω;在 0~100 Ω 挡时,R_P<500 Ω;在 0~1 kΩ 挡时,R_P<1 kΩ。

为了保证测量准确,避免直流电对土壤的化学极化作用,测量时,土壤应通过交流电;而磁电式比率表又要求通过直流电,为满足两方面的要求,仪表内设置了两个机械换流器。

接地电阻的测量较准确而简单的方法是用焊接变压器(交流焊机)的二次侧作电源,测出接地电阻中的电流和电压,再计算出电阻值。

接地电阻表还有按补偿法原理以检流计为测量机构的形式,

它不属比率表,但由于常用,故加以介绍。

用补偿法测接地电阻的原理图如图2—36所示。图中 E' 为接地体电极;P' 和 C' 分别为电位辅助电极和电流辅助电极。交流发电机的电压 U 经电流互感器 TA 一次绕组至 E' 和 C' 构成回路,电流互感器二次绕组经电位器 RP 闭合,其电流为 KI(K 为变比)。电位器的滑动接点经检流计(极灵敏的直流电流表)P 和电位辅助电极 P' 相连,调节电位器使检流计指零,则有:

$$IR_X = KIR_S$$

即
$$R_X = KR_S \qquad (2-37)$$

接地电阻 R_X 可通过变化 K 值和电位器的电阻 R_S 来确定,而与辅助电流电极 C' 的接地电阻 R_C 无关。

ZC—8型接地电阻表(接地摇表)是按上述原理制成的,其电路图如图2—37所示,图中电源为内附的手摇交流发电机。

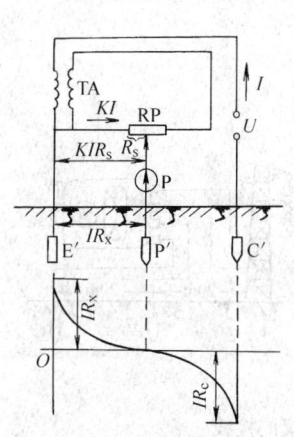

图2—36 用补偿法测接地电阻的原理电路和电位分布图

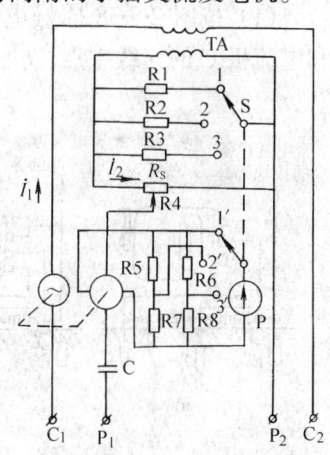

图2—37 ZC—8型接地电阻测量仪原理电路图

该型号表的端钮有3个和4个两种,测量时的接线方法如图2—38所示。

为了扩大仪表量程,在图2—37所示电路中接有三组不同的分流电阻 R1~R3 以及 R5~R8，用以实现互感器二次侧电流以及检流计支路电流的分流。分流电阻的切换是利用联动的转换开关 S 同时进行。其三个挡位分别对应 1 Ω、10 Ω 和 100 Ω 的量程。电位器的旋钮装在仪表面板上并带有读数盘。检流计指零时，盘面读数 R_S 乘以转换开关挡位系数 K（$K_1=1$；$K_2=0.1$；$K_3=0.01$），即为被测接地电阻 R_X 的值。即

$$R_X = KR_S$$

由于检流计是直流电流表，故仪表内备有机械整流器和相敏整流器，以便将 115 Hz 交流电变成直流电。此外，为了防止地中直流杂散电流的影响，在电位探极 P_1 的回路中还串一个电容 C，以隔断直流。

ZC—8 型接地电阻表的使用步骤如下：

（1）按图 2—38 插好电极，其中电位极 P 尽量在接地极 E 和电流极 C 的连线中点。

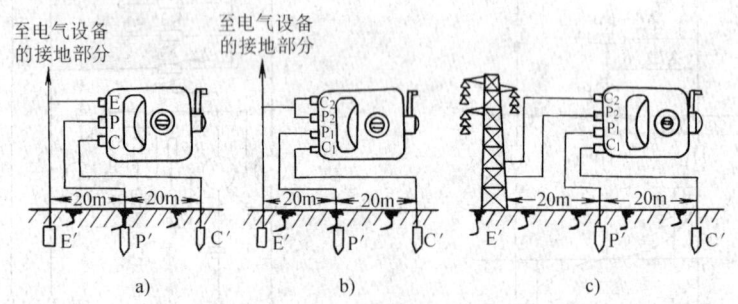

图 2—38　接地电阻测量仪的接线

a) 三端钮式测量仪的接线　b) 四端钮式测量仪的接线

c) 测量小接地电阻时的接线

（2）仪表水平放置，调零。用调零旋钮使指针指在红线上。

（3）把转换倍率的开关（调节旋钮外圈）置于最大倍数上，慢慢摇发电机手柄，同时调节测量标度盘旋钮（内圈），即调

R4,当检流计接近平衡时才加快摇速(达 120 r/min 以上),并继续细心调标度盘旋钮,直到指针稳定指在红线上便可读数。若标度盘的读数小于 1,则把倍率开关转换到较小的挡,再重测。

(4) 测量中发现检流计灵敏度过高时,可将电位探针 P 插入土壤浅些;反之,灵敏度不够时 P 极插深些,并在 P 极和 C 极浇水,以增加导电性。

(5) 被测电阻小于 1 Ω 时,要采用四端钮接法。

三、电动式比率表做成功率因数表

电动式比率表与磁电式比率表不同之处仅是用固定线圈 A_1、A_1' 通电产生磁场,以代替永久磁铁,其结构如图 2—39 所示。

固定线圈分开绕制成两个线圈 A_1 和 A_1',测 $\cos\varphi$ 时通入负载电流 I,分为 A_1 和 A_1' 的目的是既使两线圈间的磁场均匀,又便于实现串、并联改接,来变换电流量程。两个固定线圈中间装有垂直交叉的两个同轴活动线圈 A_2 和 A_2',测 $\cos\varphi$ 时,A_2 串一个大电容 C,A_2' 串一个电阻 R1,然后整条支路并联负载电压端。如图 2—40 所示,A_2' 中电流 I_R 通过近乎纯阻性支路,与负载电压 U 同相,比负载电流 I 领先 φ 角;A_2 中电流 I_C 近乎纯容性,

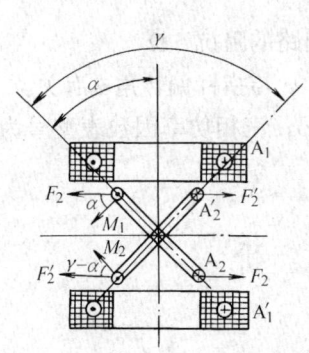

图 2—39 电动式流比计结构图

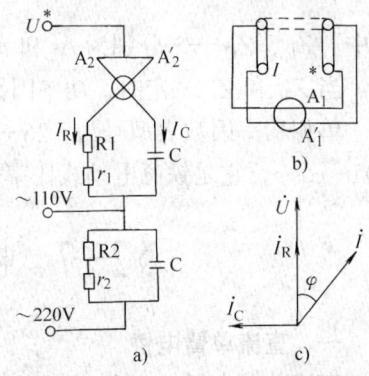

图 2—40 D26—$\cos\varphi$ 型功率因数表原理线路图

a) 可动线圈回路线路图 b) 固定线圈回路串、并联连接图 c) 相量图

比负载电压 U 领先 $90°$，比负载电流 I 领先 $(90°+\varphi)$ 角，它们的相位关系如图 2—40c 所示。

可动线圈 A_2 和 A_2' 在通入负载电流 I 的固定线圈 A_1 和 A_1' 所产生的磁场作用下，分别产生的转矩为：

$$T_1 = KII_C\cos(90°+\varphi)\cos\alpha$$
$$= -KII_C\sin\varphi\cos\alpha \qquad (2—38)$$
$$T_2 = KII_R\cos\varphi\cos(90-\alpha)$$
$$= KII_R\cos\varphi\sin\alpha \qquad (2—39)$$

转矩 T_1 和 T_2 的方向相反，如图 2—39 所示。当 $T_1 = T_2$ 时，指针在某个偏转角上不动。此时

$$KII_C\sin\varphi\cos\alpha = KII_R\cos\varphi\sin\alpha \qquad (2—40)$$

整理得

$$\frac{I_C\sin\varphi}{I_R\cos\varphi} = \frac{\sin\alpha}{\cos\alpha} \qquad (2—41)$$

改写为：

$$\frac{Z_R}{Z_C}\tan\varphi = \tan\alpha \qquad (2—42)$$

式中 Z_R、Z_C——分别为 A_2' 和 A_2 回路的阻抗，Ω。

当 Z_R 和 Z_C 一定时，功率因数角 φ 与指针偏转角 α 有关。单相功率因数表型号为 $D26-\cos\varphi$；三相功率因数表型号为 $1D5-\cos\varphi$，它是铁磁电动式比率表。

§2—7 电 桥

一、直流单臂电桥

直流单臂电桥（亦称惠斯登电桥）原理电路如图 2—41 所示，适用于中值电阻（$1\Omega \sim 1 M\Omega$）的测量。

R_X 为被测电阻，R_2、R_3、R_4 为可调电阻。调节可调电阻

可使检流计 P 指零（即 $I_p = 0$），称电桥平衡。这时
$$I_1 R_X = I_2 R_4$$
$$I_1 R_2 = I_2 R_3$$
可得
$$\frac{R_X}{R_2} = \frac{R_4}{R_3} \quad \text{或} \quad R_X = \frac{R_2}{R_3} \times R_4 \qquad (2—43)$$

电桥制造时，使 R2/R3 的值为可调十进制倍数的比率，如 0.1、1、10、100 等。这样，R_X 值为 R4 的十进制倍数，便于读取被测值。R2、R3 称电桥的比例臂，R4 称比较臂，它们均是准确度很高（1×10^{-3} 以上）的标准电阻，故电桥的准确度很高。

常用携带式单臂电桥 QJ23（0.2 级）的原理图和面板图如图 2—42 所示。

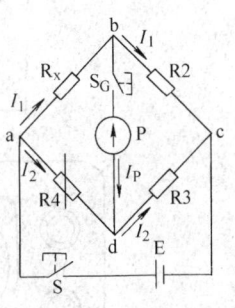

图 2—41　直流单电桥原理电路

图 2—42 中，比例臂 R2/R3 由 8 个电阻组成，分成七挡，由倍率旋钮 1 转换选择。比较臂 R4 用四个可调电阻箱串联而成，可在 0～9 999 Ω 范围内调整阻值，R4 的阻值由面板上四个形状相同的读数盘 2 所指示的电阻值相加而得。被测电阻 R_X 接于面板右下方，标有"R_X"的接线柱上。

电桥内附有检流计，亦可外接检流计，由面板左下方的三个接线柱选择。使用内附检流计时，用金属片将下面两个接线柱短接；需外接检流计时，用金属片将上面两个接线柱短接（即把内附检流计短接），并将外接检流计接在下面两个接线柱上。电桥不用时，应把内附检流计短接（即选外接接法），并把内附检流计锁住，做法是利用装在检流计刻度盘上方的锁扣，可将检流计的可动部分锁住，以免搬动时损坏悬丝。

电桥内附有三节 1 号电池，但当需要测大电阻时也可利用面板左上方一对标有"+、-"的接线柱 B 接入外电源。

面板下方中部有两个按钮开关（带有锁定功能），其中 G 为

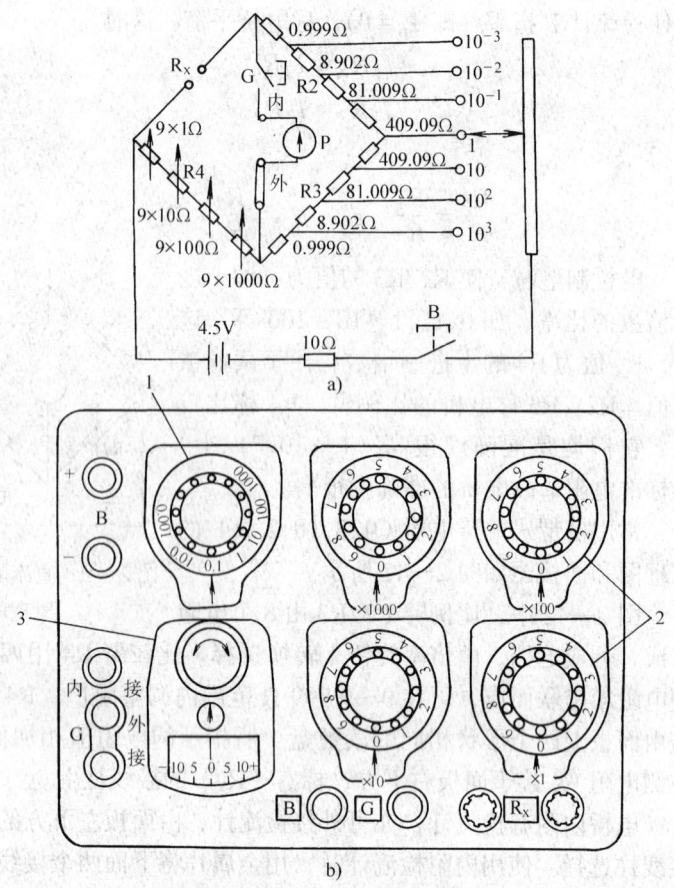

图 2—42 QJ23 型直流单臂电桥
a) 原理电路图 b) 面板图
1—倍率旋钮 2—比较臂读数 3—检流计

检流计支路串联开关；B 为电源支路串联开关。

电桥的使用步骤：

（1）先对检流计调零。打开检流计锁扣，调节调零器（检流计刻度盘上方），使指针位于零位。

（2）用万用表粗测被测电阻后，接于"R_X"两接线柱上，按

粗测的 R_X 值选择比例臂的倍率，务求让比较臂的四个电阻盘均有读数，以提高精度。例如 $R_X \approx 5\ \Omega$，则选倍率为 0.001，若电桥平衡时比较臂的读数为 5 123，则 $R_X = 5.123\ \Omega$，有四位有效数字。但如选倍率为 1，则比较臂前三个电阻箱无读数（为零），只有最低位电阻箱读出 5，则 $R_X = 5\ \Omega$，只有一位有效数字。

(3) 测量时，应先按电源按钮 B，再按检流计按钮 G（只按动一下，不要锁定），若检流计指针"＋"偏，应加大比较臂电阻；若指针"－"偏，应减小比较臂电阻。反复调节使指针趋于零位，此时将"G"按下锁住，再细调，目的是避免电桥不平衡时，检流计电流过大而烧毁。

(4) 测量结束时，应先松开"G"，再松开"B"。否则，在测量具有较大电感的直流电阻时，会因断开电源而产生自感电动势，而损坏检流计。

QJ23 型单臂电桥常见故障及修理方法见表 2—10。

表 2—10　　QJ23 型单电桥常见故障及修理方法

故障现象	产生原因	修理方法
1. 按下电源按钮 B、检流计按钮 G 时，检流计指针不偏转	(1) 电源按钮或检流计按钮接触不良，没有接通 (2) 内附电源连接线脱焊，或电池接触不良 (3) 限流电阻线断或脱线 (4) 比例臂中心引出线脱焊或虚焊 (5) 检流计线框断线或接线断线、脱焊 (6) 被测电阻未接时，有一只测量盘的刷片未接触 (7) 被测电阻未接时，有一只测量盘的步进电阻断丝或脱焊	(1) 拆卸按钮，进行擦洗，调整弹片弹性或更换 (2) 电源连接线脱焊、虚焊的应重新焊牢，接触不良可用细砂纸打磨接线片的锈蚀，用汽油清洗、擦净 (3) 限流电阻线断应重新焊或换新的 (4) 重新焊断线、引出线 (5) 确诊断线位置，重新焊牢接好，线框断线重绕或更换新的 (6) 调整刷片位置，使其与支座接触良好 (7) 用万用表逐盘检查，找出断丝电阻重绕或更换，若脱焊，则重新焊接

续表

故障现象	产生原因	修理方法
2. 按下电源按钮B、检流计按钮G时，检流计指针迅猛打向一边	(1) 一个测量盘中有断线或严重变值的电阻 (2) 测量盘两中心引出片内部短路	(1) 逐个检查测量盘的电阻，断线的或严重变值的重绕或更换新的 (2) 排除引出片短路现象，进行绝缘隔离
3. 检流计指针调不到零位	(1) 测量盘绝缘电阻降低 (2) 测量盘某只电阻超差 (3) 比例臂有电阻超差	(1) 将其放在烘箱中，以60～80℃的温度进行烘干 (2) 查出超差电阻，修复或更换新的 (3) 查出超差电阻，更换新的，确保电桥比例系数正确
4. 检流计指示有不稳定现象，有时偏大，有时偏小，有时偏左，有时偏右	(1) 有虚焊点 (2) 检流计按钮G或电源按钮B的接触点有污物 (3) 测量盘绝缘不稳定 (4) 有的电阻变质或绝缘不好，致使性能不稳定	(1) 查出虚焊点，重新焊牢 (2) 分解按钮，用汽油清洗、擦拭除去油污或氧化锈蚀 (3) 进行烘干，提高绝缘性能 (4) 更换变质电阻；绝缘不好，要进行烘干
5. 旋转测量盘时，检流计指针有明显的冲击现象	(1) 刷片有杂物、油垢 (2) 某一挡接触面上有杂物、绝缘物	(1) 将刷片拆卸，用汽油清洗杂物、油垢 (2) 排除杂物、绝缘物，用汽油清洗，待其晾干后涂上凡士林
6. 检流计指针动作迟钝，灵敏度不够	(1) 干电池使用过久，容量不足 (2) 检流计性能降低	(1) 更换新电池 (2) 卸下检流计，寻找原因并进行修理或更换

二、直流双臂电桥

使用直流单臂电桥测量低阻值电阻（1Ω以下）时，会因接线电阻和接触电阻（约 $1\times 10^{-3}\sim 1\times 10^{-4}$ Ω）的影响，带来不允许的误差。

直流双臂电桥（亦称凯尔文电桥）适用于测低值电阻（1Ω以下），如分流电阻、变压器、电动机绕组电阻和断路器的触点接触电阻等。

1. 电路原理 直流双臂电桥原理电路如图2—43所示，图中 R_X 为被测电阻；R_n 为比较用的可调标准电阻。它们各有两对接线端钮：一对是电流端钮 C_1 和 C_2、C_{n1} 和 C_{n2}；另一对是电位端钮 P_1 和 P_2、P_{n1} 和 P_{n2}。比较电阻 R_n 的两对接线端由厂家制造，被测电阻的两对接线位置则由用户选定。选择位置的原则是电位接线柱对的位置比电流接线柱对的位置更靠近被测电阻。

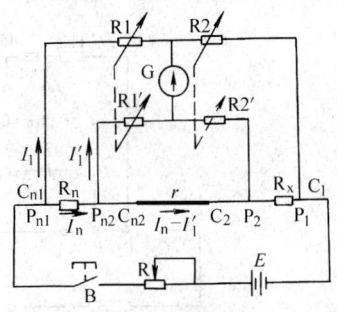

图2—43 直流双臂电桥原理电路

即电流柱在外侧，电位柱在内侧，彼此又要尽量靠近，所用的接线尽量粗些，且不要彼此绞在一起。

R_X 与 R_n 的电流端 C_2 和 C_{n2} 之间用一根电阻为 r 的粗铜线相连，它把 R_X、R_n 和电源连成一个闭合回路。R_X 和 R_n 的电位端分别和四个桥臂电阻 R_1、R_1'、R_2 和 R_2' 相接，它们均是大于 $10\,\Omega$ 的可调标准电阻，调节用联动机械选择开关实现，且调节时始终保持如下关系：

$$\frac{R_1'}{R_1}=\frac{R_2'}{R_2} \tag{2—44}$$

调节 R_n，使检流计指零，称电桥平衡。根据克氏电压定律，则有：

$$I_1 R_1 = I_n R_n + I_1' R_1' \tag{2—45}$$

$$I_1 R_2 = I_n R_X + I_1' R_2' \tag{2—46}$$

$$(I_n - I_1')r = I_1'(R_1' + R_2') \tag{2—47}$$

整理得

$$R_X = \frac{R_2}{R_1}R_n + \frac{rR_2}{r+R_1'+R_2'}\left(\frac{R_1'}{R_1}-\frac{R_2'}{R_2}\right) \tag{2—48}$$

由于联动开关调节时,始终保证 $R'_1R_2 = R_1R'_2$,故式(2—48)第二项为零,此时

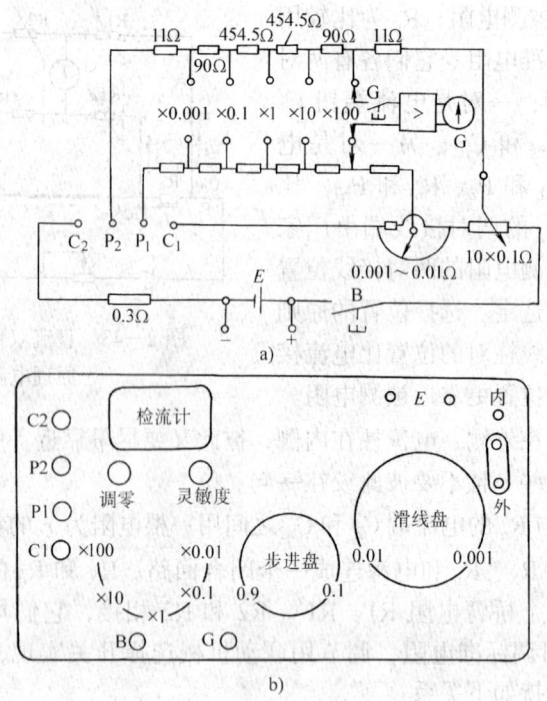

图 2—44 QJ44 型直流双臂电桥
a) 原理电路 b) 面板图

$$R_X = \frac{R_2}{R_1}R_n \qquad (2—49)$$

式中 R_2/R_1——双臂电桥的倍率。

双臂电桥的倍率由联动开关选择,倍率选十进制数,方便读出 R_n 后计出 R_X。式(2—49)中虽表明与粗导线电阻 r 值无关,但还是应使 r 尽量小,这样,即使 $R'_1/R_1 - R'_2/R_2 \neq 0$(制造上存在误差),它与 r 的乘积也很小,使式(2—48)第二项仍可略去。

2. 消除接线电阻和接触电阻的原因　被测电阻 R_X 和比较电阻 R_n 每个元件均有四条引线及四个接触电阻与桥路相连。

(1) C_2 和 C_{n2} 端的引线及接触电阻是与粗导线 r 相串联的，可视为 r 的一部分，不影响 R_X 的计算。

(2) C_1 和 C_{n1} 端的引线及接触电阻，可视为电源内阻一部分，也不影响 R_X 值的计算。

(3) 电位端 P_1、P_2、P_{n1} 和 P_{n2} 四条引线及接触电阻，可分别视为桥臂 R2、R2′、R1 和 R1′的串联电阻，而引线电阻和接触电阻（1×10^{-3} Ω）远小于桥臂电阻（>10 Ω），故可忽略不计。

3. 常用的携带式双臂电桥 QJ44（0.2 级，0.000 1～11 Ω）简介　原理电路和面板图如图 2—44 所示。图 2—44a 上方是四臂电阻，下臂电阻阻值与上臂对应相等（未标出），四臂电阻中间是联动倍率选择开关。图 2—44a 右下方是比较电阻 R_n，由步进式粗调和滑线式细调两个电阻盘串联。

被测电阻 R_X 的电位端和电流端对应接入面板图 2-44b 的左侧。电桥内附有电池，也可外接电源，由图 2—44b 右上角开关选择：开关置"内"时，用内附电池；置"外"时，外电源接入右上角一对"E"接线柱上。图 2—44b 下边靠左标有"B"的按钮是电源开关，它在图 2—44a 中标为 SB。图 2—44b 正下方标有"G"的按钮是检流计接通按钮。检流计在左上方，指针下方有调零旋钮。为使灵敏度更高，QJ44 型电桥采用了电子放大器，把失调信号放大后再送入检流计，设置灵敏度旋钮来调节放大倍数。

双桥电源电流较大，为避免浪费电池能量，测量时动作要迅速。时间过长还会使被测电阻发热而影响其阻值。

三、交流电桥简介

测量电路元件的阻抗（含 R 的 L 或 C）需用交流电桥，其原理线路如图 2—45 所示。图中，电源用 50 Hz 或 1 kHz 交

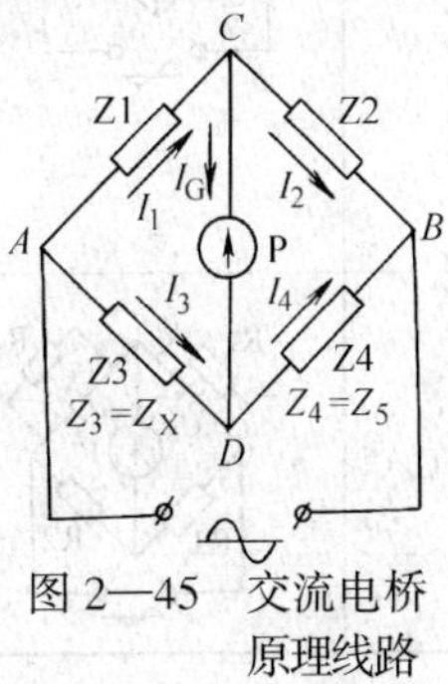

图 2—45　交流电桥原理线路

流电源，指零仪器 P 用电子管毫伏表或晶体管指零仪，或谐振式检流计，还可用耳机。

电桥平衡（$I_G=0$）时，对臂复数阻抗积相等。

即 $\qquad Z_1Z_4 = Z_2Z_3 \qquad$ (2—50)

或 $\qquad Z_1Z_4 e^{j(\varphi_1+\varphi_4)} = Z_2Z_3 e^{j(\varphi_2+\varphi_3)} \qquad$ (2—51)

或 $\qquad Z_1Z_4 = Z_2Z_3 \qquad$ (2—52)

$\qquad\qquad\varphi_1 + \varphi_4 = \varphi_2 + \varphi_3 \qquad$ (2—53)

式中 $Z_1 \sim Z_4$ ——各复数阻抗的模数；

$\varphi_1 \sim \varphi_4$ ——幅角。

被测量占一臂，其余三臂常选其中两臂为可调标准电阻，另一臂为固定电容和可调电阻。由于被测量可能是电感，也可能是电容，故四臂的安排有多种形式。常用的交流阻抗电桥线路，平衡方程式及使用条件见表 2—11。

表 2—11　　常用的交流阻抗电桥原理线路、平衡方程式及使用条件

形式	原理线路	平衡方程式	使用条件
C/C	（$C_X, C_S, R_X, R_S, R_1, R_2, P$ 电桥图）	$\left(R_X + \dfrac{1}{j\omega C_X}\right)R_2 = \left(R_S + \dfrac{1}{j\omega C_S}\right)R_1$ $C_X = C_S \dfrac{R_2}{R_1}$ $R_X = R_S \dfrac{R_1}{R_2}$ $\tan\delta = \omega C_S R_S$	串联电容电桥适于测量损耗小的电容器，因为 R_X 大，相应 R_S 也大，电桥灵敏度低
C/C	（$R_X, R_S, C_X, C_S, R_1, R_2, P$ 电桥图）	$C_X = C_S \dfrac{R_2}{R_1}$ $R_X = R_S \dfrac{R_1}{R_2}$ $\tan\delta = \dfrac{1}{\omega C_S R_S}$	并联电容电桥适于测量损耗大的电容器

续表

形式	原理线路	平衡方程式	使用条件
C/C		$C_X = C_S \dfrac{R}{R_1}$ $R_X = R_1 \dfrac{C}{C_S}$ $\tan\delta = \omega CR$	西林电桥或高压电桥，R1、R 连接点接地，适于在高压条件下测量电容器 $\tan\delta$
L/C		$L_X = R_2 R_3 C_S$ $R_X = R_2 \dfrac{C_S}{C_3}$	串联欧文电桥适于测量小值电感
L/C		$L_X = R_2 R_1 C_S$ $R_X = \dfrac{R_2}{R_S} R_1$	马克斯威尔—维恩电桥，适于测量 Q 值较小的电感
L/C		$L_X = \dfrac{R_1 R_2 C_S}{1 + (\omega C_S R_S)^2}$ $R_X = \dfrac{R_1 R_2 R_S (\omega C_S)^2}{1 + (R_S \omega C_S)^2}$	海氏电桥适于测 Q 值较大的电感，但平衡条件与 ω 有关

§2—8 数字万用表

数字万用表由半导体器件组成，采用数字显示，读数方便无视差；测量快速（达 2～5 次／秒）；精度高（1～100 μV）；输入阻抗高（约 10 MΩ）；过载能力强；质量轻；体积小；功能比指针式万用表更丰富。

数字万用表的基本原理是：无论测量何种电量，首先用转换器变换成直流电压，然后每隔一定时间（例如 200 ms）把瞬时电压值通过"模数转换器"（A/D）转换成二进制数码，例如把 7.5 μV 转换成 0 111.010 1，再用"译码显示器"译成十进制数字，并用字型发光二极管（LCD）或液晶显示器在面板上显现出 7.5 的数字。经过一定时间后（周期），被测直流电压不论变化与否，对它再重新"采样"一次，并转换、译码和显示。

测量过程的每一道工序，包括采样保持、模数转换（A/D）、译码、显示都由各专用的集成件完成。详细原理可在数字电路教材中查到。在数字万用表中，把全部工序用一块大规模集成件完成，就构成了非常紧凑的袖珍式万用表。

常用的 DT830 型数字万用表如图 2—46 所示，它采用 9 V 叠层电池（功耗 20 mW），LCD 液晶 4 位显示，最高位只能显示数字"1"或不显数字，所以算半位，称为 $3\frac{1}{2}$ 位万用表，最大显示数为 ±1 999，其测量功能在面板图上标出。

一、直流电压的测量

测量电路如图 2—47 所示，图左边有一串分压电阻，作量程选择。图右边方框内是一块具有采样、A/D 转换、译码功能的大规模集成电路，型号为 7106。

7106 的接线原理图如图 2—48 所示，其引脚功能见表 2—12。

7106 的信号输入端 IN_+、IN_-（㉛、㉚脚）前接有 R31 和 C10 组成的滤波器，以抗干扰。R18、R19、R20、R48、RP3 组成分压器，提供芯片需要的基准电压。与㊴、㊳脚相连的 R28、C7 及芯片内的两个反相器组成 40kHz 时钟脉冲发生器，钟脉冲又经内部的分频器形成 10 kHz 和 50 Hz 方波，前者作计数脉冲；后者推动 LCD 显示。

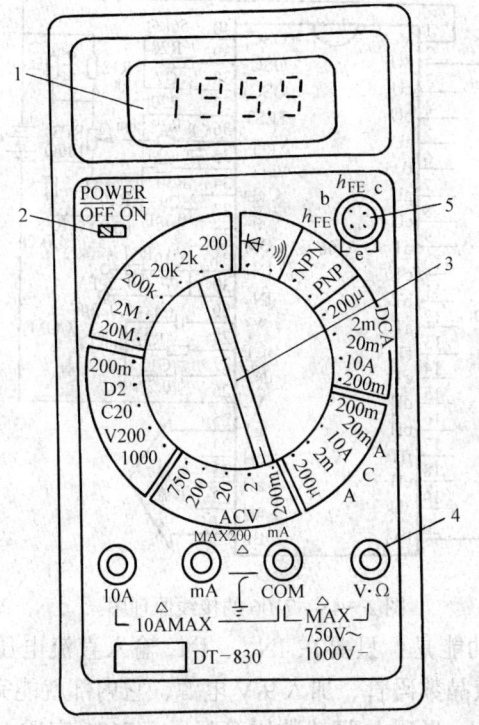

图 2—46　数字式万用表
1—显示器　2—电源开关　3—量程选择开关　4—输入插座　5—h_{FE}插口

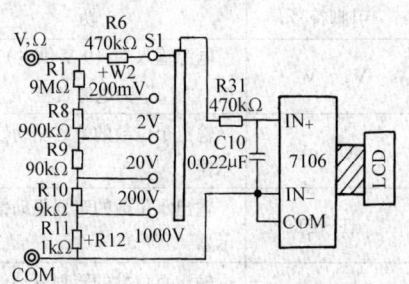

图 2—47　直流电压测量电路

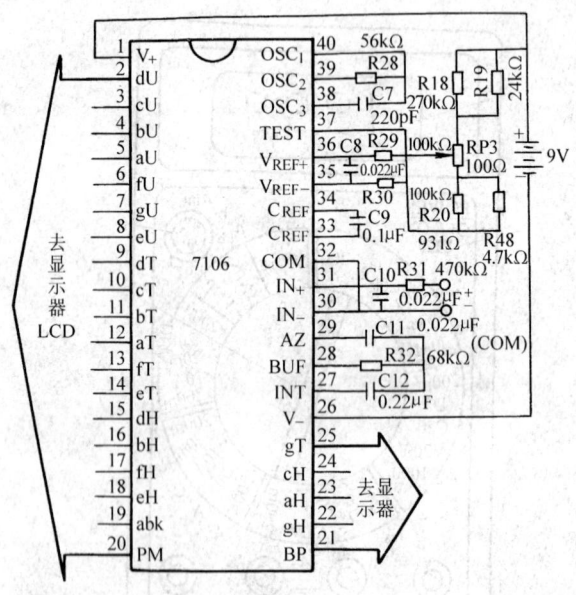

图 2—48　7106 的接线原理图

7106 的功能是：只要在 IN_+、IN_- 输入直流电压，输出端接四个七段液晶数码管，加入 9 V 电源，它内部就能完成采样保持、模数转换、译码并驱动数码管显示。7106 实质上是一个数字式直流电压表，是数字万用表的核心部分。

表 2—12　　　　　　7106 各引脚功能

引脚序号	引脚符号	功　　能
1、26	V_+、V_-	电源输入端（9 V 供电），"V_+"为电源正极，"V_-"为电源负极
2~8	dU~gU	输出个位数的笔划驱动信号，连接 LCD 显示器
9~14、25	dT~gT	输出十位数的笔划驱动信号，连接 LCD 显示器
15~18、22~24	dH~gH	输出百位数的笔划驱动信号，连接 LCD 显示器

续表

引脚序号	引脚符号	功能
19、20	abk、PM	输出千位数的笔划驱动信号，连接 LCD 显示器，其中 PM 为低电位时，显示器显示出负号
21	BP	公共电极的驱动端，简称"背电极"
27	INT	积分器输出端，接积分电容 C12
28	BUF	外接积分电阻 R32
29	AZ	外接自动调零电容 C11
30、31	IN_-、IN_+	模拟量输入的正端和负端
32	COM	模拟信号公共端
33、34	C_{REF}	接基准电容 C9
35、36	V_{REF-}、V_{REF+}	基准电压的负端和正端
37	TEST	测试端，此端经过 500 Ω 电阻接至逻辑线路的公共地
38、39、40	$OSC_1 \sim OSC_3$	时钟振荡器输出端

二、直流电流的测量

测量电路如图 2—49 所示。被测电流通过 R2～R5、R_{Cu} 转换成电压，由 7106 电压表测量。R_{Cu} 用黄铜丝制成，用来为 10 A 挡分流。二极管 V1 和 V2 起双向限幅作用。

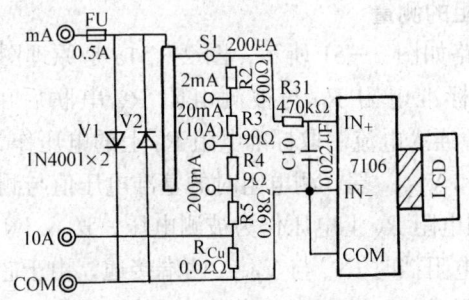

图 2—49　直流电流测量电路

三、交流电压的测量

测量电路如图 2—50 所示，由运放器 062 组成同相放大器，用二极管作半波整流。为消除二极管死区电压引起的误差，故把两个二极管接在运放器的负反馈支路，取其中一个二极管的输出电压再由 R26、C6 平滑滤波，经处理后由运放器输出，由 R31、C10 滤除高频干扰，送至 7106 测直流电压。图 2－50 左边的电阻串是用来改变量程的，V5、V6、V11、V12 起过压保护作用。

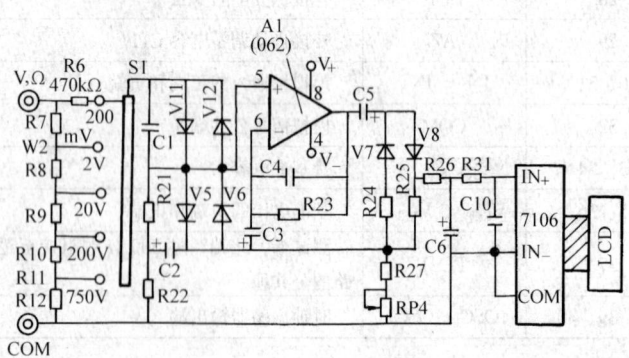

图 2—50　交流电压测量电路

四、交流电流的测量

将图 2—50 所示的分压器改为图 2—49 所示的分流器，就可构成交流电流测量电路，改动由转换开关完成。

五、电阻的测量

测量电路如图 2—51 所示，图 2－51a 是原理图，采用比例法测电阻。标准电阻 R_0 与被测电阻 R_X 串联后由 V_+ 和 V_- (COM) 电源通入电流。取标准电阻 R_0 上的电压作为基准电压，送入 V_{REF+} 和 V_{REF-} 端（测电阻时的基准电压值与测其他量时不同），把被测电阻 R_X 上电压作为被测电压，送入 IN_+ 和 IN_- 端。转换开关在电阻挡时 IN_+ 与 V_{REF-} 两端接通。由于芯片内模数转换器采用双积式，且设定：当被测电压等于基准电压时，读数为满程的中值（1 000）；当被测电压为基准电压 2 倍时，读数为满

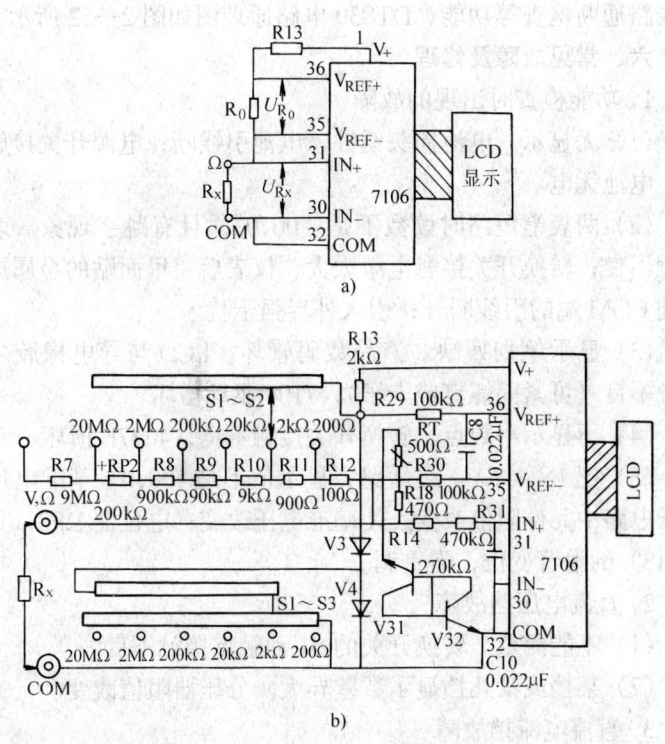

图 2—51 电阻测量电路
a) 测量原理图 b) 实际线路图

程。即当 $R_X = R_0$ 时,读数为 1 000;当 $R_X = 2R_0$ 时,读数为 2 000(溢出,满程为 1 999)。对于其他情况,则有

$$读数 = \frac{R_X}{R_0} \times 1\,000$$

取 R_0 为 10 的整数倍的若干个标准电阻,则可直读多挡量程的 R_X 值。实际电路如图 2—51b 所示,图中 R7~R12 均为标准电阻。热敏电阻 RT 和晶体管 V31、V32 组成过压保护电路。

DT830 型数字万用表还具有二极管检查、三极管 β 值测量

及线路通断检查等功能，DT830 电路原理图如图 2—52 所示。

六、常见故障及修理

1. 功能检查时出现的故障

（1）无显示。电池插头锈蚀，电池引线断；电源开关接触不良；电池无电。

（2）两表笔短路时读数不是"00.0"，且有跳字现象。表笔接触不良；转换开关接触电组太大；仪表后盖里面贴的金属屏蔽层到 COM 端的引线断开；引入外界强干扰。

（3）显示笔划残缺。液晶数码管坏，LCD 与导电橡胶之间接触不良（可紧固螺钉或卡子）；7106 驱动器坏。

（4）不显示小数点。转换开关接触不良，4077B 损坏。

（5）把 IN_+ 与 V_{REF+} 短路，显示值不是 100.0。基准电压的分压电路中元件阻值改变，使基准电压改变；电位器 RP3（见图 2—48）的滑臂变位，需重调。

2. 直流电压挡故障

（1）不能测量。转换开关的 S1 动触点接触不良。

（2）某挡或某几挡显示数差异大。分压器阻值改变。

3. 直流电流挡故障

（1）不能测量。0.5 A 熔丝管烧断；S1 接触不良；V1 或 V2 击穿短路。

（2）某挡或某几挡显示数值差异大。分流电阻变值。

4. 交流电压挡故障

（1）不能测量。运放器 062 损坏，S1 接触不良；C5、R26 脱焊。

（2）各挡显示值都存在一定的误差。电位器 RP4（见图 2—50）不准，需重调。

5. 电阻挡故障

（1）不能测量。标准电阻开路，R13 开路；S1 接触不良。

（2）显示数不对。标准电阻变值。

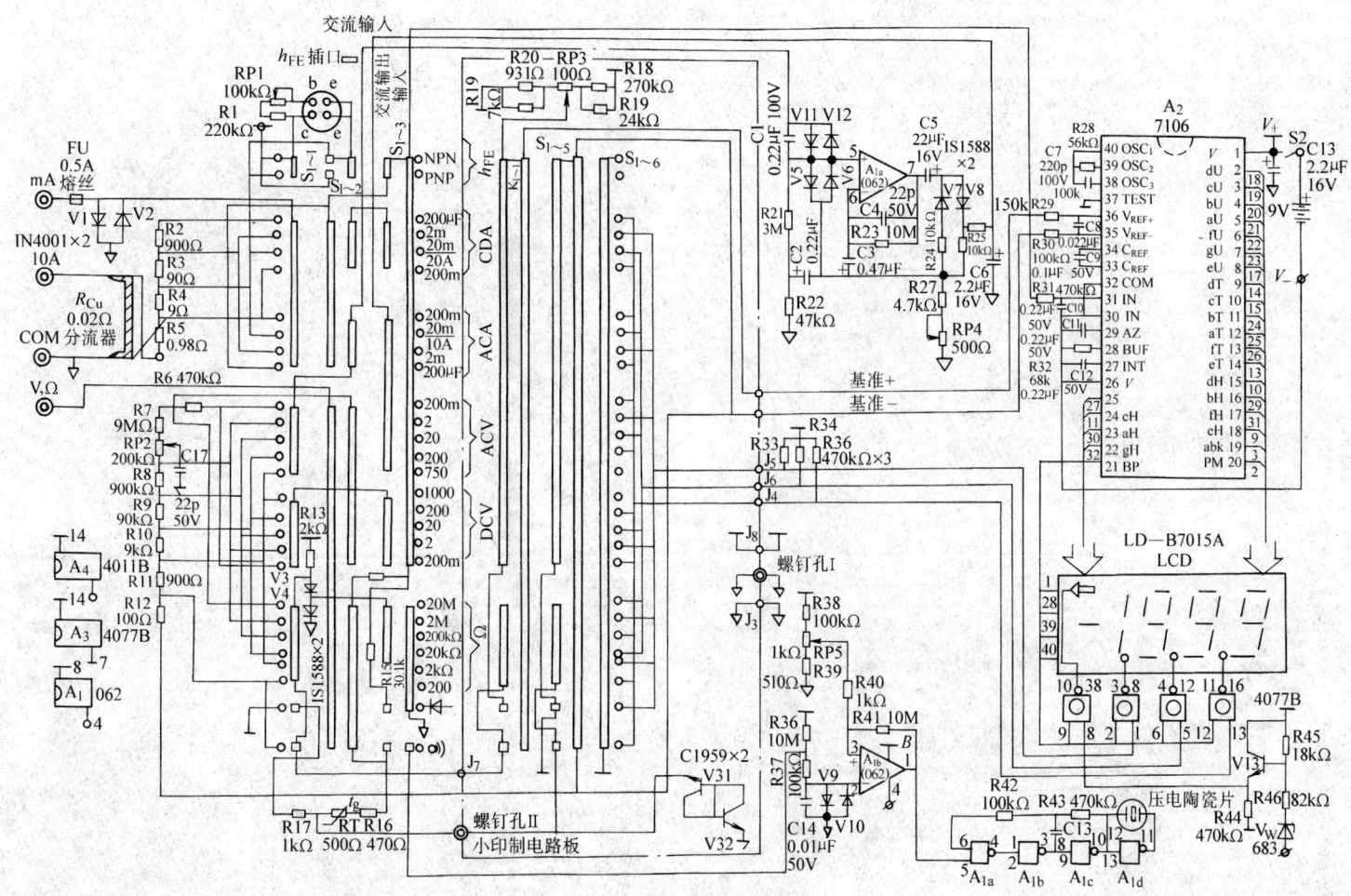

图 2—52 DT830 电路原理图

6. 二极管检查挡故障　此挡故障往往出自直流电压挡故障。

7. 蜂鸣器挡故障　两表笔短路，不发出蜂鸣响。先排除 200 Ω 电阻挡故障，电阻挡正常时，查运放器 062 输出电压，若始终为负值，则可能是比较器或运放损坏。若运放器输出正常，则故障在可控振荡器，查 R43、C13 及 4011。

8. 测三极管 β 值挡故障

（1）不能测量。管子加不上电压，V_+ 或 COM 端到 β 插口的印制线路断开；管脚插错或虚插。

（2）显示值不稳定。β 值插口污垢多，可用无水酒精擦净。

§2—9　电子示波器

电子示波器可把信号电压随时间变化的规律，用图形直观地显示出来，并且可通过所显示的波形，测定电压值、频率及相位。

一、电子示波器原理

1. 示波管　示波管是示波器的核心器件，它是一种利用高速电子束轰击荧光屏而使其发光的显示器件，由电子枪、荧光屏和偏转系统三部分组成，装在一个真空玻璃管中，如图 2—53 所示。

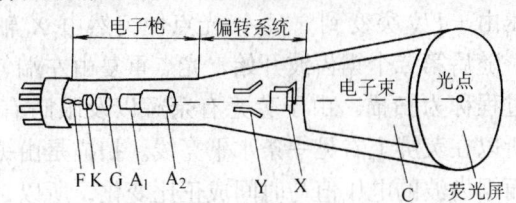

图 2—53　示波管的基本结构

F—灯丝　K—阴极　G—控制栅极　A_1—第一阳极　A_2—第二阳极
Y—Y 轴偏转板　X—X 轴偏转板　C—导电层

电子束的产生：管内的灯丝通电加热阴极，使它发射电子。电子被圆筒形第二阳极的正电场吸引，加速成高速电子流，除了一部分电子落在第二阳极外,大部分高速电子穿过第二阳极的圆筒,轰击管末端的荧光屏,发出可见光。该部分的电子被荧光屏附近的用石墨涂层做的第三阳极(几千伏正压)所吸收。为使电子成束,故设置了第一阳极(又称聚焦阳极),改变它的电压,可把粗电子束变细,相应荧光屏上的亮点由大变小。为控制电子束的电子数量,以控制荧光屏亮点的明暗程度,在电子通道近阴极处,装有带负压的筒形栅极,改变它的电压,可调节光点的亮度。

2. 示波器工作原理 为了使电子束形成的光点有规律地移动,移动的轨迹反映被测信号变化规律,在示波管内电子通道上装有两对互相垂直的平板电极,水平装设的一对平行平板电极称为水平偏转板,又称 X 轴偏转板;垂直装设的一对电极称垂直偏转极,又称 Y 轴偏转板。当 X 轴偏转板加电压 U_X 时,其电场使电子束发生水平位移,在 U_X 变化时,亮点成一条水平线;当 Y 轴偏转板加电压 U_Y 时,电子束垂直位移,在 U_Y 变化时,亮点成一条垂直亮线。

通常在 X 轴偏转板上施加一个从 $-U_X$ 到 $+U_X$ 随时间作直线变化的周期电压,即锯齿波电压。在 Y 轴偏转板不加信号电压时,光点从 X 轴最左端(对应 $-U_X$ 电压)开始,随着 U_X 增加而匀速向右端移动,到 $+U_X$ 时移至 X 轴最右端,以后,由于锯齿波电压由 $+U_X$ 突变到 $-U_X$,光点便突然由 X 轴最右端返回最左端。随后第二个锯齿波开始,光点重复由左端匀速移至右端。上述过程称为扫描。由于荧光有余辉以及眼睛有 1/12 s 视觉暂留,所以在荧屏上看见一条水平亮线。扫描是由锯齿波电压变成的,而锯齿波的电压值与时间成正比变化,所以,光点的位移量与时间成正比变化(即匀速)。

被测信号电压加在 Y 轴偏转板,图 2—54 所示是加入正弦波信号时的波形显示图。测量时,X 轴同时施加锯齿波扫描电压,电子束在两个电场的作用下,某一瞬时光点所在位置的 X、Y 坐标值,取决于该瞬时的 u_x、u_y 电压值,当锯齿波频率 f_X

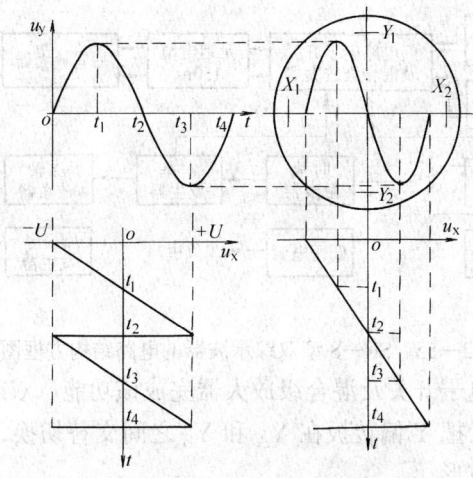

图2—54 正弦波的显示原理

与正弦波信号频率 f_y 相同时,在荧屏上便出现一条完整的正弦曲线。

要从示波器上观察到稳定的被测波形,必须保持垂直输入信号频率 f_y 和扫描频率 f_x 的整数倍关系,即 $f_y = nf_x$,这时称为同步。如不同步,则后一个周期内显示出的波形与前一个周期显示出的波形不能重叠,加上余辉与视觉暂留,两次波形均被观察到,但波形不断移动,故难以观察,示波器的触发电路单元可以保证在同步下测量,使 $f_y = nf_x$ 时,可以观察到 n 个周期的稳定的 Y 轴信号。

二、SR—8 型通用双踪示波器

1. 电路结构方框图 电路结构方框图如图 2—55 所示,图中 X 轴偏转电压 u_x 由时基发生器(锯齿波)经放大后提供。为保证同步,设置时基触发器,它可按信号电压 Y_B 的频率确定锯齿波的频率,保证 $f_y = nf_x$,且 n 可选择。

SR—8 型示波器可同时观察两个信号 u_A 和 u_B(称为双踪),也可单独观察任一单踪;还可观察二踪的叠加波形。在图 2-55

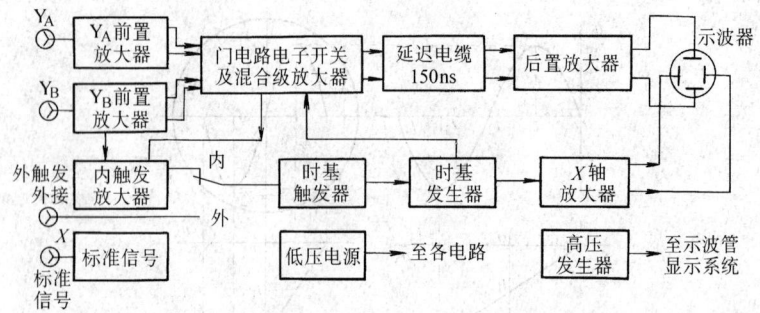

图 2—55 SR—8 型双踪示波器的电路结构方框图

中,门电路电子开关及混合级放大器完成该功能。双踪原理是利用电子开关,把 Y 偏转板在 Y_A 和 Y_B 之间交替切换,便可同时观察到两个波形。

当 Y_A、Y_B 两通道信号频率较高时,电子开关在第一次扫描时接通 Y_A,第二次扫描时接通 Y_B,交替进行,如图 2—56a 所示,这称为交替方式。

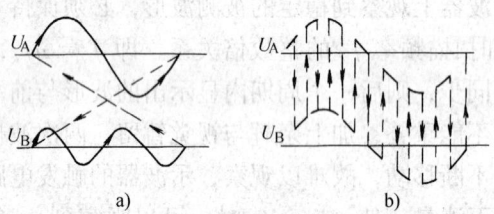

图 2—56 电子开关的两种工作方式
a) 用"交替"方式进行双踪显示 b) 用"断续"方式进行双踪显示

当信号频率较低时,在一个扫描时间内,电子开关轮流接通 Y_A 通道和 Y_B 通道,使 u_A、u_B 波形断断续续出现,如图 2-56b 所示,称此为断续方式。若以 200 kHz 频率进行通道转换,眼睛就感觉不出波形的断续现象。示波器上可看到两路完整的波形,当然 f_A 和 f_B 必须是扫描频率的整数倍,才能同步。

2.面板图 面板图如图 2—57 所示,图中各旋钮作用如下:

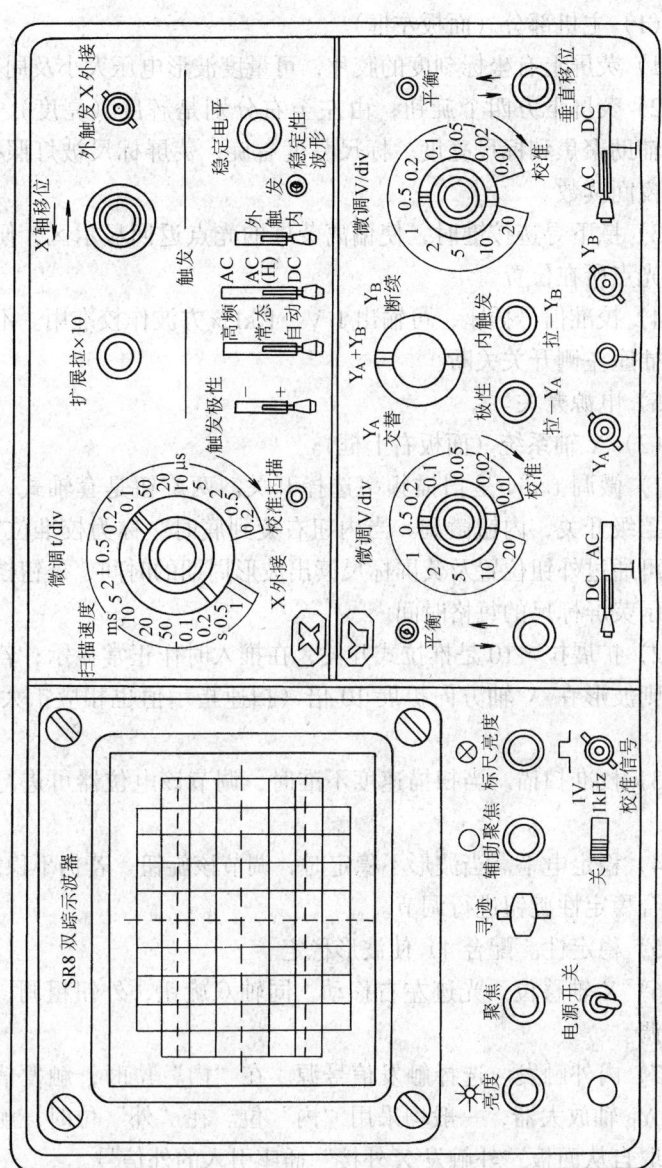

图 2—57 SR—8 型二踪示波器面板图

(1) 主机部分（面板左框）。

1）荧屏上有坐标刻度的胶片，可量度波形电压大小及周期。

2）荧屏下方四个旋钮，由左至右分别是辉度（亮度）、聚焦、辅助聚焦和标尺亮度。标尺亮度右旋，荧屏标尺被灯照亮，方便夜间读数。

3）揿下寻迹按键时，使偏离荧屏的光点返回显示区，便于寻找光点所在位置。

4）校准信号插座，可输出 1 V、1 kHz 方波作校准用。不用时把插座左侧开关关断。

5）电源开关。

(2) X 轴系统（面板右上框）。

1）微调 t/div 是扫描频率选择开关。两旋钮是套轴式，外钮是挡级开关，内钮微调。当内钮右旋到底时，称为校准位置，此时可通过外钮位置及荧屏标尺读出波形周期的时间，外钮挡位是指示荧屏标尺的每格时间。

2）扩展拉×10 是推拉式开关，在推入时作正常显示；若拉出，则波形在 X 轴方向扩展 10 倍（扫速指示值也相应扩大 10 倍）。

3）校准扫描。当扫描速度不准时，调节该电位器可进行校准。

4）稳定电平。当波形不稳定时，调节该旋钮。若仍不稳定，可配合稳定性旋钮进行调节。

5）稳定性。配合 4) 使波形稳定。

6）X 轴移位。光迹左右移动。同轴双旋钮，外钮粗调；内钮微调。

7）内外触发。选择触发信号源。在"内"位时，触发信号取自 Y_B 轴放大器，一般均采用"内"位。在"外"位时，触发信号取自从面板"外触发 X 外接"插座引入的外信号。

8）AC、AC（H）、DC 是触发信号耦合方式选择开关。AC

挡：交流耦合，触发信号中直流分流被阻隔（通常使用 AC 挡）；AC (H) 挡：也是交流耦合，但触发信号通过高通滤波器，即低频信号不能通过，由于低频被抑制，故适用于观察叠加有低频干扰的信号；DC 挡：直接耦合，适用于观察很低频率的信号。

9) 高频、常态、自动选择开关。高频挡：观察 1 MHz 以上的高频信号用；自动挡：观察低频或直流信号用；常态挡：观察一般中频信号用。

10) 触发极性 +、- 选择。选"+"位时，扫描从触发信号的正向斜率部分开始，若观察正弦电压，则示波图形由正波上升开始（常用）；选"-"位时，则正弦图形由负波开始。若观察脉冲波时，观察正脉冲的前沿时应选"+"，观察负脉冲前沿时应选"-"。

11) 外触发 X 外接插座。它是外触发信号和 X 轴放大器外接信号共用的输入插座。受"t/div"扫描频率开关控制。当"t/div"外旋钮置于"X 外接"位置时，作 X 外接信号插座用；当"t/div"置于其他扫描位置时，作外触发信号插座用，此时应同时将"触发源选择开关"置在"外"的位置。

(3) Y 轴系统（面板右下框）。两通道 Y_A 和 Y_B 的控制旋钮对称排列，公用部分在中央。

1) 五挡通道及显示方式选择。"Y_A"或"Y_B"：只显示对应的单踪；"交替"或"断续"：双踪同时显示，但前者适用于频率较高的信号，后者则适用于低频；"$Y_A + Y_B$"：显示两信号的代数和，与下述 2) 极性选择开关配合使用，当极性开关在推入位置时，显示 $u_A + u_B$；当在拉出位置时，显示 $u_A - u_B$。

2) 极性选择开关。拉出时显示 Y_A 的反相波形，推入时作正常显示。

3) 内触发信号选择开关。拉出时扫描的触发信号取自 Y_B 通道的输入信号，作双迹显示时用。推入时，作单踪显示时用，扫描的触发信号取自该踪输入信号。

4) 微调 V/div（垂直灵敏度选择）。它是同轴双钮，外钮 11 挡，选择 Y 轴信号放大量，读数是荧屏标尺每格代表的伏数，但必须把内钮（微调）右旋到"校准"的位置，外钮读数才是正确的。

5) 平衡电位器。当显示波形随"v/div"旋动而出现波形 Y 轴位移时，可调该钮使位移稳定。

6) 垂直位移旋钮。移动光踪上下位置。

7) DC、AC 耦合选择开关。DC 挡：直接耦合，适用于观察含直流分量或低频信号；AC 挡：交流耦合，隔去直流成分，使信号波形的显示位置不受直流电平的影响。

8) Y_A 和 Y_B 输入信号插座。输入信号。

9) 公共线插座。欲测定两个电压信号时，两信号有公共端的，才可观察波形。公共线就是接公共端的引线。测单迹信号电压时，用一踪输入信号插座引线（Y_A 或 Y_B）及公共线插座引线分别触及信号电压两端。

三、示波器的使用

以 SR—8 型双踪示波器观察 50 Hz、60 V 左右、有公共点的两个正弦电压为例说明。

1. 示波器各旋钮设置

(1) X 轴旋钮。触发部分选内触发，AC 挡，自动挡（低频），正极性。扫描频率 t/div 选 2 ms 挡。

(2) Y 轴旋钮。选断续方式（适应双踪低频），推入极性开关（拉出则 Y_A 反相），拉出内触发开关（由 Y_B 信号触发扫描）。Y_A 和 Y_B 灵敏度 V/div 均选 20 V 的挡位（如信号探头带衰减器，则可选 ×1 挡）。耦合开关选 AC。

2. 打开电源开关　调节合适辉度，调节聚焦和辅助聚焦使水平扫描线清晰。调节 Y_A 及 Y_B 的光踪移动旋钮，使两条水平扫描线重合并在荧屏标尺 X 轴上。

3. 接入信号　公共线探针接两个信号的公共点（有时是被

测电路的公共参考点，但有时却不是）。Y_A 和 Y_B 探头触及两被测电压。最好先触及 Y_B，并利用 X 轴系统的稳定电平和稳定性两旋钮调节波形稳定（即只有一条曲线，而不是多条曲线重叠）。再触及 Y_A 时便显示出图 2—58 的波形。

4．读数 读数前，首先把两个 Y 轴的灵敏度 V/div 的内旋钮旋至最右端校准位置，把 X 轴扫描频率 t/div 的内旋钮，旋至最后端校准位置，读数才能准确。

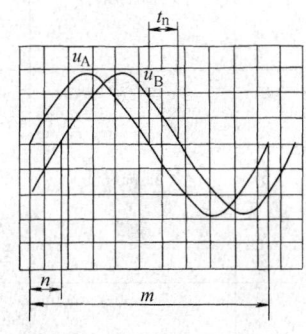

（1）周期 T。一个完整的正弦波时，X 轴标尺读出 10 格，由于选用 t/div = 2 ms/div，故周期 T = 2 ms/格 × 10 格 = 20 ms。

图 2—58 双踪显示

（2）幅值。波顶的 Y 轴标尺读出 2.8 格，由于选用 V/div = 20 V/格，故幅值 U_m = 20 V/格 × 2.8 格 = 56 V。

（3）相位差。读 u_A 和 u_B 过零点的 X 轴标尺的距离为格数 n，再读出周期的标尺格数 m，则有

$$\varphi = \frac{n}{m} \times 360° \qquad (2-54)$$

由图 2—58 可知：u_A 领先于 u_B。

四、SR—8 型双踪示波器的常见故障

SR—8 型双踪示波器的常见故障见表 2—13。

表 2—13　　　　SR8 型双踪示波器的常见故障

序号	故障现象	故障产生的原因
1	无光点	（1）Y 轴或 X 轴对称放大电路不平衡（可将选择开关置于 Y_A、Y_B 位置，以确定故障的具体部位） （2）Y 轴或 X 轴前置放大直流工作点偏离正常值（拔出 Y 轴或 X 轴插件，如仍无光点，则故障在后置放大级） （3）直流高低压电源故障 （4）示波管电路故障

续表

序号	故障现象	故障产生的原因
2	Y轴幅度小	(1) 校准电位器 RP_{13-2} 调乱，应予重调 (2) 电源电压不正常，各滤波电容器不正常 (3) 各放大管直流工作点偏离 (4) 调幅电位器损坏
3	X轴幅度小	(1) RP_{25-4}（×10）或 RP_{25-2}（×1）调乱，应予重调 (2) X轴电源电压下降，各滤波电路不正常 (3) 各级放大管直流工作点偏离 (4) 调幅电位器损坏 (5) 扫描幅度过小
4	同步不好	(1) 稳定性调节电位器 RP_{23-2} 失调，应予重调 (2) Y轴内触发放大电路不平衡或管子损坏，输出零电平未调好 (3) 扫描电路本身不稳定 (4) 内触发放大、扫描电路的电源纹波过大
5	无扫描	(1) 按"寻迹"时仍无扫描，则故障不在扫描发生器部分 (2) 扫描触发信号未加来 (3) 扫描电路本身有故障 (4) 释抑电路故障
6	增辉、抹迹失灵	(1) 两者同时失灵，则是输出管 V_{14-2}、V_{16-6} 损坏 (2) 仅增辉失灵，可能是 RP_{23-1}、V_{16-7} 损坏 (3) 仅抹迹失灵，可能是 RP_{16-1}、V_{16-1} 损坏
7	校准信号不准	(1) 频率校准电位器 RP_{501} 失调 (2) 幅度校准电位器 RP_{503} 失调 (3) 频率误差过大调不过来时，可能是时基电路的RC时间常数不准 (4) 输出波形不良时，可能是 V_{502}、V_{503} 损坏 (5) 无校准信号时，可能是失去电源或管子损坏
8	电源故障	与一般示波器检查相同

【习题】

1. $K=1.0$、满量程 10 A 的电流表，其最大绝对误差（基本误差）为多少？用它测量 5 A 电流时，其相对误差是多少？

2. 用一只 0.5 级 100 V 和一只 1.5 级 15 V 的电压表，分别测量 10 V 电压时，哪只表准确？

3. 内阻为 200 Ω 的 500 μA 磁电式表头，欲制成 1 A 电流表，应并联多少欧姆的分流电阻？

4. 内阻为 500 Ω 的 200 μA 磁电式表头，欲制成 100 V 电压表，应串联多少欧附加电阻的阻值？

5. 为什么磁电式仪表的指针标尺会刻度均匀？又为什么它过载能力差？

6. 电流表的外附分流器有四个接线端，如何接线？用电路图说明。

7. 两只同量程的电压表，一只是 10 kΩ/V；另一只是 20 kΩ/V，测量同一负载上的电压，哪只表测得准确？

8. 若把电流表与负载并联，或把电压表与负载串联，通电后有何现象？

9. 用万用表交流电压挡测直流电压，或用直流电压挡测交流电压，量程选对时，会有何现象？

10. 万用表测量电阻的原理是什么？

11. 使用万用表电阻挡时，为什么要调零？

12. 试述用万用表判断晶体三极管管脚的方法。

13. 为什么电磁式仪表指针标尺刻度是不均匀的？

14. 电磁式交流电流表是如何改变量程的？为什么不用分流电阻？

15. 为什么电动式仪表可以同时反映两个电量？

16. 试画出功率表的接线图。

17. 功率表标尺刻度 150 格，其电压量程为 150 V，电流量程为 10 A，测量时指针偏转 100 格，测出的功率是多少？

18. 两表法适用于测量何种三相电路的功率？试画出其接线图。

19. 题 18 在何种情况时，会有一个表指针反转？此时如何读数？

20. 试把三相功率表（见图 2—20）接入三相电路测量三相功率，并画出线路图。

21. 试画出单相电能表的接线图。

22. 万用表能测量电阻，为什么绝缘电阻不能用它测量而要用兆欧表测量？

23. 为什么兆欧表的读数，基本上与手摇发电机电压无关？

24. 兆欧表的规格有 500 V、1 000 V、2 000 V 等，在测量绝缘电阻时，如何选择电压等级？

25. 测量带有屏蔽层的电缆的绝缘电阻时，应采取何种措施，兆欧表才会测量准确？

26. 为什么兆欧表指针没有调零装置？

27. 使用兆欧表测量绝缘电阻时，为什么开始时不要摇得快，而读数时要摇至额定转速？

28. 流比计式接地电阻表的原理如何？为什么测量前应拨至"调整"挡位，调节电位器使指针在红线位置后，再转至"测量"挡位读数？

29. 流比计式接地电阻表对辅助电位极 P 的接地电阻有何限制？

30. 测量接地电阻时为什么不能施加直流电压？

31. 补偿法接地电阻表的工作原理如何？改变量程的方法是什么？

32. 补偿法接地电阻表的几个接地电极，其插入地面时的几何位置如何安排？

33. 四端钮的补偿接地电阻表测量时如何接线？它适宜测多大范围的接地电阻？

34. 为什么用电桥测电阻比用万用表测电阻更准确？

35. 直流电桥两个按钮开关：电源开关和检流计开关，它们在测量时和测量结束时的操作先后次序有何规定？为什么？

36. 有一个 15 Ω 左右的电阻，用电桥测准其阻值时，电桥应选的倍率是多少？此时测量误差是多少？

37. 图 2—42 所示的 QJ23 型单臂电桥，请从面板图上分析该电桥可测最大电阻和最小电阻的阻值各是多少？

38. 1 Ω 以下的电阻，用单臂电桥就可以测量，为什么还要用双臂电桥来测？

39. 为什么双臂电桥基本上可消除接触电阻和引线电阻带来的误差？

40. 图 2—44 所示的 QJ44 型双臂电桥的测量范围是多少？

41. 双臂电桥的被测电阻为什么要有四个接线端？它们的几何位置如何安排？

42. 测量大型变压器线圈的电感时，应采用哪种测量仪器？

43. 如果说指针式万用表本质是一个毫安表（微安表），所有的被测电量都转换成电流来测量，那么，数字万用表的本质是个什么仪表？

44. 数字万用表与指针式万用表相比较，优点是什么？

45. 无论是指针式还是数字式万用表，测量交流电压时都需用二极管把交流变成直流，而二极管死区电压有 0.7 V。为什么数字式万用表的交流电压挡有 200 mV 挡（见图 2—50）？

46. 测电阻时，指针式万用表必需每次调零，而数字式万用表为什么不需调零？它们的测量方法有何不同（见图 2—51）？

47. 试述电子示波器的原理。

48. 观察一个正弦电压时，示波器荧屏上出现多个不同相位的正弦波，这种现象是什么原因引起的？如何调节才能使荧屏出现一个正弦波？

49．SR—8 型双踪示波器的示波管只有一束电子流，为什么可以同时显示两个信号的波形？

50．SR—8 型双踪示波器显示双踪时，选择"交替"或"断续"方式的依据是什么？

51．日光灯电路是镇流器（电感）与灯管（电阻）串联后接入 220 V 交流电源。现用 SR—8 型示波器观察它们的电压及相位差，示波器面板（见图 2—57）各旋钮应如何选择？

提示：(1) 镇流器与灯管的连接点作公用点 (2) 极性选择开关置"拉出"位置。

第三章 低压电器

本章主要介绍低压断路器、控制继电器、电磁铁、漏电保护开关及低压配电屏等常用低压电器的结构和工作原理，同时也介绍常用低压电器的一般故障和维修方法，以及低压电器的灭弧方法。

§3—1 概　　述

一、低压电器的分类和应用

凡是接通和断开（强、弱）电路或调节、控制、变换、监测、保护电路及设备用的电工、电气器具和装置，都统称为电器。而低压电器是指工作于交流 50 Hz 或 60 Hz、额定电压 1 000 V 及以下，或直流额定电压 1 200 V 及以下电路中的电器。

低压电器分类方法很多，除按灭弧介质、外壳防护等级、污染等级、安装类别和防触电等级等区分外，还可按操作方式分为手动电器与自动电器；按工作条件分为一般用途低压电器、化工用低压电器、矿用低压电器、牵引用低压电器、水下及船用低压电器、航空用低压电器、热带低压电器、高原低压电器等；按与使用系统的关系分为低压配电电器和低压控制电器两类，见表 3—1。

二、低压电器的基本特点

低压电器用量大、品种型号系列多。配电电器具有分断能力强、限流效果好，动稳定和热稳定性高及操作过电压低的特点。

控制电器具有操作频率高、转换能力强、电寿命及机械寿命长等特点。对于特殊场所使用的低压电器还兼有防爆、防腐、防水、防尘、防潮、防振、防燃等优良性能。

表 3—1　　　　低压电器产品种类代号及用途

产品名称		品　种　名　称	类组代号	用　　　　途
配电电器	自动开关	框架式自动开关 塑料外壳式自动开关 限流式自动开关 直流快速开关 漏电保护自动开关	DW DZ DX DSZ DZL	用作线路过载、短路、欠压分断电路和不频繁接通、分断电路
	熔断器	插入式熔断器 无填料密闭管式 螺旋式 有填料密闭管式 快速式	RC RM RL RT RS	用作线路或设备的短路和过载保护
	刀开关	大电流刀开关 熔断器式刀开关 开关板式刀开关 负荷开关	HD HR HH HK	主要用作电路隔离，也能接通、分断额定电流
	转换开关	组合开关 换向开关	HZ	主要用于两种以上电流或负荷的转换和通断
控制电器	接触器	交流接触器 直流接触器 真空接触器	CJ CZ CG	用作远距离频繁地启动或控制交、直流电动机以及接通、分断电路
	控制继电器	电流继电器 时间继电器 中间继电器 热继电器 通用继电器	JL JS JZ JR JT	用于控制系统，控制其他电路或作主电路保护之用

续表

产品名称		品种名称	类组代号	用途
控制电器	启动器	磁力启动器 减压启动器	QC QJ	用作交、直流电动机启动和正反转控制
	控制器	凸轮控制器 平面控制器 鼓形控制器	KT KP KG	控制电动机启动、换向、调速
	主令电器	按钮 行程开关 万能转换开关	LA LX LW	用于发布命令或程序控制以接通、分断电路
	电阻器	板形元件电阻器 冲片元件电阻器 管形元件电阻器	ZB ZC ZG	用于改变电路参数
	变阻器	励磁变阻器 启动变阻器 频敏变阻器	BL BQ BP	用于发电机调压以及电动机平滑启动和调速
	电磁铁	启动电磁铁 牵引电磁铁 制动电磁铁	TW TQ TZ	用于起重、操纵或牵引机械装置

从结构上来看，低压电器一般有两个基本部分，一个是感受部分，它感受外界接入的信号，作出有规律的反应，例如，接触器和自动开关的电磁系统。另一个为执行部分，它根据指令，执行电路通、断任务，例如，主触点及辅助常开、常闭触点。感受部分和执行部分之间，还有传动机构（如杆、臂、弹簧、金属片等）形成一定规律的动作。

三、低压电器产品型号的表示方法和含义

低压电器产品型号常用汉语拼音字母及阿拉伯数字表示，如图 3—1 所示。类组代号代表电器的类别和特征。设计代号代表

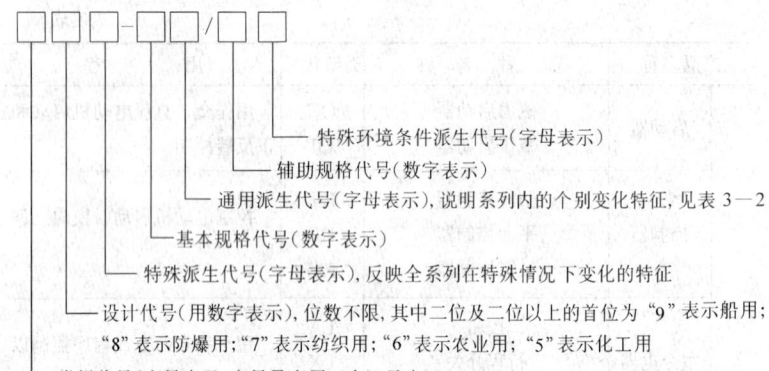

图 3—1 低压电器的型号含义

同一类产品按不同的性能参数和防护种类而设计。基本规格代号表示同一系列产品按某个参数的优先数系而分的基本品种。例如，JR16-20/3D 是表示第 16 个系列的热继电器，三相、有断相保护功能，额定工作电流为 20 A。至于通用派生代号则是说明系列内的个别变化特征，见表 3—2。

表 3—2　　　　　通用派生代号

派生代号	含　义
A、B、C、D、…	结构设计稍有改进或变化
C	插入式
J	交流、防溅式
Z	直流、自动复位、防振、正向、重任务
W	无灭弧装置
N	逆向、可逆
S	有锁住机构、手动复位、防水式、三相、三个电源、双线圈
P	电磁复位、防滴式、单相、两个电源、电压
K	开启式
H	保护式、带缓冲装置

续表

派生代号	含义
M	密封式、灭磁、母线
L	电流
Q	防尘式、手车式
F	高返回、带分励脱扣
T	按湿热带临时措施制造
TH	湿热带
TA	干热带

F、T、TH、TA 字母放在整个型号之后

§3—2 低压电器的电弧和灭弧方法

一、低压电器的电弧

在大气中开断电路,当开断电路电流大于某一定数值(通常为 0.25~1 A 左右)、两触点间电压超过某一定数值(通常在 12~20 V 左右)时,触点间隙会产生电弧。电弧是触点间隙气体在强电场作用下被击穿而产生的放电现象。

电弧产生时,伴随着高温、发光,会烧伤并损毁触点,严重时可引起火灾。因此,在低压电器中需采取适当的灭弧措施,除常采用的带有灭弧栅片的灭弧罩、灭弧室外,还可以实施下述各种灭弧方法。

二、灭弧方法

1. 电动力灭弧 如图 3—2a、b、c 所示,当通过机械(或电磁力)作用拉开触点时(移动速度以 v_1 表示),在断口中会产生电弧,电弧电流产生的磁场以符号×表示,根据左手定则,电弧受到一向外侧的电动力作用(移动速度以 v_2 表示),使电弧拉长并迅速穿越冷却的介质,加速冷却而熄灭。这种方法常用在交流开关和交流接触器中。

2. 磁吹灭弧　如图 3—2d 所示，在触点电路中串一磁吹线圈，它产生的磁场以符号×表示。磁场由导磁片引向触点周围，电弧电流受到磁力的向外作用（以 v_2 表示），使电弧拉长并进入灭弧罩，把热量传给冷却的灭弧罩壁，从而加快电弧熄灭。这种方法常用在直流接触器的灭弧系统中。

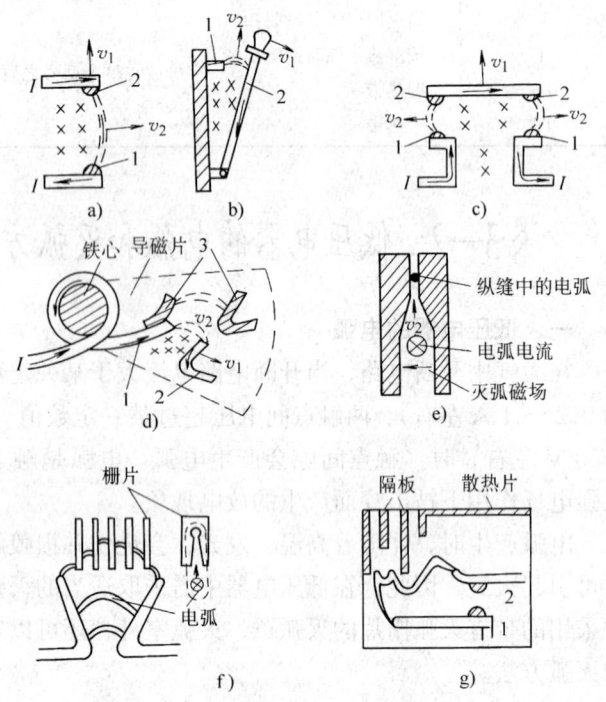

图 3—2　灭弧措施及方法示意图
a)、b) 机械性拉长电弧　c) 双触点灭弧　d) 磁吹灭弧
e) 纵缝灭弧　f) 金属栅片灭弧　g) 纵缝陶土灭弧罩
1—静触点　2—动触点　3—引弧角
v_1—动触点移动速度　v_2—电弧在磁场力作用下的移动速度

3. 窄缝灭弧　如图 3—2e、g 所示，这种方法是利用灭弧罩窄缝来实现灭弧，灭弧罩一般用耐高温的陶土、石棉、水泥等材

料制成，当触点断开时，电弧在电动力作用（移动速度以 v_2 表示）下进入窄缝，使电弧与缝壁接触很快冷却，从而使电弧迅速熄灭。这种方法常用在交流和直流接触器中。

4. 金属栅片灭弧　如图 3—2f 所示，金属栅片是由许多镀铜薄钢片组成的，彼此绝缘，安放在触点上方。当产生电弧时，由于金属栅片的磁阻比空气小很多，所以当电弧进入灭弧栅后，被分成数段短弧。这时，每两对栅片可以看成是一对电极，它们之间的电压约为150～250 V，这个电压达不到电弧的燃点电压，而且栅片吸收了电弧大部分热量。因此，电弧进入栅片后迅速熄灭。这种方法常用在自动空气开关及交流接触器中。

§3—3　低压断路器（自动开关）

低压断路器又称自动（空气）开关，按用途可分为配电用、电动机保护用、漏电保护用、灭磁用等自动开关。它的特点是能通、断正常电路（手动或自动），发生故障（如过载、短路、欠电压）时能自动跳闸切断线路。低压断路器具有保护功能多，动作值可调，分断能力高，操作安全方便等优点，目前被广泛应用。

一、低压断路器的结构及工作原理

低压断路器由操作传动机构、触点、保护装置（各种脱扣器）、灭弧系统等组成。触点是用以通、断电路的执行元件，为提高接触性能，在触点处都焊有银或银基合金镶块（如银镍、银钨等）。灭弧系统是采用金属栅片灭弧罩室（室壁装有用钢纸板或三聚氰胺玻璃布板等材料制成的绝缘隔板）。

脱扣器属感受元件，接受电路发出的指令信息或操作人员、继电保护系统发出的信号，传递给执行元件而动作。脱扣器按用途分为失压脱扣器、分励脱扣器、过流脱扣器。过流脱扣器按结构类型可分为热脱扣器、电磁感应斥力脱扣器（在直流快速开关上使用）、半导体脱扣器、电磁脱扣器等。半导体脱扣器由信号检测、比较、延时、触发电路形成的保护装置与执行元件构成。电磁脱扣器本身是瞬时动作的，为了具有过载长延时、短延时的动作特性，需加装延时装置，如钟表式、阻尼式、液压式延时装置等。同时具有电磁脱扣器和热脱扣器性能的，则称为复式脱扣器。

传动机构有杠杆传动、电磁铁传动、电动机传动、气体或液体压力传动等。而自由脱扣机构多由杠杆组成，它又分为非储能操作与储能操作两种。合闸扣上时，传动机构带动触点系统动作而闭合；分闸脱扣后，传动机构与触点系统之间的联系解脱，触点分开。

低压断路器的工作原理图如图3—3所示。

1. 过电流脱扣器6的线圈与主电路串联，正常电流时线圈产生的电磁力不足以吸合衔铁。当发生严重过载或短路时，短路电流产生的磁力将衔铁吸合，撞击杠杆7，顶开搭钩4，从而断开故障电路。

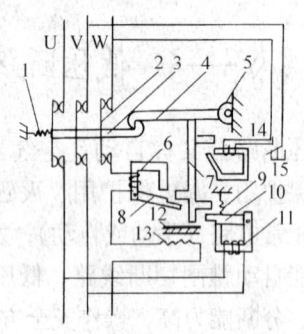

图3—3　低压断路器的工作原理图
1、9—弹簧　2—触点　3—锁键　4—搭钩
5—轴　6—过电流脱扣器　7—杠杆
8、10—衔铁　11—欠电压脱扣器
12—双金属片　13—电阻丝
14—分励脱扣器　15—按钮

2. 热脱扣器的发热元件13流过过载电流时使双金属片12受热弯曲，推动杠杆7使搭钩4松开，断路器主触点在复位弹簧1作用下打开，切断过载电路。

3. 欠电压脱扣器11的线圈并联在主电路上。电压正常时，失压线圈产生电磁力大于弹簧9的反作用力，而将衔铁10吸合。当电压降到某一定值以下时，电磁吸力小于弹簧反作用力，衔铁

10被弹簧拉开，撞击杠杆7，使电路分断。

4．分励脱扣器14作为远距离控制用。正常工作时，其线圈是断电的，当需要分断电路时，按下按钮15，使分励线圈通电，电磁力吸合衔铁，撞击杠杆7，使主触点2断开。

事故跳闸后，须先排除故障，再把自由脱扣机构处于"再扣"位置，才能再合闸。再扣分自动再扣和人工再扣两种方式，塑壳式自动开关一般为人工再扣，此时须将扳把手柄往后（往下）拉，使再扣板与传动机构的挂钩挂上，然后把手柄往上推到"合"位置，电路才能接通。

二、低压断路器的类型及技术数据

低压断路器型号很多，可分为万能式和塑壳式两大类。前者的构件组装在有绝缘衬垫的框架底座上，主要型号有DW10、DW15、DW16系列；后者的构件组装在模压的封闭塑料外壳上，主要型号有DZ5、DZ10、DZ15、DZ20等。此外，按动作速度可分为一般型和快速型，交流快速型俗称为限流断路器，其分断时间短到足以使短路电流在未达到预期峰值前即被分断，主要型号有DWX15、DZX10、DZX19系列；直流快速型俗称为快速断路器，主要型号有DS系列。

DW10系列额定电压为交流380 V及直流440 V，额定电流有200 A、400 A、600 A、1 000 A、1 500 A、2 500 A、4 000 A。DW15系列额定电压为380 V，在电流630 A以下还可用于660 V及1 140 V。DZ系列及DZX系列额定电压为380 V和220 V，额定电流为40 A、63 A、100 A、200 A、630 A等。DW15、DWX15和DZX系列断路器的技术数据分别见表3—3、表3—4和表3—5。

近年来，我国引进了一些较高技术经济指标的国外产品，并加以改进，如德国的ME系列、3WE系列、S060系列，日本的AE、AH、TG系列，法国的C45，美国的H系列等，使用时可参考有关资料。

表3—3 DW15系列空气断路器的技术数据

额定发热电流 (A)	过电流脱扣器额定电流 (A)	整定值调节范围 ($I_整/I_N$) 长延时	短延时	瞬时	额定短路通断能力 (kA)⑥ 额定电压 (V) 380	660	1140	cosφ 380	660	1140	飞弧距离 (mm)	机械寿命 (次)	电寿命 (次)
200	电磁式 100、160、200	0.64~1		10	20/5①	10/5	—	0.30	0.3	—	250	20 000	5 000 (380 V) 2 500 (660 V)
	半导体式 100、200		0.4~1	10~20									
400	电磁式 315、400	0.64~1		10	25/8.8	15/8	10	0.25	0.25	0.3	250		
	半导体式 200、400		0.4~1	10~20									
630	电磁式 315、400、630	0.64~1		10	30/12.6④	20/10	12	0.25	0.25	0.3	250	10 000	2 500 (380 V) 1 500 (660 V) 1 000 (1 140 V)
	半导体式 315、400、630		0.4~1	10~20									
1 000	630、800、1000		0.4~1	3~10									
1 600	1 600		0.4~1	1~3① 3~10② 10~20③	40/30①④	—	—	0.25	—	—	350	5 000	500
2 500	1 600、2 000、2 500	0.7~1		1~3① 3~10②	60/40④	—	—	0.2/0.25	—	—	400	4 000	
4 000	2 500、3 000、4 000			7~14④	80/60④	—	—	0.20	—	—	400	4 000	

注: ①电磁式,不带长延时。
②电磁式,长延时。
③半导体式。
④分子为瞬时通断能力,分母为延时通断能力。
⑤1 000~4 000 A 断路器的短路通断能力上、下进线相同。
⑥50 kA 以上试验周期为 O—t—CO—t—CO;40 kA 以下试验周期为 O—t—CO。
O—分断操作; CO—接通操作后紧接着分断操作; t—两个相继操作之间的时间间隔,一般不小于 3 min,如脱扣器还未冷却不及再扣,则可延长至能再扣为止。

表 3—4　　　DWX15 系列限流断路器的主要参数

额定电流 (A)	短路接通和分断能力 (kA)※		机械寿命 (次)	电寿命（次）				快速脱扣器整定电流 (A)	
	周期分量有效值	功率因数		保护电动机用		配电用		配电用	保护电动机用
				按 AC-3	按 AC-4	正常电寿命	过载电寿命		
200	50		20 000	10 000		5 000		2 000	2 400
400	50	0.2	10 000	5 000	50	2 500	50	4 000	4 800
630	70		10 000	5 000		2 500		6 000	7 200

注：误差 ±20%。
※试验程序 O-3min-CO；试验电压为 105%~110% U_N。

表 3—5　　　DZX 系列断路器的技术数据

型号	极数	脱扣器额定电流 (A)	附件	
			欠电压（或分励）脱扣器	辅助触点
DZX10-100/22	2	63、80、100		一开一闭 二开二闭
DZX10-100/23	2			
DZX10-100/32	3			
DZX10-100/33	3			
DZX10-200/22	2	100、120、140、170、200	欠电压：AC 220 V、380 V；分励：AC 220 V、380 V；DC 24 V、48 V、110 V、220 V	二开二闭 四开四闭
DZX10-200/23	2			
DZX10-200/32	3			
DZX10-200/33	3			
DZX10-630/22	2	200、250、300、350、400、500、630		
DZX10-630/23	2			
DZX10-630/32	3			
DZX10-630/33	3			

三、保护特性与熔断器保护的配合

过载电流 I 与动作时间 t 的关系称为保护特性，如图 3—4 所示。断路器的保护特性有两段式，即过载时长延时和短路时短延时特性；也有三段式，即过载时长延时、短路时短延时、特大短路时瞬时动作的特性。为使线路供电更可靠和线路设备运行更安全，往往采用断路器与熔断器串联配合使用。

熔断器价格低，安装面积小，分断能力高，但对上、下级之间的选择性保护差，且熔断后需更换；而断路器选择性保护好，易实现远距离操作，但分断能力不如熔断器。所以，当过载和短路电流较小时，可由断路器保护动作，而较大短路电流的保护，则由熔断器担任。如图 3—4 所示，当出现比交点 I_j 更大的短路电流时，熔断器先于断路器分断。

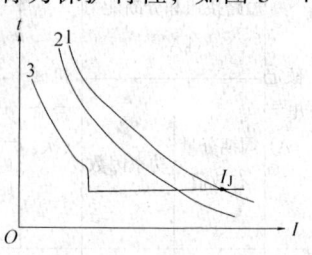

图 3—4 断路器保护特性
与熔断器的配合
1—被保护对象的过载特性
2—熔断器保护特性
3—断路器保护特性

四、选用和整定

若侧重于考虑保护特性及脱扣器的设置多少，分断能力大小以及额定功率、电压电流的高低，宜选择万能式断路器；如着重于经济性和照顾到安装面积与空间，宜选择塑壳式断路器。此外，还需按以下原则进行选用：

1．总的要求

（1）断路器的额定电压≥线路额定电压；

（2）断路器额定电流≥线路计算负载电流；

（3）过电流脱扣器的额定电流≥线路计算负载电流；

（4）欠电压脱扣器的额定电压＝线路额定电压；

（5）线路末端单相对地的短路电流≥1.25 倍的瞬时（或短延时）脱扣器的整定电流；

（6）断路器的极限通断能力≥断路器开断的线路中最大短路电流；

2. 配电用的低压断路器的整定

（1）长延时动作电流整定值 =（0.8~1）的导线允许载流量；

（2）3 倍长延时动作电流整定值的可返回时间≥线路中最大启动电流的电动机的启动时间；

（3）短延时动作电流整定值≥1.1（I_{JX} + 1.35kI_{NDM}），k 为电动机启动电流倍数，I_{NDM} 为最大容量电动机的额定电流；

（4）短延时的延时时间，按被保护对象的热稳定性校核；

（5）如无短延时的，瞬时动作电流整定值≥1.1（I_{JX} + k_1kI_{NDM}），式中 k_1 为电动机启动电流冲击系数，一般为 1.7~2；如有短延时的，则瞬时动作电流整定值≥1.1 倍下级开关进线端的计算短路电流值；

3. 电动机用的低压断路器的整定

（1）长延时动作电流整定值 = 电动机额定电流；

（2）6 倍长延时动作电流整定值的可返回时间≥电动机实际启动时间；

（3）瞬时动作电流整定值，笼型异步电动机为 8~15 倍、绕线转子异步电动机为 3~6 倍脱扣器的额定电流；

4. 照明用的低压断路器的整定　长延时动作电流整定值≤线路计算负载电流；瞬时动作电流整定值 = 6 倍线路计算负载电流，以保证负载投入时不致因电流冲击而误动作。

五、安装

低压断路器安装是否正确，直接影响到使用性能和安全，故应注意下列几点：

1. 安装前应以 500 V 摇表检查，绝缘电阻约 10 MΩ 左右为合格，若太低则要烘干后才能使用。为防止发生飞弧，安装时应考虑一定的飞弧距离，观察灭弧罩上留有的飞弧空间有否堵塞。

2. 安装不得歪斜，不应有附加应力，否则绝缘基座会因应力而变形或损坏，脱扣轴会因基座变形而卡死。对于抽屉式产品，可能会影响其二次回路联结的可靠性。对于带插入式端子的产品（如DZ12－60C），安装时应将插刀推到底，并把下方的安装压板旋紧，以免因碰撞而脱落。

3. 安装前、后应操作数次，察看机构动作灵活与否及分合可靠与否。凡没有接地螺钉的产品，均应可靠接地。

六、低压断路器的维护与检修

为保证断路器的安全运行，应定期进行检查维护。

1. 吹扫灰尘，以保证良好的绝缘。

2. 取下消弧罩查看触点接触情况，触点表面有毛刺或熔渣颗粒等应及时清除，引弧触点若烧损严重应更换。清理消弧栅片上的烟黑及金属颗粒。

3. 检查操作机构各连杆、弹簧有否变形，试验自由脱扣机构，各转动轴可加润滑油（也可涂以石墨碳粉作滑动剂）。

4. 检查核对各脱扣器的整定值，紧固各部螺钉。

低压断路器的常见故障及处理方法见表3—6。

表 3—6　　低压断路器的常见故障及其处理方法

序号	故障现象	产 生 原 因	处 理 方 法
1	手动操作的开关不能合闸	(1)失压脱扣器无电压或线圈电压不符	(1)查明原因,作适当处理
		(2)失压脱扣器线圈损坏	(2)能修则修,不能修则更换新的线圈
		(3)储能弹簧变形,以致闭合力不足	(3)更换新的弹簧
		(4)释放弹簧的反作用力太大	(4)适当调整,若不能调整,则更换新的弹簧
		(5)机构不能复位再扣	(5)调整脱扣面至规定值

续表

序号	故障现象	产　生　原　因	处　理　方　法
2	自动操作的开关不能合闸	(1)操作电源电压不符 (2)电磁铁或电动机损坏 (3)电磁铁拉杆行程不够 (4)电动机操作定位开关失灵 (5)控制器中整流管或电容器损坏 (6)电源容量不够	(1)更换电源 (2)查明情况，作适当处理 (3)重新调整或更换拉杆 (4)进行调整或更换开关 (5)更换新的低压断路器 (6)更换电源
3	断路器的一相触点不能闭合	(1)该相连杆损坏 (2)限流开关斥开机构可摺连杆之间的角度变大	(1)更换连杆 (2)调整到170°
4	断路器在启动电动机时自动分闸	(1)电磁式过电流脱扣器瞬动整定电流太小 (2)空气式脱扣器的阀门失灵或橡皮膜破裂	(1)调整电磁式脱扣器的瞬时脱扣整定弹簧 (2)检查空气式脱扣器，查明原因后作适当处理
5	断路器在工作一段时间后自动分闸	(1)过电流脱扣器长延时整定值不符合要求 (2)热元件或半导体延时电路元件老化 (3)半导体脱扣器误动作	(1)重新调整 (2)更换新元件 (3)查明误触发的原因后作适当处理
6	失压脱扣器有噪声或振动	(1)线圈电压不符 (2)铁心工作面有污垢 (3)短路环断裂 (4)反力弹簧的反作用力太大	(1)更换线圈 (2)清除污垢 (3)更换衔铁或铁心 (4)重新调整或更换弹簧
7	触点温升过高	(1)接触表面过分损坏或触点磨损过度 (2)接触压力太小 (3)两导电零件联结处的螺钉松动	(1)修整接触表面，或更换触点甚至更换整台开关 (2)调整或更换触点弹簧 (3)将螺钉拧紧

续表

序号	故障现象	产生原因	处理方法
8	分励脱扣器失灵，开关不能分闸	(1)线圈电压不符或损坏 (2)电源电压太低 (3)脱扣面太大 (4)螺钉松动	(1)更换线圈 (2)更换电源或升高电压 (3)调整脱扣面 (4)将螺钉拧紧
9	失压脱扣器失灵，开关不能分闸	(1)反力弹簧的反作用力太小 (2)如属储能释放，则是储能弹簧力太小 (3)机构卡死	(1)调整或更换 (2)调整或更换 (3)查明原因后作适当处理
10	辅助触点不能闭合	(1)动触桥卡死或脱落 (2)传动杆断裂或滚轮脱落	(1)查明原因后进行调整或重装 (2)更换已损坏零件或整个辅助触点部件

§3—4 控制继电器

继电器是一种根据输入信号（电量如电压、电流，非电量如压力、速度、时间、温度等）来控制电路"通"和"断"的自动切换电器，其触点通常接在控制线路中。

继电器种类很多，按用途分有控制继电器和保护继电器两大类；按动作原理分有电磁式、感应式、电动式、电子式、热式继电器；按通过线圈的电流种类分有直流继电器和交流继电器；按输入信号分有电压继电器、电流继电器、热继电器、时间继电器、速度继电器、压力继电器等。

一、电磁式继电器

1. 结构与工作原理　电磁式控制继电器是应用最多的一类继电器，其基本结构和动作原理与接触器相似，包括有电磁系统（如 E 形式、U 形式、螺管直动形式），触点系统（如球形、半球形的桥式双断点）与传动机构，但继电器触点容量小（5 A 或

10 A），故无灭弧装置。

2. 主要参数及技术数据

(1) 额定值。指继电器工作电压（或电流）、吸合电压（或电流）、释放电压（或电流）的大小。

(2) 吸合时间和释放时间。指线圈通（或断）电至触点执行的时间，有瞬时动作及延时动作两种。

(3) 整定参数。指继电器的动作值可调范围。可通过调节释放弹簧的松紧程度或调整铁心与衔铁之间非磁性垫片的厚薄来达到。

(4) 灵敏度。指已调整好整定参数的继电器能被吸动时所必须具有的最小功率和安匝数。

(5) 返回系数。指继电器释放（复位）返回电压（电流）与吸入动作电压（电流）之比，该系数越大，灵敏度越高。

此外，继电器还有触点容量、接触电阻、寿命等技术指标。各种继电器的电气符号参看附表Ⅰ、Ⅱ。

3. 电流继电器　有过电流继电器和欠电流继电器之分，前者当线圈电流高于整定值（1.1～3.5倍额定电流）而吸合，对电路实现过流保护；后者是当线圈电流降到某一整定值（0.1～0.2倍额定电流）而释放，对电路起欠流保护作用。正常工作时衔铁是吸合的（吸合电流0.3～0.65倍额定电流）。电流继电器型号有JT_4、JT_9、JL_{12}、JL_{14}、JL_{15}等。

4. 电压继电器　有过压继电器和欠（失）压继电器之分，前者当电压超过动作值（1.05～1.2倍额定电压）而吸合，对电路起过压保护作用，常用型号有 JT4A 等；后者当电路电压降到（0.3～0.5）倍额定电压时释放，对电路实现欠压保护；当电路电压降到（0.05～0.25）倍额定电压时释放，对电路实现零压保护。常用电压继电器型号有 JT4P 等。

5. 中间继电器　中间继电器实质是一种电压继电器，特点是触点数目较多，电流容量较大，常用来增加控制信号的数量，起到中间转换、中间放大的作用。常用中间继电器型号有 JZ7、JZ13、JZ15 等。

6. 通用（电磁式）继电器　通用继电器结构与直流接触器相似，电磁系统是 U 形拍合式棱角转动型，如图 3—5 所示。

若在铁心上装并接的电压线圈（匝数多、导线细、阻抗大），即可作电压继电器和中间继电器用；若在铁心上装串接的电流线圈（匝数少、导线粗、阻抗小），又可作电流继电器用；若在铁心上套入铜质阻尼环，可作时间继电器用（断电延时达 0.3~15 s）。注意，通交流电时，衔铁端面还多设了分磁环，以防止抖动。

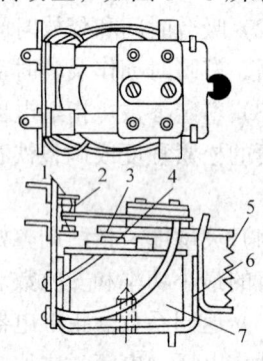

图 3—5　JTX 系列小型通用继电器
1—静触点　2—动触点　3—衔铁　4—铁心
5—释放弹簧　6—铁轭　7—线圈

通用继电器常用型号有 JT18、JTX 系列。JTX 系列小型继电器的技术数据见表 3—7。继电器故障的产生原因及处理方法见表 3—8。

表 3—7　　JTX 系列小型继电器的技术数据

线圈额定电压或额定电流	线圈数据			吸动值不大于 (V)	释放值不小于 (V)	线圈工作电流 (mA)
	线径 (mm)	匝数	电阻 (Ω)			
交流电压 (V)	6	0.31	505	5.5	5.1	—	415
	12	0.21	1 010	24	10.2	—	208
	24	0.15	2 020	92	20.4	—	102
	36	0.13	3 030	190	30.6	—	69

续表

线圈额定电压或额定电流	线圈数据			吸动值不大于(V)	释放值不小于(V)	线圈工作电流(mA)
	线径(mm)	匝数	电阻(Ω)			
交流电压(V)	0.08	9 260	1 600	93.5	—	24.2
110						
127	0.08	10 700	2 000	108	—	19
220	0.05	18 500	7 500	187	—	11.5
直流电压(V)						
6	0.21	1 535	40	5.1	2.7	150
12	0.15	2 875	150	10.2	5.4	80
24	0.11	5 475	570	20.4	10.8	42
48	0.08	10 700	2 230	40.8	21.6	21.5
110	0.05	22 000	10 000	93.5	49.5	11
220	0.04	22 000	20 000	187	99	11
直流电流(mA)						
20	0.07	13 000	3 000	18	8.1	—
40	0.11	5 400	500	36	16.2	—

表3—8 继电器故障的产生原因及其处理方法

故障现象	产生原因	处理方法
1. 通电后不能动作	(1)线圈断路 (2)线圈额定电压高于电源电压 (3)运动部件被卡住 (4)运动部件歪斜和生锈	(1)更换线圈 (2)更换额定电压合适的线圈 (3)查明卡住的地方并加以调整 (4)拆下后重新安装调整及清洗去锈
2. 通电后不能完全闭合或吸合不牢	(1)线圈电源电压过低 (2)运动部件被卡住 (3)触点弹簧或释放弹簧压力过大 (4)交流铁心极面不平或严重锈蚀 (5)交流铁心或分磁环断裂	(1)调整电源电压或更换额定电压合适的线圈 (2)查出卡住处并加以调整 (3)调整弹簧压力或更换弹簧 (4)修整极面及去除锈蚀或更换铁心 (5)更换分磁环或更换铁心

续表

故障现象	产生原因	处理方法
3.线圈损坏或烧毁	(1)空气中含粉尘、油污、水蒸气和腐蚀性气体,以致绝缘损坏 (2)线圈内部断线 (3)线圈因机械碰撞和振动而损坏 (4)线圈在超压或欠压下运行而电流过大 (5)线圈额定电压比其电源电压低 (6)线圈匝间短路	(1)更换线圈,必要时还要涂覆特殊绝缘漆 (2)重绕或更换线圈 (3)先应查明原因及作适当处理,再更换或修复线圈 (4)检查并调整线圈电源电压 (5)更换额定电压合适的线圈 (6)更换线圈
4.触点严重烧损	(1)负载电流过大 (2)触点积聚尘垢 (3)电火花或电弧过大 (4)触点烧损过大,接触面小且接触不良 (5)触点超程太小 (6)接触压力太小	(1)查明原因,采取适当措施 (2)清理触点接触面 (3)采用灭花电路 (4)修整触点接触面或更换触点 (5)更换触点 (6)调整触点弹簧或更换新弹簧
5.触点发生熔焊	(1)闭合过程中振动过大或发生多次振动 (2)接触压力太小 (3)接触面上有金属颗粒凸起或异物	(1)查明原因,采取相应措施 (2)调整或更换弹簧 (3)清理触点接触面
6.线圈断电后仍不释放	(1)释放弹簧反力太小 (2)极面残留黏性油脂 (3)交流继电器防剩磁气隙已太小 (4)直流继电器的非磁性垫片磨损严重 (5)运动部件被卡住 (6)触点已熔焊	(1)换上合适的弹簧 (2)将极面擦拭干净 (3)用细锉将有关极面锉去0.1mm左右 (4)更换新的非磁性垫片 (5)查明原因作适当处理 (6)撬开已熔焊的触点并更换新的

二、时间继电器

从得到信号（线圈通电或断电）开始，能自动延时后才输出信号（触点的闭合或断开）的继电器，称为时间继电器。时间继电器种类很多，有电磁式、空气阻尼式和半导体式等。电磁式时间继电器多用于直流电路，其技术数据见表3—9。空气阻尼式时间继电器多用于交流电路。在精度高的场合常选用半导体式时间继电器。

表3—9　直流电磁式时间继电器JT3系列的技术数据

型　号	吸引线圈电压（V）	触点组合及数量 （常开、常闭）	延时（s）
JT3-□□/1	12、24、48、 110、220、440	11、02、20、03、 12、21、04、40、22、 13、31、30	0.3～0.9
JT3-□□/3			0.8～3.0
JT3-□□/5			2.5～5.0

注：表中型号JT3-□□后面之1、3、5表示延时类型（1s、3s、5s）。

1. 空气阻尼式时间继电器　这种继电器如图3—6所示，它是由电磁机构、延时机构和触点组成，是利用空气阻尼作用达到

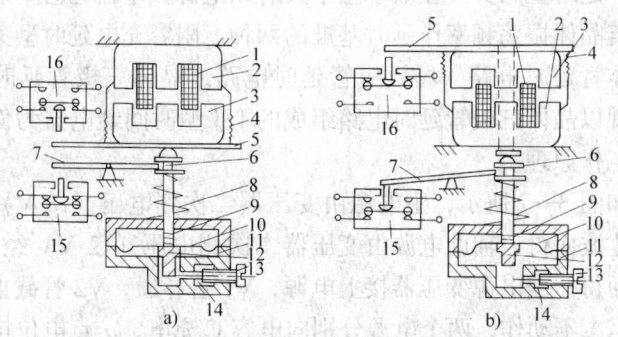

图3—6　JS7-A系列时间继电器
a) 通电延时型　b) 断电延时型
1—线圈　2—铁心　3—衔铁　4—反力弹簧　5—推板　6—活塞杆
7—杠杆　8—塔形弹簧　9—弱弹簧　10—橡皮膜　11—空气室壁
12—活塞　13—调节螺钉　14—进气孔　15、16—微动开关

延时的目的。延时方式有通电延时型和断电延时型,前者是衔铁位于静铁心和延时机构之间的位置;后者是静铁心位于衔铁和延时机构之间的位置。改型产品体积小,常用型号有 JS7－A 系列,其技术数据见表 3—10。

表 3—10　　JS7－A 系列空气阻尼式时间继电器技术数据

型号	延时触点(对)				瞬时触点(对)		触点额定电压(V)	触点额定电流(A)	吸引线圈电压(V)	延时范围(s)
	通电延时		断电延时		常开	常闭				
	常开	常闭	常开	常闭						
JS7－1A	1	1					380	5	24、36、110、127、220、380、420	各种型号均有:0.4~60 和 0.4~180 两种产品
JS7－2A	1	1			1	1				
JS7－3A			1	1						
JS7－4A			1	1	1	1				

2．半导体时间继电器　包括有数字电路和模拟电路(阻容充电)延时型两类。在数字型中又有以电源频率作延时基准的与以石英晶体振荡频率作延时基准的两种。阻容充电延时型又分单结晶体管延时电路、场效应管延时电路、晶体三极管延时电路等。现以晶体三极管延时电路组成的 JSJ 型时间继电器为例,说明其工作原理。

如图 3—7 所示,主电源由变压器二次侧电压(18 V)经整流、滤波而得,辅助电源由变压器二次侧电压(12 V)经整流、滤波而得。当电源变压器接上电源,V1 管导通,V2 管截止,继电器 KA 不动作,两个电源分别向电容 C 充电,a 点电位按指数规律上升,当 a 点电位高于 b 点电位时,V1 管截止,V2 管导通,V2 管集电极电流通过 KA 的线圈,KA 各触点动作,除输出信号外,KA 一对常闭触点断开充电电路,一对常开触点使电容放电,为下次工作作好准备。调节电位器 RP,就可改变延时

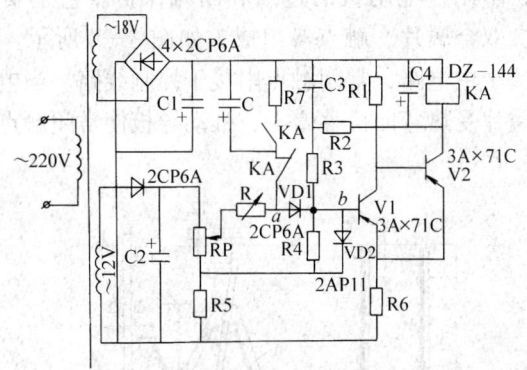

图 3—7　JSJ 型晶体管时间继电器原理图

的时间大小。JSJ 系列时间继电器的技术数据见表 3—11。

表 3—11　JSJ 系列时间继电器的技术数据

型号	电源电压(V)	外电路触点			延时范围(s)	延时误差
		数量	交流容量	直流容量		
JSJ-01	直流：24、48、110；交流：36、110、127、220 及 380	一常开一常闭转　换	380 V 0.5 A	110 V 1 A (无感负载)	0.1~1	±3%
JSJ-10					0.2~10	
JSJ-30					1~30	
JSJ-1					60	
JSJ-2					120	
JSJ-3					180	±6%
JSJ-4					240	
JSJ-5					300	

三、热继电器

1．结构与工作原理　热继电器是利用电流的热效应原理工作的电器，多用作电动机的过载和断相保护。它主要由热元件（电阻丝）、双金属片、触点等组成，如图3—8所示。使用时把热元件串接于主电路，常闭触点串接于控制线路。当电动机过载时，双金属片受热弯曲位移增大，推动导板使常闭触点断开，电动机断电。

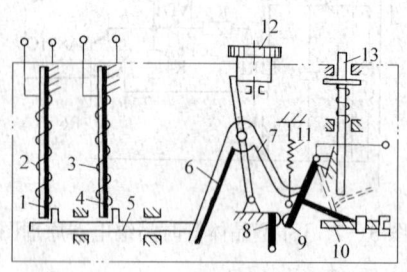

图3—8 双金属片热继电器结构原理图
1、4—主双金属片 2、3—加热元件 5—导板 6—温度补偿片 7—推杆
8—静触点 9—动触点 10—螺钉 11—弹簧 12—凸轮 13—复位按钮

一般Y形联结电动机采用两相结构的热继电器。若三相电源严重不平衡，为防电动机内部短路造成某相电流比其他两相过高的情况，需采用三相结构的热继电器。同时对△联结的感应电动机，还设计了带断相保护的功能，将三个热元件分别串于电动机每相绕组中，整定值按每相绕组的额定电流来选择。

带断相保护的热继电器应用了上、下导板（或内、外导板）差动式结构，断路相的金属片温度低、弯曲小，推上导板（或内导板）右移，非断路的两相电流大，双金属片弯曲大，推下导板（或外导板）向左移，使杠杆扭转，继电器动作，起断相保护作用。

2. 主要技术数据的选用及维修　目前常用的热继电器型号有JR16、JR14、JR20以及德国引进的T系列产品等。JR16全系列共分20 A、60 A、150 A 3个等级，共有20号热元件、三相式结构，分带和不带断相保护两种，其技术数据见表3—12。

热继电器的选用主要根据电动机的额定电流和热继电器的反

表 3—12　　JR16B 系列热继电器的技术数据

型号	额定电流（A）	热元件额定电流及调节范围	
		额定电流（A）	刻度电流可调范围
JR16B-20/3 JR16B-20/2D	20	0.35	0.25~0.35
		0.50	0.32~0.50
		0.72	0.45~0.72
		1.1	0.68~1.1
		1.6	1.0~1.6
		2.4	1.5~2.4
		3.5	2.2~3.5
		5	3.2~5
		7.2	4.58~7.2
		11	0.8~11
		16	10~16
		22	14~22
JR16B-60/3 JR16B-60/3D	60	22	14~22
		32	20~32
		45	28~45
		63	40~63
JR16B-150/3 JR16B-150/3D	150	63	40~63
		85	53~85
		120	75~120
		160	100~160

时限保护特性来选取，即过载电流与额定电流的比值越大时，热继电器的动作时限越短，见表 3—13，且热元件额定电流略大于电动机额定电流，确定后，再根据电动机额定电流调整热继电器的整定电流值。

热继电器的常见故障及处理方法见表 3—14。

表 3—13　　　　　热继电器的保护特性

过电流 整定电流	动作时间	试验条件
1.05	1 h 内不动作（$I_N \leqslant 63$ A） 2 h 内不动作（$I_N > 63$ A）	冷态开始
1.20	<20 min	热态开始（以整定电流加热至稳定后开始）
1.50	<3 min	热态开始
6.00	>5 s	冷态开始

表 3—14　　　　　热继电器常见故障及其处理方法

序号	故障现象	产生原因	处理方法
1	热继电器接入后主电路不通	(1) 热元件烧断 (2) 进出线脱头 (3) 接线螺钉未拧紧	(1) 更换热元件 (2) 重新焊好 (3) 拧紧接线螺钉
2	热继电器控制电路不通	(1) 在可调式热继电器中，由于调整旋钮或调整螺钉转到不合适位置上，以致触点被顶开 (2) 触点烧坏或动触点杆的弹性消失，致使动、静触点不能接触	(1) 重新调整到合适的位置上 (2) 修理触点或动触点杆，必要时更换新的
3	热继电器动作不稳定，在同一过载电流下，动作时快时慢	(1) 热继电器内部机构中某些部件松动 (2) 检修时弯折了双金属片 (3) 热继电器通电校验时电流波动太大，或接线螺钉未拧紧，或各次试验之间的冷却状态不同，或者电流表欠准确等	(1) 将这些部件紧固好 (2) 以高倍数电流预试几下，或将双金属片拆下，以 240℃ 作热处理，借以消除内应力，或更换新的 (3) 给校验电源加上稳压器；将接线螺钉拧紧；试验中使冷却状态保持不变；校验电流表的准确性

续表

序号	故障现象	产生原因	处理方法
4	电动机烧毁而热继电器却不动作，或者是负载正常而热继电器却动作频繁，经常造成停车故障	(1)电动机本身的故障，例如风扇损坏等 (2)热继电器的额定电流与电动机的额定电流不符，而且偏大 (3)热继电器通过大的短路电流后，双金属片已产生永久性变形 (4)热继电器久未校验，灰尘堆积，胶木件变形，动作机构被卡住 (5)接线端接触不良，或者联结导线线径太细，致使热继电器提前动作 (6)电动机操作频率太高 (7)安装方向不符合规定 (8)安装处的环境温度与保护对象所在处的环境温度相差太大 (9)安装时碰坏了可调部件或者刻度未对准	(1)检修电动机 (2)按规定调节旋钮或换上合适的热继电器(按电动机容量正确地选用) (3)重新整定，若仍不行则更换新的双金属片 (4)清除污垢，调整机构，若仍不行则换上新的热继电器 (5)清理接线端，按规定选用联结线 (6)按规定选用合适的热继电器 (7)按规定方式安装 (8)根据实际情况选用适当的热继电器 (9)修理已损坏的部件，对准刻度，并重作调整

续表

序号	故障现象	产生原因	处理方法
5	调整试验中通以额定电流时,热继电器虽不动作,但在过载时若调整到脱扣,则第二次通额定电流即动作,反复调整都是如此	热元件发热量太小,或用错了热继电器(它的电流值比所要求的大)	更换电阻值较大的热元件,或改用电流值较小的热继电器
6	调整试验中通以额定电流时,热继电器虽不动作,但在过载时若调整到脱扣,则无法再扣,反复调整都是如此	双金属片安装方向反了,或用错了双金属片,致使灵敏系数太小	更换双金属片
7	调整试验中通以额定电流时,热继电器立即动作,而且导电板温度很高	热元件发热量太大,或是用错了热继电器(它的电流值比所要求的小)	更换电阻较小的热元件或电流较大的热继电器

四、干簧继电器

1. 结构与工作原理　干簧继电器主要由干式舌簧片与励磁线圈组成,如图3—9所示。舌簧片(触点)是由铁镍合金做成

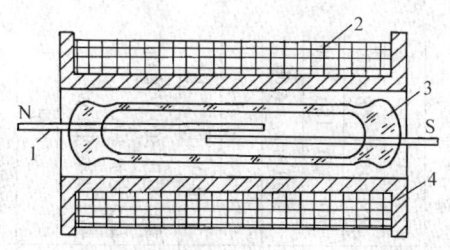

图3—9 舌(干)簧继电器结构原理图
1—舌簧片 2—线圈 3—玻璃管 4—骨架

的,片的接触部分通常镀以贵重金属(如金、铑、钯等),具有良好的导电性能,触点密封在充有氮气等惰性气体的玻璃管中,因而大大提高了工作的可靠性和安全性。

当线圈通电后,管中两舌簧片的自由端分别被磁化成 N 极和 S 极,且相互吸引,即接通了被控制的电路。线圈断电后,舌簧片在本身的弹力作用下分开并复位,控制电路也被切断。

2. 优缺点、用途及技术数据 干簧继电器可以反映电压、电流、功率以及电流极性等信号,在检测、自动控制、计算技术等领域中广泛应用,其优点为:

(1) 吸合功率小,灵敏度高,一般舌簧继电器吸合与释放时间均在 0.5~2 ms 以内。

(2) 触点密封,不受尘埃、潮气及有害气体的污染,且动片质量小、动程小、动作速度快,触点电寿命长达 1×10^8 次左右。

(3) 结构简单且体积小,维修方便,价格便宜。

缺点是触点易冷焊粘住,过载能力低,触点开距小,耐压低,断开瞬间触点易抖动。

国产部分干簧继电器系列的技术数据见表3—15。

表3—15　国产部分舌(干)簧继电器系列的技术数据

型号 参数	JAG-2 H形	JAG-2 Z形	JAG-3 H形	JAG-3 Z形	JAG-4 H形	JAG-4 Z形①	JAG-5 H形	JAG-5 Z形
触点形式	常开	转换	常开	转换	常开	转换	常开	转换
使用环境温度 (℃)	$-10\sim+55$	$-10\sim+55$	$-25\sim+55$	$-25\sim+55$	$-10\sim+55$	$-10\sim+55$	$-10\sim+55$	$-10\sim+55$
舌簧管外形尺寸 (mm)	$\phi4\times36$	$\phi4\times35$	$\phi3\times20$	$\phi3\times20$	$\phi3\times21$	$\phi3\times20$	$\phi8\times42$	$\phi8\times50$
吸合安匝	60~80	45~65	45~85	45~85	25~40	60~100	180~330	180~330
释放安匝	≥25	≥20	25~30	25~30	≥8	≥20	≥60	≥60
吸合时间 (ms)	≤1.7	≤2.5	≤3	≤3	≤0.9		≤5①	≤5①
接触电阻 (Ω)	≤0.1	≤0.15	≤0.2	≤0.2	≤0.15	≤0.15	≤0.5	≤0.5
触点容量 (阻性)	24 V直流 ×0.2 A	24 V直流 ×0.1 A	24 V直流 ×0.1 A	24 V直流 ×0.1 A	12 V直流 ×0.05 A	12 V直流 ×0.05 A	最大电压 300 V直流 最大电流 2 A 最大功率 200 W②	
寿命 (次)	1×10^7	1×10^6	1×10^6	1×10^5	1×10^6		5×10^4	
备注	上述参数均在标准线圈中测出						环境温度可达+55℃	

注：①为参考数据。
　　②特殊情况下3 000 V×0.1 A负荷也可。

§3—5 电磁铁

电磁铁是一种利用电磁原理进行工作的控制电器，也是一种把电能转换为机械能的驱动（执行）电器。

工矿企业应用的电磁铁颇多，按作用不同分有牵引电磁铁、制动电磁铁、起重电磁铁、振动电磁铁、转角电磁铁、电磁吸盘等；按衔铁行程分有长行程和短行程；按衔铁运动方式分有直动式和转动式；按所用电源分有交流（单相或三相）电磁铁和直流电磁铁；按励磁方式分有并励和串励。

一、牵引电磁铁

1. 用途、结构及原理　牵引电磁铁主要用于自控设备中，用以牵引或推斥其他机械装置完成动作，如在龙门刨控制中，工作台空程返回时，用牵引电磁铁把刀架抬起；又如用牵引电磁铁开启或关闭液压、气压等阀门，以达到远距离控制的目的。

目前常用的牵引电磁铁主要由导磁体（包括用硅钢片叠成的磁轭和衔铁）、电磁线圈、支架、牵引杆等组成，为甲壳螺旋（管）形直动式结构，有推动式操作和拉动式操作两种，如图3—10所示。

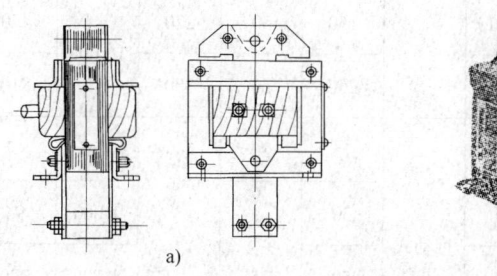

图3—10　MQ系列牵引电磁铁结构外形图
a) MQ1牵引电磁铁外形　b) MQ2牵引电磁铁外形

使用时，将铁轭安装在固定的支架上，用销子将衔铁与牵引杆活动地联结。线圈通电时，衔铁吸合作直线运动，经过牵引杆（推杆或拉杆、连杆）驱动机械装置。衔铁无复位装置，靠自重或借助外来机械力在线圈断电后复位。

2. 主要技术参数、吸引特性及选用　MQ 系列牵引电磁铁的额定电压有 110 V、220 V、380 V 等（小型的电压低，如 MQZ1 直流牵引电磁铁为 24 V）。线圈电源频率有 50 Hz 和 60 Hz，MQ1、MQ2 和 MQ3 系列牵引电磁铁技术参数分别见表 3—16、表 3—17 和表 3—18。

表 3—16　MQ1 系列牵引电磁铁技术参数

型号	使用方式	额定吸力(N)	额定行程(mm)	额定电压(V)	消耗功率 启动(VA)	消耗功率 吸持(VA)
MQ1-1.5N（MQ1-5101）	拉动式	15	20	110	450	67
MQ1-3N（MQ1-5111）	拉动式	30	25	110	1 000	94
MQ1-5N（MQ1-5121）	拉动式	50	25	110	1 700	120
MQ1-8N（MQ1-5131）	拉动式	80	25	110	2 200	170
MQ1-15N（MQ1-5141）	拉动式	150	50	220	10 000	470
MQ1-25N（MQ1-5151）	拉动式	250	30	380	10 000	810
MQ1-1.5Z（MQ1-6101）	推动式	15	20	110	450	67
MQ1-3Z（MQ1-6111）	推动式	30	25	110	1 000	94
MQ1-5Z（MQ1-6121）	推动式	50	25	110	1 700	120
MQ1-8Z（MQ1-6131）	推动式	80	25	110	2 200	170

表3—17　　MQ2系列牵引电磁铁基本技术参数

型号	额定吸力 (N)	额定行程 (mm)	额定电压 (V)	通电持续率 (%)	允许连续操作频率 (次/h)	衔铁质量 (kg)	备注
MQ2-0.7	6.86	10	127、220、380	100	600	0.15	推拉两用
MQ2-1.5(A)	14.71	20			600	0.20	推动式
MQ2-3(A)	2.94	25			600	0.25	
MQ2-5(A)	49.03	25			400	0.35	
MQ2-8(A)	78.45	25			400	0.50	
MQ2-15	147.1	50	220、380		200	1.6	拉动式
MQ2-25	245.2	30			200	3	

表3—18　　MQ3系列牵引电磁铁技术参数

额定吸力 (N)	额定行程 (mm)	每小时额定操作次数 (TD=60%)	吸引线圈额定电压 (V)
6.2、7.8、9.8、12.3	10	1 200	36、110、220、380
15.7、19.6、24.5、31、39	20	600	110、220、380
49、62、78、98	30	600	110、220、380
123、157、196、245	40	300	220、380

吸引特性（又称牵引特性）是指额定电压下，吸力 F 和电流 I 与衔铁行程 δ 的关系曲线，如图3—11所示。额定吸力是指额定行程下的吸力，若超出了这个行程，吸力就会迅速下降，而电流则增大。螺管形电磁铁，在此额定行程（图中虚线）稍小之处，电磁吸力低，但电流不小（接近额定行程下的启动电流 I_Q）。因此，在工作过程中，应避免衔

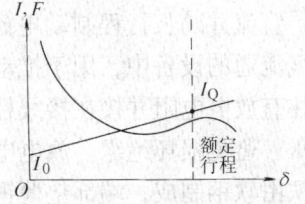

图3—11　牵引电磁铁吸力和电流与其衔铁行程的关系

铁被卡住在中间位置，否则电磁铁的线圈会被烧坏。

牵引电磁铁须按下列要求进行选用：

（1）按控制系统电压选定电磁铁线圈电压。

（2）依工作要求选择结构形式，即拉动式或推动式。

（3）按牵引对象的吸力和行程要求选择电磁铁的型号，应使电磁铁的吸合特性位于牵引对象所要求的吸引特性之上（一般要求是指在电磁铁线圈的 75% 额定电压时的特性位于所要求的特性处即可）。

二、制动电磁铁

1. 用途、结构及原理　制动电磁铁是驱动制动器作机械制动用的电磁铁，通常与闸瓦式制动架构配合使用，在电气传动装置中用作电动机的机械制动，以达到准确和迅速停车的目的。制动电磁铁种类较多，按衔铁行程分有长行程（大于 10 mm）和短行程（5~10 mm），按线圈电源分有交流与直流两种（直流又分串励磁和并励磁）。

交流长行程制动电磁铁的型号为 MZS1，它由衔铁、三相线圈、铁心、牵引杆等构成，其外壳用钢板焊接而成，如图 3—12 所示。当线圈通电后，衔铁向上运动并提升牵引杆操作机械制动装置。当线圈断电后，衔铁受自身和牵引杆的质量的作用而释放。大型的制动电磁铁还带有空气阻尼式缓冲装置来调节刹车制动时间，以提高机械寿命。

直流并励长行程制动电磁铁的型号为 MZZ2-H，要求装在空气流通的设备中，用于推动负荷动作的闸瓦式制动器。外壳内往往有放电电阻并接在接线柱上，可减小切断电源时线圈产生的过压，避免损坏绝缘。放电电阻阻值约为线圈电阻值的 6~8 倍。衔铁由软钢制成，端部垫薄铜片，具有空气缓冲器的作用，使电磁铁在接上和切断电源时延长动作的时间，避免发生急剧的冲击。直流长行程电磁铁的工作原理与交流制动电磁铁相同，其内部结构如图 3—13 所示。

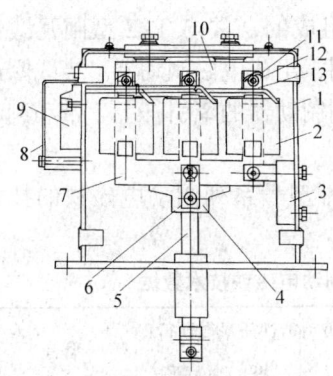
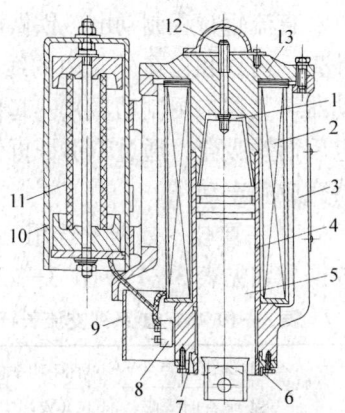

图 3—12 三相交流制动
电磁铁的结构
1—外壳 2—线圈 3—导板
4—托架 5—牵引杆 6—销钉
7—衔铁 8—盖 9—接线板
10—铁心 11—螺钉
12—螺母 13—线圈支持件

图 3—13 直流长行程电磁
铁内部结构
1—黄铜垫圈 2—线圈 3—外壳
4—导向管 5—衔铁 6—法兰
7—油封 8—接线板
9—盖 10—箱子 11—管形电阻
12—缓冲螺钉 13—钢盖

转动式交流短行程制动电磁铁为 MZD1 型，常与 TJ2 型闸瓦式制动器（又称常闭式抱闸制动器）配套使用，组成电磁机械制动装置，如图 3—14 所示。当线圈通电后，Π 形衔铁绕轴旋转而吸合，同时与牵引杆连在一起的刹车连杆向右移动，操纵制动器完成刹车动作；当线圈断电时，衔铁受刹车连杆的反作用力而释放，释放的位置由停挡板确定，停挡板由钢片组成，片数可调。

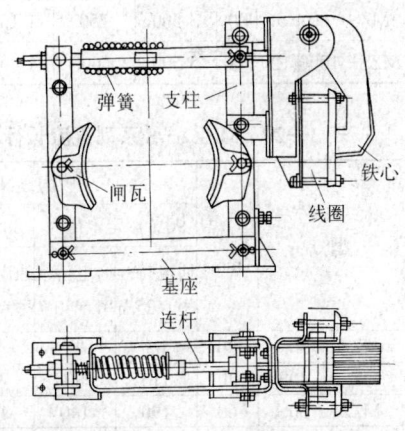

图 3—14 MZD1 制动电磁铁
与制动器结构

直流短行程制动电磁铁做成盘式,它是由开有通风孔的铸钢外壳、衔铁和包在外壳内的线圈组成的,常与 TZ2 型闸瓦式制动器(又称抱闸制动器)一起作用,组成电磁制动器。当线圈通电后衔铁吸合,通过牵引杆再传到制动器的牵引杆上,带动制动器完成刹车动作。

2. 主要技术数据及选用　各种型号系列制动电磁铁的技术数据分别见表 3—19～表 3—23。

表 3—19　MZS1 系列交流长行程制动电磁铁技术数据

型号	视在功率(VA)		消耗功率(W)	电磁吸力(N)	衔铁质量(kg)	衔铁行程(mm)	备注
	吸合时	吸持时					
MZS1-6	2 700	330	70	80	2	20	每小时操作次数为 150 次,超过此值时,行程将减小
MZS1-7	7 700	500	90	100	3	40	
MZS1-15	14 000	750	150	200	4.5	50	
MZS1-25	23 000	750	200	350	11	50	
MZS1-45	33 000	2 100	530	570	11	50	
MZS-80	96 000	3 500	750	1 150	33	60	
MZS-1000	120 000	5 500	1 000	1 400	42	80	

表 3—20　MZZ2-S 系列直流长行程制动电磁铁技术数据

型号	行程(mm)	吸力(N)				衔铁质量(kg)	线圈需要的功率(W)	
		90%额定电压时		80%额定电压时				
		通电持续率=25%	通电持续率=40%	通电持续率=25%	通电持续率=40%		通电持续率=25%	通电持续率=40%
MZZ2-30S	30	65	45	50	30	0.7	180	130
MZZ2-40S	40	115	80	95	65	1.5	280	200
MZZ2-60S	60	190	140	160	120	2.8	350	250
MZZ2-80S	80	370	300	320	250	7.0	550	400
MZZ2-100S	100	520	400	450	330	12.3	750	520
MZZ2-120S	120	1 000	720	800	570	23.5	1 150	800

注:型号后字母 S 表示防水式。

表3—21　MZZ2－H系列直流长行程制动电磁铁技术数据

型号	行程(mm)	吸力（N）90%额定电压时		衔铁质量(kg)	线圈需要的功率（W）	
		通电持续率=25%	通电持续率=40%		通电持续率=25%	通电持续率=40%
MZZ2－30H	30	65	45	0.7	200	140
MZZ2－40H	40	115	80	1.5	350	220
MZZ2－60H	60	190	140	2.8	560	330
MZZ2－80H	80	370	300	7	760	500
MZZ2－100H	100	520	400	12.3	1 100	700
MZZ2－120H	120	1 000	720	23.5	1 600	950

注：型号后字母H表示保护式。

表3—22　MZD1型短行程制动电磁铁技术数据

型号	电磁铁转矩（N·cm）通电持续率		衔铁的重力转矩（N·cm）	回转角（°）	额定回转角度下制动杆的位移（mm）	反复短时制时（次/h）
	40%	100%				
MZD1－100	550	300	50	7.5	3	300
MZD1－200	4 000	2 000	360	5.5	3.8	
MZD1－300	10 000	4 000	920	5.5	4.4	

表3—23　MZZ1型短行程制动电磁铁技术数据

型号	行程(mm)	吸力（N）85%额定电压时		额定电流（A）	
		通电持续率=25%	通电持续率=40%	通电持续率=25%	通电持续率=40%
MZZ1－100 并励	2	250	200	0.7	0.45
MZZ1－200 并励	3	1 000	800	1.3	0.8
MZZ1－300 并励	4	2 150	1 800	2.3	1.4

注：线圈额定电压为220 V，当用于440 V时则需与线圈串联附加电阻。

通常，制动电磁铁的电源应相同于电动机的电源（易于得到）。为获得较大制动转矩，宜采用长行程制动电磁铁，长行程制动电磁铁既可用于 V 带制动器，也可用于弹簧制动器，短行程制动电磁铁则只适用于弹簧制动器。但长行程制动器抱闸和松闸时间长，安装面积和空间都要大。

同时，若每小时超过 300 次的分、合次数，则要选用直流电磁铁。为安全起见，须串励、并励直流电磁铁合用。因为串励电磁铁的优点是与电枢串联，电枢断线时能及时快速抱闸；但负载电流小时吸力小于反作用力，因而导致不该抱闸时产生误抱闸，且启动时启动电流大，衔铁冲击大；相反，并励电磁铁优点是吸力大小与电动机负载无关，缺点是万一电枢断路，本应抱闸，却又不能够抱闸。

当制动器的型号已确定，配用的制动电磁铁可按表 3—24 选择；当制动器尚未确定时，则按电磁铁所作的功等于或稍大于刹车功（所作的抱闸功）的原则计算后选定，对于衔铁作直线运动的制动电磁铁，按式（3—1）选取，对于衔铁作旋转运动的制动电磁铁，按式（3—2）选取。

表 3—24　　制动器与制动电磁铁的配用

制动器型号	制动力矩（N·cm）		闸瓦退距（mm）	调整杆行程(mm)	配用电磁铁型号	MZD1 电磁铁转矩（N·cm）	
	通电持续率=25%、40%	通电持续率=100%	正常 最大	开始 最大		通电持续率=25%、40%	通电持续率=100%
TJ2-100	2 000	1 000	$\frac{0.4}{0.6}$	$\frac{2}{3}$	MZD1-100	550	300
TJ2-200/100	4 000	2 000	$\frac{0.4}{0.6}$	$\frac{2}{3}$	MZD1-100	550	300
TJ2-200	16 000	8 000	$\frac{0.5}{0.8}$	$\frac{2.5}{3.8}$	MZD1-200	4 000	2 000

续表

制动器型号	制动力矩（N·cm）		闸瓦退距(mm)（正常/最大）	调整杆行程(mm)（开始/最大）	配用电磁铁型号	MZD1 电磁铁转矩（N·cm）	
	通电持续率=25%、40%	通电持续率=100%				通电持续率=25%、40%	通电持续率=100%
TJ2-300/200	24 000	12 000	0.5/0.8	2.5/3.8	MZD1-200	4 000	2 000
TJ2-300	50 000	20 000	0.7/1	3/4.4	MZD1-300	10 000	4 000
						MZZ1 电磁铁吸力（N）	
TZ2-100	2 000	1 700	0.4/0.6	2/3	MZZ1-100	250	200
TZ2-200/100	4 000	3 200	0.4/0.6	2/3	MZZ1-100	250	200
TZ2-200	16 000	13 000	0.5/0.8	2.5/3.6	MZZ1-200	1 000	800
TZ2-300/200	24 000	20 000	0.5/0.8	2.5/3.6	MZZ1-200	1 000	800
TZ2-300	50 000	44 000	0.7/1.0	3.0/4.5	MZZ1-300	2 150	1 800

$$FhK \geqslant N\varepsilon \frac{1}{\eta} \quad (3-1)$$

$$T\alpha K \geqslant N\varepsilon \frac{1}{\eta} \quad (3-2)$$

式中 F——气隙为 h 时，电磁铁的吸力，N；

h——衔铁行程，cm；

K——衔铁行程利用系数，即调整好的衔铁行程除以衔铁最大行程，约 $0.8 \sim 0.85$；

α——衔铁的最大容许回转角，rad；

T——制动电磁铁的转矩，指在最大转角下的转矩，N·cm。

刹车轮越大，T 越大；

N——制动瓦压在刹车轮上的压力，N；

η——制动装置中杠杆系统的效率，一般销钉连杆装置为 0.9~0.95；

ε——调整好的制动瓦（块）和刹车轮之间的空隙，cm （见表 3—25）。

表 3—25　刹车轮直径与对应的空隙距离

刹车轮直径 D（mm）	100	200	300	400	500	600	700	800
空隙距离 ε（mm）	0.6	0.8	1	1.25	1.25	1.5	1.75	2

三、起重电磁铁

1. 用途、结构及原理

起重电磁铁在车间、工地用于吊放、搬运钢板、生铁锭、废钢屑、钢轨、铁矿石等具有磁性的工件和物料。起重电磁铁常分为圆盘形和矩形两种。MW1 型圆盘形起重电磁铁主要由外壳、内外磁极等组成。内磁极及被吸物、铁心构成磁路，外壳内放置线圈，其下用非磁性锰钢板封盖，借内、外磁极用螺钉固紧于外壳上（以防电磁铁在工作时被吸物碰坏线圈），如图 3—15 所示。

为了工作时能自动分、合电磁铁线路，并保证在使用时具有高可靠性和安全性，电磁铁配有控制屏控制电磁铁通断

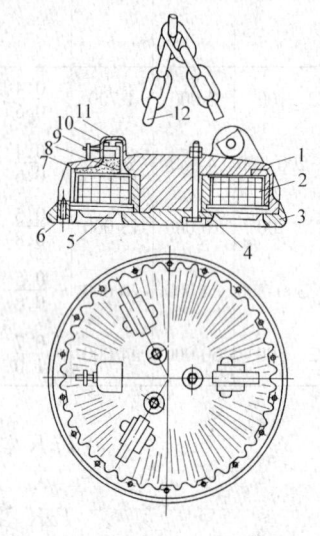

图 3—15　圆盘形起重电磁铁结构
1—钟盖　2—线圈　3—外磁极
4—内磁极　5—非磁性锰钢板
6—紧固螺钉　7—填充物
8—软导片　9—软导线　10—出线螺杆
11—注胶盖板　12—链条

和自动去磁,使被吸物全部落下。控制屏原理线路图如图 3—16 所示,当合上电源开关 QS 和主令开关 SA 后,接触器 KM1 通电,电磁铁 YA 开始工作。

当要释放被吸物时,断开 SA 使 KM1 断电,释放被吸物,同时经放电回路 YA→KM1 常闭触点→KM2 线圈→R1、R2→YA 回路放电,避免线圈产生操作过电压。此时,KM2 得电,接触器 KM2 常开触点吸合,电磁铁开始去磁。在电磁铁流过反向去磁电流之后,上述两段电阻上的压降方向相反,KM2 线圈的电压很快下降。当反向去磁电流达到要求数值时,KM2 线圈所加电压低于它的释放值时便释放,去磁过程终止,操作过程完毕。

MW4-20 型起重电磁铁为开启式直流矩形起重电磁铁,它不带衔铁。为减小时间常数,提高快速性能,采用由硅钢片叠成的狭长铁心,用四条螺杆和两块压板把铁心夹紧,线圈用卡板固紧在铁心上,如图 3—17 所示。电磁铁上两个线圈并联时,用于电压 55 V,两个线圈串联时,用于电压 110 V。

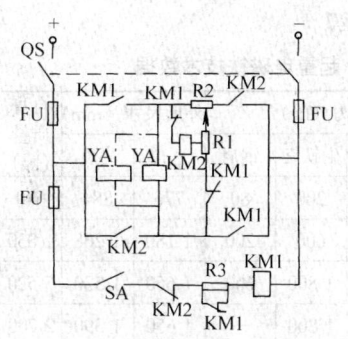

图 3—16 MW1 系列起重电磁铁
控制屏原理线路图

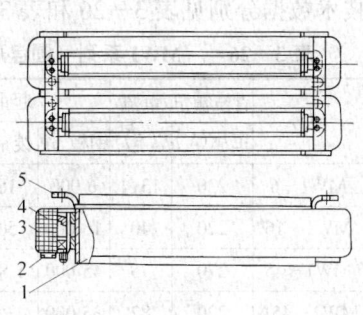

图 3—17 MW4 型起重电磁铁结构
1—铁心 2—卡板 3—螺杆
4—线圈 5—压板

此外,冶金、造船等工业部门还应用其他多种特别结构的系列,如 MW61 系列起重电磁铁做成椭圆形,磁场深,磁动势大,适合于一次大量起吊废钢片；MW29系列起重电磁铁磁极为扁平状，适合于搬运各种外径、长度、根数、捆数的捆扎钢管；MW26系列和MW36系列起重电磁铁，适用于垂直或水平吸吊钢带卷；MW5系列起重电磁铁的线圈采用真空灌胶、真空干燥，耐热、耐压及机械强度好，且线圈保护外板是耐磨性能好、抗冲击性能强的高锰钢板，具有自重轻、能耗低、气隙磁密大、起重质量大的优点，适合于吸吊整块大钢坯；MW73系列起重电磁铁适合于板坯上、下表面翻转作业用。

2. 主要技术数据及选用　起重电磁铁的参数包括电压、电流、消耗功率、起重质量、吸吊物的温度（即常温或高温，100~600℃）等。如MW5-150L/1表示电磁铁直径为150 cm，铝线圈，常温型，额定电压为DC-220V，强、弱励电压为DC-290V/DC-200V，电流（冷态/热态）为93.8 A/64.7 A，消耗功率为27.2 kW/12.9 kW，吸吊能力（冷态/热态）为2 000 kg/1 700 kg。

圆盘形MW1系列、矩形MW2和MW4系列起重电磁铁的技术数据分别见表3—26和表3—27。

表3—26　MW1系列（圆盘形）起重电磁铁技术数据

型号	直流额定电压(V)	电流(A)	起重能力 (kg)				外形尺寸 (mm)		自身质量(kg)
			钢板、块	废钢铁	生铁锭	钢屑	直径	高度	
MW1-6	220	13.4	6 000	180	200	80	776	884	640
MW1-16	220	40	16 000	500	600	200	1 180	1 208	1 830
MW1-45	270	75	45 000	1 800	1 800	600	1 650	1 530	5 520
MW1-45A	220	82	35 000	—	1 800	—	1 650	1 390	2 700
MW1-45B	220	71	35 000	—	1 800	—	1 650	1 390	3 650
MW1-45A1	220	59	30 000	—	1 500	—	1 650	1 850	2 580
MW1-45B1	220	57.8	30 000	—	1 500	—	1 650	1 850	3 560
MW1-65A	220	163	65 000	—	3 500	—	2 150	1 550	6 500

表 3—27　MW2 和 MW4 系列（矩形）起重电磁铁技术数据

型号	直流额定电压 (V)	冷态电流 (A)	起重能力 (kg)	外形尺寸 (mm)			自身质量 (kg)	备注
				长	宽	高		
MW2-0.5	220	5.7	500	600	170	1 000	300	
MW2-1.5	220	17.9	1 500	1 000	400	1 000	650	
MW2-3	220	11.45	3 000	1 200	400	400	410	
MW2-5	220	35	5 000	1 700	650	875	3 200	两台联用吸重
MW2-7	510	14.8	7 000	1 750	284	590	1 190	
MW3-32	220	35.4	32 000	1 475	930	828	2 800	两台联用吸重
MW4-20	55 或 110	5	(4 mm 厚) 20	606	230	130	—	
MW2-6/GW	220	32.6	6 000	1 500	580	817	1 980	两台联用吸运 500℃ 以下 90 mm ×96 mm 方钢
MW2-8/GW	220	40.7	8 000	1 700	1 000	730	3 000	两台联用吸运 600℃ 以下钢轨
MW2-32F	220	37.9	32 000	1 444	840	1 074	3 000	两台联用吸运 600℃ 以下特厚钢板

起重电磁铁使用时可按下列要求进行选择：

(1) 根据起重物品的种类和质量选取型号。

(2) 按直流电源电压选好起重电磁铁的线圈电压（交流电源在吸吊中，因电流变化大、有振动、安全性差，故而不用）。

(3) 配用合适的整流及控制设备（包括大功率半导体装置），保证高可靠性和安全性。

(4) 采用（额）定电压控制和可调压控制方式及吸料强励磁、搬运弱励磁、释放反向消磁、停电保磁等电控方式，从而加快电流升降变化的速度，发挥更大的起吊能力，提高装卸效率。

四、电磁铁的维修

电磁铁（推动器）的检查及维护应与制动器的检查维护一起

进行，要点如下：

1．清除电磁铁零件表面的灰尘和污物，经常在可动部分擦油或涂工业凡士林，以保持润滑，防止锈蚀；固紧电磁铁螺栓和磁极、磁轭与外壳、线圈的螺钉。

2．定期检查衔铁行程，因为行程变大会使吸力下降。

3．测电磁铁线圈电阻并与标准线圈电阻对比，判别线圈是否断线或短路；用电压表测量电磁铁电压，是否低于额定值；对于串联电磁铁，则应测量线圈电流；对于三相电磁铁，则应检查接线是否有错。

4．断电后衔铁不下落，多数原因是机构卡住，或直流电磁铁剩磁过大、非磁性垫片磨损等。交流制动电磁铁的故障及排除方法见表3—28。

表3—28　　交流制动电磁铁的故障及排除方法

故障现象	产 生 原 因	排 除 方 法
1．线圈过热	(1)电磁铁过载	(1)调整弹簧压力或重锤的位置
	(2)在工作位置上电磁铁可动部分与静止部分有间隙；交流电磁铁未完全吸合	(2)调整制动器的机械部分以消除间隙
	(3)制动器的工作条件与线圈的特性不符；通电过于频繁；串联线圈电流过大	(3)换符合工作条件的线圈
	(4)线圈的电压与线路电压不符合	(4)更换线圈，如为三相电磁铁，可将三角形联结改接成星形联结
2．产生较大的响声	(1)电磁铁过载	(1)调整弹簧压力或变更重锤位置
	(2)磁导体的工作表面脏污	(2)消除磁导体表面上的脏物
	(3)磁面变曲，极面不平或短路环断裂	(3)调整机械部分，以消除磁路弯曲现象

续表

故障	故障原因	排除方法
3. 电磁铁不能克服弹簧及重锤质量的力	(1) 电磁铁过载 (2) 所采用的线圈电压大于线路电压 (3) 线路中电压显著降低	(1) 调整制动器的机械部分 (2) 更换线圈或将星形联结改成三角形联结 (3) 消除引起线路中电压下降的原因

§3—6 漏电保护开关

漏电保护开关是最常用的一种漏电保护电器，它既能控制电路的合与分，又能在电路发生漏电或人身触电时迅速自动跳闸，而切断电源。漏电保护开关可分为电磁式和电子式两大类，电子式是在电磁式的基础上加入放大、比较、整形等电子电路，动作更加灵敏可靠，其保护原理与电磁式相同。

一、漏电保护开关的结构原理

电磁式漏电保护开关按检测故障信号不同，分为电压（动作）型和电流（动作）型，前者存在可靠性差、动作无选择性等缺点，已被淘汰。后者的结构原理如图 3—18 所示，它由三个主要部分组成：零序电流互感器、漏电脱扣器和开关装置。图中，三条相线和中性线均穿过零序互感器 TA，L2 为互感器二次绕组，L2 感应的信号经放大电路送到执行元件 K。

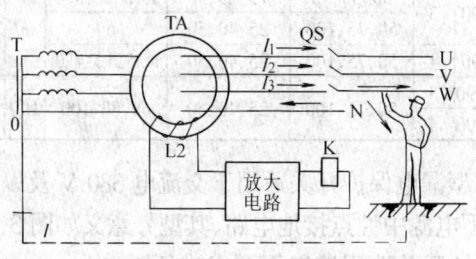

图 3—18 漏电保护开关原理

当线路正常时,各相与中性线的电流相量和为零,即

$$\dot{I}_U + \dot{I}_V + \dot{I}_W + \dot{I}_N = 0 \qquad (3-3)$$

因此,TA 铁心中的磁通代数和也为零,即

$$\dot{\Phi}_U + \dot{\Phi}_V + \dot{\Phi}_W = 0 \qquad (3-4)$$

二次回路 L2 无感应电动势和电流,漏电保护开关呈闭合状态,线路正常工作。

当有人触电或设备漏电,漏电流从大地返回变压器中性点,使通过 TA 的电流相量和不为零,TA 铁心有磁通,L2 有感应电动势和电流输出,此电流经放大电路放大后,当达到执行元件 K 的动作电流时,K 迅速打开(自动脱扣)切断电路,使触电者或漏电设备脱离电源。

二、主要技术参数及选用

单相漏电保护开关常用在学校、办公室、家庭等单相线路,型号有 LBK10、LBK16 等。三相漏电保护开关多用在动力线路或照明干线上,型号有 DZ10L、DZ15L、DZ18L 等。

DZ15L 系列漏电保护开关的技术参数见表 3—29。

表 3—29　DZ15L 系列漏电保护开关的技术参数

型号	极数(极)	额定漏电动作电流(mA)	额定漏电不动作电流(mA)	过电流脱扣器额定电流(A)	额定电流(A)	额定电压(V)	漏电脱扣全动作时间(s)
DZ15L-40/390	3	30、50、75	15、25、40	10、15、20、30、40	40	380	≈0.1
DZ15L-40/490	4	50、75、100	25、40、50	10、15、20、30、40	40	380	≈0.1
DZ15L-60/390	3	30、50、75	15、25、40	10、15、20、30、40	60	380	≤0.1
		50、75、100	25、40、50	60	60	380	≤0.1
DZ15L-60/490	4	50、75、100	25、40、50	10、15、20、30、40、60	60	380	≤0.1
DZ15L-100/390	3	50、75、100	25、40、50	60、80、100	100	380	≤0.1
DZ15L-100/490	4	50、75、100	25、40、50	60、80、100	100	380	≤0.1

DZ15L 型漏电保护开关适用于交流电 380 V 及以下,额定电流 100 A 及以下电源中性点接地电路,其型号意义如图 3—19 所示。

漏电保护开关选用按以下要求进行:

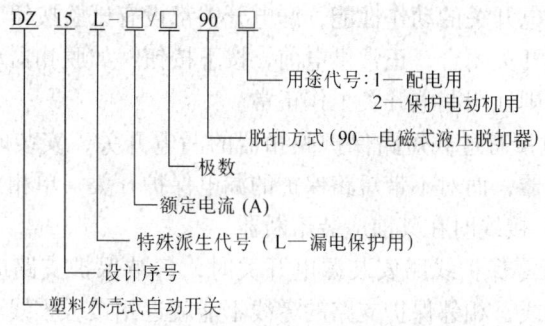

图 3—19 漏电保护开关的型号意义

（1）漏电保护开关的额定电压应与电路工作电压相适应。

（2）漏电保护开关的额定电流必须大于电路最大工作电流。

（3）漏电动作电流和动作时间应按分级保护原则和线路泄漏电流大小来选择。

分级保护原则是：第一级干线保护，是以消除事故隐患为目标的保护，主要是消除用电设备外壳带电及单相接地故障，其漏电动作电流应小于线路单相接地故障电流。一般单相接地故障电流在 200 mA 以上，故干线保护的漏电动作电流可选择在 60～120 mA。第二级是末端线路（支线）及设备的保护，以防止人体触电为主要目标。因为任何线路和电气设备都有一定的泄漏电流，故此动作电流应小于人体安全电流，但要大于线路的正常泄漏电流。通常，可选用漏电动作电流在 30 mA 以下及漏电动作时间（从漏电发生到开关动作完了的时间）小于 0.1 s 的漏电保护开关。

三、安装和使用

1. 漏电开关应安装在通风、干燥环境中，避免灰尘和有害气体，避免电磁干扰，远离交流接触器。二极的用于照明电路，三极的用于三相对称负荷电路，四极常用于动力与照明线路。

2. 安装时进线和出线不能接错，相线和中线不能接错。为了检查漏电开关的动作性能，漏电开关都设有试验按钮，安装完毕，漏电开关闭合，正常供电前，按下按钮，如脱扣器动作，开关打开，则证明漏电开关工作正常。

3. 对带有过载短路保护脱扣器的漏电开关，安装时可不必加装熔断器，而对不带短路保护的漏电保护开关（单相二极的多属此类），接线时在其前应装熔断器。

4. 接零保护线路安装漏电开关时，各被保护支路应有各自的专用零线，相邻保护支路的零线不能就近相接，零线不得重复接地，中性线应穿过零序电流互感器，但保护接零线不得穿过零序电流互感器。

5. 接地保护线路安装漏电开关时，不要采用公共地极，同时安装漏电保护开关与不安装漏电保护开关的设备也不得共用一套接地装置，以防漏电保护开关误动作。

四、漏电保护开关的维修

使用中的漏电保护开关要定期检查，以保证其良好的性能；定期清扫表面尘埃；定期在传动机构的活动部位添加润滑油。漏电保护开关的故障和排除方法见表3—30。

表3—30　　漏电保护开关的故障和排除方法

故障现象	发生原因	排除方法
1. 漏电保护开关不能闭合	(1)储能弹簧变形导致闭合力减小 (2)操作机构卡住 (3)机构不能复位再扣 (4)漏电脱扣器未复位	(1)更换储能弹簧 (2)重新调整操作机构 (3)调整脱扣器面至规定值 (4)调整漏电脱扣器
2. 漏电保护电器不能带电投入	(1)过电流脱扣器未复位 (2)漏电脱扣器未复位 (3)漏电脱扣器不能复位 (4)漏电脱扣器吸合无法保持	(1)等待过电流脱扣器自动复位 (2)按复位按钮，使脱扣器手动复位 (3)查明原因，排除线路上漏电故障点 (4)更换漏电脱扣器

续表

故障现象	发生原因	排除方法
3. 漏电开关打不开	(1)触点发生熔焊 (2)操作机构卡住	(1)排除熔焊故障,修理或更换触点 (2)排除卡住现象,修理受损零件
4. 一相触点不能闭合	(1)触点支架断裂 (2)金属颗粒将触点与灭弧室卡住	(1)更换触点支架 (2)清除金属颗粒,或更换灭弧室
5. 启动电动机时漏电开关立即断开	(1)过电流脱扣器瞬时整定值太小 (2)过电流脱扣器动作太快 (3)过电流脱扣器额定整定值选择不正确	(1)调整过电流脱扣瞬时整定弹簧力 (2)适当调大整定电流值 (3)重新选用
6. 漏电保护器工作一段时间后自动断开	(1)过电流脱扣器长延时整定值不正确 (2)热元件或油阻尼脱扣器元件变质 (3)整定电流值选择不当	(1)重新调整 (2)将已变质元件更换掉 (3)重新调整整定电流值或重新选用
7. 漏电开关温升过高	(1)触点压力过小 (2)触点表面磨损严重或损坏 (3)两导电零件联结处螺钉松动 (4)触点超程太小	(1)调整触点压力或更换触点弹簧 (2)清理接触面或更换触点 (3)将螺钉拧紧 (4)调整触点超程
8. 操作试验按钮后漏电保护器不动作	(1)试验回路不通 (2)试验电阻已烧坏 (3)试验按钮接触不良 (4)操作机构卡住 (5)漏电脱扣器不能使自动开关自由脱扣 (6)漏电脱扣器不能正常工作	(1)检查该回路,接好联结导线 (2)更换试验电阻 (3)调整试验按钮 (4)调整操作机构 (5)调整漏电脱扣器 (6)更换漏电脱扣器

续表

故障现象	发生原因	排除方法
9. 触点过度磨损	(1)三相触点动作不同步 (2)负载侧短路	(1)调整到同步 (2)排除短路故障,并更换触点
10. 相间短路	(1)尘埃堆积或粘有水气、油垢,使绝缘劣化 (2)外接线未接好 (3)灭弧室损坏	(1)经常清理,保持清洁 (2)拧紧螺钉,保证外接线相间距离 (3)更换灭弧室
11. 过电流脱扣及时断开器烧坏	(1)短路时机构卡住,开关无法动作 (2)过电流脱扣器不能正确地动作	(1)定期检查操作机构,使之动作灵活 (2)更换过电流脱扣器

§3—7 低压配电屏

一、用途、结构和分类

低压配电装置是用来接受和分配电能的装置,一般由若干台配电屏组成。把一条电路所需的开关设备、测量仪表、保护仪器和辅助设备等预先安装在用薄钢板和角钢焊成的柜内,这就是配电屏(柜)。

低压配电屏用于变、配电所及各种自备电站中作交流50 Hz、500 V以下的低压动力和照明配电之用。目前,我国生产的低压配电屏有单面维护式、双面维护式和抽屉式三种。单面维护式基本上靠墙安装(实际离墙 0.5 m 左右),维护检修都在前面,只能单面维护,型号有 BDL 型,外形结构如图 3—20 所示。

双面维护式是离墙安装,屏后留有维护通道,可前、后进行维修。屏面共分三段,上段为仪表面板,供装仪表用;中段为操作板,供装开关的操作手柄、转换开关、指示灯;下段面板一般制成两扇小门,内装继电器、熔断器、电能表等设备。双面维护式型号有 BSL-10 型,外形结构如图 3—21 所示。

母线用支持瓷瓶固定在配电屏顶部,接地母线用瓷瓶固定在配电屏下部,供二次接线联结用的端子排也固定在配电屏的下部。

目前,BSL 型低压配电屏已由 PGL 型取代。PGL 型低压配电屏为户内安装、双面维护的低压配电装置,屏宽有 400 mm、

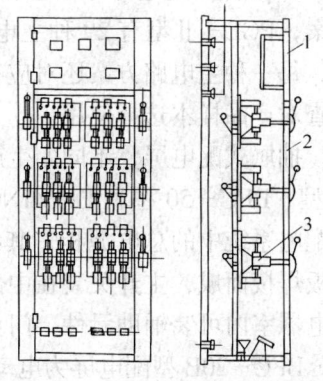

图 3—20　BDL-10 型低压配电屏
1—仪表板　2—操作板
3—刀熔开关

600 mm、800 mm、1 000 mm 等,适用于发电厂、变电站、厂矿企业的 380 V 低压配电系统,作动力和照明配电用。

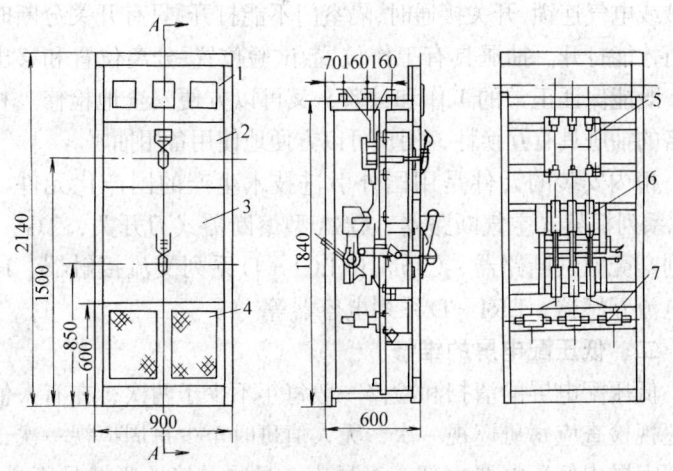

图 3—21　BSL-10 型低压配电屏
1—仪表板　2—上操作板　3—下操作板　4—门
5—刀开关　6—低压断路器　7—电流互感器

PGL低压配电屏分Ⅰ型和Ⅱ型，PGL-Ⅰ型有31种主电路方案，PGL-Ⅱ型有29种主电路方案，不同的方案屏宽尺寸不同，每一种主电路方案还对应有一个或几个辅助电路方案，用户可查对产品样本选择使用。

抽屉式配电屏，不同的生产厂家选用不同的型号，有BFC-20型、BFC-50型和DOMINO-Ⅱ型等。BFC-20A型作为低压配电系统中的总电源柜，其结构共分五种规格。柜体由角钢、钢板焊接而成，主开关装在中部的主开关室内，为抽屉式，上部继电器室内可装辅助元件，门上可装指示仪表和操作按钮等。

BFC-20B型配电屏为电动机控制与动力控制开关柜，它可以组成多种柜体方案和不同形式的配电装置。

DOMINO型配电屏属于20世纪80年代国际先进技术水平,采用模数组合的设计方案,可以按不同的要求设计成各种类型的单元,并有抽屉式及固定式两种结构形式。DOMINO型配电屏采用间隔式布置,每一电气单元均占据一个独立的单元隔室,门上都设置机械或电气连锁,开关接通时,隔室门不能打开,只有开关分断时隔室门才能打开。抽屉具有工作位置、试验位置、分离位置和移出位置,既能保证正常的工作和试验,又可以方便安全地检修。相同规格的抽屉具有互换性,用户可以方便地使用备用抽屉。

柜内安装的元件是用国外引进技术生产的国产化元件，如AH系列框架式空气断路器、QSA型熔断器式刀开关，TG、TO系列塑壳空气断路器、C45N和LC1-D系列交流接触器、R系列电流互感器、LR1-D系列电容器等。

二、低压配电屏的维修

低压配电屏的清扫和检修一般每年不少于两次，在有人值班时巡视检查应每班巡视一次，无人值班时至少每周巡视一次，重点观察屏内低压电器内部有无异声、异味；接地联结是否良好；绝缘子有无闪络、放电现象。屏面的指示仪表及指示灯均应齐全完好，能满足运行监视的需要；操作手柄、按钮等部位所指示的

"合上""断开"等字样,应与设备的实际运行状态相对应。

装有低压电源自投系统的配电屏,应定期作传动试验,检查三相触点是否同时闭合或分离,检验其动作的可靠性,并应在两个电源的联络处标有明显的标志。此外还应对屏内各电气设备用500 V摇表进行绝缘摇测,母线绝缘值不应低于100 MΩ,开关、接触器、互感器的绝缘电阻不应低于 10 MΩ,控制回路、信号回路、连锁回路、测量仪表回路对地绝缘值不应低于2 MΩ。

设备发生事故后应重点检查熔断器和各种保护电器的动作情况,以及事故范围内的电器有无烧伤或毁坏情况,对所损坏的电器设备应及时更换与修复。

§3—8 低压电器的常见故障和维修

低压线路中使用的电器很多,除本章分析过的低压断路器、控制继电器、电磁铁、漏电保护开关外,还有以前学习过的接触器、熔断器、刀开关、主令电器等。各种电器经过长期使用或使用不当而出现的故障或损坏,必须及时做好修理或更新工作。修理时拆卸要仔细,注意各零件的装配次序,千万别硬敲、硬拆,避免造成不必要的损坏。

一、接触器的检修

低压电器常见故障以触点系统和电磁系统居多,下面以接触器为例,分析故障产生的原因和处理方法,见表3—31。

二、熔断器的检修

对于低压熔断器,常见故障有接触不良、温升过高、外表瓷套瓷座裂缺、变形、熔丝(体)截面变小、熔丝(体)熔断等。若发现瓷壳烫手或瓷底座有沥青流出,则说明温升过高;若发现熔体氧化或有闪络放电、管壁烧焦现象,则说明熔体可能接触不良、截面过小、电流过大、温升过高等。有动作指示器的熔断器在运行中应经常检查指示器,以便及时发现缺相运转情况。

表 3—31　接触器常见故障的产生原因和处理方法

序号	故障现象	产生原因	处理方法
1	通电后不能合闸	(1)线圈供电线路断路 (2)线圈本身断路 (3)启动按钮触点接触不良 (4)线圈额定电压比线路电压高 (5)触点与灭弧室壁之间卡住或其他可动零部件与其运动导轨或导槽卡住 (6)转轴生锈或歪斜	(1)检查线路,找出断开点,把线重新装好 (2)更换线圈 (3)清理触点或更换按钮 (4)换上额定电压合适的线圈 (5)调整互相卡住的零部件的相对位置,消除它们之间的摩擦 (6)拆下来清洗去锈或调换已磨损的零部件,上润滑油
2	通电后不能完全闭合	(1)控制电路电源电压过低(低于85%额定值) (2)线圈额定电压高于线路电压 (3)可动部分被卡住 (4)触点弹簧压力与释放弹簧压力过大 (5)触点超程过大	(1)调整电源电压 (2)换上额定电压合适的线圈 (3)调整互相卡住的零部件的位置,去除障碍物 (4)调整弹簧压力或更换弹簧 (5)调整触点超程
3	运行中铁心噪声过大或发生振动	(1)线圈电压不足 (2)铁心极面有污垢或生锈或因磨损过度而不平 (3)短路环断裂 (4)动或静铁心夹紧螺钉松动 (5)可动部分配合不当 (6)反作用力过大	(1)调整线圈电压 (2)清理极面,必要时可刮削修整 (3)更换新短路环 (4)将螺钉紧固 (5)查明故障后进行调整 (6)更换合适的弹簧
4	松开启动按钮后接触器立即释放	(1)接触器辅助触点接触不良 (2)控制回路中的触点接触不良 (3)自锁触点接线不对	(1)清理辅助触点或更换新触点 (2)查明接触不良的触点加以清理或更换 (3)查对接线

续表

序号	故障现象	产生原因	处理方法
5	接触器动作过于缓慢	(1)动静铁心之间的间隙过大 (2)安装位置不妥当 (3)线圈电压不足 (4)反作用力过大	(1)调整机械部分,减小间隙 (2)按产品使用说明书或技术条件的规定重新安装 (3)调整线圈电压 (4)换上合适的弹簧
6	断电后接触器不释放	(1)反作用力过小 (2)剩磁过大 (3)新接触器铁心表面所涂凡士林未揩净 (4)可动部分被卡住 (5)安装位置不妥当 (6)触点已经熔焊在一起 (7)控制线路接线有错	(1)换上合适的弹簧 (2)对于直流接触器应更换或加厚非磁性垫片,对于交流磁系统应将剩磁间隙处的极面锉去一部分或更换磁系统 (3)用抹布将凡士林揩净 (4)检查并清除障碍物或调整互相卡住的零部件的位置 (5)按产品使用说明书中技术条件的规定重新安装 (6)撬开已熔焊的触点或酌情更换新触点 (7)查对控制线路
7	线圈损坏、烧毁或引出线断裂	(1)因空气潮湿或含腐蚀性气体以致绝缘损坏 (2)线圈内部断线 (3)因碰撞或振动导致机械损伤 (4)线圈额定电压比控制回路的低 (5)线圈的通电持续率与实际情况不符 (6)线圈超过规定电压运行 (7)欠电压运行,衔铁不能被吸合	(1)更换新线圈,必要时还要涂刷特殊绝缘漆 (2)重绕或更换新的 (3)查明原因,作好处置,再修好损坏处或更换新线圈 (4)更换额定电压相符的线圈 (5)更换 TD 值相符的线圈 (6)检查线路电压并采取适当措施 (7)检查并调整线路电压

157

续表

序	故障现象	产生原因	处理方法
7	线圈损坏或烧毁、引出线断裂	(8)交流线圈操作频率过高 (9)双线圈结构因自锁触点焊住以致启动绕组长期通电 (10)周围环境温度过高 (11)线圈匝间短路 (12)线圈因机械损伤或附有导电尘埃而发生局部短路 (13)接头焊接不良，以致因接触电阻过大而烧断 (14)线圈电流过大	(8)降低操作频率或更换能适应高操作频率的线圈或接触器 (9)更换自锁触点并排除导致该触点焊住的故障 (10)更换安装处所或采取降温措施 (11)更换线圈 (12)更换线圈 (13)重新焊好 (14)检查控制回路电压，发现电压过低时，应设法调整
8	短路环断裂	(1)铁心碰撞过于猛烈 (2)机械寿命终结	(1)查明原因，采取措施并更换短路环，若无法更换，则应更换铁心 (2)更换铁心
9	触点严重发热	(1)负载电流过大 (2)触点生锈，或积有尘垢，或铜触点严重氧化 (3)触点严重烧损，以致接触面大大缩小，接触不良 (4)超程过小 (5)行程过大以致接触压力不足 (6)接触压力不足 (7)接线松动	(1)查明过载原因，采取措施 (2)清理接触面 (3)用细锉刀整修，使接触面光洁，必要时更换触点 (4)调整或更换触点 (5)进行调整或更换触点 (6)调整或更换弹簧 (7)清理后接牢
10	主触点在工作位置上冒火花	铁心吸合不可靠，有振动	(1)控制电压过低应进行调整 (2)如短路环不起作用应检查并更换 (3)铁心损坏则更换铁心

续表

序号	故障现象	产生原因	处理方法
11	主触点熔焊	(1)闭合过程中振动过于剧烈,而且多次发生振动 (2)接触压力不足 (3)触点分断能力不足 (4)触点表面有金属颗粒突起或异物	(1)查明原因后采取相应措施,如线圈供电电压是否过高,主回路电流是否过大 (2)更换触点弹簧 (3)改用触点分断能力高一级的接触器 (4)清理触点表面

对 RC1 型熔断器,勿用不合适的工具帮助插入与拔出,插入与拔出用力要均匀,严禁在带电情况下进行操作,避免电弧引起灼伤或火灾。当熔体熔断时,应先拉断开关,检查线路是否过载或短路,并排除故障后才更换新熔体。

换装前仔细检查熔断器的额定电流应与线路相适应,熔断器的额定分断能力是否大于线路中的预期短路电流,最好更换回原型号规格的熔片、熔管。若换上新的熔丝,熔丝应沿螺钉顺向弯过来,压在垫圈下,这样螺钉拧紧时,才越拧越紧,而不会被挤出,并可保证接触良好。注意拧紧螺钉的力须适当,以防用力过猛对铅锡丝造成机械损伤。

【习题】

1. 配电电器和控制电器各包括哪些设备?
2. 电弧是怎样形成的?低压电器常采用什么灭弧方法?
3. 自动开关的各种脱扣器有何作用?配电用的自动开关的各种保护如何整定?电动机用自动开关的保护又怎样整定?
4. 常用的控制继电器包括哪几种?每种有何特点?在电路中起到什么作用?
5. 漏电保护开关必须具备哪些基本部分?如何选择和安装

漏电保护开关？

6. 我国的低压配电屏有哪几种？各有何特点？

7. 试述自动开关、通用继电器、热继电器、漏电保护开关、接触器、熔断器的常见故障？如何进行检修？

8. 试说明低压开关、控制继电器、漏电开关、接触器、电磁铁、熔断器使用时是如何选择的？应从哪几方面考虑？

9. 有触点电器和无触点电器有什么差别？试举例说明？

第四章 变压器

本章主要介绍电力变压器的结构、基本工作原理、相量图、等效电路、三相变压器及其联结组以及变压器的运行特性和并联运行。此外，还介绍了自耦变压器、调压变压器和互感器等特殊用途的变压器。对变压器的维护与检修也做了叙述。

§4—1 变压器的作用和分类

一、变压器的作用

变压器是一种将某一数值的交流电压变换成同频率的另一数值的交流电压的静止电器设备。

通常发电厂发电机发出的电能电压一般为 6～10 kV，要经过输电线路才能输送给远距离的用户。为了减少电能的损耗及节省材料，需要将发电机发出的电压升高到 10 kV、35 kV、110 kV、220 kV、330 kV 等高压或超高压进行远距离输电，这就需要用变压器将电压升高。当电能送到用户区，又必须用变压器将电压数值调节到各种不同用电设备所需要的电压数值。例如，日常生活用的电灯、电器的工作电压为 220 V；安全照明用灯的电压为 36 V、24 V 或 12 V；三相交流电动机一般用 380 V 电压等。因此，变压器的应用极其广泛。

二、变压器的分类

变压器的种类很多，可以根据不同的观点予以分类。

1. 按用途分类

（1）电力变压器。供输配电系统中使用。

（2）调压变压器。用以调节电网电压及在实验室中改变电源电压。

（3）仪用变压器。供测量和继电保护用，如电压互感器和电流互感器。

（4）工频试验变压器。用作高压电气设备的耐压试验。

（5）特种变压器。如电焊变压器、电炉变压器和整流变压器。

（6）控制变压器。用于自动控制系统的小功率变压器。

2．按相数分类

（1）单相变压器。

（2）三相变压器。

（3）多相变压器（如整流用六相变压器）。

3．按绕组（线圈）数目分类

（1）单绕组变压器。高、低压共用一个绕组，也称自耦变压器。

（2）双绕组变压器。如一般中、小型电力变压器。

（3）多绕组变压器。如电源变压器。

4．按冷却方式分类

（1）干式变压器。空气直接冷却。

（2）油浸式变压器。电力变压器多采用。

（3）水冷式变压器。用于电压较高，容量较大的变压器。

5．按变压器铁心分类

（1）心式变压器。绕组包围铁心。

（2）壳式变压器。铁心包围绕组。

变压器品种繁多，但限于篇幅，本章以介绍三相油浸式双绕组心式电力变压器为主。

§4—2 变压器的基本结构、铭牌和额定值

一、变压器的基本结构

一般电力变压器由铁心、绕组、油箱、油枕、绝缘套管、分接开关、冷却系统及保护装置等组成,其结构示意图如图 4—1 所示。

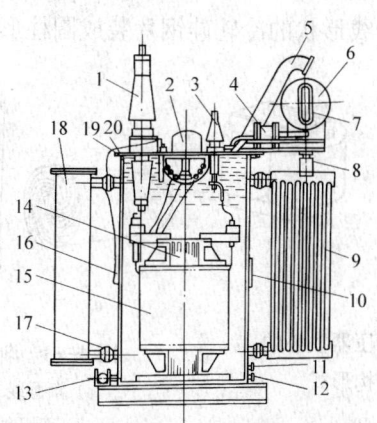

图 4—1 油浸式电力变压器结构示意图
1—高压套管 2—分接开关 3—低压套管 4—气体继电器 5—安全气道
6—储油柜 7—油表 8—吸湿器 9—散热器 10—铭牌 11—接地螺栓
12—油样活门 13—放油阀门 14—铁心 15—绕组 16—油箱

1. 铁心 变压器的铁心由心柱和铁轭两部分组成。绕组套在心柱上,铁轭则使整个磁路闭合。铁心是变压器的磁路系统,为了减少铁心中的磁滞和涡流损耗,铁心常用含硅量为 4%~5%,厚度为 0.35 mm 或 0.5 mm,两面涂以绝缘清漆的硅钢片叠装而成。

硅钢片分热轧和冷轧两种,普通热轧硅钢片的型号为 D41、D42、D43 几种,冷轧硅钢片一般为 D310、D320、D330 等。冷轧硅钢片比热轧硅钢片的导磁性好、铁损小,制成的变压器体积小、质量轻、效率高。我国目前生产的电力变压器已普遍采用冷轧硅钢片。

按绕组与铁心配置方式不同，变压器铁心结构分为心式和壳式两种，如图 4—2 所示。

心式变压器绕组包在铁心外面，而壳式变压器的铁心包在绕组外面。心式变压器制造简单，被广泛采用，我国电力变压器都采用心式变压器。壳式变压器制造工艺复杂，但导热性较好、机械强度较高，在很小容量的电源变压器中使用。

我国近年来生产了一种渐开线形铁心的电力变压器，它是用预先成形的渐开线形状的冷轧硅钢片装成圆柱形的铁心柱，铁轭

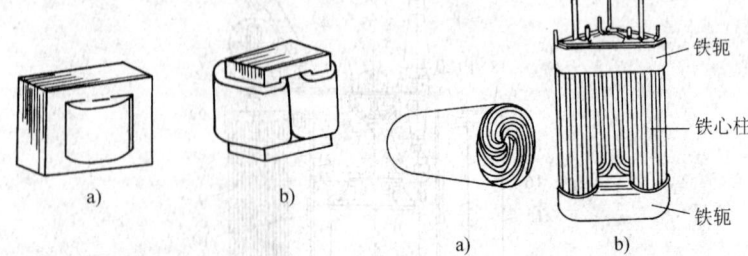

图 4—2　变压器铁心的结构形式
a) 壳式　b) 心式

图 4—3　渐开线铁心结构
a) 渐开线式铁心的心柱
b) 渐开线铁心的结构

则用成卷的带状硅钢片连续卷绕制成三角形，卷料的宽度等于铁轭的高度。铁心的三个心柱成等边三角形布置，把绕组套在铁心柱上之后，再用长螺杆等夹紧装置把铁轭和心柱对接紧固起来。整个渐开线铁心变压器的铁心结构如图 4—3 所示。图 4—4 所示为渐开线铁心变压器外形。

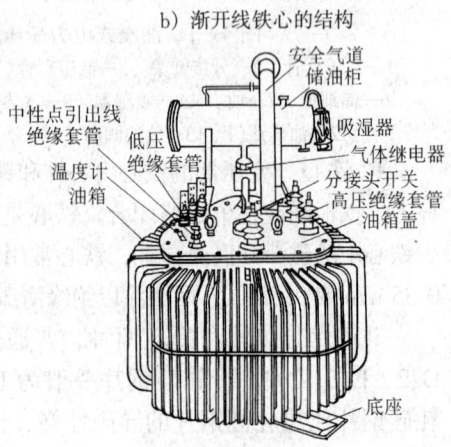

图 4—4　渐开线铁心变压器外形

2．绕组 变压器绕组用绝缘铜线或铝线绕成。按照高、低压绕组在铁心上的布置方式不同，变压器绕组结构有同心式和交叠式两种。

同心式绕组的高、低压绕组是同心地套在一个铁心柱上。为了便于绝缘，一般低压绕组放在里面靠近铁心，高压绕组放在外面，如图 4—5 所示。由于同心式绕组的结构简单，因此在大多数电力变压器（1 800 kVA 以下）中采用。

交叠式绕组的高、低压绕组是交替地套在铁心上。为便于绝缘，一般最上和最下的两组绕组都是低压绕组，如图 4—6 所示。交叠式绕组机械强度好，但绝缘复杂，仅用于低电压、大电流变压器上，如电焊变压器、电炉变压器等。

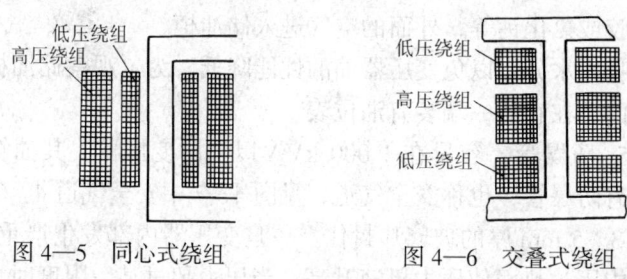

图 4—5 同心式绕组　　　　图 4—6 交叠式绕组

3．油箱 油箱是用钢板制成的变压器外壳，它除了放置铁心、绕组等部件外，里面还盛满了起绝缘和散热作用的变压器油，使铁心和绕组都浸在变压器油中。这种油浸式变压器又分为：

（1）油浸自冷式。借助油的自然循环进行冷却。

（2）油浸风冷式。在散热器上装风扇吹风冷却。

（3）油浸强迫循环冷却式。用油泵等强迫变压器油加速循环，提高散热能力。

一般中、小型变压器，在油箱外面装有散热管，以增加变压器的散热面积，称为管式油箱。大型变压器需用油管数目很多，沿箱壁布置不下，可将油管先组装成散热器，再将散热器安装在油箱上，其形式有片式散热器、扁管散热器和带风扇的扁管散热器等,统称为散热器式油箱。在 20 kVA 以下的小型变压器中,由于油箱散热面已足够,将油箱做成平壁式,无需油管,称为平板式油箱。

4. 储油柜 容量较大的变压器在油箱上面都装有储油柜,又叫油枕,如图 4—7 所示。

储油柜通过连通管与油箱相通,柜内油面高度随着变压器油的热胀冷缩而变动。储油柜可使变压器油与空气接触面减小,从而可减少油的氧化和水分的侵入。储油柜上面装有吸湿器(又称呼吸器),内装有吸潮剂,如硅胶或氯化钙等,外面的空气进入储油柜前被吸去水分,以免变压器油的性能降低。为了观察储油柜内部的油面,在它的一端装有油位表。

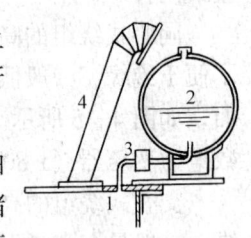

图 4—7 储油柜
1—油箱 2—储油柜
3—气体继电器
4—安全气道

5. 防爆管 容量在 1 000 kVA 以上的变压器,其油箱盖上还装有防爆管,也称安全气道,见图 4—7 中安全气道 4。气道出口用 3~5 mm 厚的玻璃片封住。一旦变压器内部发生严重故障,油箱内因过热而使压力迅速升高,当压力超过某一限度时,油箱内的大量气体将冲破薄玻璃片排出,不致使油箱变形或爆炸。

6. 绝缘套管 变压器的高、低压绕组的引出线从油箱内部引到箱外时,必须穿过瓷质的绝缘套管,以便使带电的导线与接地的油箱绝缘。显然,绝缘套管的结构取决于电压等级。较低电压(1 kV 以下)采用实心瓷套管,10~35 kV 采用空心充气式或充油式套管,电压在 110 kV 及以上时采用电容式套管。

7. 分接开关 为了保证供电电压的质量,可依据负载的变化适当调节变压器的输出电压。一般在变压器上装置分接开关,即在三相高压线圈末端不同匝数的地方抽出三个抽头,分别接在分接开关的九个静触点上,如图 4—8 所示。需要调压时,转动开关,使分接开关的三个动触点分别与相应的三个静触点接触,将三相高压线圈接成星形。这样可改变高压绕组的匝数，从而调节了变压器的输出电压。

8. 气体继电器　容量在 800 kVA 以上的户外变压器和容量在 400 kVA 以上的户内变压器，都应装有气体继电器（瓦斯继电器），作为变压器内部故障的保护装置。气体继电器装在油箱和储油柜的连管中，当变压器发生绝缘击穿、匝间短路等故障时，油箱内部产生气体，使气体继电器动作，发出信号，以便及时处理。

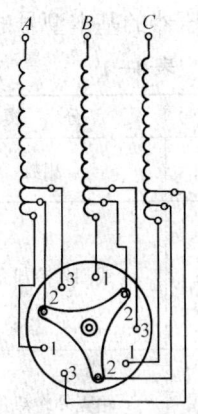

图 4—8　变压器的分接开关

二、变压器的铭牌及额定值

为保证变压器能安全、经济地运行和具有一定的寿命，制造厂规定了变压器的额定值，如按额定数据运行，则称为额定运行。变压器的额定值标记在铭牌上，如图 4—9 所示。铭牌装于油箱的正面。

变压器					
型式　SJ$_1$-100/10		设备种类　户外式		序号1811	
标准代号　EOT.517.000		冷却方式　油浸自冷		频率50赫兹	
接线组别　Y/Y$_0$-12		相数　3			
容量	高压		低压		阻抗电压
千伏安	伏	安	伏	安	%
100	10500 10000 9500	5.8	400	444	4.50
器身重　130公斤　　油重　284公斤　　总重　825公斤					
衡阳变压器厂					

图 4—9　变压器的铭牌

1. **型号**　变压器的型号说明了变压器系列型式和产品规格。

变压器的基本型号的代表符号见表4—1。

表4—1　　　变压器的基本型号的代表符号

序号	分类	类别	代表符号
1	相数	单相 三相	D S
2	线圈外冷却介质	矿物油 不燃性油 气体 空气 成型固体	— B Q K C
3	箱壳外冷却介质	空气自冷 风 水	— F W
4	循环方式	自然循环 强迫循环 强迫导向 导体内冷 蒸发冷却	— P D N H
5	线圈数	双圈 三圈 自耦（双圈和三圈）	— S O
6	调压方式	无励磁调压 有载调压	— Z

2. 变压器的额定值

（1）额定容量 S_N。在额定工作状态下，变压器输出能力的保证值。额定容量也称视在功率，单位为 VA、kVA、MVA。

（2）额定电压 U_N。表示变压器各绕组在空载时额定分接头的电压值，三相变压器额定电压系指线电压，单位为 V 或 kV。

（3）额定电流 I_N。表示变压器在额定负载下的电流值，三相变压器额定电流系指线电流，单位为 A。

由于变压器效率极高，所以可以认为一次侧和二次侧的容量相等，三相变压器一次侧、二次侧电流可按下式计算：

$$I_N = \frac{S_N}{\sqrt{3}\,U_N} \qquad (4-1)$$

（4）额定频率 f_N。我国标准工业频率为 50 Hz，而欧美为 60 Hz。

（5）容许温升 θ。温升 θ 是变压器在额定状态运行时允许超过周围环境的温度值，它取决于变压器所用绝缘材料的等级。

（6）阻抗电压 U_k。也称短路阻抗，表示当二次绕组短路，一次绕组中流过额定电流时一次侧所施加的电压，一般以额定电压的百分数表示。

§4—3 变压器的工作原理

变压器空载运行示意图如图 4—10 所示，它是一个单相双绕组变压器。在闭合的铁心柱上绕有匝数分别为 N_1 及 N_2 的两个绕组，与电源（图中 A、X 端）相接的称一次绕组，与负载相接的称二次绕组。如果一次绕组的匝数 N_1 多于二次绕组的匝数 N_2，即 $N_1 > N_2$ 时，则称为降压变压器，反之 $N_2 > N_1$，则称为升压变压器。

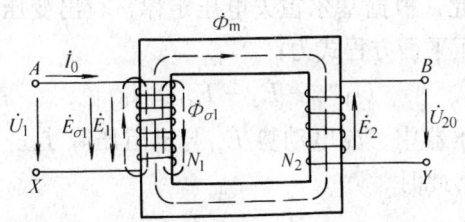

图 4—10 变压器的空载运行示意图

一、变压器的空载运行

变压器的一次侧通入额定电压的交流电，二次侧开路（不接负载），称为变压器空载运行。

当变压器一次绕组两端接上一个频率为 f 的正弦电压 $\dot{U}_1$ 时,则有交变空载电流 $\dot{I}_0$ 通过一次绕组,该电流产生的交变磁势 $\dot{I}_0 N_1$ 便会产生交变磁通。由于变压器是用导磁率很高的硅钢片叠成的,因而磁通的绝大部分通过铁心而闭合,这部分磁通不仅穿过一次绕组,也穿过二次绕组,称为主磁通 Φ,另外有极小部分磁通仅穿过一次绕组后即沿附近的油(或空气)闭合,不与二次绕组交链,称为一次侧漏磁通 $\Phi_{\sigma 1}$。

根据电磁感应定律,主磁通 Φ 在一、二次绕组中感应电动势的有效值分别为:

$$E_1 = 4.44 f N_1 \Phi_m \qquad (4—2)$$

$$E_2 = 4.44 f N_2 \Phi_m \qquad (4—3)$$

式中 f——电源频率,Hz;

N_1——一次绕组匝数;

N_2——二次绕组匝数;

Φ_m——主磁通的最大值,Wb。

漏磁通 $\Phi_{\sigma 1}$ 只在一次绕组中感应漏电动势 $\dot{E}_{\sigma 1}$。由于一次绕组中具有电阻 r_1,空载电流通过时将产生电压降 $\dot{I}_0 r_1$。为了满足电动势平衡,外加电压 $\dot{U}_1$ 必须平衡电动势 $\dot{E}_1$、$\dot{E}_{\sigma 1}$ 及电阻压降 $\dot{I}_0 r_1$。因此,根据基尔霍夫电压定律,写出变压器空载时一次绕组的电压平衡方程式为:

$$\dot{U}_1 = -\dot{E}_1 - \dot{E}_{\sigma 1} + \dot{I}_0 r_1 \qquad (4—4)$$

一般变压器中,漏电动势 $\dot{E}_{\sigma 1}$ 与电阻压降 $\dot{I}_0 r_1$ 都很小,可以忽略不计,此时

$$\dot{U}_1 = -\dot{E}_1 \qquad (4—5)$$

式(4—5)表明,加于变压器一次侧的电网电压与主磁通感应产生的一次绕组电动势有效值相等且相位相反。

同样,根据基尔霍夫电压定律,写出变压器空载时二次绕组的电压平衡方程式为:

$$\dot{U}_{20} = \dot{E}_2 \qquad (4—6)$$

式中　U_{20}——二次绕组空载电压，V；

　　　E_2——二次绕组感应电动势，V。

式（4—6）表明，变压器二次侧电压与感应电动势有效值相等且相位相同。

将式（4—2）、式（4—3）代入式（4—5）和式（4—6）中并加以比较，不考虑相位则有

$$\frac{U_1}{U_{20}} = \frac{E_1}{E_2} = \frac{N_1}{N_2} = K \qquad (4—7)$$

式中　K——为变压器的变比。

变压器变比表明变压器一次绕组、二次绕组的电压比等于它们的匝数比。因此，改变一、二次绕组间的匝数比就可以改变变压器的输出电压。显然，$K>1$ 为降压变压器，$K<1$ 为升压变压器。

变压器运行时的各个电磁量的大小和方向都随时间变化，要分析这些量之间的关系，必须规定它们的正方向。正方向可以任意规定，但规定好了就不要再行改变，变压器规定正方向的常用惯例见图 4—10 的标注。一次电压 $\dot{U}_1$ 的正方向一般规定为从首端 A 指向尾端 X，励磁电流 $\dot{I}_0$ 的正方向从 A 流入，从 X 流出。主磁通 Φ_m 及一次漏磁通 $\Phi_{\sigma 1}$ 的正方向与产生它们的励磁电流 $\dot{I}_0$ 的正方向符合右手螺旋法则。一次绕组感应的电动势 $\dot{E}_1$ 和 $\dot{E}_{\sigma 1}$ 的正方向及二次绕组感应的电动势 $\dot{E}_2$ 的正方向与产生它们的磁通的正方向符合右手螺旋法则。二次侧电压 $\dot{U}_{20}$ 的正方向决定于电动势 $\dot{E}_2$ 的正方向。

二、变压器的负载运行

变压器负载运行示意图如图 4—11 所示，其一次绕组接上电源 $\dot{U}_1$，而二次绕组接上负载 Z_L。

变压器接上负载后，在二次绕组电动势 $\dot{E}_2$ 的作用下，二次侧电路中有电流 $\dot{I}_2$ 流通。$\dot{I}_2$ 在一次绕组中产生磁势 $\dot{F}_2 = \dot{I}_2 N_2$。按照楞次定律，它将削弱产生此电流的磁通 Φ_m，因而有减弱一

次侧感应电动势 $\dot{E}_1$ 的趋势，从而破坏了一次绕组的电动势平衡关系，即破坏 $\dot{U}_1 = -\dot{E}_1$。因此，随着 $\dot{I}_2$ 的出现，一次侧电流 $\dot{I}_1$ 必将同时增加，从而抵消 $\dot{I}_2$ 的作用而保持电压平衡关系。由式（4—5）和式（4—2）可得：

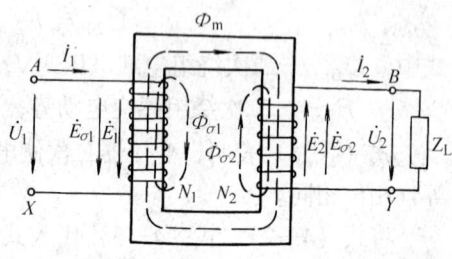

图 4—11 变压器负载运行示意图

$$U_1 = E_1 = 4.44 f N_1 \Phi_m \qquad (4—8)$$

当电源频率 f 和一次绕组匝数 N_1 不变时，只要保持电源电压 $\dot{U}_1$ 恒定，空载或任意负载时主磁通 Φ_m 就固定不变，既然 Φ_m 不变，空载和负载时产生主磁通的磁势 $\dot{F}_0$ 和 $\dot{F}_1 + \dot{F}_2$ 应该一样，即

$$\dot{F}_1 + \dot{F}_2 = \dot{F}_0 \qquad (4—9)$$

式中 $\dot{F}_1$——一次绕组磁势；

$\dot{F}_2$——二次绕组磁势；

$\dot{F}_0$——空载时一次绕组电流 $\dot{I}_0$ 产生的磁势。

式（4—9）可写成

$$\dot{I}_1 N_1 + \dot{I}_2 N_2 = \dot{I}_0 N_1 \qquad (4—10)$$

式（4—9）为变压器负载运行的磁势平衡方程式，它不仅适用于负载 $\dot{I}_2 \neq 0$ 的情况，也适用空载 $\dot{I}_2 = 0$，$\dot{I}_1 = \dot{I}_0$ 的情况。

因为变压器的空载电流 $\dot{I}_0$ 只占额定电流的百分之几，因此在额定负载运行时空载磁势 $\dot{I}_0 N_1$ 可以略去不计。此时

$$\dot{I}_1 N_1 + \dot{I}_2 N_2 = 0$$

即

$$\dot{I}_1 N_1 = -\dot{I}_2 N_2 \qquad (4—11)$$

由式（4—11）可知，$\dot{I}_2$ 与 $\dot{I}_1$ 相位相反，变压器二次磁势与一次磁势近似大小相等，相位相反，二次磁势 $\dot{F}_2$ 对一次磁势

F_1 起去磁作用。所以，当二次电流 $\dot{I}_2$ 增大，二次边磁势 $\dot{I}_2 N_2$ 即随之增大。此时一次电流 $\dot{I}_1$ 和磁势 $\dot{I}_1 N_1$ 也增大，以保持 $\varPhi_m$ 不变。

由式（4—11）平计相位可得：

$$\frac{I_1}{I_2} = \frac{N_2}{N_1} = \frac{1}{K} \tag{4—12}$$

由式（4—12）可见，变压器一、二次侧电流与其匝数成反比。如某台变压器为升压变压器 $N_2 > N_1$，则 $I_1 > I_2$，就是说，电压高的一侧电流小，电压低的一侧电流大，因而使一、二次容量基本相等。

§4—4 变压器的相量图

为了直观地表示变压器中各电压、电流、电动势的大小和相位关系，可画出变压器空载与负载的相量图。

一、空载运行相量图

变压器空载运行时的相量图如图 4—12 所示。

画相量图时，以主磁通 $\varPhi_m$ 为参考向量，其初相角为 $0°$。再画出空载电流 $\dot{I}_0$。空载电流 $\dot{I}_0$ 主要是产生磁通，本应与主磁通 $\varPhi_m$ 同相位，但因有铁心损耗，所以相量 $\dot{I}_0$ 应超前于相量 $\varPhi_m$ 一个角度（铁损角）α。

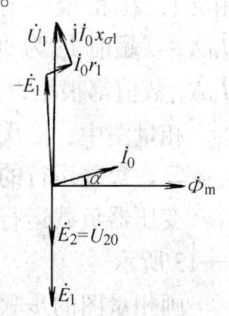

图 4—12 变压器空载时的相量图

由式（4—2）可知，$\dot{E}_1$ 的有效值为 $E_1 = 4.44 f N_1 \varPhi_m$，$\dot{E}_1$ 的相量滞后于主磁通 $\varPhi_m$ 为 $90°$，可画出 $\dot{E}_1$。而二次绕组感应电动势 $\dot{E}_2$ 与 $\dot{E}_1$ 同相，大小相差 K 倍，可画出 $\dot{E}_2$。最后，按电压平衡方程式来决定 $\dot{U}_1$ 与 $\dot{U}_{20}$。

式（4—4）可改写为：

$$\dot{U}_1 = -\dot{E}_1 + \dot{I}_0 r_1 + (-\dot{E}_{\sigma 1})$$

由于一次侧漏磁通 $\Phi_{\sigma 1}$ 主要经变压器油或空气而闭合，其磁阻可视为常数，漏磁路近似为不饱和线性磁路，漏磁电动势 $\dot{E}_{\sigma 1}$ 可表示为：

$$\dot{E}_{\sigma 1} = -j\dot{I}_0 X_{\sigma 1} = -j\dot{I}_0 \omega L_{\sigma 1} \qquad (4-13)$$

式中　$X_{\sigma 1}$——一次绕组的漏电抗，Ω，它是个常数，$X_{\sigma 1} = \omega L_{\sigma 1}$；

　　　$L_{\sigma 1}$——一次绕组的漏电感，它是不随 $\dot{I}_0$ 的大小而变化的常数。

将式（4—13）代入式（4—4），则有

$$\begin{aligned}\dot{U}_1 &= -\dot{E}_1 + j\dot{I}_0 X_{\sigma 1} + \dot{I}_0 r_1 \\ &= -\dot{E}_1 + \dot{I}_0 (r_1 + jX_{\sigma 1}) \\ &= -\dot{E}_1 + I_0 Z_1\end{aligned} \qquad (4-14)$$

式中　Z_1——一次绕组漏阻抗，Ω，$Z_1 = r_1 + jX_{\sigma 1}$。

画 $\dot{U}_1$ 的步骤：画相量 $-\dot{E}_1$（与电动势 $\dot{E}_1$ 大小相等，方向相反），在相量 $-\dot{E}_1$ 上加上相量 $\dot{I}_0 r_1$（与 $\dot{I}_0$ 平行）和相量 $j\dot{I}_0 X_{\sigma 1}$（超前 $\dot{I}_0$ 为 90°），三者的相量和便是 $\dot{U}_1$。实际上 $\dot{I}_0 r_1$ 和 $j\dot{I}_0 X_{\sigma 1}$ 数值都很小，为了清楚起见，在相量图中把它们放大了。

相量图中，二次侧的电压、电动势关系为 $\dot{U}_{20} = \dot{E}_2$。

二、负载运行的相量图

变压器负载运行时的相量图如图4—13所示。

画相量图的步骤如下：

1. 画主磁通的相量 Φ_m，其初相角为 0°。

2. 电流 $\dot{I}_0$ 超前 Φ_m 为 α 角，电动势 $\dot{E}_1$ 与 $\dot{E}_2$ 均滞后 Φ_m 为 90°。

3. 若变压器为感性负载时，则二次侧电流 $\dot{I}_2$ 滞后于 $\dot{E}_2$ 一个 ψ_2 角，ψ_2

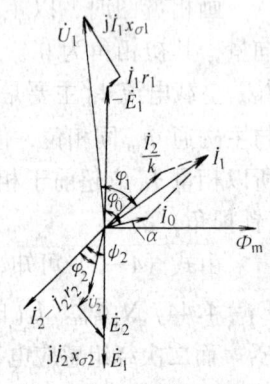

图4—13　变压器负载运行时的相量图

角决定于负载阻抗与变压器二次绕组阻抗的大小,即

$$\psi_2 = \tan^{-1} \frac{X_{\sigma2} + X_L}{r_2 + r_L} \quad (4\text{—}15)$$

二次侧电流有效值为:

$$I_2 = \frac{E_2}{\sqrt{(r_2 + r_L)^2 + (X_{\sigma2} + X_L)^2}} \quad (4\text{—}16)$$

式中 r_2——二次绕组的电阻,Ω;

$X_{\sigma2}$——二次绕组漏感抗,Ω;

r_L——负载电阻,Ω;

X_L——负载电抗,Ω。

负载的复阻抗为:

$$Z_L = r_L + jX_L \quad (4\text{—}17)$$

4. 根据二次侧电压平衡方程式画 $\dot{U}_2$。二次绕组电阻为 r_2,$\dot{I}_2$ 流过 r_2 时产生的压降为 $\dot{I}_2 r_2$,产生环绕二次绕组本身的漏磁通 $\dot{\Phi}_{\sigma2}$,$\dot{\Phi}_{\sigma2}$ 在二次绕组产生的感应电动势为 $\dot{E}_{\sigma2}$,同理 $\dot{E}_{\sigma2} = -j\dot{I}_2 X_{\sigma2}$。根据基尔霍夫电压定律,二次侧的电压方程式为:

$$\begin{aligned}\dot{U}_2 &= \dot{E}_2 + \dot{E}_{\sigma2} - \dot{I}_2 r_2 \\ &= \dot{E}_2 - \dot{I}_2 r_2 - j\dot{I}_2 X_{\sigma2} \\ &= \dot{E}_2 - \dot{I}_2 Z_2 \quad (4\text{—}18)\end{aligned}$$

式中 Z_2——二次绕组的漏阻抗,Ω,$Z_2 = r_2 + jX_{\sigma2}$。

从 $\dot{E}_2$ 的端点画相量 $-j\dot{I}_2 X_{\sigma2}$,(滞后于 $\dot{I}_2$ 为90°),再自相量 $-j\dot{I}_2 X_{\sigma2}$ 的端点画相量 $-\dot{I}_2 r_2$(与相量 $\dot{I}_2$ 相差180°),三个相量的和即为二次侧电压 $\dot{U}_2$。$\dot{U}_2$ 与 $\dot{I}_2$ 的相位差 φ_2,称为负载的功率因数角。

5. 画一次侧电流 $\dot{I}_1$。式(4—10)两边同时除以 N_1,可得

$$\dot{I}_1 = \dot{I}_0 + \left(-\frac{N_2}{N_1}\dot{I}_2\right) = \dot{I}_0 + \left(-\frac{\dot{I}_2}{K}\right) \quad (4\text{—}19)$$

显然,相量 $-\dot{I}_2/K$(有效值为 I_2/K,相位与 $\dot{I}_2$ 相差180°

与 $\dot{I}_0$ 之和为 $\dot{I}_1$。

6. 画一次侧电压 $\dot{U}_1$。根据一次侧电压平衡方程 $\dot{U}_1 = -\dot{E}_1 + \dot{I}_1 r_1 + \mathrm{j}\dot{I}_1 X_{\sigma1}$ 可以画出 $\dot{U}_1$，方法与变压器空载运行的相量图上画 $\dot{U}_1$ 一样。$\dot{U}_1$ 与 $\dot{I}_1$ 的相位差 φ_1 称为一次侧电路的功率因数角。

§4—5 变压器的等效电路

研究变压器和电力系统的各种运行问题时，往往采用一个既能反映变压器内部电磁过程，又方便于计算的单纯电路，用来代替既有电路又有电磁联系的实际变压器，这种电路称为等效电路。

一、变压器空载时的等效电路

由式（4—14）$\dot{U}_1 = -\dot{E}_1 + \dot{I}_0 Z_1$ 可知，漏磁压降 $-\dot{E}_{\sigma1}$ 等于 $\dot{I}_0$ 在电抗 $X_{\sigma1}$ 上的电压降。那么，$-\dot{E}_1$ 也可看作为 $\dot{I}_0$ 在某个阻抗 Z_m 的电压降。这样，变压器空载运行的等效电路就可以看成是由两个线圈串联组成：

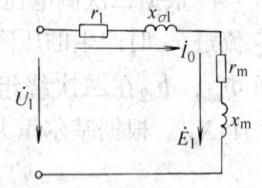

图 4—14 变压器空载时的等效电路图

（1）空心线圈，其阻抗值等于一次绕组的漏阻抗 $Z_1 = r_1 + \mathrm{j}X_{\sigma1}$。

（2）有铁心的线圈，阻抗为 Z_m，$Z_m = r_m + \mathrm{j}X_m$，$Z_m$ 称为励磁阻抗，用 r_m 和 X_m 串联的等效电路来代替铁心线圈。这样变压器空载时的等效电路图如图 4—14 所示。

二、变压器负载时的等效电路

1. **变压器二次侧参数折算到一次侧及其折算量** 在一般情况下，变压器的一、二次绕组的匝数是不相等的，即 $N_1 \neq N_2$，因此 $E_1 \neq E_2$、$I_1 \neq I_2$，有时还相差很大。将在电路上没有直接联系而仅有电磁感应联系的变压器的一、二次侧联系起来以构成等效电路可采用归算（折算）的办法，即设法把变压器的二次绕组折算到与一次绕组同一匝数。即把匝数为 N_2 的二次绕组，用一个匝数为 N_1 的等效二次绕组来替代。凡是经过这种折算后的二次绕组各个量，称之为折算量，并在右上角标以"'"。

折算时，应该使一次绕组的工作情况不因折算而有任何改变。二次绕组电路中的功率磁势损耗也不因折算而有任何变动。要得到折算二次电动势 E_2'，必须把电动势 E_2 乘上变比 K，即二次电动势的折算量为：

$$E_2' = \frac{N_1}{N_2}E_2 = KE_2 = E_1 \qquad (4—20)$$

同样的折算关系，也可以用于二次侧电压或电压降，即

$$U_2' = KU_2$$
$$I_2'r_2' = KI_2r_2$$
$$I_2'X_2' = KI_2X_2 \qquad (4—21)$$

由于折算时二次绕组的视在功率应保持不变，即 $E_2'I_2' = E_2I_2$，所以二次绕组电流的折算量为：

$$I_2' = \frac{E_2}{E_2'}I_2 = \frac{1}{K}I_2 \qquad (4—22)$$

根据折算前、后变压器内部损耗不变的条件可得 $I_2^2 r_2 = I_2'^2 r_2'$，因此二次绕组电阻的折算量为：

$$r_2' = (\frac{I_2}{I_2'})^2 r_2 = K^2 r_2 \qquad (4—23)$$

同样，由于无功功率 $I^2 X_{\sigma 2}$ 在折算前后保持不变，故二次绕组电抗的折算量为：

$$X_{\sigma 2}' = K^2 X_{\sigma 2} \qquad (4—24)$$

折算后，二次电动势平衡方程式为：

$$\dot{U}_2' = \dot{E}_2' - \dot{I}_2'(r_2 + jX_{\sigma 2}) \qquad (4—25)$$

负载时的一次侧线电动势平衡方程式为：

$$\dot{U}_1 = -\dot{E}_1 + \dot{I}_1(r_1 + jX_{\sigma 1}) \qquad (4-26)$$

2. 变压器负载时的 T 形等效电路　图 4—15 所示为完全耦合的理想变压器的电路图，由于经过了折算，变压器一、二次绕组的匝数相等，所以 $E_1 = E_2'$，一次绕组 C、D 之间的电压等于二次绕组 c、d 之间的电压。因而可把两绕组对应等电位点（C 点和 c 点、D 点和 d 点）联结在一起，并合并成一个绕组，形成如图 4—16 所示的变压器 T 形等效电路图。

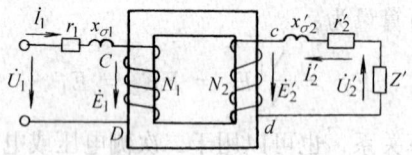

图 4—15　完全耦合的理想变压器的电路图

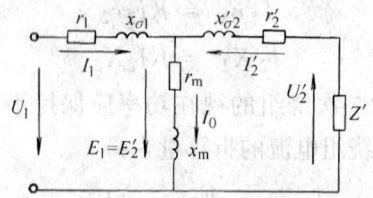

图 4—16　变压器的 T 形等效电路图

§4—6　变压器的运行特性

变压器带负载运行时性能的优劣，通常用电压变化率和效率两项指标来表示。应了解这两项指标的含义，以便经济合理地使用变压器。

一、电压变化率和外特性

当变压器一次侧接额定电压 U_{1N}，二次侧空载时，二次侧的端电压 U_{20} 等于二次绕组电动势 E_2，此时，也就是二次侧的额定电压，即 $U_{20} = E_2 = U_{2N}$。由于绕组本身具有一定的阻抗，当二次侧接上负载后,就有电流 I_2 从绕组流向负载(如图 4—11 所示)。负载电流 I_2 在二次绕组本身的阻抗上会产生一定的电压损失,因此,有负载时的端电压 U_2 要低于空载时的端电压 U_{20}(即 $U_{20} > U_2$)。也就是变压器在电源电压 U_{1N} 和所接负载的功率固定不变的情况下,二次侧的端电压 U_2 是随负载电流 I_2 的变化而变化,这种变化关系称为变压器的外特性。用函数的关系表示为 $U_2 = f(I_2)$,如图 4—17 所示。

从外特性曲线可见,电阻性负载曲线的下降比电感性负载小得多,且功率因数越低,下降越大;若负载是电容性,端电压反而随负载增大而上升。

当变压器空载时,二次侧额定电压 U_{2N} 与二次侧不同负载电流时端电压 U_2 的算术差与额定电压 U_{2N} 的比值,称为变压器电压变化率 ΔU,即

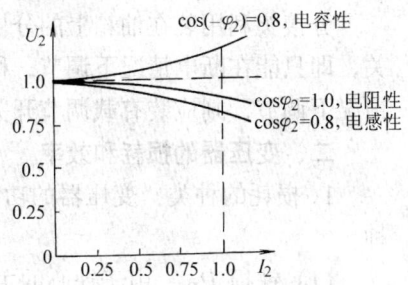

图 4—17 变压器的外特性

$$\Delta U = \frac{U_{2N} - U_2}{U_{2N}} \times 100\% \qquad (4-27)$$

实际运行中,电力变压器带的负载多为电感性负载,所以端电压 U_2 是下降的。特别是当变压器在超载情况下运行时,电压往往会下降很多,因而严重影响负载的正常工作。

用户总是要求电压稳定,即变压器二次侧电压变动应尽可能的小。因此,电压变化率 ΔU 的大小就成为衡量变压器运行性能的一项重要指标,它反映了变压器向线路供电电压的质量。一般电力变压器在额定负载下的电压变化率约为 4%~6%。

为了保证供电电压的质量,就得根据负载的变化情况在电力系统中进行调压。调压的方法很多,通常采用改变变压器的分接头来调压。

制造变压器时,在其绕组上抽出许多接头来,叫做分接头,如图 4—18 所示,只要调节分接头,就可以改变一、二次绕组的匝数比,从而达到调节一次侧电压的目的。变压器的分接头一般在高压侧抽出,变压器的调压范围一般在额定电压的 ±5% 之间。

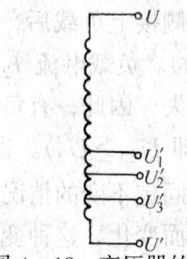

图 4—18 变压器的分接头

分接头利用装在油箱上的分接开关来调节,采用无载分接开关,即只能在断电情况下调节,称为无载调节。如果要求在通电情况下调节,则应装有载调节开关。

二、变压器的损耗和效率

1. 损耗的种类 变压器的功率损耗有铁损 P_{Fe} 和铜损 P_{Cu} 两种。

(1) 铁损 P_{Fe}。由于铁心的主磁通交变,在铁心中要产生磁滞损耗与涡流损耗,总称为铁损。变压器正常运行时,电源电压一般是稳定的,主磁通基本上不变,所以铁损也基本上不变,它与负载电流大小和性质无关,常称为不变损耗。铁损可以用空载试验求出,铁损也称为空载损耗。

(2) 铜损 P_{Cu}。当电流通过变压器的一、二次绕组电阻时,就要产生铜损。一次绕组中的铜损 $P_{Cu1} = I_1^2 r_1$,二次绕组中的铜损 $P_{Cu2} = I_2^2 r_2$,所以变压器中的总铜损为:

$$P_{Cu} = P_{Cu1} + P_{Cu2} \qquad (4-28)$$

式中 I_1、I_2——分别为一次绕组和二次绕组电流,A;

r_1、r_2——分别为一次绕组和二次绕组电阻,Ω。

显然,铜损是由负载的大小和功率因数决定的。当负载变化时,一、二次绕组的电流也发生变化,铜损也随之而变,常称为可变损耗。铜损可以用短路试验测出,铜损也称为短路损耗。

2. 效率 变压器的效率是指变压器的输出有功功率 P_2 与输

入有功功率 P_1 之比,用符号 η 表示。即

$$\eta = \frac{P_2}{P_1} \times 100\% \qquad (4-29)$$

由于 $P_1 = P_2 + P_{Cu} + P_{Fe}$,因而效率公式又可写为:

$$\eta = \frac{P_2}{P_2 + P_{Cu} + P_{Fe}} \times 100\% \qquad (4-30)$$

一般电力变压器的效率可高达95%以上。当负载功率因数 $\cos\varphi_2$ 为某一定值时,变压器的效率 η 与负载系数 β 的关系曲线称为变压器的效率曲线,如图4—19所示。

变压器的负载系数 β 是指任一负载下变压器的二次侧电流 I_2 与变压器二次侧额定电流 I_{2N} 之比,即

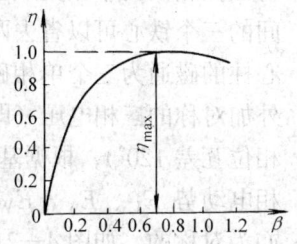

图 4—19　变压器的效率曲线

$$\beta = \frac{I_2}{I_{2N}}$$

变压器的效率曲线表明了变压器效率与负载大小的关系。由曲线可见,当变压器空载时,输出为零,效率也为零;输出增大时,效率开始很快升高,到达中间某一负载时效率最高,然后负载继续增大,效率却下降。这是因为变压器的铁损基本上不随负载改变,因此负载小时效率低。而铜损则与负载电流的平方成正比,负载增大后,铜损增加很快,使效率又降低。通常变压器工作在60%～80%负载时,效率最高。

由于变压器常年接在线路上,铁损始终存在,而铜损是随负载大小而变化的,所以从经济效益考虑,降低铁损是有利的。

§4—7　三相变压器及其联结组

由于电力系统中普遍采用三相制供电,所以三相变压器得到

了广泛的应用。

一、组式变压器和心式变压器

三相变压器按其磁路系统的不同可分为三相组式变压器和三相心式变压器两类。

1. 三相组式变压器 如图 4—20 所示,三相组式变压器是将三只相同的单相变压器铁心合为一体。为了节省材料,紧靠中间的三个铁心可以省去两个,即用一个心柱就可以了。通过中间心柱的磁通为三个单相磁通的相量和,即 $\dot{\Phi}_U + \dot{\Phi}_V + \dot{\Phi}_W$。如果外加对称的三相电压(即 $\dot{U}_U$、$\dot{U}_V$、$\dot{U}_W$ 三个相电压大小相等、相位互差 120°),根据基尔霍夫电压定律可知,电压平衡的三个相电动势 $\dot{E}_U$、$\dot{E}_V$、$\dot{E}_W$ 是对称的,则三相磁通 $\dot{\Phi}_U$、$\dot{\Phi}_V$、$\dot{\Phi}_W$ 亦为对称的,如图 4—21 所示,其相量和等于零,即

$$\dot{\Phi}_U + \dot{\Phi}_V + \dot{\Phi}_W = 0 \qquad (4\text{—}31)$$

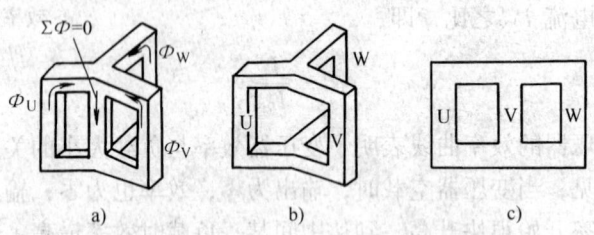

图 4—20 三相变压器磁路的演变

即在任意瞬间中间铁心柱中的磁通为零,于是可省掉这个铁心柱,如图 4—20b 所示。为了便于制造,将三个铁心柱排列在同一个平面上,见图 4—20c,就成为常见的三相组式变压器的铁心结构。三相对称电压下的磁通相量图如图 4—21 所示。图 4—22 所示为三相组式变压器的绕组和铁心布置图。

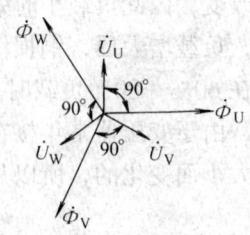

图 4—21 三相对称电压下的磁通相量图

2. 三相心式变压器 图 4—23 所示为三相心式变压器的结构图,其磁路联系在一起,三相磁通 Φ_U、Φ_V、Φ_W 没有自己单独的磁路,各相磁通都通过其他两相铁心柱构成闭合回路。

三相心式变压器具有省材料、效率高、价格低、维护易、占地少等优点,在中、小型电力系统中得到广泛的应用。组式变压器用于大、巨型电力系统中,便于运输和节约备用容量。

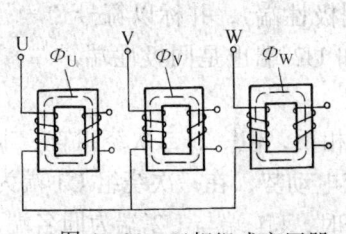
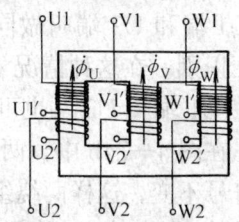

图 4—22 三相组式变压器　　　图 4—23 三相心式变压器

二、变压器的极性

变压器一、二次绕组中感应的交变电动势,没有固定的极性。这里所指的极性,实际上是指一、二次绕组的相对极性。也就是说,当一次绕组某一端的瞬时电位为正时,二次绕组也必然同时有一个电位为正的对应端,这两个对应端称为同极性端或同名端。

1. 单相变压器的极性 为了便于分析,可把单相变压器的一、二次绕组画在同一铁心柱上,如图 4—24 所示。

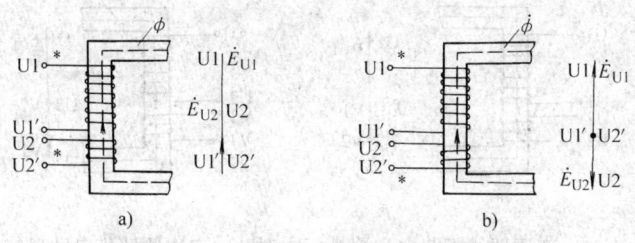

图 4—24 单相变压器的极性
a) 用 * 号表示绕向相同的两个线圈的同极性端
b) 用 * 表示绕向相反的两个线圈的同极性端

在图 4—24a 中，变压器的一、二次绕组绕向相同，它们的上端作为绕组的首端，分别用 U1 和 U2 表示，而下端作为绕组的末端，分别用 U1′ 和 U2′ 表示。由于这两个绕组装在同一铁心柱上，绕向又相同，所以一、二次绕组内感应电动势的方向，在任何瞬间都是同向的。当感应电动势在一次绕组 U1 端为正时，二次绕组的 U2 端也为正；反之，U1 端为负时，U2 端也为负。把 U1 端和 U2 端叫做同名端（同极性端），并标以符号"＊"，以便识别。在这种情况下 U1′ 端和 U2′ 端也是同极性端，"＊"标在 U1′ 端和 U2′ 端也可。

在图 4—24b 中，两绕组绕向相反，但一、二次绕组首、末端符号不变，这样两绕组中的感应电动势，在一次绕组 U1 端为正时，二次绕组 U2′ 端必为正，这时，U1 端与 U2′ 端为同名端，U1′ 与 U2 也为同名端。

以上表明，单相变压器两个绕组的极性决定于两个绕组的绕向，绕向确定了，绕组的同名端也就确定了。

注意绕组首、末端的标志是可以任意选择的。

如图 4—25a 所示，把两个绕组的同极性端 U1 和 U2 作为首端，此时一次绕组电动势 $\dot{E}_{U1}$ 和二次绕组电势 $\dot{E}_{U2}$ 是同向的。如图 4—25b 所示，两个绕组虽绕向相同，但它们的首端极性不同，因此 $\dot{E}_{U1}$ 和 $\dot{E}_{U2}$ 是反向的。

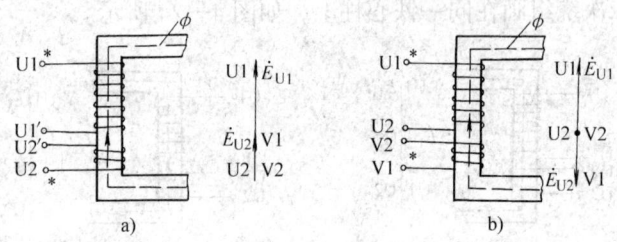

图 4—25　变压器线圈绕向和端头标志对一、二次侧感应电动势的影响
　　a) 一、二次侧电动势同相　b) 一、二次侧电动势反向

由此可知：单相变压器一、二次绕组的相对极性决定于两绕

组的绕向，而一、二次绕组中感应电动势之间的相位关系，则决定于绕组的绕向和对绕组首、末端的标定。

2．三相变压器绕组的极性 一般，三相变压器有六个绕组，属于同一相的一次绕组和二次绕组的极性，可按单相变压器的规定来确定，用"*"表示。同时，还要标明三个一次绕组和三个二次绕组的首、末端，即 U1－U1′，U2－U2′；V1－V1′，V2－V2′；W1－W1′，W2－W2′，如图 4—26a 所示。当一次绕组联结成星形或三角形，接入三相交流电源时，U、V、W 三相绕组的感应电动势就互差 120°，如图 4—26b 所示。

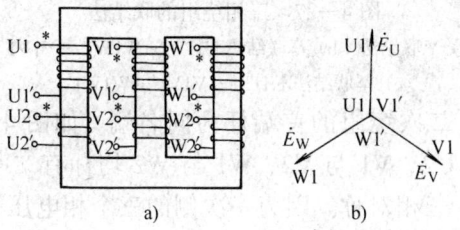

图 4—26 三相变压器的极性
a）三相变压器的示意图 b）三相电动势相量图

三、三相变压器的联结组别

三相绕组通常有星形（Y）联结法（如中线引出时，则用 Y_0 表示）和三角形（△）联结法两种。它们的接线图和相量图如图 4—27 所示。由图可见，△联结法有两种相序，即 U1U1′－W1W1′－V1V1′联结和 U1U1′－V1V1′－W1W1′联结。

三相变压器一、二次绕组都可用 Y 或△联结，用 Y 时中点可出线，也可不出线。这样一来，一、二次绕组可有各种组合：Y/Y 或 Y/Y_0；Y/△或 Y_0/△；△/Y 或△/Y_0；△/△等。

三相变压器的联结组别表示了一次侧线电压与二次侧线电压之间的相位关系，它们由于变压器一、二次绕组的接线方式不同而不同。

1．Y/Y 联结

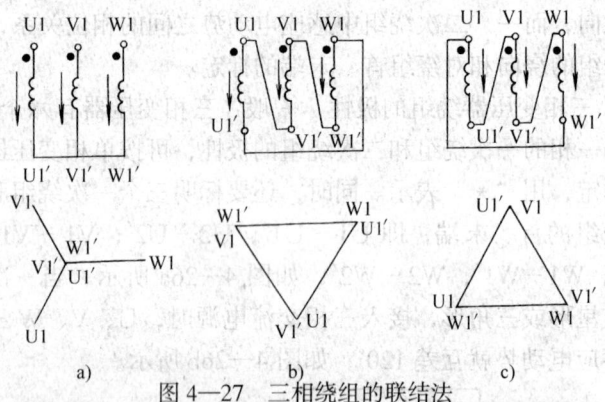

图 4—27 三相绕组的联结法
a) Y 联结法　b) △联结法 U1U1′－W1W1′－V1V1′
c) △联结法 U1U1′－V1V1′－W1W1′

（1）一、二次绕组的首端标为同名端。如图 4—28a 所示，图中，U1 与 U2、V1 与 V2、W1 与 W2 均标有"*"，即取同名端为首端、三相对称。因为一次侧的三个相电压 $\dot{U}_{U1}$、$\dot{U}_{V1}$、$\dot{U}_{W1}$ 对称，故可先画出 Y 联结的一次绕组电压相量图。已知一、二次绕组的首端为同名端，一、二次绕组对应各相的相电压同相位，即 $\dot{U}_{U1}$ 与 $\dot{U}_{U2}$ 同相、$\dot{U}_{V1}$ 与 $\dot{U}_{V2}$ 同相、$\dot{U}_{W1}$ 与 $\dot{U}_{W2}$ 同相，在相量图上必然同方向。在相量图上可画出一、二次侧的线电压 $\dot{U}_{U1V1}$ 与 $\dot{U}_{U2V2}$，如图 4—28b 所示。显然，一次绕组线电压 $\dot{U}_{U1V1}$

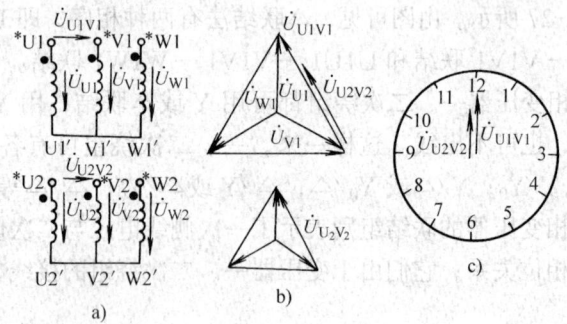

图 4—28　Y/Y-12 联结组

与二次绕组相应线电压 $\dot{U}_{U2V2}$ 是同相的。三相变压器一、二次绕组线电压的相位关系，采用时钟法来表示，即规定一次绕组线电压 $\dot{U}_{U1V1}$ 为长针位置，永远指向钟面上的"12"，二次绕组线电压 $\dot{U}_{U2V2}$ 为短针位置，它指向钟面上的数字则为三相变压器联结组别的标号如图 4—28c 所示。因此，图 4—28 所示 Y/Y 联结的三相变压器联结组别标号应为"12"，用 Y/Y-12 表示。

（2）一、二次绕组的首端为异名端。如图 4—29a 所示。图中，U1 与 U1′、V1 与 V1′、W1 与 W1′均标有"＊"，即取一、二次绕组的首端为异名端。此时两绕组相电压的相位相反，画出一、二次绕组电压相量图，如图 4—29b 所示。从相量图可见，线电压 $\dot{U}_{U1V1}$ 与 $\dot{U}_{U2V2}$ 的相位差为 180°，因此其联结组应为 Y/Y-6。

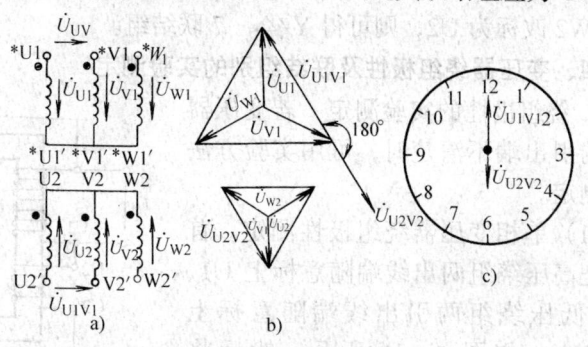

图 4—29　Y/Y-6 联结组

2．Y/△联结　如图 4—30a 所示，变压器一次绕组 Y 接，二次绕组△接，一、二次绕组的首端为同名端，所以一、二次绕组的相电压是同相的。其相量图如图 4—30b 所示，$\dot{U}_{U2V2}$ 超前 $\dot{U}_{U1V1}$ 为 30°电角度，因此其联结组应为 Y/△-11。

如果将二次绕组的端点 U2、V2、W2 改标，则可得到其他联结组别。例如，在 Y/Y-12 联结组中，如将 U2 改标为 V2，V2 改标为 W2，W2 改标为 U2，则可得 Y/Y-8 联结组。又例如，在 Y/△-11 联结组中，如将 U2 改标为 V2，V2 改标为

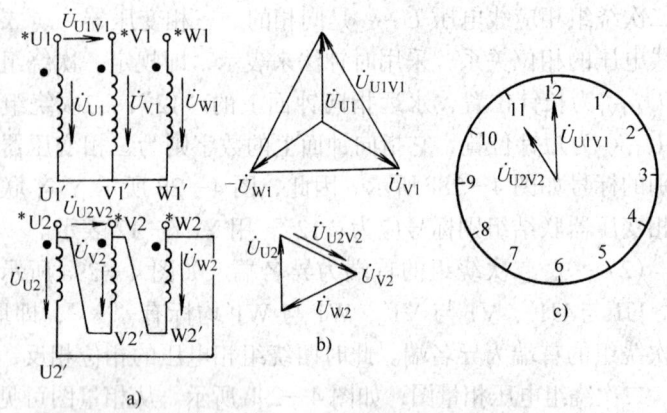

图 4—30 Y/△-11 联结组

W2，W2 改标为 U2，则可得 Y/△-7 联结组。

四、变压器绕组极性及联结组别的实验测定

1. 绕组极性的实验测定 若变压器绕组的引出端不清楚时，可用实验方法进行测定。

(1) 单相变压器绕组极性测定。首先，把高压绕组两出线端随意标上 U1、U1′，低压绕组两引出线端随意标上 U2、U2′，如图 4—31 所示。然后将 U1′和 U2 联结在一起，在高压绕组 U1、U1′两端加上较低电压 $\dot{U}_1$，测量 U1、

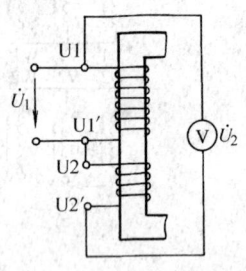

图 4—31 单相变压器绕组极性测定

U2′两端的电压 $\dot{U}_2$。若 $|\dot{U}_2|>|\dot{U}_1|$ 则首端 U1 与 U2 为同名端；若 $|\dot{U}_2|<|\dot{U}_1|$，则首端 U1 与 U2 为异名端。

(2) 三相变压器绕组极性测定。三相变压器绕组极性测定有两个内容：第一、三相一次绕组极性测定；第二、三相一、二次绕组极性测定。下面分别叙述它们的方法。

1) 三相变压器一次绕组极性测定。三相变压器一次侧三个相绕组的极性按理是可以任意标志的，但对于铁心柱式三相变压

器来说,任意标志一次侧三个相绕组就不行了,需要进行实验测定。对于降压变压器,首先把三个相绕组分别随意标上 U1U1′、V1V1′、W1W1′再把 U1′ 与 V1′ 连在一起。然后在 U1V1 端加上较低电压 $\dot{U}_1$,测量 W1W1′ 两端电压 $\dot{U}_2$。若 $\dot{U}_2$ 等于零,即 U1U1′ 和 VV1′ 两相标志正确,如图 4—32a 所示。若 $\dot{U}_1 < \dot{U}_2 < 2\dot{U}_1$,则 U1U1′、VV1′ 两相极性不正确,即需改换 V1V1′ 的标志为 V1′V1,如图 4—32b 所示。同样,对 V、W 两相进行测定,以确定其正确的极性。

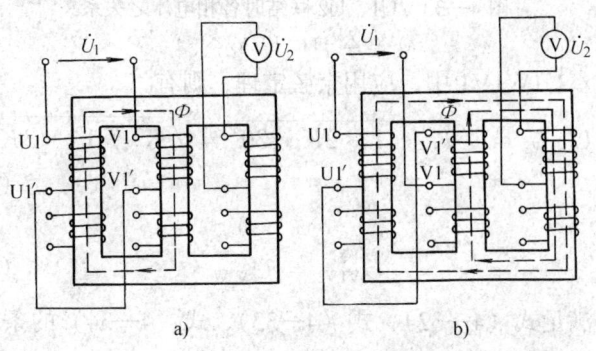

图 4—32 三相变压器绕组极性测定

2) 三相一、二次绕组极性测定。在一次绕组极性测定正确之后,不论是三相组式变压器还是三相心式变压器,其每相一、二次绕组的极性测定方法同单相变压器极性测定方法一样,只要三相一、二次绕组的首端都同为同名端,或都同为异名端标注即可。

2. 三相变压器联结组的实验测定 一、二次侧按一定接线方式联结的三相变压器,可以用实验的方法测定它的联结组别。如图 4—33a 所示 U1 与 U2 重合的 Y/△ - 11 相量图,只标出 U1、V1、W1 及 U2、V2、W2 六个端点来,联结 V1V2 和 V1W1 两条线段。在 △U1V2V1 中,应用余弦定理,则有

$$U_{V1V2} = \sqrt{K^2 + 1 - 2K\cos 30°} = \sqrt{K^2 + 1 - \sqrt{3}K}$$

(4—32)

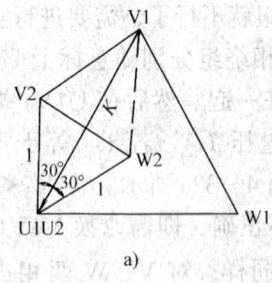
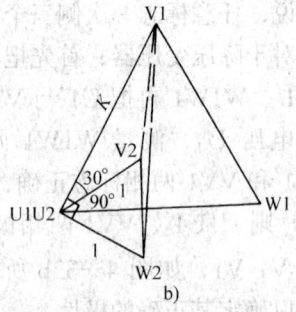

图 4—33 U1、U2 联结时各相电压之关系
a) Y/△-11 b) Y/△-1

在 △U1W1V1 中，应用余弦定理，则有

$$U_{V1W2} = \sqrt{K^2 + 1 - 2K\cos 30°} = \sqrt{K^2 + 1 - \sqrt{3}K}$$

(4—33)

所以

$$U_{V1V2} = U_{V_1W_2} \quad (4—34)$$

若满足式（4—32）、式（4—33）、式（4—34）的条件，则可证明联结组为 Y/△-11。

如图 4—34 所示，对于一台 Y/△ 联结的变压器，首先将 U1、U2 端用导线联结起来，意味着该变压器相量图中的 U1 与 U2 真正重合在一起了；其次在高压边加上三相对称的较低电压，测量 $\dot{U}_{U1V1}$、$\dot{U}_{U2V2}$、$\dot{U}_{V1V2}$、$\dot{U}_{V1W2}$，且令 $\dfrac{U_{U1V1}}{U_{U2V2}} = K$，

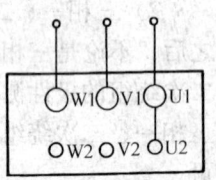

图 4—34 测定三相联结组的接线

若能满足式（4—32）、式（4—33）、式（4—34）的条件，则联结组为 Y/△-11。

五、三相变压器的标准联结组

变压器的联结组别有 12 种之多，为了制造和运行上的方便，对三相电力变压器，国家标准规定了以下五种标准联结组别：

Y/Y_0-12,$Y/\triangle-11$,$Y_0/\triangle-11$,$Y_0/Y-12$,$Y/Y-12$。它们的相量图和联结图如图 4—35 所示。其中，前面三种标准联结组最为常用。

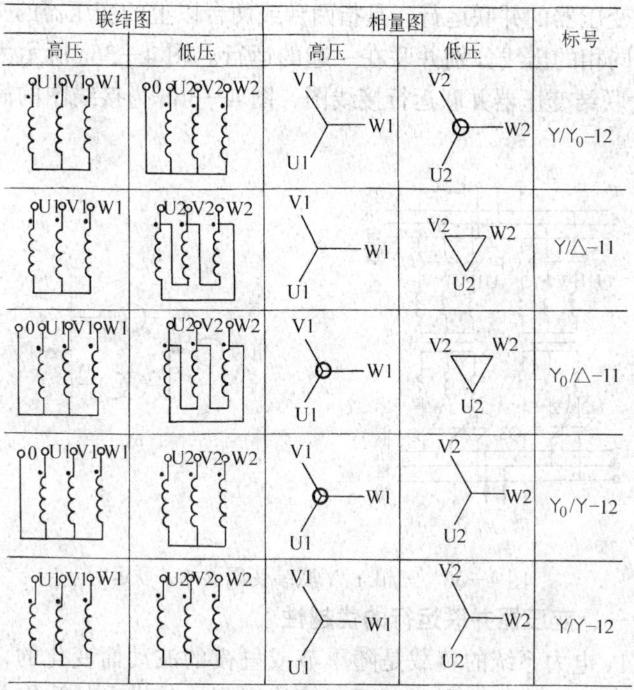

联结图		相量图		标号
高压	低压	高压	低压	
U1 V1 W1	U2 V2 W2	V1—W1,U1	V2—W2,U2	Y/Y_0-12
U1 V1 W1	U2 V2 W2	V1—W1,U1	V2,W2,U2(△)	$Y/\triangle-11$
0 U1 V1 W1	U2 V2 W2	V1—W1,U1	V2,W2,U2(△)	$Y_0/\triangle-11$
0 U1 V1 W1	U2 V2 W2	V1—W1,U1	V2—W2,U2	$Y_0/Y-12$
U1 V1 W1	U2 V2 W2	V1—W1,U1	V2—W2,U2	$Y/Y-12$

图 4—35 国家标准规定的绕组联结组

Y/Y_0-12 用在二次侧电压为 230/400 V、容量在 1 800 kVA 以下的配电变压器中，供动力和照明混合负载用电，三相动力负载用 400 V 线电压，单相照明负载用 230 V 相电压；$Y/\triangle-11$ 用于低压侧电压高于 400 V、高压侧电压为 35 kV 及以下配电系统中，容量一般在 1 800～5 600 kVA 的范围内；$Y_0/\triangle-11$ 用在高压侧需要中性点接地的 110 kV 及以上的高压电力网中，一般大容量双绕组变压器采用这种接线；$Y_0/Y-12$ 用于一次侧中点需要接地的场合；$Y/Y-12$ 一般供电给三相动力负载。

§4—8 变压器的并联运行

变压器的并联运行，是指两台或两台以上的变压器的一、二次侧同相的出线分别并联在一起的运行。图 4—36a 所示为两台 Y/Y 联结变压器并联运行接线图，图 4—36b 为接线图的简化画法。

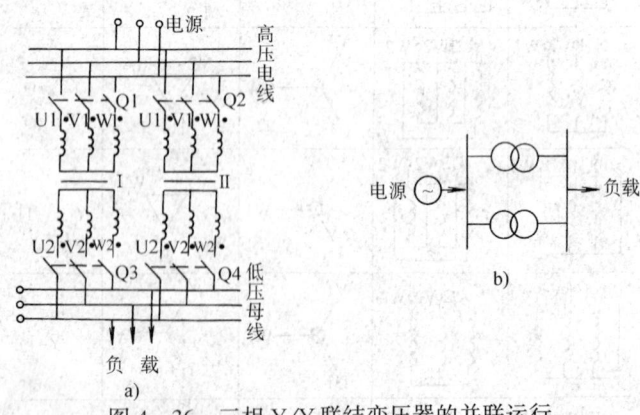

图 4—36　三相 Y/Y 联结变压器的并联运行

一、变压器并联运行的优越性

1. 电力系统的负载是随季节或昼夜的波动而变化的，可以根据需要把某些变压器断开（简称解列）或投入（简称并列），尽量使运行的变压器接近满载，以提高系统的运行效率，减少不必要的损耗。

2. 如果某台变压器发生故障需要检修，可将备用变压器投入并联运行，使电网仍能继续供电，因而提高了供电的可靠性。

3. 变电所的负载通常是逐年发展和增加的，采用变压器并联运行时，可随着用电量的增加，分期分批添置新变压器，因此，可以使初次投资减少和合理地使用资金。

二、理想并联运行应满足的条件

为了使投入并联运行的各变压器都能得到充分的利用，而且损耗最小，效率最高，达到理想的工作状态，应满足下列的条件：

1. 空载时，各变压器的相应各相的二次侧电压必须相等且同相，因而在二次绕组方面所构成的任何闭合回路中，都不应有环流产生，即和每台变压器单独空载运行一样，只有空载电流存在。

2. 当接入负载后，各变压器所分担的负载与各自的容量成正比。容量大的可多分担一些，容量小的可少分担一些，且各台变压器能同时达到满载，使总的输出功率能达到最大值。

三、满足理想并联运行的条件

1. 各台变压器一、二次侧的额定电压与电压比要相等。
2. 各台变压器的联结组别必须相同。
3. 各台变压器的阻抗电压（或短路阻抗）百分值要相等。

所谓阻抗电压的百分值，是指在变压器进行短路试验时，将二次侧人为地接成短路，一次侧加上交流电压，由零逐渐升高，当二次侧产生的短路电流等于其额定电流时，一次侧所加之电压称为阻抗电压 u_k，而 u_k 与一次侧的额定电压 U_{1N} 之比的百分数，称为阻抗电压百分值 $u_k\%$，即

$$u_k\% = \frac{u_k}{U_{1N}} \times 100\% \qquad (4\text{—}35)$$

变压器的阻抗 Z_k，可按短路试验所得数据由欧姆定律进行计算，即

$$Z_k = \frac{u_k}{I_{1N}} \qquad (4\text{—}36)$$

式中 I_{1N}——一次线圈的额定电流，A。

有时，阻抗也用百分值来表示，即以绕组阻抗的欧姆数除以该绕组额定相电压和额定相电流之比，在 Y/Y 联结时应为：

$$Z_k\% = \frac{Z_k}{U_{1N}/I_{1N}} \times 100\% \qquad (4\text{—}37)$$

将式（4—36）代入式（4—37）可得：

$$Z_k\% = \frac{u_k/\sqrt{3}I_{1N}}{U_{1N}/\sqrt{3}I_{1N}} \times 100\% = \frac{u_k}{U_{1N}} \times 100\% = u_k\%$$

(4—38)

显然，阻抗百分值与阻抗电压的百分值相同。因此，往往将阻抗电压百分值 $u_k\%$ 与阻抗百分值 $Z_k\%$ 通用。

在上述的三个条件中，第2个条件是必须严格遵守的。而第1、3两个条件则允许有较小的差异。

§4—9 特殊用途的变压器

一、自耦变压器

1. 结构和特点　单相自耦变压器的结构示意图如图4—37a所示。自耦变压器只有一个绕组，一次绕组（U1U1′）中有一部分是二次绕组（U2U2′）。所以一、二次绕组间不仅有磁的联系，而且还有电的联系。图4—37b中绕组 U1U2 称为自耦变压器的串联绕组，U2U2′部分称为自耦变压器的公共绕组，若用作降压变压器则电源接于 U1、U1′端，负载接 U2、U2′端；若用作升压变压器则电源接 U2、U2′端，负载接 U1、U1′端。

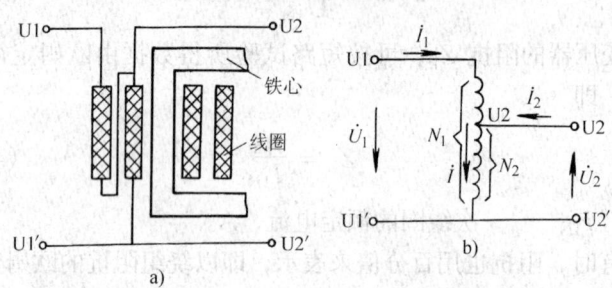

图4—37　自耦变压器
a) 结构示意图　b) 原理电路图

2. 工作原理 在双绕组电力变压器中,一次侧电压和电流就是一次绕组的端电压和电流,二次侧电压和电流就是二次绕组的端电压和电流。因此,变压器的容量就等于一次绕组或二次绕组的容量,这是因为变压器的损耗极小,变压器一次侧从电源吸收的电功率,几乎全部都由两个绕组之间的电磁感应传送到负载中去。

自耦变压器的能量传送则有所不同。首先分析自耦变压器中的电压、电流关系。由图 4—37b 可见,当一次侧加上额定电压 $\dot{U}_{1N}$ 后,如果不考虑绕组的电阻压降和漏抗压降,则与式(4—7)相类似,即有

$$\frac{U_{1N}}{U_{2N}} = \frac{E_1}{E_2} = \frac{N_1}{N_2} = K_a \qquad (4—39)$$

式中,K_a 为自耦变压器的电压比。

当自耦变压器接上负载,二次侧有电流 $\dot{I}_2$ 输出时,其磁势平衡方程式为:

$$\dot{I}_1(N_1 - N_2) + (\dot{I}_1 + \dot{I}_2)N_2 = \dot{I}_0 N_1 \approx 0 \qquad (4—40)$$

即

$$\dot{I}_1 N_1 + \dot{I}_2 N_2 \approx 0 \qquad (4—41)$$

因此

$$\dot{I}_1 = -\frac{N_2}{N_1}\dot{I}_2 = -\frac{1}{K_a}\dot{I}_2 \qquad (4—42)$$

式(4—42)表明,自耦变压器一、二次侧电流的大小与绕组匝数成反比,在相位上相差 180°,即反相。因此,自耦变压器中一、二次侧公共部分的电流的绝对值为:

$$I = I_2 - I_1 \qquad (4—43)$$

当变压器电压比 K_a 接近于 1 时,由于 I_1 和 I_2 的数值相差不大,所以公共部分的电流 I 很小,因此,这部分绕组可用截面积较小的导线,以节省用铜量。

自耦变压器的容量为:

$$S_N = U_{1N}I_{1N} = U_{2N}I_{2N} \qquad (4—44)$$

绕组 U1U1′ 段的容量为:

$$S_{U1U1'} = U_{U1U1'}I_{U1U1'} = (U_{1N}\frac{N_1 - N_2}{N_1})I_{1N} = S_N(1 - \frac{1}{K_a})$$
(4—45)

绕组 U2U2′ 段的容量为：

$$S_{U2U2'} = U_{U2U2'}I = U_{2N}(I_{2N} - I_{1N}) = U_{2N}(I_{2N} - \frac{I_{2N}}{K_a})$$

$$= U_{2N}I_{2N}(1 - \frac{1}{K_a}) = S_N(1 - \frac{1}{K_a}) \quad (4—46)$$

由此可见，绕组 U1U1′ 和 U2U2′ 的容量都只有 $S_N(1-\frac{1}{K_a})$，比双绕组变压器的容量小。且电压比 K_a 越接近于 1，它们的差别就越大。

由于自耦变压器的二次侧电流为 $I_2 = I_1 + I$。所以自耦变压器输出的视在功率为：

$$S_2 = U_2I_2 = U_{U2U2'}(I_1 + I)$$

$$= U_{U2U2'}I_1 + U_{U2U2'}I = S_2' + S_2'' \quad (4—47)$$

式中　S_2''——电磁功率，W，$S_2'' = U_{U2U2'}I_1$，为借助于 U1U2 段绕组和 U2U2′段绕组之间的电磁感应从一次侧传递到二次侧的视在功率；

　　　S_2'——传导功率，W，$S_2' = U_{U2U2'}I$，为通过电路的直接联系，从一次侧传导到二次侧的视在功率，传递这部分功率不需要增加绕组的容量。

3. 自耦变压器的优缺点　与相同容量的双绕组变压器相比，自耦变压器的用铜量（绕组）和用铁量（铁心）都要减少，所以成本可以降低，损耗相应减少，效率相应提高。由于自耦变压器的铜线和硅钢片用量减少，故其外形尺寸和质量也都比同容量的双绕组变压器小，既减少了占地面积，又减少了运输和安装中的困难。

当 K_a 越接近于 1，即当一、二次两方的电网的电压等级接近时，采用自耦变压器的经济效果是显著的。反之，电压相差很大时，其经济效果就不大了。因此，自耦变压器的电压比范围一般取为 1.2~2.0。

自耦变压器的主要缺点是一、二次绕组的电路直接连在一起，高压侧的电气故障（如接地、过电压等），会波及低压侧，因此要采取必要的保护措施。例如，三相自耦变压器的中性点直接接地或经小电抗器接地，两侧均装避雷器等。由于自耦变压器的短路电流较大，在必要时要采取限制短路电流的措施。

自耦变压器可制成降压变压器和升压变压器。目前三相自耦变压器的应用非常广泛。

二、调压变压器

在需要经常改变电压的场合，如电力系统的有载调压、实验室所需较大范围的调压、硅整流直流调压等，均可用调压变压器来实现。

1. 具有分接开关的调压变压器　这种变压器有一边绕组具有几个分接抽头，可改变绕组的匝数，从而改变变压器的电压比。联结及切换分接头的装置通常称为分接开关。切换分接头时必须将变压器从电网中切除，即不带电切换，这称为无励磁调压，这种分接开关称为无励磁分接开关，在中、小型水电站中获得广泛应用。如果切换分接头时不需将变压器从电网中切除，即可带负载切换，这称为有载调压，这种分接开关称为有载分接开关，在大电力系统中被广泛应用。

(1) 无励磁调压变压器。一般 35 kV、5 600 kVA 以下的变压器高压绕组，常备有三个分接头。中间一个分接头，相当于额定电压；上、下两个分接头，相当于改变电压电压比 ±5%。大型变压器可设有五个分接头，相应的调压范围为 ±2.5%、±5%。根据特殊要求，分接头的数目和分接头调压百分比数可以增减。

如图 4—38 所示，无励磁调压变压器按分接抽头的位置不同,有所谓三相中性点调压(见图4—38a)和三相中部调压(见图4—38b),在图4—38所示中均以一相示意。

(2)有励磁调压变压器。电力变压器有载时电流较大,调压时绕组匝数的增减,是不允许电路发生断接而产生较大的火花现象的,因而采取了必要的措施,在变压器中加一个有载调压分接开关,调压时可保持电路不断开。

图4—39所示为电抗器埋入型有载分接开关工作原理图。正常工作时,两个动触端Q1、Q2同时与绕组抽头3接通,绕组UU′之间通过电抗器L、动触端Q1、Q2构成通路。因为电抗器采用中间抽头,所以绕组电流在电抗器线圈的两半部分流过的电流方向相反,产生的磁势相互抵消,因而电流在电抗器中不产生电压降。

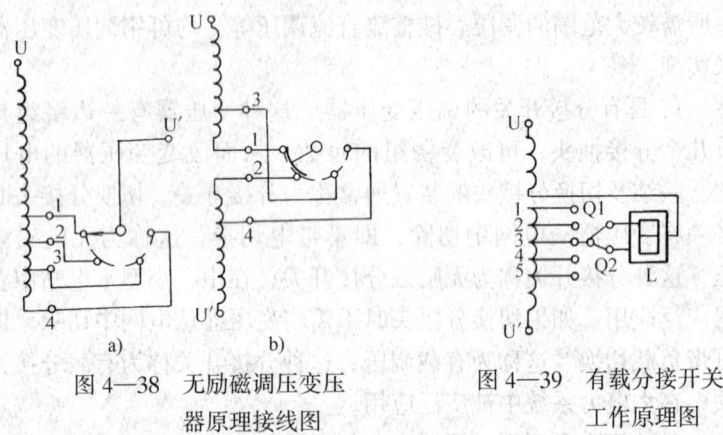

图4—38 无励磁调压变压器原理接线图

a) 三相中性点调压 b) 三相中部调压

图4—39 有载分接开关工作原理图

调压时,需要改变分接头位置,例如从位置3换到位置4时,首先Q2从3滑到4,Q1不动,Q2从3滑到4期间有一段时间是和3、4两个抽头都脱开的,但电流通过L的上半部线圈及Q1构成通路,电抗器上有很小的压降。当Q2接触到抽头4后,这时3、4之间部分绕组以电抗器为负载形成回路,电抗器限制了这一环流。然后,Q1从3也滑到抽头4,在它和3、4脱开期间,绕组经电抗器下半部线圈和 Q2 构成通路。Q1 接触抽头 4 时,即完成整个切换过程。从上述动作过程可见,整个切换过程中动触端 Q1、Q2 至少总有一端和抽头接触,不会同时断开,从而避免了火花。

有载调压具有调压速度快、范围宽的优点。

2. 有滑动接触的自耦变压器 能平滑调压的变压器,有不同的结构和工作原理,而有滑动接触的自耦变压器是实验室中常用的能平滑调压的变压器。

图 4—40 所示为这种变压器的外形结构和原理线路图。一次侧接到固定电源 $\dot{U}_1$,Q 是滑动触点,可沿绕组移动。改变触点的位置,即可改变输出电压 $\dot{U}_2$。$\dot{U}_2$ 可以从零电压调节到稍大于 $\dot{U}_1$ 的电压。

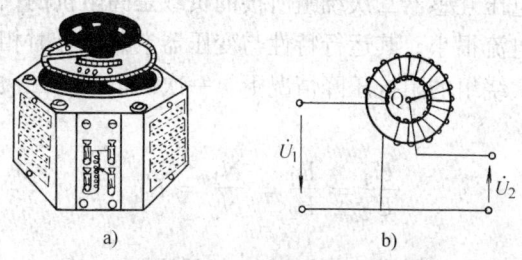

图 4—40 有滑动触点的调压变压器
a)外形结构 b)原理电路图

三、仪表用互感器

仪表用互感器分为电压互感器的和电流互感器两大类,它主要用于高电压大电流的电路。为了配合电压、电流、功率和相位的测量,用电压互感器将高电压降低,而用电流互感器将大电流变为小电流来满足测量仪表对电压和电流的要求。同时,仪用互感器还起到测量仪表与高压线路的隔离作用。

1. 电压互感器 电压互感器的原理接线图如图 4—41 所示,它的一、二次绕组绕在一个闭合的铁心上。一次绕组匝数 N_1 较多,并联在被测电压 U_1 的两端;二次绕组的匝数 N_2 较少(1~

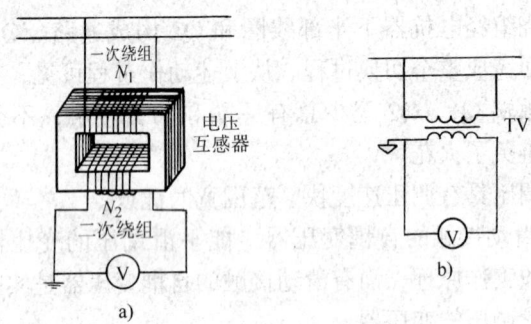

图 4—41 电压互感器
a）原理接线图 b）符号图

n 匝），接在高阻抗的各种仪表上（如电压表、电能表与功率表的电压线圈等）。

由于电压互感器二次绕组所接的负载是高阻抗的仪表，所以二次侧的电流很小，其运行特性与变压器空载运行时相似。在忽略一、二次绕组的阻抗压降情况下，一次侧电压与二次侧电压之比为

$$\frac{U_1}{U_2} = \frac{E_1}{E_2} = \frac{N_1}{N_2} = K_u$$

即
$$U_1 = \frac{N_1}{N_2} U_2 = K_u U_2 \tag{4—48}$$

式中 K_u——电压互感器的额定电压比。

若测得电压互感器二次侧的电压 U_2，则可根据互感器的额定电压比 K_u 算出一次侧电压 U_1。

电压互感器的二次侧额定电压一般都设计为 100 V。这样，与电压互感器配套使用的测量仪表应选量程为 100 V 的交流电压表。

电压互感器的型号表示为：

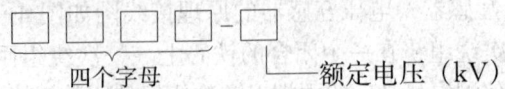

电压互感器型号字母含义见表4—2。

例如，JDJJ—35 表示 35 kV 的单相油浸式具有接地保护的电压互感器。常用的电压互感器的型号与技术数据见表4—3。

表4—2　　　　　电压互感器型号字母的含义

第一个字母		第二个字母			第三个字母			
J	HJ	D	S	C	J	G	C	Z
电压互感器	仪用电压互感器	单相	三相	串级结构	油浸式	干式	瓷箱式	浇注绝缘
第四个字母								
F		J		W		B		
胶封型		接地保护		五柱三绕组		三柱带补偿绕组		

目前，我国生产的电压互感器精确度等级有 0.1、0.2、0.5、1.0 和 3.0 等。

图4—42 所示为几种常用电压互感器的外形结构图。

使用电压互感器时必须注意：

(1) 二次侧不许短路。当二次侧短路时，短路电流很大，可能立即烧毁互感和测量仪表。为了防止短路，使用时一、二次绕组都要接入熔断器。

(2) 电压互感器的二次绕组、铁心和外壳都要可靠地接地。这样，即使当一、二次绕组之间的绝缘击穿时，二次侧对地电压也不会升高，以确保操作人员的安全。

2. 电流互感器　电流互感器的原理接线图如图4—43 所示，它的一次绕组匝数 N_1 很少，一般只有几匝，一次绕组与被测电路相串联；二次绕组的匝数 N_2 较多，与各种仪表（如电流表、功率表等）的电流线圈相串联。

由于电流线圈的阻抗都很小，一般总阻抗都不会超过 1，所以电流互感器正常的工作状态相当于普通变压器的短路状态。其一次绕组流过的电流是被测电流 I_1，I_1 的大小决定于一次侧电

表 4—3　常用电压互感器的型号与技术数据

名称	型号	装置类别	一次绕组 (V)	二次绕组 (V)	辅助绕组 (V)	额定容量 0.5级	1级	3级	最大容量 (W)	绝缘形式
单相双圈式	JDG-0.5	户内	220	100		25	40	100	200	干式降低绝缘
单相双圈式	JDG-0.5	户内	380	100		25	40	100	200	干式降低绝缘
单相双圈式	JDG-0.5	户内	500	100		25	40	100	200	干式降低绝缘
船用	JDG2-0.5H	户内	380	127			15		60	干式降低绝缘
船用	JDG3-0.5	户内	380	100						干式降低绝缘
单相叠接式	JDJ-6	户内	3 000	100		30	50	120	240	油浸式
单相叠接式	JDJ-6	户内	6 000	100		50	80	200	400	油浸式
单相叠接式	JDJ-10	户内	10 000	100		80	150	320	600	油浸式
三相双圈式	JSIB-6	户内	3 000	100		50	80	200	400	油浸式带补偿绕组
三相双圈式	JSIB-6	户内	6 000	100		80	150	320	640	油浸式带补偿绕组
三相双圈式	JSIB-10	户内	1 000	100		120	200	480	960	油浸式带补偿绕组
三相三圈式	JSJW-6	户内	3 000	100	$100/\sqrt{3}$	50	80	200	400	油浸式五柱三绕组
三相三圈式	JSJW-6	户内	6 000	100	$100/\sqrt{3}$	120	150	220	640	油浸式五柱三绕组
三相三圈式	JSJW-10	户内	10 000	100	$100/\sqrt{3}$	120	200	480	960	油浸式五柱三绕组
三相三圈式	JSJW-15	户内	13 800	100	$100/\sqrt{3}$	120	200	480	960	油浸式五柱三绕组
三相三圈式	JSGW-0.5	户内	380	100	$100/\sqrt{3}$	50	80	200	400	干式
单相浇注式	JDZ-6	户内	3 000	100		30	50	120		环氧树脂浇注
单相浇注式	JDZ-6	户内	$3\,000/\sqrt{3}$	$100/\sqrt{3}$		30	50	120		环氧树脂浇注
单相浇注式	JDZ-6	户内	6 000	100		50	80	200		环氧树脂浇注
单相浇注式	JDZ-6	户内	$6\,000/\sqrt{3}$	$100/\sqrt{3}$		50	80	200		环氧树脂浇注
单相浇注式	JDZ-10	户内	10 000	100		50	80	200		环氧树脂浇注
单相浇注式	JDZ-10	户内	$10\,000/\sqrt{3}$	$100/\sqrt{3}$		50	80	200		环氧树脂浇注
单相浇注式	JDZ-10	户内	15 000	100		80		200	400	环氧树脂浇注

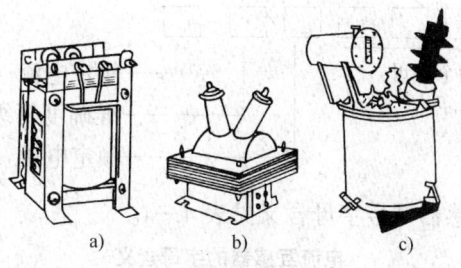

图4—42 几种电压互感器的外形结构
a) JDG—0.5型 b) JDZJ—10型 c) JDJJ—35型

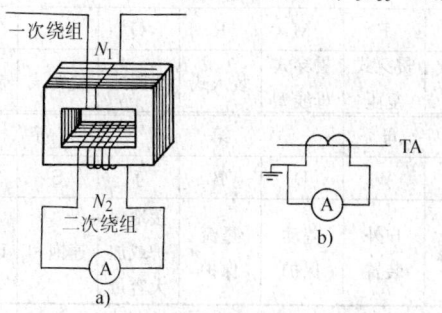

图4—43 电流互感器的原理接线图
a) 原理接线图 b) 符号图

路负载的阻抗,即不受互感器二次侧电路的影响,这点与普通变压器是完全不同的。但在电流数值关系上仍然为:

$$\frac{I_1}{I_2} \approx \frac{N_2}{N_1} = K_i$$

即
$$I_1 = K_i I_2 \qquad (4—49)$$

式中 K_i——电流互感器的额定电流比。

若测得电流互感器二次侧电流 I_2,则可根据互感器的额定电流比 K_i 算出一次侧电流 I_1。电流互感器二次侧的额定电流一般都设计为5 A,与它配套使用的测量仪表应选量程为5 A的交流电流表。

电流互感器的型号表示为:

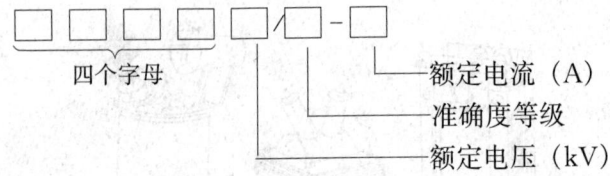

电流互感器型号字母含义见表4—4。

表 4—4　　　　电流互感器的字母含义

第一个字母	第二个字母							
L	D	F	M	R	Q	C	Z	Y
电流互感器	贯穿式单匝	贯穿式复匝	贯穿式母线型	装入式	线圈式	瓷箱式	支持式	低压型
第三个字母				第四个字母				
Z	C	W	D	B	J	S	G	Q
浇注绝缘	瓷绝缘	户外装置	差动保护	过流保护	接地保护或加大容量	速饱和	改进型	加强型

例如，LFC-10/0.5-300 表示 10 kV 的贯穿复匝（即多匝）式的瓷绝缘电流互感器，其额定电流为 300 A，准确度等级为 0.5 级。常用的电流互感器的型号与技术数据见表 4—5。

表 4—5　　　常用电流互感器的型号与技术数据

名称	型号	主要规格和技术数据			
		额定电压(kV)	准确级别	额定容量(VA)	一次侧电流二次侧电流(A/A)
绕线式电流互感器	LQ-0.5	0.5	0.5	5	5~800/5
绕线式电流互感器	LQG-0.5	0.5	0.5~1	10~15	5~800/5
绕线式电流互感器	LQG2-0.5	0.5	1		10~800/5
母线式电流互感器	LYM-0.5	0.5	1		750~5 000/5
速饱和电流互感器	LQS-1	0.5			4~5/3.5

续表

名称	型号	主要规格和技术数据			
		额定电压(kV)	准确级别	额定容量(VA)	一次侧电流 二次侧电流 (A/A)
穿心汇流排式电流互感器	LM-0.5	0.5	0.5~1	20	1 000~5 000/5
穿心汇流排式电流互感器	LM-0.5	0.5	3	20	800~1 000/5
贯穿式电流互感器	LDG-10	10	0.5~1~3		600~1 500/5
贯穿式电流互感器(加强式)	LDCQ-10	10	0.5~1~3		400~1 000/5
贯穿式电流互感器(差动保护)	LDCD-10	10	D~0.5~1~3		600~1 500/5
贯穿式电流互感器(加强式有差动保护)	LDCQD-10	10	D~0.5~1~3		600~1 500/5
贯穿式电流互感器	LFC-10	10	0.5~1~3		5~400/5
贯穿式电流互感器(加强式)	LFCQ-10	10	0.5~1~3		5~300/5
贯穿式电流互感器(差动保护)	LFCD-10	10	D~0.5~1~3		75~400/5
贯穿式电流互感器(加强式有差动保护)	LFCQD-10	10	D~0.5~1~3		75~300/5
				额定负载(Ω)	
穿心汇流排式电流互感器	LMT1-0.5	0.5	D~1.2	1.6~1.2	7 500/5
母线式电流互感器	LYM1-0.5	0.5	1	0.8	2 000/5
线圈式电流互感器	LQG1-0.5TH	0.5	0.5	0.2	200,300/1
环氧树脂浇注电流互感器	LMZ-0.5	0.5	1	0.2	75~600/5
环氧树脂浇注电流互感器	LMJ-10	10	0.5~1~3	10/15	600~1 500/5
环氧树脂浇注电流互感器	LMJC-10	10	1/C	10/15	600~1 500/5

续表

名称	型号	主要规格和技术数据			
		额定电压（kV）	准确级别	额定容量（VA）	一次侧电流二次侧电流（A/A）
环氧树脂浇注电流互感器	LMJ-10A	10	0.5/3	15/30	600～1 500/5
环氧树脂浇注电流互感器	LMJC-10A	10	0.5/C	15/30	600～1 500/5
环氧树脂浇注电流互感器	LQJ-10	10	0.5～1～3	10/15	5～400/5
环氧树脂浇注电流互感器	LQJ-10	10	3/3	10/10	1/5
环氧树脂浇注电流互感器	LQJ-10A	10	0.5～1～3	15/30	5～400/5
环氧树脂浇注电流互感器	LQJC-10A	10	0.5/C,1/C	15/30	75～400/5
环氧树脂浇注电流互感器	LQJ-15	15	0.5/3	10/15	5～400/5
零序电流互感器	LJ-φ75	0.5			
35 kV电流互感器	LCW-35	35	0.5～3		15～1 000/5

注：(1) 额定电流比 15～1 000/5 系指 15/5、20/5、30/5、40/5、50/5、75/5、100/5、150/5、200/5、300/5、400/5、600/5、750/5、1 000/5。

(2) 额定一次侧电流一般分为 5、7.5、10、15、20、30、40、50、75、100、150、200、300、400、600、750、（800）、1 000、1 500、2 000、3 000、4 000、5 000、7 500、10 000、15 000、25 000 (A)。

(3) 额定二次侧电流绝大多数为 5 (A)。

目前，我国生产的电流互感器等级有 0.01、0.02、0.05、0.1、0.2、0.5、1.0、3.0 级等。

图 4—44 所示为几种电流互感器的结构外形图。

使用电流互感器时必须注意：

(1) 电流互感器二次侧绝对不容许开路。当二次侧开路时，在二次绕组中感应出高电压，有时可高达数千伏，这将危及人身

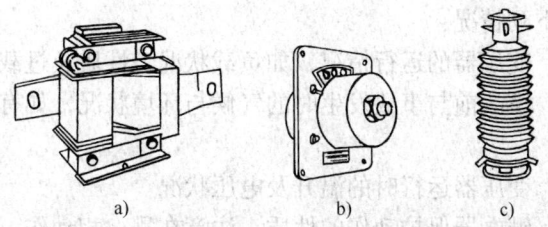

图 4—44 几种电流互感器的结构外形图
a) LQG—0.5 型　b) LDZJ1—10 型　c) LCWD2—110 型

安全并可能将二次绕组绝缘击穿。因此，在运行中要更换电流表时，必须事先将电流互感器的二次侧短路，把表换好后再断开短路接线。

（2）铁心和二次绕组的一端必须牢固地接地，以防止绕组损坏时高压窜入低压，而危及操作人员的安全。

§4—10　变压器的维护与检修

一、变压器的维护

为保证变压器长期、安全、可靠地运行，应十分重视变压器的日常维护，要做好以下几点工作：

1. 检查瓷套管是否清洁，有无裂纹、放电痕迹以及其他异常现象。

2. 检查油的温度和储油柜油面高度及油色，各密封处有无漏油、渗油现象。

3. 注意变压器的声响是否正常。

4. 查看安全气道的玻璃是否完整，检查气体继电器的油面高度，并注意储油柜和硅胶的色变情况。

5. 检查油箱的接地情况。

二、变压器的故障检查与分析

1. 检查分析故障前的准备工作　检查分析变压器故障之前

应了解下列情况：

(1) 变压器的运行情况，如负载状况、性质及过载情况。

(2) 事故前与事故发生时的气候与环境状况，如有无雷击与雷雨等。

(3) 变压器运行时的温升及电压状况。

(4) 继电器保护动作的性质，注意在哪一相动作。

(5) 查看变压器的历史资料，如运行记录，上一次检修的质量评价等。

(6) 了解其他外界因素，如有无小动物活动的痕迹等。

2．变压器故障的检查方法

(1) 分析保护装置的动作。容量为 560 kVA 以上的变压器都装有保护装置，如气体继电器、启动保护继电器和过流保护装置等。其中，能较准确地反映变压器故障的是气体继电器。因此，及时检查气体继电器动作时产生的气体，便能大致判断故障的性质，变压器产生的气体分析见表 4—6。

表 4—6　　　　　变压器产生的气体分析

气体性质	故障情况	说　　明
灰黑色、易燃	绝缘油炭化	可能由于接触不良或局部过热，应分析油样，必要时停电检修
黄色、难燃	木质制件烧毁	应停电检查
灰白色、可燃有臭味	纸质制件烧毁	立即停电检修
无色、不可燃、气体为空气		由于溶解于油中的空气排出，可继续运行

(2) 试验检查。某些故障不能只由保护装置的动作或直观检查就能正确判断，如匝间短路、内部线圈放电或击穿、内层线圈间的绝缘击穿等，其外表的现象都不显著。这时，必须进行试验检查，才能迅速、正确地判断故障的性质和部位，检查变压器故障的试验项目和方法见表 4—7。

表 4—7　　检查变压器故障的试验项目和方法

检查试验项目	试验结果	可能存在的故障	进一步的检查方法
绝缘电阻测量（用 2 500 V 摇表）线圈—线圈 线圈—地	绝缘电阻为零	线圈对地或线圈对线圈之间有击穿现象	解体检查线圈和绝缘
	绝缘电阻值较前一次测量降低 40% 以上（温度换算后）	绝缘受潮	用 2 500 V 摇表测量吸收比 $R_{60''}/R_{15''}$（要求 > 1.3）
	线圈间以及每相间的绝缘电阻不相等	套管可能损坏	将套管与线圈间的引线拆除，单独测线圈对油箱或套管对箱盖的绝缘电阻
线圈的直流电阻测量	分接开关于不同分接位置时直流电阻相差很大	分接开关接触不良，触点有污垢，分接头与开关的联结有错误（未经拆卸检修的变压器不可能发生这种情况）	吊出器身检查分接开关与分接头的联结，以及分接开关的接触情况
相电阻直流电阻之比较	相电阻大于三相平均值的 2%～3%	线圈出头与引线的联结焊接不良，接触不良；匝间有短路，引线与套管间的联结不良	分段测量直流电阻，将低压开路，先将高压 U 相短路，V、W 相施 5%～10% 的额定电压测电流值，然后逐次将 V 及 W 相短路，再测两次，如 U 相存在故障，则在 U 相短路时，电流值较小，而另两相短路时测量的电流值较大
空载试验（两功率表法）	空载损耗与电流值非常大	铁心螺杆或铁轭螺杆与铁心有短路处，接地片装得不正确，构成短路；匝间短路	吊出器身，检查接地情况及匝间短路处，用 1 000V 摇表测铁轭螺杆的绝缘电阻，检查夹件的绝缘状况
	空载损耗非常大	片间绝缘不良	用直流电压、电流法，测片间绝缘
	空载电流很大	铁心接缝装配不良，硅钢片不足量	吊出器身检查，观察铁心接缝及测量铁轭截面积

续表

检查试验项目	试验结果	可能存在的故障	进一步检查方法
短路试验	阻抗电压很大	各部分接触不良（如套管与开关等）	分段测量直流电阻
	短路损耗过大	并联导线中有断裂；换位不正确；导线截面积较小	将低压短路，分别在 UV, VW, WU 线端施加电压，进行三次短路试验，将每次测得的结果加以分析比较
线圈联结组测量	所测得的结果同任一联结组也不相符（未经拆卸检修的变压器不可能发生这种情况）	某相线圈中有一个线圈方向反了	进行联结组的逐相测量，检验线圈的电压比

3. 变压器的故障分析 分析变压器的故障时，应根据故障的现象，结合上述故障试验检查的方法，来确定故障的原因、性质和部位。变压器的故障分析见表 4—8。

表 4—8　　　　　　变压器的故障分析

故障	现象	产生故障的可能原因	判定方法
1. 铁心			
铁心片间绝缘损坏	空载损耗增大，油质变坏	铁心片间绝缘老化；有局部损坏	吊出器身进行外观检查；可用直流电压电流法测片间绝缘电阻

续表

故障	现象	产生故障的可能原因	判定方法
铁心片局部短路与铁心局部熔毁	气体继电器内有气体，信号回路动作；油的闪燃点降低；油色转黑，并有特殊气味	铁心或铁轭螺杆的绝缘损坏；故障处有金属件将铁心片短路；片间绝缘损坏严重；接地方法不正确构成短路	吊出器身进行外观检查；可用直流电压电流法测片间绝缘电阻
接地片断裂	当电压升高时，内部可能发生轻微放电声		吊出器身，检查接地片
不正常的响声或噪声		（1）铁心叠片中缺片或多片 （2）铁心油道内或夹件下面有未夹紧的自由端 （3）铁心的紧固零件松动 （4）接入电源的电压偏高	（1）应补片或抽片，确保铁心夹紧 （2）将自由端用纸板塞紧压住 （3）检查紧固件并予以紧固 （4）检查接入的一次电压值

2. 线圈

故障	现象	产生故障的可能原因	判定方法
匝间短路	（1）气体继电器内气体呈灰白色或蓝色；跳闸回路动作 （2）油温升高 （3）油有时发出咕嘟声 （4）一次电流略增高 （5）各相电流、电阻不平衡 （6）故障严重时，差动保护动作，如在供电侧装有过电流保护装置时，也要动作	（1）由于自然损坏，散热不良或长期过负载，使匝间绝缘老化 （2）由于变压器短路或其他故障，使线圈受到振动与变形，而损伤匝间绝缘 （3）线圈绕制时未发现的缺陷（导线有毛刺，导线焊接不良和导线绝缘不完善），或线匝排列与换位、线圈压装等不正确，使绝缘受到损伤	（1）吊出器身，外观检查 （2）测直流电阻 （3）将器身置于空气中，在线圈上施加10%～20%的额定电压做空载试验，如有损坏点，则会冒烟（做此试验时，应有防火措施） （4）检查油箱上的冷却管有否堵塞

续表

故障	现象	产生故障的可能原因	判定方法
线圈相间短路	气体继电器,差动保护,过电流保护均发生动作;安全气道爆破	原因与对地击穿相似,亦可能由于引线间短路或套管间短路等	吊出器身检查,用摇表测量
线圈断线	断线处发生电弧使油分解,促使气体继电器动作	由于联结不良或短路应力使引线断裂;导线内部焊接不良,匝间短路,使线匝烧断	吊出器身检查。如线圈为△联结,可用电流表检查线圈的相电流或测直流电阻。如有一相断线,则在三相三次测量中,有两次测得的值相近似,而另一次为先前两次的1倍,即表明该相有故障。如未完全断线,则第三次仅比先前两次略大。如为Y联结,可测直流电阻或用摇表检查
对地击穿	气体继电器动作	(1) 主绝缘因老化而有破裂、折断等缺陷 (2) 绝缘油受潮 (3) 线圈内有杂物落入 (4) 过电压的作用 (5) 短路时线圈变形损坏	(1) 用摇表测线圈对油箱的绝缘电阻 (2) 将油进行简化试验(试验油的击穿电压);吊出器身检查

三、变压器的检修

变压器的运行管理人员除应加强对变压器的日常检查和维护外,还应根据变压器本身的绝缘情况、装设地点的周围环境、变压器的运行情况,定期作好检修工作。变压器的检修可分为大修和小修两种。

1. 变压器的小修

(1) 变压器小修周期。

1) 35 kV 及以上的变压器每半年一次。

2) 10 kV 及以下的变压器每年一次。

3) 10 kV 及以下线路上的变压器每两年一次。

(2) 变压器小修项目。

1) 用摇表测量绕组绝缘电阻 1 min 的数值 R_{60},并测量其附属设备的绝缘电阻。

2) 检查引出线接头及铜铝接头情况是否良好,若有接触不良或接点腐蚀情况,则应进行修理。其中铜铝联结线夹应拆开检查。

3) 检查套管有无裂痕和放电痕迹,并清扫积污。

4) 清扫油箱、散热管,必要时应铲锈涂漆。

5) 检查接地线是否完整,是否有腐蚀现象,接地是否可靠。

6) 检查油位是否正常,如变压器缺油应及时补充,应清除油枕、集污器内的油泥和水分。

7) 每年要更换变压器的滤油器及呼吸器内的硅胶一次。

8) 检查保险及开关触点接触及机构动作情况是否良好。

9) 检查各部位油截门是否堵塞。

10) 采用跌落式熔断器保护的变压器应检查熔丝是否完好,一、二次侧熔丝的安培数是否符合要求。

2. 变压器的大修

(1) 变压器大修的周期。

1) 35 kV 及以上的变压器在投入运行 5 年后应大修一次。以后每隔 5~10 年大修一次。

2) 10 kV 及以下的变压器,如不经常超负荷运行,则每 10 年大修一次。

(2) 变压器大修项目。
1) 吊出变压器的器身（俗称吊心），检查铁心和线圈。
2) 检修铁心、线圈、分接开关和引出线。
3) 检修顶盖、油枕、防爆管、散热器、潜油泵、油门、呼吸器和套管等。
4) 检修冷却器和滤油器。
5) 清扫壳体，必要时重新油漆。
6) 检查控制测量仪表、信号和保护装置。
7) 滤油或换油。
8) 干燥绝缘。
9) 清洗滤油器，更换硅胶。
10) 按照"电气设备交接和预防性试验规程"的规定，对变压器进行下述测量和试验：
①测量线圈直流电阻；
②测量线圈绝缘电阻和吸收比；
③连同套管一起作主绝缘交流耐压试验；
④测量穿心螺栓和轭铁架的绝缘电阻，必要时对穿心螺栓作耐压试验；
⑤绝缘油简化试验。

3. 几种常见的检修项目
(1) 变压器油泥的清洗。油箱及铁心上的油泥，可用铲刀刮除，再用布擦干净（切忌用棉纱头或碎布擦），然后用变压器油冲洗。线圈上的油泥，只能十分细心地用手轻轻剥脱，免得损及绝缘。然后用强油流冲洗。
(2) 变压器漏油的检修。变压器的漏油有焊缝漏油和密封漏油两种。焊缝漏油应吊出器身，将油放净后补焊。密封漏油若是密封元件老化或损坏，则必须更换密封元件。
(3) 铁心的修理。它包含的内容有：
1) 硅钢片残废绝缘膜的清除。

2) 硅钢片的涂敷处理。
3) 铁心的叠装。
4) 铁心与铁轭螺杆的绝缘。
5) 铁心接地。

(4) 线圈的绕制。更换线圈应注意以下各点：
1) 线圈的绕向必须保证正确无误。
2) 线圈的换位要保证并联导线有相等的电阻和电抗。
3) 线圈出头包扎长度应符合规定。
4) 绕制的线圈应经干燥、浸漆和烘干处理。

(5) 变压器器身的干燥处理。凡经更换线圈或绝缘，或绝缘受潮，对其器身应进行干燥处理。

4. 变压器的交流耐压试验　变压器耐压试验的目的是用以考核变压器的主绝缘，试验用的线路如图 4—45 所示。

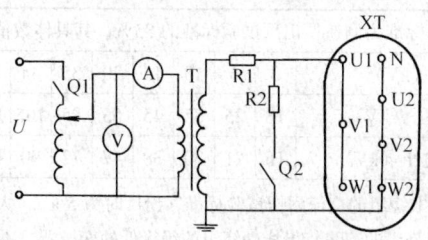

图 4—45　外施高压试验线路图

试验时，被试线圈和非被试线圈全部短路，非被试线圈和油箱一起接地。外施电压加到被试线圈和地之间。变压器在试验前必须静置一段时间，以便让油中气泡逸出。35 kV 以下变压器注油后应静置 24 h，60～110 kV 变压器应静止 36 h。高于 35 kV 电压等级的变压器应进行真空注油。解除真空后，还要静置 72 h 才能试验。试验前要检查各种部件上放气塞是否放过气，以免油箱中有残留的空气存在造成试验时发生放电。

进行工频交流耐压试验时，应注意以下几点，以避免试验中绝缘击穿：

（1）这项试验要在变压器线圈经过直流电阻、吸收比、泄漏电流、介质损耗的测量情况正常、绝缘油简化试验也合格后进行。

（2）试验前变压器要充满合格的绝缘油。

（3）试验电压要缓慢、均匀、平稳地上升至试验电压值，试验电压值持续 1 min，在 1 min 内若变压器箱壳内无放电声、仪表指示无变化、未发现绝缘击穿或闪络等现象后，即可平稳地将电压退回到零值，再将电源切除，此变压器的交流耐压试验即为合格。

（4）试验时，电源电压应平稳，波动不可太大，频率应为 50 Hz，波形为正弦波。

线圈连同套管的支流耐压试验标准见表 4—9。

表 4—9　　　绕组连同套管的交流耐压试验标准

（1）交流耐压标准为制造厂出厂试验标准的 85%，其具体数值如下所示：

额定电压 (kV)	3	6	10	15	20	35	44	60	110	154	220
出厂试验电压 (kV)	18	25	35	45	55	85	105	140	200	275	400
预防性试验电压 (kV)	15	21	30	38	47	72	90	120	170	240	340

（2）500 V 以下绕组的交流耐压试验标准，出厂时为 5 kV，大修时为 2 kV。

（3）中性点端绕组的绝缘较出线端绕组的绝缘低的变压器，不作本项试验。

【习题】

1. 中、小型电力变压器的主要组成部件有哪些？它们各起什么作用？

2. 如果把变压器一次侧接在直流电源上，其所加的电压值与一次侧额定电压值相同，这时原绕组的电流会有什么变化？铁心中的磁通又有什么变化？

3. 有一台 6 000/230 V 的降压变压器，其铁心截面积 $A=150 \text{ cm}^2$，铁心中的最大磁通密度 $B_m=0.12$ T，电流频率 $f=50$

Hz，试求高、低压绕组的匝数。

4. 有一单相照明用变压器，额定容量 $S_N=20\text{ kVA}$，额定电压 $U_{1N}/U_{2N}=3\ 300/220\text{ V}$。若变压器在额定情况下运行，二次侧可以接 220 V、25 W 的白炽灯多少只？并求出一、二次绕组的额定电流 I_{1N} 和 I_{2N}。

5. 三相变压器 $S_N=16\ 000\text{ kVA}$，110/11 kV，$Y_0/\triangle$ 联结，试求高、低压侧额定的线电流、相电流和相电压各为多少？

6. 试画出变压器感性负载的相量图。

7. 什么叫电压变化率？影响电压变化率大小的因素有哪些？变压器的外特性是怎样的？

8. 变压器的主要损耗有哪些？效率曲线形状是怎样的？

9. 三相变压器的标准联结组有哪些？

10. 变压器并联运行的条件有哪些？其中哪个条件必须严格遵守？

11. 什么叫做变压器的同名端？三相变压器的联结组别受哪些因素的影响？

12. 试述电压互感器和电流互感器接入电路的方法和使用时应注意之点。

13. 试述中、小型电力变压器的维护、检修项目及方法。

14. 试述变压器耐压试验的目的、方法及耐压标准的规范。在耐压试验中应注意的问题以及试验中绝缘击穿的原因。

第五章 电 焊 机

本章主要介绍交流电焊机、直流电焊机和弧焊整流器等三种常用的手工电弧焊机的基本结构、工作原理和运行特点，并叙述了对弧焊电源的要求及直流电焊机常见故障的处理方法。

§5—1 对弧焊电源的要求

电焊机按焊接热源的原理有电弧焊机和电阻焊机两种基本类型，前者是通过电弧产生热量熔化工件结合处而实现焊接；后者则是通过大电流使工件结合处加热塑熔并加压而实现焊接。

本章叙述常用的手工电弧焊机系指药皮焊条手弧焊的焊机，通常由交流电弧焊机、直流弧焊发电机和弧焊整流器三种弧焊电源配以焊钳组成，一般对弧焊电源有以下的要求：

一、适当的空载电压

空载电压 U_0 高，虽然对稳弧有利，但其值太高不仅不经济，而且不安全，一般对手工弧焊电源规定为：

交流弧焊机 　　　　　　$U_0 \leqslant 80\ V$

直流弧焊机 　　　　　　$U_0 \leqslant 100\ V$（单头）

　　　　　　　　　　　$U_0 = 60\ V$（多头）

弧焊整流器 　　　　　　$U_0 \leqslant 90\ V$

二、具有下降的外特性

当输出电流在运行范围内增加时，其端电压将显著降低，如图 5—1 所示。其目的是使焊条碰在工件上时，短路电流不很大，其数值一般不超过额定电流的 2 倍，同时使工作电流比较稳定。

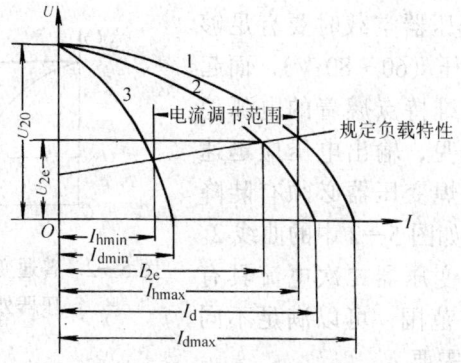

图 5—1 弧焊电源下降外特性

三、焊接电流要有一定的调节范围

为适应不同的焊件和不同规格的焊条的要求,焊接电流要有一定的调节范围,以最大焊接电流 I_{hmax} 和最小焊接电流 I_{hmin} 对额定电流 I_N 之比表示,即

$$I_{hmax}/I_N \geqslant 1.2$$

$$I_{hmin}/I_N \leqslant 0.25$$

§5—2 交流电焊机

在金属焊接上,普遍采用交流电焊机。从结构上看,交流电焊机实际上是一台特殊的降压变压器,所以也称弧焊变压器。这种变压器通常制成单相,采用空气自冷方式,它的工作性质是断续的,即从空载到短路,又从短路到空载,负载电流在急剧地变化着。

金属焊接要求的弧焊变压器与普通变压器具有不同的工作特性。在普通变压器中,当负载电流变化时,二次侧电压变化很小,如图 5—2 所示的曲线 1。这是因为变压器线圈的漏阻抗很小,负载电流流过时在其上产生的压降很小。而焊接金属时,则要求电焊变压器空载时要有足够大的起弧电压（60~80 V），而起弧后，为了维持点燃着的电弧稳定和连续起见，输出电压应迅速降低，即电焊变压器必须有陡降的外特性，如图5—2中的曲线2。此外，电焊变压器二次电流具有很宽的调节范围，可以满足不同焊件的焊接需要。

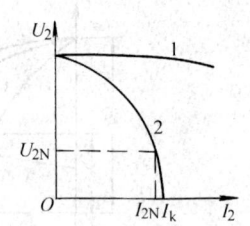

图5—2 普通变压器和电焊变压器外特性的比较

由此可知，电焊变压器的特点是负荷回路的电抗要很大，以便限制短路电流和稳定电弧。一般常用以下三种方法增大电抗：

（1）外加电抗器。
（2）变压器与电抗器合为一体。
（3）加大变压器的漏抗。

第一种方法最简单，仅在电焊变压器一次绕组回路上串入一个电抗器，如图5—3所示。

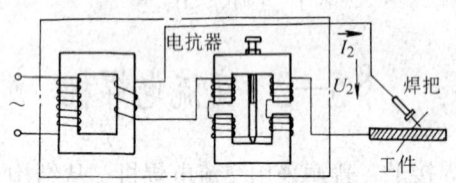

图5—3 电焊变压器的原理示意图

图5—3中，变压器的一、二次绕组不是同心地套在同一心柱上，而是分接在两个铁心柱上，以便增加它的漏电抗。

焊接时，一般是先将焊条与焊件接触，相当于电焊变压器短路，这时因为受到线圈漏抗和电抗器电抗的限制，短路电流并不很大（如图5—2中曲线2的 I_k），然后迅速将焊条提起，焊条与焊件间就产生电弧。就其性质来说，电弧相当于一个电阻，电弧上的电压降大致上是二次绕组上的输出电压，约在30~50 V

左右（如图 5—2 中的 U_{2N}），相当于电焊变压器的额定负载情况，这时输出的焊接电流为 I_{2N}。当焊条与焊件间的距离发生变化时，电弧电压也要在 U_{2N} 上下变化，因此输出电流也要在 I_{2N} 左右变化。由于电焊变压器的外特性很陡，所以当电弧压降变化时，焊接电流变化并不显著，电弧比较稳定。

在实际使用过程中，根据工件大小和焊接要求，可调节电抗器的空气隙距离来控制焊接电流的大小。电抗器的气隙增大，其感抗将减少，焊接电流增大，或相反。国产 CT_2 型电焊变压器的一次侧电压有 120～200 V、380 V、500 V 三种，二次侧电压为 60～80 V，电流调节范围为 70～300 A。

§5—3 直流电焊机

直流电焊机通常是指旋转的直流电焊机，它与交流电焊机相比，具有容易起弧、电弧稳定和焊接质量高的优点，但价格较贵、维修量较大。

一、基本结构

旋转式直流电焊机由三相异步电动机拖动一台直流电焊机组成，即构成同轴变流机组。

二、工作原理

直流电焊机是一种特殊的直流发电机，它与一般直流发电机不同之处是具有陡降的外特性。

电焊机空载时，发电机应具有一定数值（如 60～90 V）的空载电压。在空载电压下，焊条刚接触工件的瞬间，形成短路状态，这时电焊机的端电压立即下降为零，回路中有一定数值的短路电流。然后焊条稍稍离开工件，便形成了稳定的电弧。起弧后的工作电压（电弧电压）维持在 20 V 左右，并维持一定的短路工作电流供焊接使用。各种不同型式的直流电焊机除采用不同方法以获得陡降外特性外，还要求能在一定范围内方便地调节焊接电流。

现以常用的 AX—320 型和 AX—500 型直流电焊机为例予以说明。

1. AX—320 型直流弧焊机　它是一种三电刷裂极式直流电焊机，其接线图如图 5—4 所示。发电机的四个磁极不是按正常交替（N_1—S_1—N_2—S_2）分布的，而是按两个极（N_1，N_2）和两个极（S_1，S_2）相邻分布。这相当于两极发电机中每个 N 极和 S 极分裂为两半，故有裂极式之称。分裂后的 N_1 和 S_1 称为主磁极，其铁心截面狭窄，磁路容易饱和。N_2、S_2 称为交磁极，其铁心截面较大，磁路不易饱和。

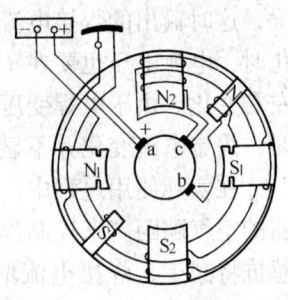

图 5—4　AX—320 型直流弧焊机接线图

AX—320 型直流电焊机有两套并联的并励绕组，一套分布在 N_1、N_2、S_1 及 S_2 四个磁极上，这套绕组的电流不可调节。另一套分布在 N_2、S_2 两个交磁极上，这套绕组中串有调节电流的可变电阻器。两套绕组的励磁电源都是从主电刷 a 和辅助电刷 c 之间引出的。

空载时，主极磁路已经饱和，交极磁路未饱和，能产生较高的空载电压。当加上负载进行焊接以后，由于电枢反应，对交极产生去磁作用（因交极处在电枢反应的去磁空间位置），对主磁极产生增磁作用（因主极处在电枢反应的增磁空间位置）。交极未饱和，去磁作用很明显；而主极已饱和，增磁作用不明显。所以，随着负载的增加，发电机气隙的总磁通大大减少，电枢绕组的感应电动势也必然大大下降，这就形成了陡降的外特性。

由于主极磁路是饱和的，主极下的磁通在各种负载情况下基本保持不变，所以主极下电枢绕组的电动势也较为稳定。用电刷 a、b 将这一较稳定的电动势引出作为并励绕组的励磁电源，这就组成了三电刷的结构。

焊接电流可粗调也可细调，粗调时用手柄移动刷架，顺电机转向移动可减小电流，逆电机转向移动可增大电流。粗调分三个挡位，每挡都可将手柄放在机盖上的凹槽中定位。在每挡的电流范围内，再用手轮调节串接于并励绕组中的可变电阻器的阻值，以进行电流的细调。

AX—320 型直流电焊机的空载电压为 50～80 V，最大工作电压为 30 V。电流调节范围为 45～320 A。焊接电流分 250 A、280 A 和 320 A 三挡。最大功率为 9.6 kW。

2.AX—500 型直流弧焊机　这是一种差复励式直流电焊机，其接线图如图 5—5 所示。发电机共有四个主磁极和四个换向极，并有并励和串励两套绕组。其中，并励绕组分布在四个主磁极上，由电刷 a 和辅助电刷 c 引入励磁电源；串励绕组分布在两个主磁极上，通过电刷 a 与电枢绕组串联。当负载增加时，串励磁场随之增大，其磁场方向与主磁场相反，因此构成了差复励电机，使电机气隙的总磁通随着负载的增加而减少，从而获得陡降的外特性。

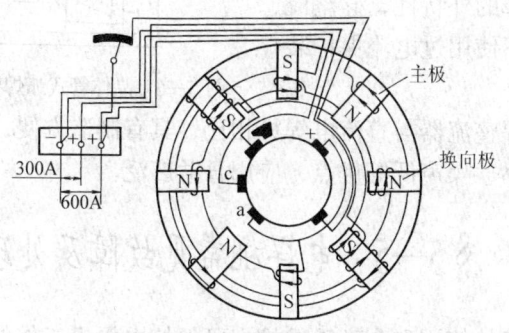

图 5—5　AX—500 型直流弧焊机接线图

为了获得稳定的励磁电流，AX—500 型直流电焊机也和 AX—320 型直流电焊机一样，从工作电刷 a 和辅助电刷 c 之间引出不随负载变化的稳定励磁电压。

电流的粗调用改变串励绕组的匝数来实现,而细调则用改变励磁线圈中串联的可变电阻器的阻值来实现。

AX—500 型直流电焊机的空载电压为 60～90 V,最大工作电压为 40 V,电流调节范围为 120～600 A,最大功率为20 kW。

§5—4 弧焊整流器

弧焊整流器一般由一、二次绕组相隔离的主变压器、半导体整流元件以及为获得所需外特性的调节器、指示装置等组成,配以焊钳即能进行手工电弧焊接。调节外特性的调节器可使用磁放大器、晶闸管组或大功率晶体管组。晶体管式弧焊整流器方框图如图 5—6 所示。

弧焊整流器与一般整流装置不同之处在于:有空载电压和调节范围等规定,并须有合适的外特性。由于它具有下降的外特性,硅整流元件可不使用过电流保护装置。

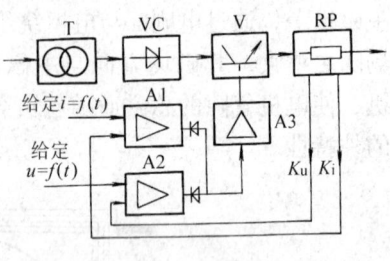

图 5—6 晶体管式弧焊整流器方框图

弧焊整流器与直流电焊机相比,具有制造方便,价格低,空载损耗小、噪声低等优点,应用日益广泛。

§5—5 电焊机常见故障及处理

正确的使用和合理地维护,可保持电焊机工作的稳定性,并能延长电焊机的使用寿命。对电焊机的维护应注意以下几点:

1. 按照电焊机规定的技术参数使用。
2. 电焊机不允许长期短路。
3. 如果需要调节电流和调换极性使用,应在空载情况下进行调节和调换。

直流电焊机常见故障及处理方法见表5—1。

表 5—1　　直流电焊机的常见故障及其处理方法

故障现象	可能原因	处理方法
1.焊接电流忽大忽小过程中	(1) 电缆线与焊件接触不良 (2) 电流调节器可动部分松动 (3) 电刷与换向器接触不好 (4) 网络电压不稳定	(1) 使电缆线与焊件接触良好 (2) 固定好电流调节器松动部分 (3) 使电刷与换向器接触良好 (4) 稳定网络电压
2.电焊机过热	(1) 电焊机过载 (2) 发电机电枢线圈短路 (3) 换向器短路或有污垢	(1) 减小焊接电流 (2) 排除短路 (3) 清理换向器，去除污垢
3.电刷有火花，使换向器发热	(1) 电刷没有磨好 (2) 电刷盒的弹簧压力太小 (3) 电刷在盒中跳动或摆动 (4) 电刷架歪曲或未拧紧 (5) 电刷边直线未与换向片对准 (6) 换向器脏污	(1) 研磨电刷，使其与换向器有良好的接触，在更换新电刷时不可同时换去总数的$\frac{1}{3}$ (2) 调节好压力，必要时可调换框架 (3) 检查电刷与刷盒的间隙，电刷与刷盒间隙不能超过0.3 mm (4) 检查刷架并固定好 (5) 校正各组电刷，使其与换向片排成一直线 (6) 用略带汽油的干净抹布擦净换向器
4.触导电处接线过热	接线处接触电阻过大或接线处螺钉过松	将接线松开，用砂纸或小刀将接触导电处清理出金属光泽，再拧紧螺钉
5.发电机不发电	(1) 换向器不干净 (2) 励磁电路断路 (3) 发电机已去磁（自励剩磁消失）	(1) 擦拭换向器 (2) 检查励磁电路与变阻器接头的连接是否可靠 (3) 用直流电源充磁

续表

故障现象	可能原因	处理方法
6. 运转中发电机断	(1) 负载超过允许值 (2) 换向器过热，过多污垢，电刷压力过大，换向器表面不平，导致换向不良	(1) 发电机负荷不应超过允许值 (2) 擦拭换向器，并仔细研磨。适当调整电刷压力
7. 电刷下有火花，个别换向片有灰迹	个别换向片凸出或凹下	若故障不显著，可用细油石研磨，若磨后无效，须上车床加工
8. 换向器大部分工作面发黑	换向器振动	用千分表检查换向器，如摆动超过0.03 mm，需用车床加工
9. 一组电刷中个别电刷跳火	(1) 电刷与换向器接触不良 (2) 无火花电刷的刷绳线之间接触不良，引起相邻电刷过载并跳火	(1) 仔细观察接触表面，仔细清除污物 (2) 更换不正常的电刷，排除故障

【习题】

1. 为保证电弧焊的安全，手工电弧焊机应该有什么样的外特性？

2. 交流电焊机和直流电焊机如何获得陡降的外特性？

3. 直流电焊机常见故障有哪些？

第六章 交流电动机

本章主要介绍交流电动机绕组的构成和排列方法、交流绕组的磁场等基本知识，并详细地介绍了三相异步电动机、单相异步电动机和同步电动机等的结构、工作原理、工作特性以及它们常见的故障和维修方法。同时还叙述了三相异步电动机的绕组重绕计算方法。

§6—1 交流绕组

一、交流绕组的基本知识

1. **交流绕组的构成原则** 交流电动机分为同步电动机和异步电动机。三相同步电动机和三相异步电动机内部有一个相同构件，就是三相对称交流绕组，它是电动机实现能量转换及传递的关键部分。虽然交流绕组有各种形式，但其构成原则却基本相同，具体的要求如下：

（1）在一定的导体数下，绕组的合成电动势和磁势在波形上力求接近正弦波，在数量上力求获得较大的基波电动势和基波磁势，即要求电动势和磁势中的谐波分量尽量小。

（2）三相绕组中，各相的电动势和磁势要对称（大小相等、相位互差120°电角度），电阻和电抗也要相等。

（3）绕组的损耗要小，用铜（铝）量要省。

（4）绕组的绝缘要可靠，机械强度要高，散热条件要好。

（5）制造、安装、检修要方便。

2. **交流绕组的分类** 交流绕组可按相数、绕组层数、每极下每相所占槽数和绕法等来区分。从相数上看，可分为单相和多相绕组；根据槽内层数，可分为单层、双层、单双层绕组；按线圈节距特点及形状绕制可分为同心式、链式、交叉式、重叠式（又称叠绕）、波浪式（又称波绕）绕组；按每个极下每一相所占的槽数 q 等于整数或分数，则分为整数槽和分数槽绕组。此外，按相带分为 30°、60°、120°相带绕组；按位置分为集中绕组和分布嵌放绕组；按制造工艺分为高压成形及低压散嵌绕组。

3. 分析绕组时常用的名词术语　通常利用平面展开图、圆图来说明交流绕组的连接规律及构成。为容易理解起见，围绕平面展开图介绍一些基本概念：

(1) 槽数 z ——反映线圈边嵌入的圆周铁心槽的总数目。其中，用 z_1 表示定子铁心槽数，用 z_2 表示转子铁心槽数。

(2) 极对数 p ——由电动机的磁场转速及通电频率所定，它是通过线圈的不同接法和通入电流而形成的，$2p$ 为电动机的磁极数。

(3) 极距 τ ——每极所占的圆周长度。可用圆周弧长表示，也可用槽数表示，后者为：

$$\tau = \frac{z_1}{2p} \text{ 槽} \qquad (6—1)$$

(4) 节距 y_1 ——一个线圈的两条有效边之间所跨的槽数。如 $y_1 = \tau$，称为整距线圈（绕组）；如 $y_1 < \tau$，称为短距线圈（绕组）；如 $y_1 > \tau$，称为长距线圈（绕组）。由于端部连线较长，使用的导线多，所以长距线圈一般不采用。

(5) 每极每相槽数 q ——每一极下每相所占的槽数。令 m 为相数，则

$$q = \frac{z_1}{2pm} \qquad (6—2)$$

(6) 电角度——一个铁心圆周对应的几何角度为 360°，这样

划分的角度又称为360°机械角度。从磁场观点来看，转子每转一周，一对磁极对应于一个交变周期。如果把一对磁极（一个N极、一个S极）所对应的机械角度定为360°电气角度（电角度），当电动机有 p 对磁极时，则

$$电角度 = p \times 机械角度$$

（7）槽距角 α ——相邻槽之间所对应的电角度。由于铁心上的槽是均匀分布的，故有

$$\alpha = \frac{p \times 360°}{z_1} \tag{6—3}$$

（8）极相组——一个磁极下属同一相的线圈串联成的线圈组称为极相组。

（9）相带——对于三相电动机，可以把均布的槽分为三、六或十二等分，每一等分区内有若干槽，它们连续占有的空间电角度称为相带。显然，三相电动机等分区间可分为120°、60°、30°，则相应称为120°相带、60°相带、30°相带。

（10）线圈（绕组元件）——用绕线模把绝缘导线绕制而成，即由一匝或多匝导线串联而成。它有两个有效边（按节距嵌入槽内），有两个引出端，分别称为首端（头）和末端（尾），有效边外（即槽外）连接线称为端接线，如图6—1所示。

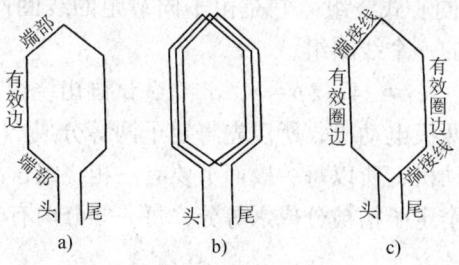

图 6—1　线圈示意图
a) 单匝线圈　b) 多匝线圈　c) 多匝线圈简化表示图

(11) 相绕组及并联支路数 a ——把属于同一相的所有极相组串接起来，形成一个（单）相绕组；或把几个极相组串联起来形成一条支路，再把串联起来的几条支路并联在一起，形成一个（单）相绕组，并联支路数用 a 表示。

(12) 三个相绕组始端与末端的确定——第一相绕组的始端（头）与末端（尾）确定后，则相头与相头间、相尾与相尾间必须符合相隔 120°（或 240°）电角度的要求。

二、三相单层绕组

单层绕组是指铁心每个槽内只嵌放一个线圈边的绕组，整个绕组的线圈数等于总槽数的一半。单层绕组嵌线方便、工艺简单，无层间绝缘，不存在层间击穿，槽利用率高（即槽内铜填充系数高），有利于嵌线机械化。缺点是不易采用短距绕组来改善磁势波形，故磁势和电动势波形较双层短距绕组差，导致损耗及噪声大，启动性能不良。另外，由于单层绕组端部交叠变形较大，所以只用于功率较小（10 kW 以下）的异步电动机中。

按照线圈的形状和端部连接方法的不同，单层绕组分为链式、同心式、交叉式等。从节约材料及下线方便出发，链式用于 $q=2$ 的 4、6、8 极电动机中；同心式用于 $q=4$ 的两极电动机中；交叉式用于 $q=3$ 的两极及四极电动机中。下面分别举例说明，至于其他形式绕组，由于端部长、耗线多故而少用。

1. 单层同心式绕组　它是由不同节距的线圈同心地套在一起串联组成的一个线圈组。

例 6—1　$z_1=24$，$2p=2$，$a=1$，试画出绕组展开图。

因为是两极电动机，所以先将定子两等分成 N、S 极。又因为是三相电动机，所以每一极面下要有三相绕组，故将每个极面三等分，整个定子槽被分成六等分，每一等分内有 4 个槽。即

$$\tau = \frac{z_1}{2p} = \frac{24}{2} = 12 \text{ 槽/极}$$

$$q = \frac{z_1}{2pm} = \frac{24}{2 \times 3} = 4 \text{ 槽/极·相}$$

$$\alpha = \frac{p \times 360°}{z_1} = \frac{1 \times 360°}{24} = 15°/\text{槽}$$

将各等分（相带）内的槽号列出，见表 6—1，把 1 - 12 相连，构成一个大线圈（即 $y_{1大}=11$），2 - 11 相连，构成一个小线圈（即 $y_{1小}=9$），这一大一小线圈组成一个同心式线圈组；再把 13 - 24 相连，14 - 23 相连，组成另一个同心式线圈组。最后把两个线圈组反串联，即把线圈组尾端 11 和 23 相连以及首端 1 和 13 相连并引出，就得到 U 相（A 相）绕组的首端 U1（A）和尾端 U2（X）。

表 6—1　　　　各相带分别对应的槽号及磁极

磁极对数 \ 相带 极性 槽号	U1 (A)	W2 (Z)	V1 (B)	U2 (X)	W1 (C)	V2 (Y)
	N			S		
一对极	23、24、1、2	3、4、5、6	7、8、9、10	11、12、13、14	15、16、17、18	19、20、21、22

同理，按表 6—1 的槽号可连得 V 相（B 相）绕组和 W 相（C 相）绕组。为使这两相绕组与 U 相绕组分别相差 120°和 240°电角度，V（B）相绕组的首端和 W（C）相绕组的首端引线必须和 U 相绕组的首端分别相隔 8 槽和 16 槽（因槽间电角度 $\alpha = 15°$），即 V 相绕组首端应在第 9 号槽，而 W 相绕组首端应在第 17 号槽。线圈组与线圈组的连线（如 U 相的 11 - 23、V 相的 19 - 7、W 相的 3 - 15）称为极间连线。从感应电动势来看，极间连线应使两线圈组的绕组电动势相加而不是互相抵消，从电流来看，应使绕组通入电流后能形成两极磁场。单层同心式绕组展开图如图 6—2 所示。

2. 单层链式绕组 它是同心式绕组的大、小线圈相套在同一平面上,端部交叠层数少,散热亦较好,但绕线圈需要多个绕线模,绕制不方便,且端部较同心式为长。链式绕组的线圈具有相同的节距,就整个绕组外形来看,一环套一环,形如长链,故称链式绕组。

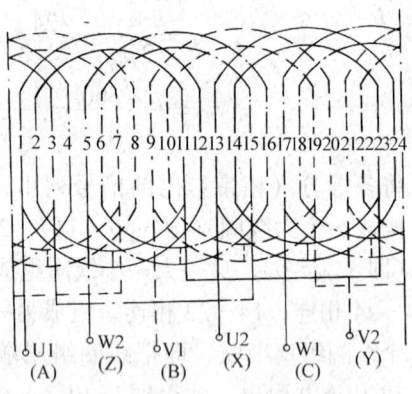

图 6—2 单层同心式绕组展开图
(2极,24槽)

例6—2 $z_1 = 24, 2p = 4, a = 1$,试画出绕组展开图。

因为是三相四极电动机,所以可将定子分成 N_1、S_1、N_2、S_2 四个磁极及12等份(相带),每极面下有3个相带,每极每相占有2条槽。即

$$\tau = \frac{z_1}{2p} = \frac{24}{4} = 6 \text{ 槽/极}$$

$$q = \frac{z_1}{2pm} = \frac{24}{4 \times 3} = 2 \text{ 槽/极·相}$$

$$\alpha = \frac{p \times 360°}{z_1} = \frac{2 \times 360°}{24} = 30°/\text{槽}$$

将各相带内的槽号列出,见表6—2,把2-7相连、8-13相连、14-19相连、20-1相连(即 $y_1 = 5$),得到4个线圈组。为使四个线圈组电动势相加及绕组内通入电流后能形成四极磁场,相邻极间连线依次反向串联,即同名端尾接尾、头接头,俗称显极接法,由2端引出作首端U1,由20端引出作尾端U2,可得U相绕组。

表 6—2　　　　各相带分别对应的槽号及磁极

磁极对数 \ 相带槽号 \ 磁极	U1	W2	V1	U2	W1	V2
第一对极	N_1			S_1		
	1、2	3、4	5、6	7、8	9、10	11、12
第二对极	N_2			S_2		
	13、14	15、16	17、18	19、20	21、22	23、24

同理，按表 6—2 的槽号可连得 V 相绕组和 W 相绕组。为了使这两相绕组与 U 相绕组分别相差 120°和 240°电角度，V 相绕组首端和 W 相绕组首端引线必须和 U 相绕组分别相隔 4 槽和 8 槽，尾端引线也分别相隔 4 槽和 8 槽（因槽间电角度 $\alpha = 30°$），即 V1、V2、W1 和 W2 分别由 6、24、10 和 4 端引出，如图 6—3 所示。

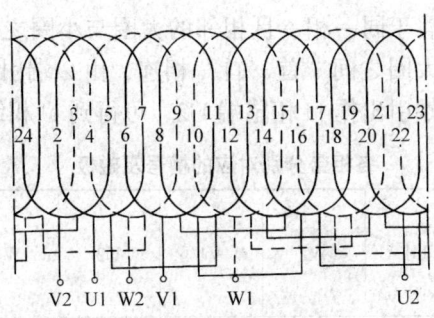

图 6—3　单层链式绕组展开图（4 极，24 槽）

单层链式绕组线圈的一边在奇数槽内，则另一圈边必在偶数槽内；线圈节距为奇数，当取短距时，端部用铜较省。

3. 单层交叉式绕组　　单层交叉式绕组实质是同心式绕组和链式绕组的综合。由于采用了不等距线圈，它比同心式绕组的端部更短，且便于布置。

例 6—3 $z_1 = 36$, $2p = 4$, $a = 1$,试画出绕组展开图。

将定子分成 N_1、S_1、N_2、S_2 四个磁极及 12 等份(相带),每极下有 3 个相带,每极每相占 3 条槽,即

$$\tau = \frac{z_1}{2p} = \frac{36}{4} = 9 \text{ 槽/极}$$

$$q = \frac{z_1}{2pm} = \frac{36}{4 \times 3} = 3 \text{ 槽/极·相}$$

$$\alpha = \frac{p \times 360°}{z_1} = \frac{2 \times 360°}{36} = 20°/\text{槽}$$

将各相带内的槽号列出,见表 6—3,把 U 相所属的每一个相带内的槽号按节距分为两种,即 2-10 相连和 3-11 相连,组成两个节距为 8 ($y_{1大} = 8$) 的大圈,12-19 相连组成一个节距为 7 ($y_{1小} = 7$) 的小圈,两对极下依次按"两大一小,两大一小"交叉布置,得出 4 个线圈组。为了使四个线圈组电动势相加及通入电流后能产生四极旋转磁场,相邻极间连接线与链式一样,应反向串联,即把属于同一相、且相邻的大圈与小圈之间"尾-尾"相连,小圈与大圈之间"首-首"相连,由 2 端引出作 U 相首端 U1,由 30 端引出作 U 相尾端 U2,可得到 U 相绕组。

表 6—3 各相带分别对应的槽号及磁极

磁极对数 \ 相带 \ 槽号	U1	W2	V1	U2	W1	V2
第一对极	N_1			S_1		
	1、2、3	4、5、6	7、8、9	10、11、12	13、14、15	16、17、18
第二对极	N_2			S_2		
	19、20、21	22、23、24	25、26、27	28、29、30	31、32、33	34、35、36

同理,按表 6—3 的槽号可连接出 V 相绕组和 W 相绕组。为了使这两相绕组与 U 相绕组分别相差 120°和 240°电角度,V

相绕组首端和 W 相绕组首端引线必须和 U 相绕组分别相隔 6 槽和 12 槽（因槽间电角度 $\alpha = 20°$），即 V1 为 8 引出端，W1 为 14 引出端；尾端也一样和 U 相绕组分别相隔 6 槽和 12 槽，即 V2 为 36 引出端，W2 为 6 引出端，如图 6—4 所示。

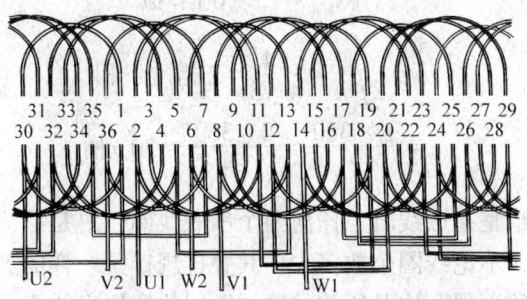

图 6—4　单层交叉式绕组展开图（4 极，36 槽）

单层绕组的共同缺点是节距不能任意选择，无法有效地抑制谐波。从电磁效果来看，单层绕组均可等效于一个全距分布绕组，即两者具有同一的有效圈边导体，仅在端部接线上长短有所不同，而端部接线并不影响线圈电动势和铁心有效长度内的磁场分布与电磁状态。所以单层绕组建立的磁场波形、感应电动势波形较差，妨碍了它在大、中型电动机中的应用。

三、三相双层绕组

双层绕组的特点是每个槽内有上、下两个线圈边，线圈的一边嵌在某一槽的下层，另一边则嵌在相隔 y_1 槽的上层，整个绕组的线圈数正好等于槽数。双层绕组的优点是能够灵活地选择节距，配合分布嵌放，改善了磁势、电动势波形、让其更接近正弦波，从而改善了电动机的运行性能和启动性能。同时，双层绕组的线圈形状、几何尺寸相同，便于绕制，且端部排列整齐。另外，双层绕组还能够组成较多的并联支路，在中、大容量的交流电动机（10 kW 以上）中广泛应用。目前，常用的双层绕组有波绕组和叠绕组。前者留在转子绕组中介绍，下面，举例说明双层叠绕组的构成及连接规律。

例 6—4 $z_1=24$, $2p=4$, $a=1$, 选择 $y_1=5$, 试画出三相双层叠绕组的展开图。

$$\tau = \frac{z_1}{2p} = \frac{24}{4} = 6 \text{ 槽/极}$$

$$q = \frac{z_1}{2pm} = \frac{24}{4\times 3} = 2 \text{ 槽/极·相}$$

$$\alpha = \frac{p\times 360°}{z_1} = \frac{2\times 360°}{24} = 30°\text{/槽}$$

叠绕组是指嵌线时，任何两个串联线圈，总是后一个叠在前一个上面，不论线圈个数多少，其叠排规律是一样的。在展开图中，线圈的上层圈边及所放的槽的上层位置用实线表示；线圈的下层圈边及所放的槽的下层位置用虚线表示，下层圈边号、槽号在数字右上角加一撇以示区别。先将 12 个相带内的上层槽号、上层圈边号列成相带表，跟表 6—2 相同，则下层圈边及槽依 $y_1=5$ 而定。

以 U 相绕组为例，把 1-6′, 2-7′, 7-12′, 8-13′, 13-18′, 14-19′, 19-24′, 20-1′ 连成 8 个线圈，因为 $q=2$，故可把相邻的两个线圈串联成一个线圈组，即得到 4 个线圈组。为使 4 个线圈组电动势相加及绕组内通入电流后能形成四极磁场，相邻极间连线依次反向串联，即尾接尾，头接头，得到 U 相绕组，并由第 1 槽上层处引出作首端 U1，由 19 槽上层处引出作尾端 U2。

同理，依据表 6—2 的上层槽号及 $y_1=5$，连出 V 相绕组的 8 个线圈为 5-10′, 6-11′, 11-16′, 12-17′, 17-22′, 18-23′, 23-4′, 24-5′。同样，把相邻的两线圈串成一组，得出 4 个线圈组，极间连线也反向串联，得到 V 相绕组，并由第 5 槽上层处引出作 V1 端，由 23 槽上层处引出作 V2 端。

同理，连出 W 相绕组的 8 个线圈为 9-14′, 10-15′, 3-

8′，4-9′，21-2′，22-3′，15-20′，16-21′，同样，把相邻的两线圈串成一组，得出 4 个线圈组，极间连线也反向串联，得到 W 相绕组，并由第 9 槽上层处引出作 W1 端，由第 3 槽上层处引出作 W2 端，如图 6—5 所示。

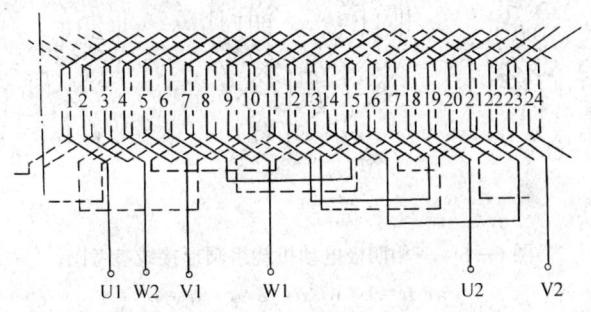

图 6—5 双层短距定子绕组展开图
($z_1=24$，$2p=4$，$q=2$，$y_1=5$，$a=1$)

在实际接线时，常用圆图指导接线，这种方法简单方便。画圆图时，不管每极每相有几个槽，也不管一个极相组内有几个线圈，每一个极相组都用一根带箭头的短弧线来表示，极相组的排列顺序与展开图（相带）一致，即 U1（A）、W2（Z）、V1（B）、U2（X）、W1（C）、V2（Y），短弧线（极相组）上箭头方向表示电动势（或电流）的正方向，即正相带 A（U1）、B（V1）、C（W1）的箭头为同一方向，负相带 X（U2）、Y（V2）、Z（W2）为反方向。然后，按展开图的接线原则，把各短弧线（极相组）依箭头方向顺序连接起来，便组成三相绕组。

电动机额定电流较大时，导线截面积相应增大，从而使绕线、下线、整形等工艺制作较困难。因此，双层绕组常采用多路并联，最大并联支路数等于每相的线圈组数，也等于极数，即 $a=2p$。图 6—6a、b、c 分别表示本例（四极）电动机连成一路、二路和四路时的圆（形接线）图。为了使引线靠近，嵌线时往往把 W 相绕组的第一个线圈反嵌入槽内（即 W 相绕组的首端由靠近 U 相绕组首端的极相组引出）。

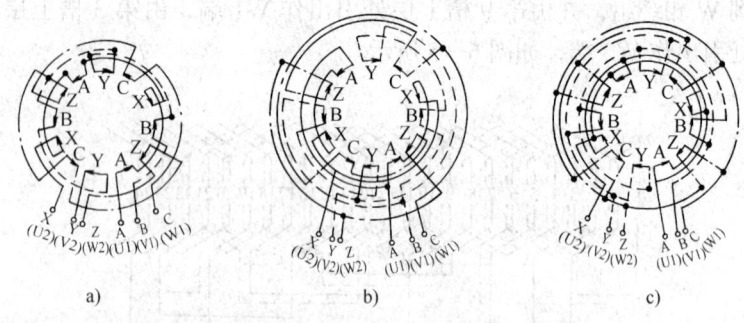

图 6—6　三相四极电动机绕组圆形接线参考图
a) $a=1$　b) $a=2$　c) $a=4$

四、转子绕组

交流电动机的转子绕组分两大类，即笼型和绕线型。

1. 笼型转子绕组　笼型分为铸铝（条）笼和焊接铜（条）笼两种，由于其外形像"鸟笼或松鼠笼"，故又称鼠笼型。图 6—7 所示为一展开的 12 条笼条的笼型转子绕组，如果有一个 2 极正弦分布的旋转磁场切割转子导条，则每根导条中的感应电动势与切割的磁密成正比，其大小随时间作正弦变化。

由于笼条均布在转子圆周上，故相邻的两根笼条在磁场中相隔 30°电角度（$\alpha = \dfrac{p \times 360°}{z_2} = \dfrac{1 \times 360°}{12} = 30°$），使相邻导条中的感应电动势在时间上也有 30°的相位差，感应电流也有 30°的相位差（设转子电路近似纯阻性，电动势与电流同相位）。由此可见，有多少条转子导条就有多少相，且各相依次互差 α 角。所以，笼型转子绕组是一个对称的多相绕组，每相只有半匝（1 条）导体，不存在短距绕组及分布绕组，故短距系数、分布系数、绕组系数都等于 1。

同理，定子 2 极磁场切割转子，转子 6 根导条（10、11、

12、1、2、3 导条)的感应电流为正,用⊕表示,另外 6 根导条(4、5、6、7、8、9 导条)感应电流为负,用⊙表示,此时转子电流产生的也是一个两极磁场。如果一个 4 极定子旋转磁场切割转子,转子电流便产生四极磁场,如图 6—7d、e 所示。也就是说,笼型转子绕组本身没有固定的极数,它的极数总是与定子绕组的极数相同。由于笼型转子绕组结构简单,牢固可靠,运行故障小,故广泛应用于中、小型感应电动机中。

2.绕线型转子绕组　要改善感应异步电动机的启动、制动和

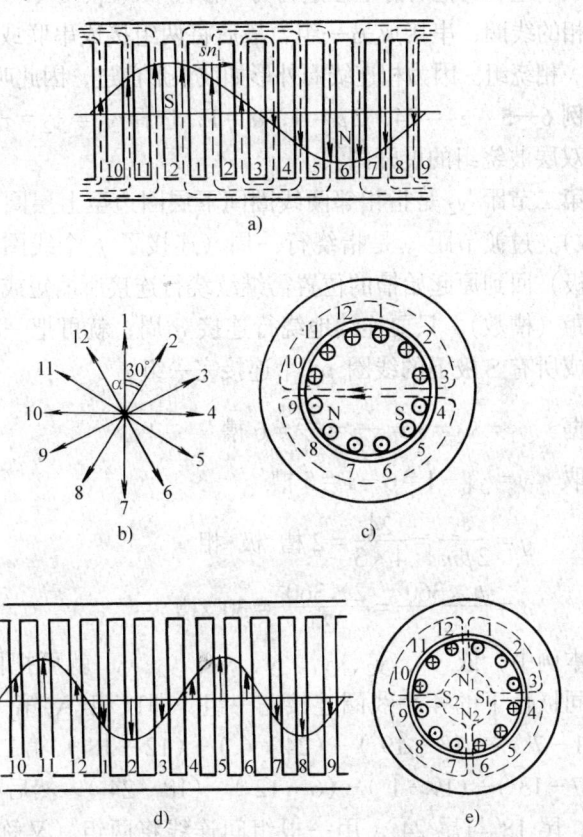

图 6—7　笼型转子绕组展开及形成磁极的原理图

调速性能，可以在转子回路中串入电阻或其他元件，这时用笼型转子绕组就无法实现了，为此，必须用绕线型转子绕组。绕线型转子绕组可采用同心绕组、叠绕组、整数槽及分数槽的双层波绕组。下面，分析最常用的双层波绕组的特点和连接规律。

波绕组与叠绕组比较，两者的相带划分和槽号分配方法完全相同，但线圈形状和线圈连接不同。波绕组是先把所有上层边同极性下（N_1、N_2、…）的属于同一相的线圈按 y_1、y_2、y 等节距串接成一组，再把所有上层边为另一极性下（S_1、S_2、…）的仍属于该相的线圈，串接成另一组，最后将两组接成串联或并联，就得出一相绕组。因为相连线圈外形如波浪形前进，因此叫波绕组。

例 6—5 $z_2=24$，$2p=4$，$a=1$，选择 $y_1=y_2=\tau$，试画出三相双层波绕组的展开图。

第二节距 y_2 是指相邻两线圈间下层圈边至上层圈边的跨距（槽数）。过渡节距 y 是指绕行一周（连接了 p 个线圈，前进了 p 对极）回到原起始槽的位置需继续绕行连接所缩短或增长一槽的节距（槽数）。只要连续地绕行连接 q 周，就可把一相所有 N 极下或所有 S 极下的线圈 pq 个连接完一组。

据 $\quad y_1 = y_2 = \tau = \dfrac{z_2}{2p} = \dfrac{24}{4} = 6$ 槽 $\hfill$ (6—4)

取 $\quad y = y_1 - 1 = 6 - 1 = 5$ 槽 $\hfill$ (6—5)

$$q = \frac{z_2}{2pm} = \frac{24}{4 \times 3} = 2 \text{ 槽/极·相} \hfill (6\text{—}6)$$

$$\alpha = \frac{p \times 360°}{z_2} = \frac{2 \times 360°}{24} = 30°\text{/槽} \hfill (6\text{—}7)$$

本例中，依 y_1、y_2、y_1、y、y_1、y_2、y_1 就可把同一相上层边同极性下的 4 个线圈连接完一组，即 U 相(A)第一组为 U1(A)(1-7′)-(13-19′)-(24-6′)-(12-18′)，第二组为 U2(X)(7-13′)-(19-1′)-(6-12′)-(18-24′)，然后根据反串原则，尾 18′ 与尾 24′，用一根组间连线将两组（又称两支路）串联起来，得出 U(A)相绕组。

同理，V（B）相的第一组为V1(B)(9-15′)-(21-3′)-(8-14′)-(20-2′)，第二组为V2(Y)(15-21′)-(3-9′)-(14-20′)-(2-8′)，尾2′与尾8′串联，得出V(B)相绕组。W(C)相的第一组为W1(C)(17-23′)-(5-11′)-(16-22′)-(4-10′)，第二组为W2(Z)为(23-5′)-(11-17′)-(22-4′)-(10-16′)，尾10′与尾16′串联，得出W（C）相绕组。

由此可知，在整数槽波绕组中，无论多少极数，每相只有两大组（即两条支路），仅需一根组间连线，并联支路最多只有两条。此外，波绕时短距绕组仅起改善电动势、磁势的作用，而不能节约端部用铜，因为第一节距 y_1 短了，y_2 就长，所以节距改变，端接用铜基本不变。

大型转子波绕组是采用扁铜条作线圈导条，由模具先弯制成许多条形单元（半个或全个），嵌放于槽内，然后逐个顺串焊接（端接就是极相组连接线）。为了工艺上的方便以及节约用铜量，降低铜损和便于转子动平衡，减少振动、噪声，往往可将组间（即支路间）的连线省去，方法是将U(A)相第一组第18槽的下层边与第二组第18槽的上层边短接，并省去24槽的下层边。同时将第1槽的下层边移至24槽的下层位置，而将相尾U2(X)端从第1槽的下层位置穿过作引出。

同理，将V（B）相第一组第2槽的下层边与第二组第2槽的上层边短接，并省去第8槽的下层边。同时，将第9槽的下层边移至第8槽的下层位置，而将相尾V2(Y)端从第9槽的下层位置穿过而引出。将W（C）相的第10槽上下层边短接，省去第16槽的下层边。同时，将17槽的下层边移至16槽的下层位置，而将相尾W2(Z)端从17槽的下层位置穿过而引出。这样，也就保持了转子三相四极24槽双层波绕组的对称和平衡，展开图如图6—8所示。

为了嵌线看图方便，可将端部连接表明为图6—9所示的圆方块图。图中，外圆表示上层圈边，内圆表示下层圈边。

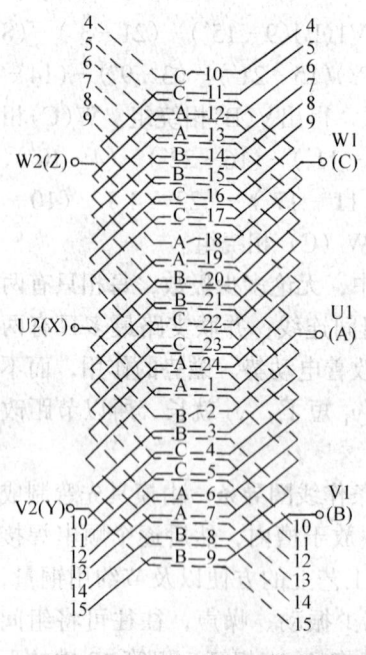
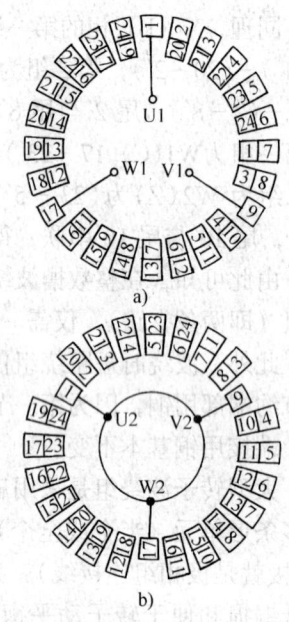

图 6—8 三相四极 24 槽双层波绕组展开图

图 6—9 绕线型转子对称换位波绕组圆方块图
(三相 24 槽四极 $q=2$, $y_1=6$, $y=5$)
a) 进线端 b) 出线端

五、交流绕组的感应电动势

当交流绕组通入三相电流时,就产生一个旋转磁场(这个旋转磁场的转速为 $n_1 = \dfrac{60f_1}{p}$,在 §6—2 中分析)切割交流绕组,在绕组中产生感应电动势。绕组每相匝数的多少,直接与外加电压有关,与每相的感应电动势有关,下面就感应电动势的波形、频率、大小等几方面进行分析。

1. 感应电动势公式　根据电磁感应定律,考虑到磁场在空间为正弦分布,如图 6—10 所示,一个极距下的最大磁通密度 B_m 与平均磁密 $B_{均}$ 的关系为:

· 242 ·

$$B_\mathrm{m} = \frac{\pi}{2} B_{均} \quad (6\text{—}8)$$

则
$$\Phi_\mathrm{m} = \frac{\pi}{2} B_{均} \tau L \quad (6\text{—}9)$$

即一个极下的磁通量等于磁密乘以每极下的面积。每根导体的感应电动势正比于磁密,即正比于每极磁通量,亦正比于磁通切割导体的速度 v,也就是正比于磁场的转速 n_1,因为

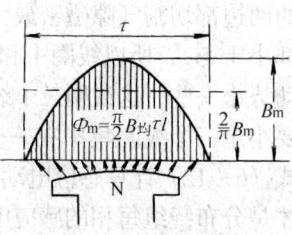

图 6—10 磁场正弦分布时一个极下的磁通

$$v = \frac{\pi D n_1}{60} = \frac{\pi D n_1}{60} \cdot \frac{2p}{2p} = 2\left(\frac{\pi D}{2p}\right)\left(\frac{p n_1}{60}\right) = 2\tau f_1$$

式中　D——定子铁心内径,mm;
　　　τ——极距;
　　　π——圆周率;
　　　f_1——电源频率,也是感应电动势的变化频率。

所以,一根导体感应电动势最大值 E_m 和有效值 $E_{效}$ 分别为:

$$E_\mathrm{m} = B_\mathrm{m} L v = \frac{\pi}{2} B_{均} L 2\tau f_1 = 2\Phi_\mathrm{m} f_1 \quad (6\text{—}10)$$

$$E_{效} = \frac{E_\mathrm{m}}{\sqrt{2}} = \frac{2}{\sqrt{2}} \Phi_\mathrm{m} f_1 = 1.41\ \Phi_\mathrm{m} f_1 \quad (6\text{—}11)$$

对于一匝(由两根有效导体组成)的感应电动势则为 2.82 $\Phi_\mathrm{m} f_1$。如果电动机每相绕组的极相组越多,线圈越多,即每相绕组串联匝数 N 越多,每相导体数越多,则每相绕组的感应电动势 E 越大,即

$$E = 4.44\ \Phi_\mathrm{m} f_1 N \quad (6\text{—}12)$$

由式(6—12)可见,感应电动势的大小正比于每极磁通、电源频率和绕组匝数。

2.分布系数　在电动机中,不可能把每极每相的线圈边导线全部放在一个槽中,实际上都是将其分布在几个槽内的。如图 6—11 所示,线圈 2

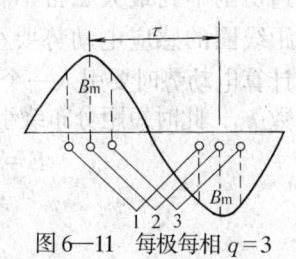

图 6—11 每极每相 $q=3$ 的线圈分布图

的两边都切割气隙磁密最大值 B_m，线圈 1 和 3 的两边切割的磁密都小于 B_m，所以线圈 1 和 3 的感应电动势也就比线圈 2 的感应电动势小一些，这说明三个线圈分布在三个槽时的合成感应电动势，要小于三个线圈集中在一个槽时的合成感应电动势。因此，利用式（6—12）计算感应电动势时，就要乘上一个小于 1 的系数 k_p，才是分布绕组每相的感应电动势，即把式（6—12）改写为：

$$E = 4.44\, \Phi_m f_1 N k_p \qquad (6\text{—}13)$$

$$k_p = \frac{\sin\dfrac{q\alpha}{2}}{q\sin\dfrac{\alpha}{2}}$$

式中　k_p——分布系数，它与每极每相槽数 q 有关。

从图 6—11 的分析可知，q 越大，k_p 越小，它们的数值关系见表 6—4。

表 6—4　　　　　分布系数 k_p 数值

每极每相槽数 q	1	2	3	4	5	6	7 及以上
分布系数 k_p	1	0.966	0.96	0.958	0.957	0.956	0.956

3. 短距系数　在双层绕组中，常采用短距（$y_1 < \tau$）线圈，如图 6—12 所示，等距线圈（$y_1 = \tau$）的两个有效边同时切割到最大磁密 B_m，而对于短距线圈则不同，它的一个有效边切割不到最大磁密 B_m。这样，短距线圈的感应电动势要小些。因此，计算电动势时要引入一个小于 1 的系数 k_d，此时短距分布绕组的每相感应电动势为：

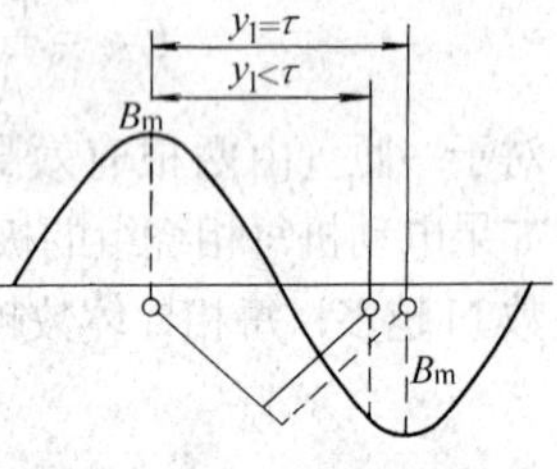

图 6—12　短距线圈和等距线圈

$$E = 4.44\, \Phi_m f_1 N k_p \cdot k_d \qquad (6\text{—}14)$$

$$k_d = \sin\frac{y_1}{\tau} 90°$$

式中　h_d——短距系数，它与线圈边所跨槽数有关，线圈节距

表 6—5　三相异步电动机短距绕组的节距系数 k_d 值

节距 (y_1)	每极相槽数（极距 τ）												
	24	18	16	15	14	13	12	11	10	9	8	7	6
1~25	1.000												
1~24	0.998												
1~23	0.991												
1~22	0.981												
1~21	0.966												
1~20	0.947												
1~19	0.924	1.000											
1~18	0.897	0.996											
1~17	0.866	0.985	1.000										
1~16	0.832	0.966	0.995	1.000									
1~15	0.793	0.940	0.981	0.995	1.000								
1~14	0.752	0.906	0.956	0.978	0.994	1.000							
1~13	0.707	0.866	0.924	0.951	0.975	0.993	1.000						
1~12		0.819	0.882	0.914	0.944	0.971	0.991	1.000					
1~11		0.766	0.831	0.866	0.901	0.935	0.966	0.990	1.000				
1~10		0.707	0.773	0.809	0.847	0.884	0.924	0.960	0.988	1.000			
1~9			0.707	0.743	0.782	0.838	0.866	0.910	0.951	0.985	1.000		
1~8				0.669	0.707	0.749	0.793	0.841	0.891	0.940	0.981	1.000	
1~7						0.663	0.707	0.756	0.809	0.866	0.924	0.975	1.000
1~6								0.655	0.707	0.766	0.832	0.901	0.966
1~5										0.643	0.707	0.782	0.866
1~4												0.624	0.707

越小，k_d 也越小，见表 6—5。

为了使电动机有良好的电磁性能，常取 $y_1 = \frac{5}{6}\tau$。

4．绕组系数　短距系数 k_d 乘上分布系数 k_p 称为绕组系数 k_{dp}。当电动机定子和转子绕组的绕组系数、匝数、感应电动势分别为 k_{dp1}、N_1、E_1 和 k_{dp2}、N_2、E_2 时，则有

$$E_1 = 4.44\Phi_m f_1 N_1 k_{dp1} \tag{6—15}$$

$$E_2 = 4.44\Phi_m f_1 N_2 k_{dp2} \tag{6—16}$$

在异步电动机中，感应电动势 E_1 是一个反电动势，大小比外加电源电压 U 小一个漏阻抗压降值，可表示为：

$$E_1 = K_e U \tag{6—17}$$

式中　K_e——压降系数，其值小于 1，一般在 0.85～0.97 内选取。极数多、功率小时取小值；极数少、功率大时取大值。另外，K_e 也可以从电动机维修书及有关资料手册的图表中查出。

§6—2　交流绕组的磁场

一、单相交流绕组的磁场

交流绕组通入电流后，便会产生磁势且在电动机中建立磁场。图 6—13 所示是一台两极单相电动机定子绕组的磁势和磁场原理图，当单相的整距线圈通入电流时，便产生一个两极磁场，磁场的强弱决定于电流与绕组线圈匝数的乘积 IN_1（磁势）。根据全电流定律，磁通通过的整个闭合磁路，总的磁压降等于作用于该磁路中的磁势。由图 6—13 可见，磁力线经过定子、转子铁心，并两次经过气隙。由于铁心磁阻比空气的磁阻小得多，故可忽略定子、转子铁心中的磁压降，因此，可认为全部磁压降都分配在两个气隙上，每个气隙消耗的磁势为总磁势的 $\frac{1}{2}$。

由于磁通方向在上半圆气隙是从定子流向转子而在下半圆气

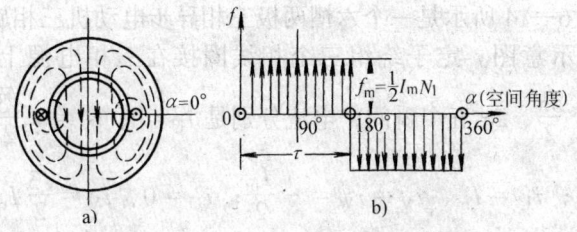

图 6—13 单相两极整距线圈的磁势和磁场
a) 磁场产生 b) 磁势和磁场的空间展开分布图

隙是从转子流向定子,故呈现出 N、S 的不同极性。另外,沿整个气隙圆周的磁势波形为矩形波,半波的对称轴与绕组的中心轴相重合,矩形波的幅值为 $F_m = \frac{1}{2}I_m N_1$。

因为绕组线圈通入的是大小和方向随时间按正弦规律变化的单相交流电流,因此磁势矩形波的幅值也随时间按正弦规律变化,故称为脉振磁势。为分析方便,可把该矩形波磁势分解为基波(一次正弦波)磁势及一系列高次谐波磁势。采取线圈分布嵌放与短节距绕组,可大大削弱高次谐波,保留基波磁势产生脉振磁场,其幅值为 $0.9\frac{IN_1}{p}k_{dp1}$。脉动磁场位置与单相绕组的轴线重合,脉振频率与通入的电源电流频率 f_1 相同。

二、三相交流绕组的磁场

在对称的三相交流绕组中流过对称的三相交流电流时,由于三相绕组在空间上彼此相差 120°电角度,三相电流在时间相位上也彼此相差 120°,因此其磁势是三个在时间相位上和空间相位上都互差 120°电角度的脉振磁势的合成。经过对脉振磁势方程式的推导,得出三相合成基波磁势是一个正弦分布、波幅恒定为 $\frac{1.35 IN_1 k_{dp1}}{p}$ 的旋转磁势,沿圆周气隙产生旋转磁场。当某相电流达最大值时,合成磁势的幅值就与该绕组轴线重合,其转向由超前相朝滞后相的方向旋转。

图 6—14 所示是一个六槽两极三相异步电动机三相旋转磁场形成的示意图。定子绕组三个相线圈接在三相电源上，在 0、$\dfrac{\pi}{2}$、π、$\dfrac{3\pi}{2}$、2π 五个瞬间，电流分别是 $i_U = 0$、$i_V = -\dfrac{\sqrt{3}}{2}I_m$、$i_W = \dfrac{\sqrt{3}}{2}I_m$；$i_U = I_m$，$i_V = i_W = -\dfrac{I_m}{2}$；$i_U = 0$、$i_V = \dfrac{\sqrt{3}}{2}I_m$、$i_W = -\dfrac{\sqrt{3}}{2}I_m$；$i_U = -I_m$，$i_V = i_W = \dfrac{I_m}{2}$；$i_U = 0$、$i_V = -\dfrac{\sqrt{3}}{2}I_m$、$i_W = \dfrac{\sqrt{3}}{2}I_m$，假设每相绕组电流从首端（U1、V1、W1）流入为正，从尾端（U2、V2、W2）流入为负，同时以"⊗"号代表流入纸面方向，"⊙"号代表流出纸面方向，应用右手定则即可确定五个瞬间的合成磁场方向。由图 6—14 可见，合成磁场沿气隙圆周基本上是按正弦波形分布的旋转磁场。

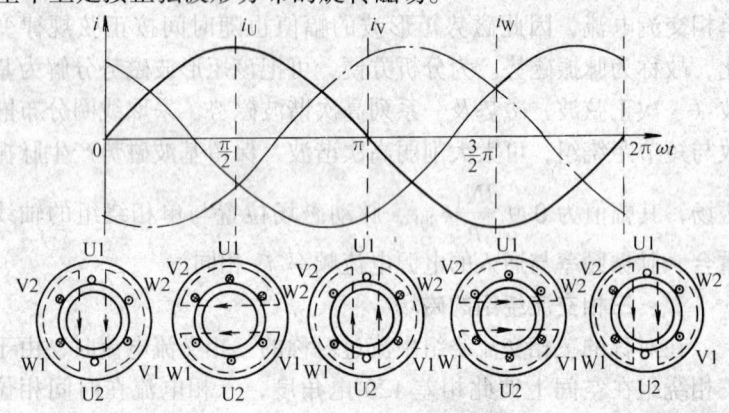

图 6—14 三相旋转磁场的形成

显然，电流在时间上变化半周，磁场在电动机内部空间正好转过半个圆周，对于两极电动机，半个圆周正好是一个极距 τ。因此，电流变化一周，磁场正好转过 2 个极距，电流每秒变化 f_1 周，磁场每秒即转过 $2f_1$ 个极距。由于两极电动机一个圆周等于 2 个极距，所以两极电动机旋转磁场的转速 n_1 为 $n_1 = \dfrac{2f_1}{2}$

r/s 或 $n_1 = \dfrac{120f_1}{2}$ r/min。从广义来说，由于电动机空间一个圆周为 $2p$（极数）个极距，所以表达旋转磁场转速 n_1 的普遍公式为：

$$n_1 = \frac{120f_1}{2p} = \frac{60f_1}{p} \text{ r/min} \qquad (6\text{—}18)$$

通常 n_1 又叫做交流电动机的同步转速。以交流电频率 $f_1 = 50$ Hz 代入，则 2、4、6、8、10、…极交流电动机的同步转速分别是 3 000、1 500、1 000、750、600、…r/min。

此外，如果通入交流绕组的电流的相序相反，电流达最大值的顺序首先是 U 相，而后依次是 W 相及 V 相，则磁势的旋转方向也将相反，将从 U 相转到 W 相，再转到 V 相。因此，要改变旋转磁场的转向，从而使异步电动机反向转动，只要改变通入电流的相序，也就是将三相绕组连接电源的三根接线中的任何两根对调一下就可以了。

§6—3 三相异步电动机

一、三相异步电动机的结构和工作原理

1. 分类及结构　三相异步电动机按外形尺寸规格可分为大型、中型、小型、微型等。按防护型式不同可分为防滴式、封闭式、防水式、防爆式、防腐式等。按定额工作方式不同可分为连续、短时、断续等。按转子结构不同可分为笼型和绕线型，如图 6—15 和图 6—16 所示。

三相异步电动机由定子、转子和机座等组成。定子包括定子铁心和定子绕组。定子铁心是磁路的一部分，为减少铁耗，一般由导磁性能好的厚 0.5 mm 且冲有槽形的硅钢片叠压而成，固定在机座内。中、小型电动机采用整圆的硅钢片，部分中、大型电动机由扇形冲片拼成。硅钢片两面涂以绝缘漆，作片间绝缘。常用硅钢片型号有 D_{21}、D_{22} 等，含硅量为 2% 左右。心槽形状由电

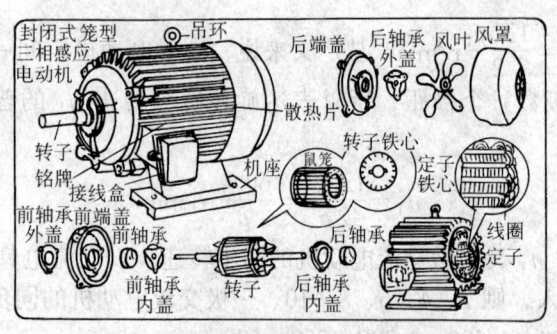

图 6—15　笼型三相异步电动机结构

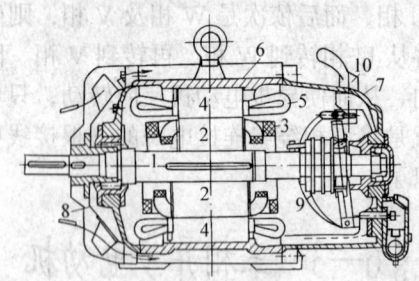

图 6—16　绕线型感应电动机的结构图
1—轴　2—转子铁心　3—转子绕组　4—定子铁心　5—定子绕组
6—定子外壳　7—端盖　8—风叶　9—接触滑环　10—提起电刷的转柄

动机容量、电压及绕组的形式而定，100 kW 以下通常采用半开口槽和由高强度漆包线绕成的散嵌绕组；电压在 500 V 以下的中型异步电动机常采用半开口槽，定子绕组可用高强漆包扁线或玻璃丝包扁线绕制；对于高压中型或大型电动机，则采用开口槽，以便嵌入耐高压的成型线圈，如图 6—17 所示。

　　定子绕组用槽楔固紧于槽内，按连接规律连接成三相对称，最后引出六个线端，再连成 Y 联结或 △ 联结。

　　机座一般由铁或铝铸造而成，其作用是固定和保护定子铁心和绕组，并用以支持两个端盖。机座表面有凸凹不平的散热肋，

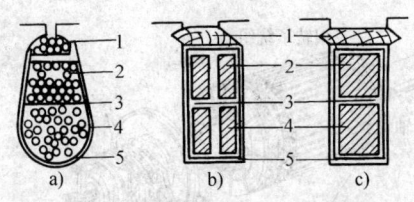

图 6—17 异步电动机的定子槽型
a) 半闭口槽　b) 半开口槽　c) 开口槽
1—槽楔　2—上层线圈边　3—层间绝缘　4—下层线圈边　5—槽绝缘

以增加电动机散热冷却。大型异步电动机,则采用钢极焊接的机座,底座开有固定地脚螺钉用的孔。端盖是用螺钉固定在机座的两端,用以支持转子。为减少转子转动的摩擦力,在转轴与端盖间装有滚动轴承或滑动轴承。

转子由转子铁心、转子绕组及转轴组成。笼型转子的结构是在轴上套有由片厚为 0.5 mm 的硅钢片叠压成的铁心,心槽内压铸入铝条与铝端环短接成的笼型绕组。有时,可制成转子深槽式或双笼的笼型绕组,目的是利用集肤效应来达到启动时转子电阻较大,而正常运行时转子电阻自动变小的效果。

绕线型转子是用导条制成线圈,嵌入并固紧于心槽内,以 Y 联结形式接成三相对称转子绕组,引出的三根导线与轴上装的三个铜滑环相联,经压紧在滑环上的电刷短接或引至外电路的启动及调速变阻器 R 上,如图 6—18 所示。

定、转子间的气隙由制造工艺及运转可靠等因素决定,气隙大,则产生相同强度的气隙磁场时,所需的励磁电流越大、空载电流越大,则功率因数越低。从这个角度来看,气隙小些为好,但气隙过小电动机运转不安全,且加工工艺及装配都有困难,所以气隙一般为 0.2~1.5 mm,见表 6—6。

2. 工作原理　三相异步电动机是一种将交流电能转变为机械能的电力机械。当三相对称的定子绕组通入三相交流电时,沿着气隙产生旋转磁场,转向与通入电流的相序相同,由超前相转

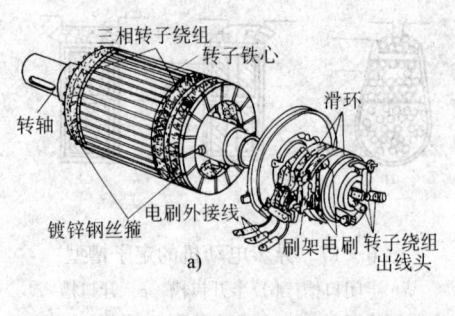

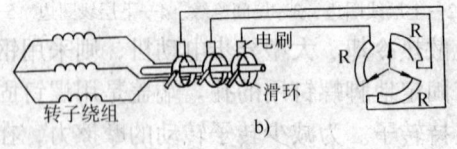

图 6—18 绕线式转子

a) 外形结构　b) 结构示意图

表 6—6　　　　不同功率和转速时常用的气隙值

功率（kW）		<0.2	0.2~1	1.2~2.5	2.5~5	5~10
空气隙长度 (mm)	3 000~1 500 r/min	0.25	0.3	0.35	0.4	0.5
	1 500~500 r/min	0.2	0.25	0.3	0.35	0.4
功率（kW）		10~20	20~50	50~100	100~200	200~800
空气隙长度 (mm)	3 000~1 500 r/min	0.65	0.8	1~1.5	1.25	1.5
	1 500~500 r/min	0.4	0.5	0.65	0.8	1

至滞后相，转速为 $n_1 = \dfrac{60 f_1}{p}$ r/min。该磁场切割转子绕组导体，在导体内感生电动势 E_2 和电流 I_2，转子载流导体在旋转磁场中受电磁力的作用而使转子与旋转磁场同方向旋转，如图 6—19 所示。

由于转子绕组的电流是通过电磁感应获得的,故这种电动机又称为感应电动机。若转子的转速 n 与旋转磁场转速 n_1（又称同步转速）相等,相互间就无切割磁场作用,则转子便不能产生感应电动势和电流,也就无电磁力产生,电动机不能转动。因此,n 必然与 n_1 相异且小于 n_1,故这种电动机又称为异步电动机。n_1 减 n 的差称为转速差,转速差

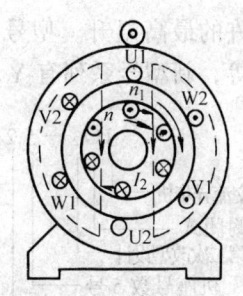

图 6—19　三相异步电动机工作原理图

与 n_1 的比值称为转差率 s,即 $s = \dfrac{n_1 - n}{n_1}$,常用百分值表示,正常额定运行时异步机的 s 值约为 1.5%～6%。

3. 异步电动机的铭牌数据　铭牌数据包括额定功率 P_N、额定效率 η_N、额定电压 U_N、额定电流 I_N、额定转速 n_N、额定频率 f_N、防护等级、工作方式、接法、温升、绝缘等级、型号等。

额定功率 P_N 是指电动机轴上输出的机械功率,它等于输入的电功率 P_1（$=\sqrt{3}\,U_N I_N \cos\varphi$）乘以效率 η_N。额定电压 U_N 和额定电流 I_N 是指电动机在额定工作下加于定子绕组的线电压及流过的线电流,当绕组△联结时,线电压等于相电压,线电流为相电流的 $\sqrt{3}$ 倍。若 U_N 为 380/220 V,即是指电动机定子绕组 Y 联结时额定电压 380 V,△联结时额定电压 220 V。额定频率 f_N 我国规定为 50 Hz。额定转速 n_N 是指电动机在额定状态下的转动速度（r/min）。

防护等级表示电动机外壳的防护能力。工作方式是指电动机运行的持续时间及周期。温升是指电动机绕组温度与周围环境温度之差,最高周围环境温度一般定为 40℃（即我国规定的标准环境温度）。绝缘等级是指定子绕组所用的绝缘材料等级,有 A、E、B、F、H、C 级,它表明电动机所允许的最高工作温度及允

许的最高温升。型号有新、旧之分，旧型号系列有 J、JO_2、JR 等，新型号系列有 Y、YR 等，其组成含义列举如下：

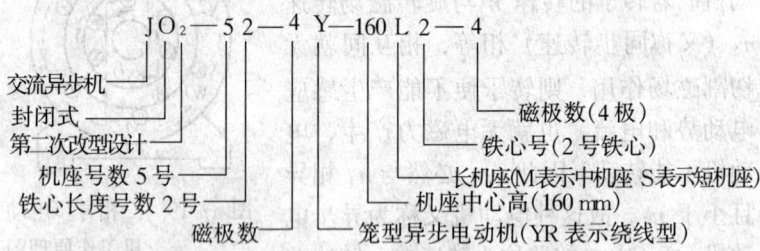

二、三相异步电动机的运行特性

1. 三相异步电动机的运行分析 从电磁关系看，异步电动机与变压器相似，有空载运行和负载运行之分，且定子、转子电路和变压器的一、二次侧电路的电压、电流都是交流，两边之间的关系都是感应关系。因此，表征三相异步电动机运行的电动势平衡、磁势平衡、电流平衡基本方程式、等效电路、相量图、励磁参数、短路参数等，不论是形式或推导、折算过程均与变压器相似，其等效电路和相量图如图 6—20 和图 6—21 所示。

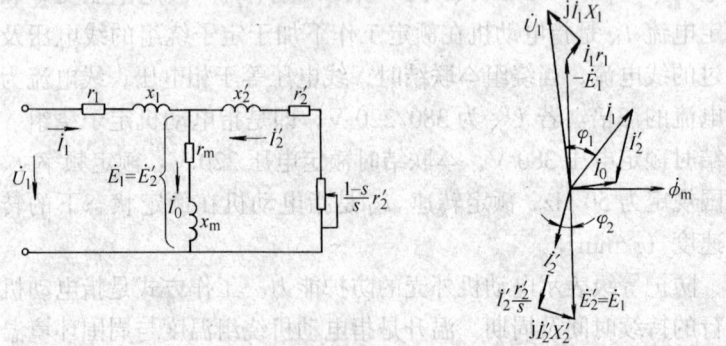

图 6—20 三相异步电动机等效电路　　图 6—21 三相异步电动机相量图

$$\dot{U}_1 = -\dot{E}_1 + \dot{I}_1 Z_1 \qquad (6—19)$$

$$\dot{E}'_2 = \dot{I}'_2(\frac{r'_2}{s} + jX'_2) \qquad (6—20)$$

$$\dot{I}_1 N_1 + \dot{I}_2 N_2 = \dot{I}_0 N_1 \qquad (6—21)$$

$$\dot{I}_1 = (-\dot{I}'_2) + \dot{I}_0 \qquad (6—22)$$

异步电动机与变压器的不同，在于多了频率折算及转子绕组系数 k_{dp2} 等概念，因为异步电动机以转速 n 运转，旋转磁场以相对速度 $(n_1 - n)$ 切割转子导体，所以旋转时电动机的转子频率、转子电动势和转子漏抗分别为：

$$f_2 = \frac{p(n_1 - n)}{60} = \frac{pn_1}{60} \frac{(n_1 - n)}{n_1} = sf_1 \qquad (6—23)$$

$$E_{2s} = 4.44 \Phi_m f_2 N_2 k_{dp2} = 4.44 \Phi_m s f_1 N_2 k_{dp2} = sE_2 \qquad (6—24)$$

$$X_{2s} = 2\pi f_2 L_2 = 2\pi s f_1 L_2 = sX_2 \qquad (6—25)$$

显然，f_2、E_{2s}、X_{2s} 不仅取决于定子频率，还与转子转速有关。此外，异步电动机比变压器有较大的气隙，同容量功率时，有较大的空载电流，励磁电抗和励磁阻抗比变压器小。电动机转子绕组可以短接（$U_2 = 0$），且以模拟负载纯阻 $\left[(\frac{1-s}{s}) r'_2\right]$ 消耗的电功率来表示总机械功率（包括轴上输出的有功功率）。而负载运行的变压器二次侧不能短接（$U_2 \neq 0$），负载阻抗可以是容性、感性、阻性，两端的电能是表示输出的视在容量。

2. 三相异步电动机的功率和转矩　三相异步电动机的功率包括输入功率 P_1、铁耗 P_{Fe}、定子铜耗 P_{Cu1}、电磁功率 P_{em}、转子铜耗 P_{Cu2}、总机械功率 $P_机$、机械摩擦损耗 $P_摩$、杂散损耗 $P_杂$、输出功率 P_2。图 6—22 所示为异步电动机能量传递及转换图，其中，各

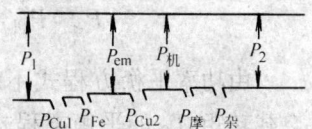

图 6—22　异步电动机能量传递及转换图

种功率的表达式为：

$$P_1 = \sqrt{3} U_线 I_线 \cos\varphi_1 \qquad (6\text{—}26)$$

$$P_{Cu1} = 3I_1^2 r_1 \qquad (6\text{—}27)$$

$$P_{Fe} = 3I_0^2 r_m \qquad (6\text{—}28)$$

$$P_{em} = 3I_2^2 \frac{r_2}{s} \qquad (6\text{—}29)$$

$$P_{Cu2} = 3I_2^2 r_2 \qquad (6\text{—}30)$$

$$P_机 = 3I_2^2 \left(\frac{1-s}{s}\right) r_2 \qquad (6\text{—}31)$$

$$P_摩 + P_杂 = P_机 - P_2 \qquad (6\text{—}32)$$

$$P_2 = P_1 \eta \qquad (6\text{—}33)$$

且有 $\quad P_1 = P_{Cu1} + P_{Fe} + P_{Cu2} + P_摩 + P_杂 + P_2 \qquad (6\text{—}34)$

$$P_{em} = P_1 - P_{Cu1} - P_{Fe} = P_机 + P_{Cu2} = \frac{T_{em} n_1}{9.55} \qquad (6\text{—}35)$$

$$P_机 = P_{em} - P_{Cu2} = P_2 + P_摩 + P_杂 = \frac{T_{em} n}{9.55} = (1-s) P_{em} \qquad (6\text{—}36)$$

$$P_2 = P_1 \eta = P_1 - P_{Cu1} - P_{Fe} - P_摩 - P_杂 - P_{Cu2} = \frac{T_2 n}{9.55} \qquad (6\text{—}37)$$

$$P_0 = P_杂 + P_摩 = \frac{T_0 n}{9.55} \qquad (6\text{—}38)$$

$$P_{Cu2} = s P_{em} \qquad (6\text{—}39)$$

$$P_{em} : P_机 : P_{Cu2} = 1 : (1-s) : s \qquad (6\text{—}40)$$

由功率平衡方程式不难推出电磁转矩 T_{em}、输出转矩 T_2、空载转矩 T_0 的平衡方程式。此外，电磁转矩还可通过转差率、参数、电压、频率、转子功率因数、电流、磁通等量来表示，分别称为物理表达式、参数表达式、实用公式，见表6—7。

表 6—7　　　　　　　　转矩表达式

名　称	等　式	彼此关系说明
转矩平衡方程式	$T_{em} = T_2 + T_0$	拖转矩等于阻转矩、电动机处于稳态运行
物理表达式	$T_{em} = C_r \Phi_1 I'_2 \cos\varphi_2$	若负载一定，若 $U\downarrow$—$\Phi_1\downarrow$—$I_2\cos\varphi_2\uparrow$—$I_1\uparrow$—电动机发热
参数表达式	$T_{em} = \dfrac{3PU_{相}^2 \dfrac{r'_2}{s}}{2\pi f_1[(r_1+\dfrac{r'_2}{s})^2+(x_1+x'_2)^2]}$	由此推出两式，且看出 $(T_{em}、T_{st}、T_m) \propto U^2$ 和 $\dfrac{1}{X_k}$；而 T_m 与转子电阻无关 $T_{st} = \dfrac{3pU_{相}^2 r'_2}{2\pi f_1[(r_1+r'_2)^2+(x_1+x'_2)^2]}$ $T_m = \dfrac{3pU_{相}^2}{4\pi f_1[r_1+\sqrt{r_1^2+(x_1+x'_2)^2}]}$
实用公式	$T_{em} = \dfrac{2T_m}{\dfrac{s_m}{s}+\dfrac{s}{s_m}}$	最大电磁转矩 T_m 对应的转差率 s_m 称为临界转差率 $s_m = s_N[\lambda_M \pm \sqrt{\lambda_M^2 - 1}]$，据产品目录的 n_N 和 λ_M，求取 s_m 和 M_m，即可绘制机械特性及进行计算

3. 三相异步电动机的运行特性　三相异步电动机的运行特性包括机械特性和工作特性。转差率 s（或转速 n）与电磁转矩 T_{em} 的关系曲线称为机械特性，图 6—23 所示为异步电动机三种运行状态下的机械特性，其中，电动机段有 4 个特殊点，即理想空载点 $A(0,0)$、额定运行点 $B(T_N, s_N)$、最大转矩点 $C(T_m, s_m)$、启动点 $D(T_{st}, 1)$。相应于最大转矩 T_m 的转差率

s_m 称为临界转差率，它把特性分成了线性段和非线性段，即 AC 段和 CD 段。相应于启动点的转矩 T_{st} 称为启动力矩，T_{st} 大于负载转矩电动机才能启动，$\dfrac{T_{st}}{T_N}$ 反映了电动机的启动能力（T_N 称为额定力矩），$\dfrac{T_m}{T_N}$ 反映了电动机的过载能力，以过载系数 λ_M 表示。

工作特性是指在额定电压和额定频率下，电动机转速 n、电磁转矩 T_{em}、效率 η、功率因数 $\cos\varphi_1$、定子电流 I_1 等随输出功率 P_2 变化的关系曲线，如图 6—24 所示。从特性可了解及分析异步电动机在空载至负载运行时的变化过程及现象，各量的因果及大小关系和运行性能。例如，空载时 n 较高，力矩为 T_0 和 I_1 较小为 I_0，$\cos\varphi_1$ 和 η 很低，但随着负载增加，n 下降，I_1 和 T_{em} 增大，$\cos\varphi_1$ 和 η 也提高了。

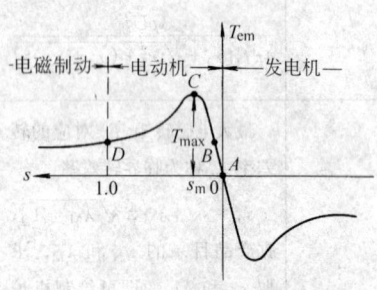
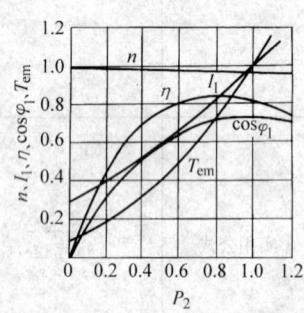

图 6—23 三相异步电动机的机械特性　　图 6—24 三相异步电动机工作特性

三、三相异步电动机的常见故障及处理方法

三相异步电动机的故障分为电气故障和机械故障两类。前者如开关、熔断器、电刷、定子绕组、转子绕组及启动设备等的故障；后者如铁心、轴承、风叶、风罩、机壳、吊环、联轴器、滑环、端盖、轴承盖、转轴、紧固螺钉等的故障。观察故障的异常现象，仔细分析原因，找出故障所在部位，以便进行修复处理。三相异步电动机的维护、常见故障和处理方法分别见表 6—8 和表 6—9。

表 6—8　　　　三相异步电动机的维护

日　常　维　护	启动及运行中的维护
加强电动机的防潮、防晒、防尘、防水、防腐、防振、防机械损伤的保护，对久未运行的或新安装的异步电动机，应检查底脚螺栓是否拧紧，其他机械部件是否牢靠，机壳接地是否良好，用手转动电动机的转轴和负载机械的转轴，看转动是否灵活，有无异常响声，轴承内应有一定量的黏度适当的润滑油。运行前用兆欧表检查绕组之间及绕组对地之间的绝缘电阻，一般三相 380 V 电动机的绝缘电阻应大于 0.5 MΩ，新使用的电动机应大于 10 MΩ，对于受潮电动机必须经过干燥处理才能使用，接入的电源电压、频率和接线方式应与铭牌所示的相同。对于高压电动机，每 1 kV 工作电压，绝缘电阻不得小于 1 MΩ	接通电源后，若发现转速很慢，声音不正常或不转，应立刻停机检查。在运行中应经常观察电压表、电流表的数值是否超出规定值，耳听运转声音是否正常，鼻嗅有无焦臭味，手摸机壳温度是否超过允许值，如发现异常情况，应及时停机处理，防止事故扩大而损坏电动机

表 6—9　　　　三相异步电动机的常见故障及处理方法

故障现象	产　生　原　因	处　理　方　法
1. 电动机不能启动，有嗡嗡声	(1) 某组线路不通，成单相运行	(1) 开关至定子绕组的接头有油泥或氧化物，应刮净接好 (2) 接线柱松脱，应固紧 (3) 电源线不通，有断线或假接，用试灯或万用表查出修复 (4) 启动设备接触不良，查出修复
	(2) 电压太低	(1) 电源线太细，启动压降太大，应更换粗导线 (2) △联结电动机接成 Y 联结 (3) 设法提高电压
	(3) 带动的机械设备被卡住	检查机械设备，排除异物
	(4) 黄油太硬，小容量电动机不能启动	此类故障发生在严冬无保温场所的电动机，拆开油盖加入适量机油

续表

故障现象	产生原因	处理方法
1. 电动机不能启动，有嗡嗡声	(5) 定子或转子绕组断路	用万用表或试灯检查断路处修复（或用电桥或电流平衡法检查）
	(6) 槽配合不当	(1) 将转子外圈适当车小或选择适当的定子线圈和定子线圈跨距 (2) 换新转子，槽配合应符合规定
	(7) 绕组内部接反或定子出现首尾端反接	给定子绕组通直流电，用指南针检查极性，并纠正
2. 刀开关合上后烧断熔丝	(1) 单相启动	检查开关及电源线，更换熔断器，保证供给三相电源启动
	(2) 开关和定子之间接线有短路	拆开接线头，检查导线的绝缘性能，重新包扎
	(3) 定子绕组接地或短路	(1) 查出接地点或短路点在端接，重新包扎绝缘 (2) 故障点在槽内，并多点故障，需换新绕组
	(4) 熔丝选择太细	考虑到启动电流，并对过载电流和短路电流起保护，熔断器额定电流≥启动电流/(2~2.5)来选择熔丝的粗细
3. 电动机启动困难，加上负载后，转速立即下降	(1) 电源电压低	检查电源电压
	(2) 应该接成△形的误接成Y形	检查定子接线情况与铭牌对照
	(3) 转子笼条松动或断开	(1) 固紧并更换笼条 (2) 铸铝转子断条太多，需更换新转子
	(4) 定子绕组内部有局部线圈接错	拆开电动机，检查极性
4. 电动机空载电流偏大	(1) 电源电压过高	检查电源电压
	(2) 电动机本身气隙较大	拆开电动机，用内卡、外卡测量定子内径和转子外径

续表

故障现象	产生原因	处理方法
4. 电动机空载电流偏大	(3) 电动机定子绕组匝数未绕足	重绕定子绕组,增加匝数
	(4) 电动机装配不当	(1) 用手试转电动机,如转子转动不灵活,则可能是转子轴向位移过多 (2) 端盖螺钉没有平衡上紧,可放松螺钉再试转
	(5) 定子绕组应该是Y形联结而误接成△形	检查定子接线与铭牌规定
5. 空载电流三相有较大不平衡	(1) 电源电压不平衡	检查电源电压
	(2) 重绕定子绕组后三相匝数不相等	重绕定子绕组
	(3) 定子绕组内部接线有错误	(1) 检查线圈、线圈组、相线组接法 (2) 检查每相极性
6. 电动机发热,温度超过标准或冒烟	(1) 电压过低,拖动的生产机械卡住或润滑不良	(1) 如电压太低,电源线太细,压降太大,可与供电部门协商来解决 (2) 用电流表测电流,如过载就适当降低负载,或用风扇吹,加强冷却
	(2) 电动机通风不好或曝晒	(1) 检查风扇是否损坏或固紧 (2) 移去阻塞风道的物件 (3) 加搭遮棚
	(3) 电压过高或接法错误	(1) 如电压超出标准很多,可与供电部门协商解决 (2) Y联结误接成△联结,使相电压增高$\sqrt{3}$倍
	(4) 笼型转子断条或滑环式转子绕组接线松脱	(1) 用短路侦察器查出断条处 (2) 用试灯法或万用表查出松脱处,焊牢或用螺栓固紧
	(5) 正反转频繁或启动次数过多	减少正反转和启动次数
	(6) 定、转子相擦	(1) 轴承磨擦,需换新轴承 (2) 轴承松动,需校正转轴中心线 (3) 锉去定、转子相擦部分

续表

故障现象	产生原因	处理方法
6. 电动机发热，温度超过标准或冒烟	(7) 定子绕组有小范围短路，或定子绕组有局部接地	(1) 目视鼻闻，有否烧焦 (2) 找出短路处，分开短路部分（用短路侦察器法或万用表法，或电桥法，或电流平衡法，或兆欧法检查） (3) 查出接地处，垫好绝缘，刷绝缘漆烘干（用试灯法或万用表法或兆欧表法检查）
7. 机壳带电	(1) 引出线或接线盒接头绝缘损坏碰地	检查后套上绝缘套管或包扎绝缘带
	(2) 端部太长碰机壳	端盖卸下后接地现象即消除，将绕组端部涂一层绝缘漆，并垫上绝缘纸，再装回端盖
	(3) 槽口绝缘损坏	细心扳动绕组端接，找出损坏处，垫上绝缘纸，再涂上绝缘漆
	(4) 槽内有铁屑等杂物未除尽，导线嵌入后即通地	拆开每个线圈接头，用淘汰法找出接地线圈后，进行局部修理
	(5) 在嵌线时，导体绝缘有机械损伤	拆开每个线圈接头，用淘汰法找出接地线圈后，进行局部修理
	(6) 外壳没有可靠接地	重新接地
8. 绝缘电压降低	(1) 潮气侵入或雨水滴入电动机内	用兆欧表检查后，进行烘干处理
	(2) 绕组上灰尘污垢太多	清除灰尘、油垢后，浸渍处理
	(3) 引出线和接线盒接头的绝缘即将损坏	加强包扎绝缘
	(4) 电动机过热后绝缘老化	可考虑重新浸渍处理
9. 轴承盖发热比机壳温度高	(1) 新换轴承装得不好，有扭歪、卡住等不灵活现象	转动转子或拆端盖转动轴承，找出故障
	(2) 轴承油干涸，润滑油太少	清洗轴承后，加足润滑油

续表

故障现象	产 生 原 因	处 理 方 法
9.轴承盖发热比机壳温度高	(3) 有漏油现象，润滑油太多	一般润滑油加到轴承室的 70% 左右（即轴承加满，轴承盖浅浅加一层即可）
	(4) 带张力太紧，或联轴器装配不在同一条线上	重新装配校正
	(5) 轴承油内有灰砂杂质和铁屑等物	用铁棒或旋具一头触及轴承端盖处，用耳倾听，轴承运转有杂音，应立即清洗轴承
	(6) 轴承已破坏（缺块或爆裂）	换同型号轴承
	(7) 端盖与机座不同心，转起来很紧	检查端盖同心度并机械校正

四、绕组故障的修理及三相异步电动机的重绕计算

1. 绕组绝缘不良　绕组受潮、侵水、绝缘表面和缝隙中有炭粉、油污、积尘以及受化学气体腐蚀，都会导致绕组的绝缘电阻降至 0.5 MΩ 以下。这时，先用压缩空气吹去炭粉和积尘，然后经烘干驱潮气，使绝缘电阻恢复正常。对于被油泥、尘垢严重沾污的绕组，最好先清洗，再经烘干浸漆处理，即把 2% 的普通洗衣粉、98% 的自来水稀释成清洗液，或直接用 781 中性洗涤剂进行清洗，然后用热水冲洗干净，放入烘炉烘干（约 120℃ 炉温），出炉后冷至 60~80℃ 时，浸 1032 漆一次，再进炉烘干。

2. 绕组接地故障　接地故障是指绕组与铁心或绕组与机壳之间的绝缘（如复合绝缘纸、玻璃丝带、云母带）破坏而引起的通电现象，它使机壳带电、绕组发热而导致短路。造成接地故障的原因很多，如绕组绝缘老化、受潮、过热、掃膛、受雷击、机械碰撞、腐蚀以及绕组制造工艺不良等。接地故障的检查方法有：

(1) 兆欧表法。先将电动机的 Y 联结或 △ 联结的连线拆开，

然后进行测量，6 kV以上的电动机用2 500 V兆欧表，3 kV电动机用1 000 V兆欧表，其他低压电动机用500 V兆欧表。测量时，兆欧表一条线（L）接绕组，另一条线（E）接电动机机壳，如图6—25所示，按120 r/min左右转速转动摇柄，若指针指在"0"位，则说明该相有接地，若指针摇摆不定，则表明绝缘已被击穿损坏。

(2) 万用表法。用万用表的$R \times 10$ k挡，测试棒一根与绕组的一端相接，而另一根与机壳相接。如测得电阻很小或为零，表明该相绕组有接地。

(3) 灯泡法。如图6—26所示，灯泡的地线接在机壳上，火线上串接一只220 V、40~60 W的灯泡，分别与每相绕组的引出线相接，若灯泡不亮，则说明绕组绝缘良好；若灯泡发亮，则表明该相绕组存在接地故障。这时可把灯泡火线与接地这一相绕组的引出线连接，把原接在机壳的地线改为断续地与机壳接触，若槽口发生火花或冒烟，则火花或冒烟处便是接地点；若灯泡暗红，则表明该相绕组受潮。

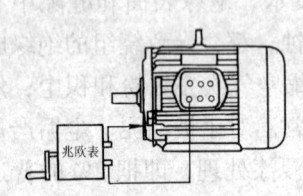 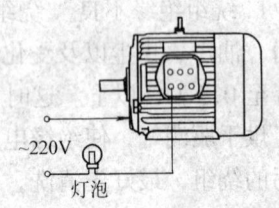

图6—25　用兆欧表检查绕组接地　　图6—26　用灯泡法检查绕组接地

当接地点难找时，先把接地相对半分断，再分别用试灯检查，查出接地的极相组（灯亮），最后将接地极相组的槽楔打出，将每个线圈撬开，用试灯接在线圈与机壳间，灯亮的线圈为接地线圈。当划线板撬到槽内上层边或下层边某一位置时，灯泡突然熄灭，则该位置是接地点。

(4) 通电法。在铁心与绕组之间通过单相调压器加一低电压，并限制电流在5 A以内，当电流流经接地点时，烧损绝缘将冒出白烟,甚至产生火花,从而找出接地点。

3. 绕组接地故障的修理　如接地点在槽口附近,可先在接地绕组中,通入低压电流加热,待绝缘物软化后打出槽楔,用划线板把槽口的接地点撬开,在接地处导线与铁心之间,将导线局部包扎或垫入绝缘物,并涂上自干绝缘清漆。绝缘物为 E 级的电动机可用 0.3 mm 厚的环氧酚醛玻璃布板 3240,绝缘物为 B 级的电动机可用天然云母板。

如槽内线圈上层边或下层边接地,可在接地线圈通入低压电流加热,待绝缘软化后打出槽楔,从槽内翻出线圈进行包扎,用聚酯薄膜青壳纸垫放在槽内的接地位置,滴入绝缘漆,并通低压电流加热、烘干,最后垫好层间绝缘,对折好槽绝缘纸,再打入槽楔。若绕组在槽内多处接地,则应更换新绕组。

4. 绕组短路故障　电动机由于缺相运行、过压、过流或机械损伤、制造工艺不良等就会造成匝间、线圈间、极相组间、相间短路等故障。短路后定子磁场分布不均匀,三相电流不平衡,使电动机振动和噪声加剧,甚至导致绕组烧毁。短路故障的检查方法有:

(1) 外部探视法。将电动机空载运行几分钟,如有焦臭味或冒烟,则停机拆开电动机,抽出转子察看,并用手探摸绕组各部温度,若有一个或一组线圈比其他组线圈热,即表示该线圈或该线圈组存在短路故障。

(2) 仪表检查法。当用兆欧表检查任何两相之间的绝缘电阻,若为零或很低,则表明该两相短路;当用电桥或万用表测各相的直流电阻,阻值为零或较小者,即可能是短路绕组,但阻值偏差不超过 5% 者可视为正常。若星点联结点在电动机内部,分别测出 UV、VW、WU 的两相值,如测得 UV 和 WU 之间的直流电阻比 VW 间小,则表明 U 相内部存在短路。

(3) 电流法。用电流表测量电动机的空载电流,则较大电流的一相绕组可能有短路。但由于电源电压不平衡也会使三相电流不平衡,所以应将电流最大和最小的两相电源调换后再测,若电流不随电源调换而改变,则表明电流大的一相有短路故障。

(4) 电压降法。把故障相绕组的各极相组连接线的绝缘剥开,并在该相通入 50~100 V 交流电,然后测量各极相组的电压降,如图 6—27 所示,如读数相差较大,则最小的为短路故障的极相组。同理,测出读数最小的线圈即为短路线圈。

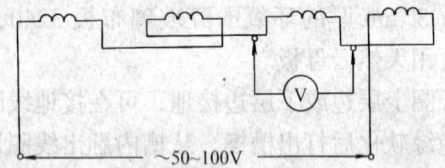

图 6—27　电压降法检查绕组短路故障

(5) 短路侦察器法。侦察器是一个开口变压器,将开口置于被检的定子铁心槽口上。侦察器线圈串接电流表后接通交流电源,使定子铁心齿与侦察器 H 形铁心构成闭合磁路。侦察器线圈为变压器一次绕组,被检槽内的线匝为二次绕组,这时若槽内线圈无短路,则相当于变压器空载,电流表显示的一次电流很小。把侦察器沿槽口移动,若槽内线匝有短路,则相当于二次侧短路,反映到电流表读数就增大,如图 6—28a 所示。这时,也可用一小铁片或钢锯片放在被检线圈另一有效边所在的槽口,铁片或锯片会因线匝的短路电流所产生的磁性被吸引而振动,并发出吱吱声,如图 6—28b 所示。注意,当绕组多路并联或△联结时,要将△形拆开,并拆开并联支路,然后再用此法检查。

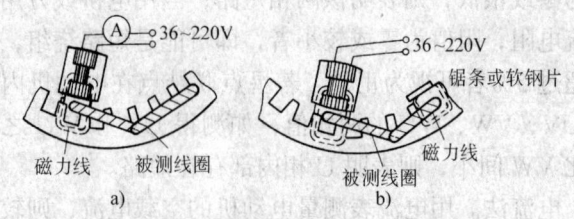

图 6—28　用短路侦察器检查匝间短路
a) 用电流表测量　b) 用钢片检查

5. 绕组短路的修理　当短路点在端接或槽口附近,可通过局部包扎并涂自干漆进行修理。如短路点在槽内,则将该槽绕组加热软化后翻出,换上新的槽绝缘,将导线的短路部位用绝缘材料包好,涂上自干漆,重新嵌入槽内。如个别线圈烧毁,就需局部调换线圈,先把绕组适当加热软化后,将损坏线圈的一端剪断,由另一端将导线逐根全部抽出槽外,垫好新的绝缘,用一根长度比原线匝总长度稍长,但规格相同的新导线,来回地穿绕在原槽内,当穿入一些线匝后,用工具压紧已穿绕的导线后再继续穿绕,尽量使穿绕的匝数接近原匝数。

另一种修理方法是先对要调换的线圈和叠压在该线圈上边的所有线圈通电加热,使绝缘软化,然后打出槽楔,翻出压在故障线圈上的所有线圈,把新换线圈嵌入原线槽内,再嵌入叠压的线圈,最后打好槽楔。

有时,遇到电动机急用而来不及修理,则可把短路线圈跳过不用,即将故障线圈端部剪断,包好绝缘,用跨接法把短路线圈两边完好的线圈重新接通,如图6—29所示。若绕组多处短路或烧毁严重,则须重嵌更换新的绕组。

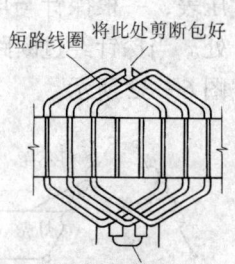

图6—29　绕组匝间短路临时补救法

6. 绕组断路故障　绕组的导线、连接线、引出线等断开或接线头松脱,就会造成断路故障。当电动机运行中突然一相断路,虽仍会转动,但其他两相绕组中的电流增大,并发出"嗡嗡"声,若负载较大,温升迅速升高,最终会把绕组烧坏。检查断路故障的方法有:

(1) 万用表法或兆欧表。把电动机接线盒内的连接片取下,分别用万用表或兆欧表测量各相绕组的电阻和绝缘电阻。当电阻值大到几乎等于绕组的绝缘电阻时,则表明该相存在断路,如图6—30所示。

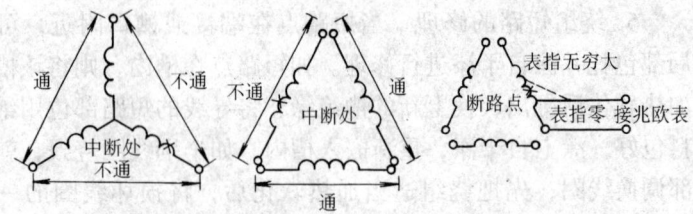

图 6—30　用万用表法和兆欧表法寻找断路点

(2) 灯泡法。用一只灯泡与低压电源串联,两根引线分别与一相绕组的头、尾相接(有并联支路时,拆开并联支路端头的连接线,并绕的则拆开端头),若灯泡不亮,表明绕组有断路,如图 6—31 所示。

(3) 电压表法。在有断路故障相绕组上,施加 220 V 的单相交流电压,用带两根探针(探针不应锋利,以免刺破绝缘)的电压表,一根探针与电源线头接通,另一根依次插入线圈组接头处。当探针经过断路故障线圈组时,电压表读数为电源电压,如图 6—32 所示。

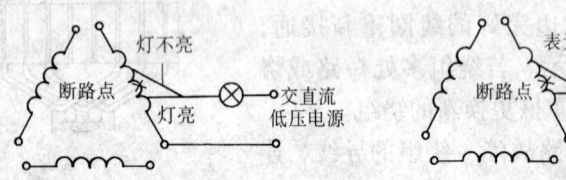

图 6—31　用灯泡寻找断路点　　图 6—32　用电压表寻找断路点

(4) 电流法。对三相绕组通入低压大电流,然后测量三相电流,若三相电流相差大于 5%,电流小的一相可能有断路。

(5) 电桥法。用电桥测量三相绕组的直流电阻,如三相直流电阻值相差大于 2% 时,电阻较大的一相可能有断路。

7. 绕组断路的修理　当断路点在端部或槽口附近,则将绕组重新连接、焊牢,包好并垫好绝缘,再涂上气干绝缘漆,即可继续使用;如断路点在槽内,则需把该槽线圈加热软化后翻出,将断线补焊牢固,包好绝缘,重新嵌入槽内;若发现断点断线太多,或包扎有困难,或无法再嵌入槽内,应拆下重绕,重新下线。

8. 绕组重绕 当绕组绝缘老化严重,绕组烧毁或绕组局部修理已无法保证修复质量时,就需全部拆换绕组,进行重绕。重绕过程包括记录原始数据、拆除旧绕组、绕制线圈、制备槽内绝缘、嵌线、接线、检查及试验、浸漆烘干等。

(1) 记录原始数据,即定子铁心内径、外径、槽形尺寸、槽数、绕组形式、节距、每槽导线数、导线的线径及并绕的根数、并联支路数、接线图、引出线与机座的相对位置等。

(2) 拆除旧绕组,一般通入低压大电流(可三相通电或单个绕组通电),当绝缘层软化,切断电源,趁热迅速拆除。也可以通过煤炉、柴火、喷灯等加热,但温度不宜超过200℃,以防烧坏铁心。此外,还可用化学溶剂将绝缘腐蚀、溶解后,将线圈拆下。拆除时应保留一只完整的旧线圈,作为制作线模绕制新线圈的样品。

9. 重绕计算 修理电动机时,更换绕组可保持原绕组的线径、匝数不变。若数据丢失、铭牌丢失,因运行性能不好,需要重新设计绕组,这时需通过计算来确定各种重绕参数。计算时应以铁心尺寸为依据,即先测算定子铁心内径 D_{i1},外径 D_1,长度 L,定子铁轭高度 h_c,齿宽 b_t,定、转子槽数 z_1、z_2 以及槽形与各部尺寸等,再代入有关公式进行计算。若在电工手册或电动机产品目录中找到类型、极数和电动机外壳相同、铁心尺寸一致的某型号电动机,则可按该型号的功率及绕组数据配制新绕组。绕组的重绕计算如下:

(1) 空壳电动机的极数 $2p$。

$$2p = (0.34 \sim 0.4)\frac{z_1 b_t}{h_c} \qquad (6\text{—}41)$$

当计算出的极数为中间值时,应考虑此极数是否与定、转子槽匹配,否则电动机会启动困难、产生噪声及强烈振动。例如,算出 $2p=5.1$,定子是24槽时,不能构成六极,只能选 $2p=4$。

(2) 输出功率 P_2(即 P_N)的估算。

$$P_N = K_k \frac{D_{i1}^2 L B_\delta \cdot A n_1}{1 \times 10^8} \text{ kW} \qquad (6\text{—}42)$$

式中 B_δ——气隙磁密,T,见表 6—10;

K_k——经验系数,与极弧系数、波形系数、绕组系数以及功率因数、效率等有关,一般 $K_k = 0.74 \sim 0.97$(容量较小取下限,容量较大取上限)。

表 6—10   三相异步电动机气隙磁密 B_δ 与线负载 A 参考值

极数	防护形式	极距长度	极距 τ (cm)		
			<20	20~40	40~70
$2p=2$	封闭式	B_δ(T)	0.5~0.6	0.6~0.65	0.65~0.68
	开启式	B_δ(T)	0.55~0.63	0.63~0.69	0.69~0.75
		A(A/cm)	120~200	200~300	300~420
$2p=4$	封闭式	B_δ(T)	0.65~0.72	0.72~0.78	0.75~0.8
	开启式	B_δ(T)	0.7~0.74	0.74~0.8	0.78~0.85
		A(A/cm)	200~300	300~380	380~460
$2p=6$	封闭式	B_δ(T)	0.7~0.73	0.72~0.77	0.76~0.8
	开启式	B_δ(T)	0.73~0.76	0.75~0.8	0.78~0.85
		A(A/cm)	220~320	320~380	380~460

匝数计算与额定电压和气隙磁密有关。B_δ 过高,铁心饱和,铁耗增大,使空载电流和启动电流增大,功率因数及输出功率降低;B_δ 过低,匝数增多、铜耗增加、效率降低、转矩下降。通常,功率容量小或硅钢片质量差或叠装工艺不良时 B_δ 取下限,相反情况取上限,但需经齿部、轭部磁密校验通过才能确定下来,校验公式为:

$$\tau = \frac{3.14 D_{i1}}{2P} \text{ cm} \qquad (6\text{—}43)$$

$$\Phi = \alpha\tau L B_\delta \times 10^{-4} \text{ Wb} \qquad (6\text{—}44)$$

$$t = \frac{3.14 D_{i1}}{z_1} \text{ cm} \qquad (6\text{—}45)$$

$$B_t = \frac{B_\delta t}{0.93 b_t} \text{ T} \qquad (6\text{—}46)$$

$$B_c = \frac{\Phi}{0.93 \times 2 h_c L} \times 10^4 = \frac{\Phi}{1.86 h_c L} \times 10^4 \text{ T} \qquad (6\text{—}47)$$

式中 Φ ——每极磁通，Wb；
  α ——极弧系数（一般取 0.63~0.72，极数多者取大值）；
  t ——定子槽距（又是齿距）；
  0.93 ——铁心叠压系数；
  B_t ——定子齿部磁密，T，见表 6—11；
  B_c ——定子轭部磁密，T，见表 6—11。

表 6—11 三相异步电动机定子铁心轭部及齿部磁密参考值 T

名称	形式	2极	4极	6极	8极
轭部磁密	封闭式	1.2~1.4	1.35~1.5	1.3~1.42	1.1~1.35
	开启式	1.4~1.55	1.35~1.53	1.3~1.5	1.1~1.45
齿部磁密	封闭式	1.4~1.55	1.45~1.6	1.45~1.55	
	开启式	1.55~1.75	1.47~1.67	1.5~1.65	

如算出的 B_t 过大，除初选 B_δ 值不当外，可能是极数不适宜，应减小极数重算，若 B_t 过小，则增加极数重算。

(3) 每槽导线数 N_s 及每只线圈匝数 N。

$$N_s = \frac{127 K_e U_\varphi 2 pa}{B_\delta D_{i1} L z_1 k_{dp}} \text{ 根/槽} \qquad (6\text{—}48)$$

式中 U_φ ——绕组相电压，V。

绕组系数 k_{dp} 可查表 6—4 和表 6—5 后算出，也可以直接由下式算出，即

$$k_{\mathrm{dp}} = \frac{0.5}{q\sin\frac{30°}{q}} \times \sin\left(\frac{y_1}{\tau} \times 90°\right) \qquad (6\text{—}49)$$

当采用单层绕组时，每个线圈就为 $N = N_s$；当采用双层绕组时，则 $N = \frac{N_s}{2}$。

（4）额定电流 I_N（线电流）的估算。

$$I_N = \frac{P_N \times 10^3}{\sqrt{3}\, U_N \eta \cos\varphi} \text{ A} \qquad (6\text{—}50)$$

式中　P_N——电动机额定功率，W；
　　　U_N——线电压，V。

功率因数 $\cos\varphi$ 和效率 η 可根据定子铁心内径 D_{i1} 与 L 乘积由表 6—12 选取。

表 6—12　　三相异步电动机 $\cos\varphi$ 与 η 参考值

DL（cm²）	$\cos\varphi$			
	2 极	4 极	6 极	8 极
40~100	0.85~0.88	0.76~0.81	0.7~0.74	
110~220	0.88~0.89	0.84~0.87	0.76~0.8	0.68~0.75
230~550	0.89~0.91	0.87~0.88	0.8~0.83	0.76~0.81
560~1 200	0.91~0.93	0.88~0.92	0.85~0.9	0.82~0.85
DL（cm²）	η（%）			
	2 极	4 极	6 极	8 极
40~100	77~85	74~81	75~78	
110~220	85~88	83~87	79~85	80~84
230~550	88~89.5	87~90	85~88	84~87
560~1 200	90~91	90~92	89~92	87.5~91

（5）线负载校验。

$$A = \frac{z_1 N_s I_\varphi}{\pi D_{i1} a} = \frac{z_1 N_s I_\varphi}{3.14 D_{i1} a} \text{ A/cm} \qquad (6\text{—}51)$$

式中 I_φ ——电动机相电流，A；电动机 Y 联结时 $I_\varphi = I_N$，△联结时 $I_\varphi = I_N/\sqrt{3}$。

线负载须符合表 6—10 的范围，最好与初选值吻合，误差不得超过 ±10%，否则另选 A 值重算。

(6) 导线截面积 S 及导线直径 d 的选择。

$$S = \frac{I_\varphi}{Ja} \text{ mm}^2 \quad (6\text{—}52)$$

$$d = 1.13\sqrt{S} \text{ mm} \quad (6\text{—}53)$$

式中 J ——导线电流密度，A/mm²。

J 取值须适中，如 J 值过低，导线直径及截面积较大，槽满率过高，嵌线困难；J 值过高，导线电阻增大，损耗增加，效率随之下降。对采用漆包铜线的防护式电动机可取 $J = (5\sim6.5)$ A/mm²；封闭式电动机 3 kW 以下取 $J = (5\sim6.8)$ A/mm²，4 kW 以上取 $J = (4\sim6.5)$ A/mm²。算出导线直径 d 值后，查表 6—13 选用相近的标准漆包圆铜导线。

表 6—13　常用漆包圆铜线直径和截面积对照表

铜线直径 (mm)	截面积 (mm²)	连漆外径 Q 型	连漆外径 QQ、QZ	铜线直径 (mm)	截面积 (mm²)	连漆外径 Q 型	连漆外径 QQ、QZ
0.05	0.001 96	0.065	—	0.17	0.022 7	0.19	0.21
0.06	0.002 83	0.075	0.09	0.18	0.025 5	0.20	0.22
0.07	0.003 85	0.085	0.10	0.19	0.028 4	0.21	0.23
0.08	0.005 02	0.095	0.11	0.20	0.031 4	0.225	0.24
0.09	0.006 37	0.105	0.12	0.21	0.034 6	0.235	0.25
0.10	0.007 85	0.12	0.13	0.23	0.041 5	0.255	0.28
0.11	0.009 5	0.13	0.14	0.25	0.049 1	0.275	0.30
0.12	0.011 31	0.14	0.15	0.27	0.057 3	0.31	0.32
0.13	0.013 25	0.15	0.16	0.29	0.066 1	0.33	0.34
0.14	0.015 37	0.16	0.17	0.31	0.075 5	0.35	0.36
0.15	0.017 67	0.17	0.19	0.33	0.085 5	0.37	0.38
0.16	0.020 1	0.18	0.20	0.35	0.096 2	0.39	0.41

续表

铜线直径 (mm)	截面积 (mm²)	连漆外径 Q型	连漆外径 QQ、QZ	铜线直径 (mm)	截面积 (mm²)	连漆外径 Q型	连漆外径 QQ、QZ
0.38	0.113 4	0.42	0.44	0.90	0.636	0.96	0.99
0.41	0.132	0.45	0.47	0.93	0.679	0.99	1.02
0.44	0.152 1	0.49	0.50	0.96	0.724	1.02	1.05
0.47	0.173 5	0.52	0.53	1.0	0.785	1.07	1.11
0.49	0.188 6	0.54	0.55	1.04	0.849	1.12	1.15
0.51	0.204	0.56	0.58	1.08	0.916	1.16	1.19
0.53	0.221	0.58	0.60	1.12	0.985	1.20	1.23
0.55	0.238	0.60	0.62	1.16	1.057	1.24	1.27
0.57	0.255	0.62	0.64	1.20	1.131	1.28	1.31
0.59	0.273	0.64	0.66	1.25	1.227	1.33	1.36
0.62	0.302	0.67	0.69	1.3	1.327	1.38	1.41
0.64	0.322	0.69	0.72	1.35	1.431	1.43	1.46
0.67	0.353	0.72	0.75	1.4	1.539	1.48	1.51
0.69	0.374	0.74	0.77	1.45	1.651	1.53	1.56
0.72	0.407	0.78	0.80	1.5	1.767	1.58	1.61
0.74	0.43	0.80	0.83	1.56	1.911	1.64	1.67
0.77	0.466	0.83	0.86	1.62	2.06	1.71	1.73
0.80	0.503	0.86	0.89	1.68	2.22	1.77	1.79
0.83	0.541	0.89	0.92	1.74	2.38	1.83	1.85
0.86	0.581	0.92	0.95	1.81	2.57	1.90	1.93

注：QQ、QZ栏中还包括QZ_1、QZ_2、QZL、QY等型号高强度漆包圆铜线。

(7) 槽满率 K_s 校验。导线的规格与线圈匝数选好后，要核算在槽中能否容纳得下。校验方法有两种：一种是以每槽绝缘导线总面积占槽的有效面积（即除去槽绝缘、层间绝缘、槽楔等占去的面积）的百分比来表示。另一种是以每槽裸导线总面积与槽（除去槽楔后）的总面积 A_n 的比来表示。设 n 为导线并绕根数，则有

$$K_s = \frac{nSN_s}{A_n} \qquad (6-54)$$

异步电动机常用如图 6—33 所示的梨形槽和梯形槽，则除去

槽楔后的净面积为：

$$A_n = \frac{2R + b_1}{2}(h'_s - h) + 1.57R^2 \text{ mm}^2 \quad (6-55)$$

$$A_n = \frac{b_2 + b_1}{2}(h'_s - h) \text{ mm}^2 \quad (6-56)$$

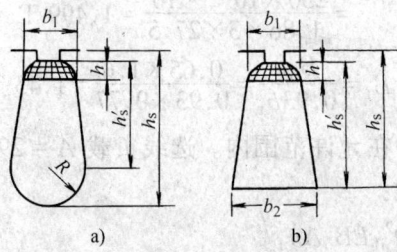

图 6—33 常用电动机定子槽形尺寸（mm）
a) 梨形槽 b) 梯形槽

槽楔高 h 可从电动机测得，或取 $h = 2 \sim 3.5$ mm 代入。槽满率要适中，过高虽然槽的利用率高，但嵌线困难，绝缘易受损伤；过低则槽面积未被充分利用，且电动机处在铜耗大、效率低的条件下运行。一般来说，按第一种方法算出的槽满率为（65～75)% 和按第二种方法算出的为（40～50)%，即可认为合适。

例 6—6 有一封闭式三相异步电动机空壳，定子内径 D_{i1} = 24.5 cm，L = 27.5 cm，轭高 h_c = 3 cm，槽齿宽 b_t = 0.77 cm，梨形槽实测尺寸为 h'_s = 21 mm，R = 5.5 mm，b_1 = 8.5 mm，定子槽数 z_1 = 48，试求重绕数据？

确定极数　$2p = (0.34 \sim 0.4)\dfrac{z_1 b_t}{h_c} = (0.34 \sim 0.4)\dfrac{48 \times 0.77}{3}$

$\qquad = 4.2 \sim 4.9$（取 $2p = 4$ 极试算并进行校验）

极距　$\tau = \dfrac{\pi D_{i1}}{2p} = \dfrac{3.14 \times 24.5}{4} = 19.23$ cm

定子齿距　$t = \dfrac{\pi D_{i1}}{z_1} = \dfrac{3.14 \times 24.5}{48} = 1.6$ cm

由表 6—10 初选 $B_\delta = 0.65$ T，并选极弧系数 $\alpha = 0.67$，每极磁通 $\Phi = \alpha\tau L B_\delta \times 10^{-4}$

$$= 0.67 \times 19.23 \times 27.5 \times 0.65 \times 10^{-4} = 230 \times 10^{-4} \text{ Wb}$$

定子轭磁密 $B_c = \dfrac{\Phi}{1.86 h_c L} \times 10^4$

$$= \dfrac{230 \times 10^{-4} \times 10^4}{1.86 \times 3 \times 27.5} = 1.499 \text{ T}$$

定子齿磁密 $B_t = \dfrac{B_\delta t}{0.93 b_t} = \dfrac{0.65 \times 1.6}{0.93 \times 0.77} = 1.45$ T

各部分磁密均在允许范围内。选线负载 $A = 290$ A/cm，计算额定输出功率为：

$$P_N = K_k \dfrac{D_{i1}^2 L B_\delta A n_1}{1 \times 10^8}$$

$$= (0.74 \sim 0.97) \dfrac{24.5^2 \times 27.5 \times 0.65 \times 290 \times 1\,500}{1 \times 10^8}$$

$$= 34.5 \sim 45.3 \text{ kW （取 } P_N = 40 \text{ kW 试算）}$$

每极每相槽数 $q = \dfrac{z_1}{2pm} = \dfrac{48}{4 \times 3} = 4$ 槽／极·相

每极槽数 $\tau = \dfrac{z_1}{2p} = \dfrac{48}{4} = 12$ 槽／极

绕组系数 $k_{dp} = \dfrac{0.5}{q\sin(\dfrac{30°}{q})} \sin(\dfrac{y_1}{\tau} 90°)$

$$= \dfrac{0.5}{4\sin(\dfrac{30°}{4})} \sin(\dfrac{10}{12} \times 90°) = 0.925$$

可采用节距 $y_1 = 10$ 的双层叠绕式绕组，每相两路并联（$a = 2$），且三相为△联结。并选取压降系数 k_e 为 0.97，$U_\varphi = 380$ V，则每槽导线数为：

$$N_s = \dfrac{127 K_e U_\varphi 2pa}{B_\delta D_{i1} L z_1 k_{dp}}$$

$$= \frac{127 \times 0.97 \times 380 \times 4 \times 2}{0.65 \times 24.5 \times 27.5 \times 48 \times 0.925} = 19.26 \text{ 根/槽}$$

取 $N_s = 20$ 根/槽，则每只线圈匝数 $N = \dfrac{N_s}{2} = \dfrac{20}{2} = 10$ 匝。

$$D_{i1}L = 24.5 \times 27.5 = 674 \text{ cm}^2$$

根据 $D_{i1}L$ 值查表 6—12 得 $\cos\varphi = 0.89$，$\eta = 0.9$，则

$$I_N = \frac{P_N \times 10^3}{\sqrt{3}\, U_N \eta \cos\varphi} = \frac{40 \times 10^3}{\sqrt{3} \times 380 \times 0.9 \times 0.89} = 76 \text{ A}$$

$$I_\varphi = \frac{I_N}{\sqrt{3}} = \frac{76}{\sqrt{3}} = 43.9 \text{ A}$$

$$A = \frac{z_1 N_s I_\varphi}{\pi D_{i1} a} = \frac{48 \times 20 \times 43.9}{3.14 \times 24.5 \times 2} = 274 \text{ A/cm}$$

实际线负载在允许范围内，且接近初选值 290 A/cm，故以上计算是可行的。选铜导线 $J = 4.8$ A/mm^2

$$S = \frac{I_\varphi}{Ja} = \frac{43.9}{4.8 \times 2} = 4.57 \text{ mm}^2$$

查表 6—13，采用 QZ 型高强漆包圆铜线，选用标准直径 $d = 1.4$ mm 导线三根并绕，实际总截面积为 $S = 4.617$ mm^2。下面，进行槽满率校验，基本上符合要求，说明匝数及线径等指标是可行的。取槽楔高度 $h = 3$ mm，则槽净面积 A_n 及槽满率 K_s 为：

$$A_n = \frac{2R + b_1}{2}(h'_s - h) + 1.57\, R^2$$

$$= \frac{2 \times 5.5 + 8.5}{2}(21 - 3) + 1.57 \times 5.5^2 = 223 \text{ mm}^2$$

$$K_s = \frac{nSN_s}{A_n} = \frac{3 \times 1.539 \times 20}{223} = \frac{4.617 \times 20}{223} = 0.414$$

若槽满率高则需调整匝数及其他相关数值。

五、三相异步电动机机械故障的修理

1. 轴承的检修　电动机轴承经长期运转而产生的磨损属正常磨损，其磨损速度很慢，若遇到下列原因，则会加速磨损甚至损坏轴承，如安装不当造成电动机轴端的附加弯矩，使轴承的负荷过大；或滚动轴承长期没有清洗加油、滑动轴承的润滑系统发生故障，将轴承烧伤；或润滑油不清洁，夹有颗粒性杂质损坏轴瓦上的轴承合金；或由于轴电流的电腐蚀作用，在轴承的工作表面造成损伤。

（1）滚动轴承的检修。滚动轴承由外圈、内圈、滚动体和保持架组成。保持架把滚动体彼此隔开，并使其沿圆周均匀分布，避免滚动体互相接触，以减少摩擦和磨损。滚动体有球（珠）、圆柱、圆锥滚子等形状。滚动轴承由于轴承与轴配合紧密，安装方便，当前使用较普遍。

损伤的轴承在滚动面上有导致损伤的物质，使其硬度降低和有裂纹的，不能再使用；内圈与滚动面擦伤并粘着金属的，不能再用；电蚀造成的损伤不能再用；热变色的轴承，无论是深蓝色或淡稻草色，不能再用（但润滑脂氧化造成滚动局部色污，可以继续使用）。外圈滚道擦伤深度不超过 0.025 mm，抛光后不影响轴承游隙和旋转精度的，可以继续使用；腐蚀性的锈斑、锈坑，能用钢丝轮抛光或 320 号细砂布除掉，而不影响轴承游隙和旋转精度的，可以继续使用。滚动轴承的常见故障及处理方法见表 6—14。

表 6—14　　　滚动轴承的故障及处理方法

故障现象	产生原因	处理方法
1. 轴承破裂，运行中可听到"咕噜"和"梗梗"的声音，轴承部位发热严重，甚至使定转子相擦	（1）轴承与转轴或与轴承室配合不当，安装时用力过大 （2）拆装轴承不合理，如硬敲、硬打轴承外圈	更换损坏的轴承，按本节所述的方法安装新轴承

续表

故障现象	产生原因	处理方法
2．轴承变色，轴承的滚珠或滚柱、内外圈变成蓝紫色	（1）轴承盖和轴或轴承在运转中相擦 （2）轴承与转轴之间配合不当，如轴承内圈与轴配合过松，运转时内圈相对转轴运动（俗称走内圈），同理轴承外圈与轴承室配合过松，运转时走外圈 （3）传动带过紧，或联轴器不同轴 （4）润滑脂干固 上述原因均使轴承摩擦加剧而过热	查明原因，使实际配合公差达到要求。将轴颈喷涂金属或在端盖轴承室镶套。调节传动带的松紧或校正联轴器
3．珠痕：轴承滚道上产生与滚珠形状相同的凹痕	（1）安装方法不正确 （2）传动带拉得过紧	更换轴承、调节传动带的松紧
4．振痕：类似于珠痕的凹形，但痕迹较广，程度较浅	电动机定、转子相擦所产生的振动造成	检查定子、转子是否相擦，排除故障
5．麻点：剥离	轴承使用期过长或润滑脂中混入金属屑之类的杂质，使电动机的噪声和振动增大	更换轴承
6．锈蚀：水汽或腐蚀性气体进入轴承内部而锈蚀	清洗不当或密封不符合要求，使电动机噪声和振动增大	更换轴承

　　滚动轴承的润滑分为油润滑和脂润滑，一般来说，油润滑比脂润滑优越，但油润滑需要复杂的密封装置和供油设备。脂润滑

· 279 ·

使用方便,轴承座的密封结构可以简化,并能防止尘埃和异物的侵入。润滑脂由润滑剂(矿物油)、调化剂(皂基,如钙皂、钠皂)、添加剂(二硫化钼)制成,主要指标有滴点温度($20\sim30℃$)、针入度(即硬度,电动机负载重、转速低宜用硬度小的)等。润滑脂常温时呈半软质状态。

若运行中电动机的轴承温度过高(超过85℃),可能是润滑脂填充量过多或过少(正常量为轴承室的$\frac{1}{2}\sim\frac{1}{3}$)、轴承安装不正确、电动机轴向无游隙、润滑脂不合适等原因造成的。清洗轴承时,先刮去轴承外面的废油脂,再用煤油洗净并用洁布(勿用纱头)擦干。检查轴承时旋转外圈,如卡住或过松,需用灯光查看滚道、保持架及滚珠有无锈迹、斑痕、伤痕、剥离、麻点、破裂等毛病,以便决定轴承是否需要更换。

(2)滑动轴承的检修。在大、中型电动机中采用的滑动轴承,有座式和端盖式。座式滑动轴承由轴承座、轴承盖、上轴瓦、下轴瓦及螺栓等组成。与滚动轴承比,滑动轴承具有径向尺寸小、精度高、振动小,并在保证液体摩擦的条件下可长期高速运行、承受重载等优点。端盖式滑动轴承,通过凸缘固定在电动机端盖上,可缩短电动机的轴向尺寸,并使电动机的整体刚性加强。

滑动轴承润滑以 N46、N68 机油为主,油量要超过油环下边,油温不要超过60℃,否则要换油。轴承温度过高主要是润滑不好,其原因有:油环不转或转得很慢;油的种类不合适、油太脏、油不足;轴承间隙太小,油槽开得不适当,上轴瓦表面开出的油沟和油孔不适当;转子轴向游动,使滑动轴承的圆根磨损;刮研不合理,轴与轴承的接触角太大,破坏了液体润滑;压力油循环润滑的供油管道堵塞;油泵发生故障等。

修理滑动轴承时首先应测量轴承间隙和轴向游隙(即轴向位移),其允许值见表6—15和表6—16。

表 6—15　　　　　滑动轴承的允许间隙值　　　　　　　　　mm

项目	转速在 900 r/min 以下			转速在 900 r/min 以上		
轴(颈)直径	30~50	50~80	80~120	30~50	50~80	80~120
两边间隙之和	0.1~0.15	0.15	0.15~0.2	0.15	0.15~0.2	0.2~0.25

表 6—16　　　滑动轴承电动机转子的最大游隙

电动机功率 (kW)	轴向游隙量 (mm)	
	向一边	向两边
<10	0.5	1
10~20	0.75	1.5
30~70	1	2
70~125	1.5	3
>125	2	4
轴颈直径大于 200 mm	轴颈直径的 20%	

间隙测量通常用压铅法，即用直径为 0.5~1 mm，长度为 30~40 mm 的铅丝（或熔断器熔丝）放在轴瓦结合面和轴颈上，如图 6—34 所示。然后装上上瓦和轴承盖，旋紧螺钉，压扁铅丝，再取出铅丝用千分尺测其厚度尺寸 b_1、b_2、b_3、b_4、c_1、c_2，代入下面两式算出顶间隙 a_1 和 a_2，两者差值不应超过 10%。

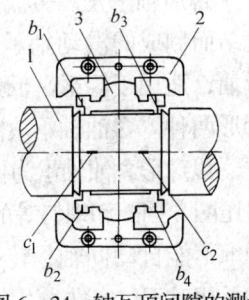

图 6—34　轴瓦顶间隙的测量
1—轴　2—轴承座　3—轴瓦

$$a_1 = c_1 - \frac{b_1 + b_2}{2} \qquad (6-57)$$

$$a_2 = c_2 - \frac{b_3 + b_4}{2} \qquad (6-58)$$

此外，轴承还要求有一定的侧间隙，以利于形成油膜，侧间隙尺寸约为轴颈直径的 $\frac{1}{1\,000}$。轴承磨损修理一般采取修刮轴瓦、打磨轴颈、调整气隙等方法。对轴瓦损坏较严重（瓦衬与瓦底脱离），瓦衬表面合金损伤已无法采用局部补焊法修复，或间隙过大，又无法通过上、下轴瓦的垫片恢复时，须将轴瓦重新浇注合金并刮研，同时将轴颈车削、配刮、打磨。

(3) 推力轴承及含油轴承的检修。推力轴承用以承受立式电动机转动部分的全部质量，有刚性支柱式、液压支柱式、平衡梁支柱式等。刚性支柱式最常用，它由推力头、镜板、推力瓦、轴承座、油箱等组成。如推力轴承磨损严重，推力瓦温度过高，则应仔细检查推力瓦各挡块间隙是否足够；如因间隙小而影响楔形油膜的形式，则要看各块瓦受力是否均匀。推力轴承修理时，可调整推力瓦的间隙及受力，并可将温度较高的瓦块抽出作瓦面的修刮研磨，也可检查油冷却器散热是否良好等。

含油轴承是以金属或非金属粉末为原料，采用压制成型再经烧结而制成的滑动轴承（多孔性结构在热油中浸润后即充满了润滑油，适用于轻载、低速和不易加油的微型电动机），分为球形和管形两种。含油轴承故障多是装配不良、拆除方法不对所造成的。

以球形含油轴承为例，球面与包容件配合的松紧程度，是由弹簧压圈、挡圈和螺钉等的压力大小控制的，须调整适中。压力过大，轴承不能自动同轴，转子转动不灵活；压力过小，当转子转动时，轴承相对于包容件发生转动，便会有噪声。安装时依次装入轴承、储油毡圈，注入适量润滑机油，再装入弹簧压圈和挡圈，最后用螺钉与端盖紧固在一起。拆除时则相反，先卸下端盖，拧下紧固螺栓，取出挡圈和弹簧垫圈，再取出储油毡圈，最后取出轴承。

2. 铁心的故障及修理　电动机的铁心故障包括表面擦伤、片间短路、齿槽局部烧损、齿部弹开及齿部弯曲、错片、折断和松动等。若铁心表面擦伤或片间短路时，用刮刀或锉刀把擦伤片的毛刺去掉，并清理干净，然后涂上绝缘漆。若齿槽局部烧损可用刮刀或砂纸打磨伤疤和凸凹不平的表面,在烧损处涂刷绝缘漆。若铁心齿部弹开可用环氧树脂粘结固化复形。若铁心两端松动,可用铁板做成楔条插入齿压板和铁心之间后焊牢。若局部心片松动,可插入云母片塞紧,或用环氧树脂粘结,或浸漆烘干来固定。对于用螺栓压紧的铁心,只要均匀固紧螺母,即可压紧铁心。当心片折断、齿部严重弯曲和错片时,则需拆开铁心,逐片校正或更换,然后重新叠压。

3. 转轴的修理 转轴的故障包括轴弯曲、轴和铁心挡磨损、轴裂纹或断裂以及轴颈磨损等。轴弯曲可用压力机矫正(分热态、冷态法矫轴)。轴颈磨损可在轴颈处用镶套法、喷涂法、粘结法补救或用电镀法在轴颈处镀一层铬,再磨削至需要的尺寸。

轴裂纹,或断裂可在裂纹处用电焊法堆焊一层,或用对接补焊法焊接,再车削、打磨至原来的尺寸。若直径粗的轴断裂一般是重换新轴。键槽磨损,可将键槽扩宽加深后再使用,或在磨损处反面,另铣新键槽。花键损坏必须更换新轴。转轴与铁心松动,解决办法一是将转子铁心两端的绕组支架与转轴或转子支架焊牢;二是用喷涂法、刷镀法、低温镀铁法等来增大轴的直径。

4. 电刷的检修 电刷及电刷装置的常见故障、故障原因及修理见表 6—17。

表 6—17 电刷及电刷装置常见故障、原因及修理

故障现象	产生原因	修理方法
1. 电刷火花变大	(1) 刷握与滑环工作面不垂直 (2) 刷盒离滑环工作面太高 (3) 刷架变形或太松	(1) 松开紧固螺栓后重新调整 (2) 调整为 2~4 mm (3) 换新刷架
2. 电刷正、反转后出现两个磨合面	电刷变形,有喇叭口太宽	换新电刷
3. 电刷跳动火花大	电刷压力太小	调整压力或更换弹簧

续表

故障现象	产生原因	修理方法
4.电刷过热	(1) 电刷压力太大 (2) 各电刷压力不匀造成负载分配不均	(1) 调整压力或更换弹簧 (2) 更换不等高电刷,调整个别电刷的压力
5.电刷磨损过快	(1) 滑环有毛刺、凹坑等 (2) 工作环境太干燥或太潮湿	(1) 滑环要研磨 (2) 改善工作环境或更换电刷牌号
6.电刷在刷盒内卡死	(1) 刷孔变形 (2) 电刷尺寸太大 (3) 电刷太软,炭灰卡在方孔内 (4) 刷辫线太短 (5) 压指卡住未压到电刷	(1) 更新刷盒或重新加工方孔 (2) 适当磨细电刷 (3) 吹清或更换电刷牌号 (4) 更换新电刷 (5) 更换新电刷或清除卡死现象
7.电刷压力太小	弹簧热处理不好,硬度不够	更换新弹簧或重新热处理
8.刷簧断裂	(1) 硬度太高 (2) 刷辫松脱后引起弹簧导电,致使过热而脆断 (3) 恒力弹簧铆接不良引起断裂	(1) 更换硬度合适的弹簧 (2) 更换新电刷,改用带绝缘衬垫的电刷 (3) 更换新弹簧并改进铆接工艺
9.刷握振动	紧固零件松动	重新紧固
10.刷盒烧损	(1) 火花太大 (2) 沾有易燃脏物 (3) 电刷架脱落	(1) 减轻负载,降低火花 (2) 清除脏物 (3) 紧固好电刷架
11.刷杆对地击穿	(1) 塑料或环氧刷杆开裂积灰,导致爬电击穿 (2) 刷杆与套管间积灰击穿	(1) 更换新刷杆 (2) 消除间隙积灰、保持良好绝缘
12.刷架松动	定位销松动或损坏	固紧或更换新定位销

5. 端盖的修理　端盖是保护绕组端部、支承转子和起通风散热用的部件。以带轴承的铸铁端盖为例，常有的故障是端盖变形、产生裂缝或凸耳断裂等。对于裂缝可用铸铁焊条热焊或用铅锡焊条补焊，焊完后用木炭粉对焊缝进行保温冷却，以防产生新的裂缝。若裂缝太多且不宜焊接时，可采用铆接或螺栓紧固法修理，按裂缝尺寸形状切取适合的钢板（厚5～8 mm），连同端盖钻好孔，再用铆钉铆紧或用螺栓把钢板紧固于端盖上，以弥补裂缝所降低的机械强度。

端盖轴承孔与轴承间隙增大的修理有镶套法和电镀法。前者把端盖孔车削去一定尺寸，再车削一合适的钢套镶进去；后者是在孔内表面上电镀一层镍，使孔径恢复到原来的大小。若发现端盖的止口端面及轴承室的配合有凹凸毛疵，可用细锉刀或刮刀刮削，并抹上机油，注意刮修不要影响装配的同心度。当端盖尺寸较大，裂缝多且缝口又大时，或端盖严重变形，则须更换新端盖。

6. 机座的修理　机座常见的故障有变形、散热片缺损、机座破裂和内端面止口处损伤变形等。对铸铁机座，如有小裂缝、小裂纹，可用铸铁焊条热焊。若断裂部位与铁心很近，加热会破坏绕组，或两边底脚全部断裂，可用角铁修补法，即把角铁制成断裂底脚形状，再用螺栓紧固在壳体上。对于变形大、难于装配的机座，则要选用同型号规格的机座更换。

7. 集电环的修理　集电环又称滑环，一般会出现斑点、刷痕、凹凸不平、烧伤、裂纹、腐蚀、椭圆、表面剥层等情况。如果表面只有斑点、刷痕等轻微损伤，可先用细锉、油石在转子转动下研磨，直到表面疵病消除，再用00号砂纸抛光，表面粗糙度达1.6即可使用。如果表面烧伤、灼痕或表面凹凸不平，则需车削集电环表面，车后用00号砂纸磨光，再涂上一层凡士林抛光，表面粗糙度达0.8。

如果集电环外圆呈椭圆状，应将其车圆，否则会由于电刷剧烈跳动而引起火花。若集电环有裂纹，则应更换，更换时先把整个集电环从轴上拉下来，对于热套在轴上的集电环，则应用拉具拉下来。

8. 短路装置的修理　大、中型绕线异步电动机启动完毕后，需把转子绕组短接，同时将电刷提起，使其脱离集电环，这两个动作由电刷提升短路装置来完成，其故障一般有下列几种：

（1）短接与举刷动作不协调，即当短接盘上的接触头与集电环上的短接片尚未接触时，电刷已被举起，或当它们已脱离时，电刷尚未落到滑环上。这时，由于接触头与短接片之间有电位差，便会产生较大的火花，将短接片或接触头烧焦。出现上述情况时应调整有斜面脊状边的固定凸轮，以使动作协调。

（2）接触头与短接片烧伤，除查出原因加以排除外，还应用砂纸、细锉刀，将烧伤处清理干净，以保证正常接触。

（3）接触头与短接片接触不良，这主要是接触头受热后丧失弹性。若接触头与短接片接触不紧密，将导致接触电阻大，易引起发热。

（4）电刷提升装置不灵活，应仔细检查拨叉与心轴的转动是否灵活，滚柱与短接盘有无卡死，固定凸轮的运动位置是否正常，如不正常则应调整好。

六、大、中型三相异步电动机的拆装和检修

1. 拆卸过程　电动机拆卸是定期大修的主要内容之一。拆卸前，需在线端、端盖、风罩、联轴器等处作好标记，以便于检修后的装配。拆卸的步骤为：拆开端接头及接地线；拆卸联轴器或带轮；卸下前轴承盖、前端盖；拆卸风罩和风叶；拆卸后轴承盖和后端盖；抽出转子；拆卸前、后轴承；最后卸下前、后轴承内盖，如图6—35所示。

（1）带轮或联轴器的拆卸。首先，将带轮或联轴器的定位螺钉或销子松脱取下，用两爪或三爪拉具把带轮或联轴器慢慢地拉出来，如图6—36a所示。使用拉具时，丝杠尖端必须对准电动

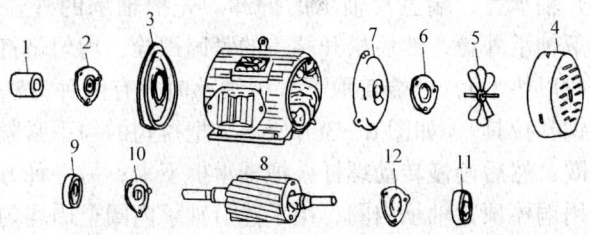

图 6—35 拆卸步骤（按数字顺序）
1—带轮 2—前轴承外盖 3—前端盖 4—风罩 5—风扇
6—后轴承外盖 7—后端盖 8—抽出转子 9—前轴承
10—前轴承内盖 11—后轴承 12—后轴承内盖

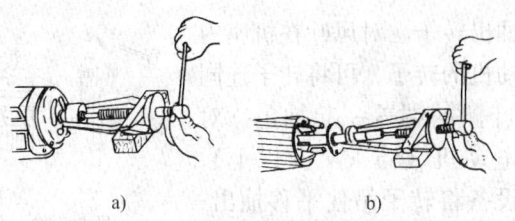

图 6—36 带轮拆卸和拉下轴承
a) 拆卸带轮 b) 拉下轴承

机轴端的中心，使其受力均匀，以便于拉出；如拉不出来，切勿硬卸，可在定位螺钉孔内注入煤油，或用喷灯在带轮或联轴器四周加热，使其膨胀，就可趁热迅速拉出。但加热温度不能太高，以防转轴变形。切忌用手锤直接敲打带轮或联轴器。

（2）风罩和风叶的拆卸。先把外风罩螺栓松脱，取下风罩，然后把转轴尾部风叶上的定位螺栓或销子松脱、取下，并在风叶四周均匀地轻敲，风叶便可松脱下来。小型异步电动机的风叶一般不用卸下，可随转子一起抽出，但如后端盖内的轴承需加油或更换时，就须拆卸。对于装有塑料风叶的电动机，可用热水使塑料风叶膨胀后卸下。

(3)轴承盖、端盖及轴承的拆卸。先把轴承的外盖螺栓松下,卸下轴承外盖,然后松开端盖的紧固螺栓,均匀敲打端盖四周(须衬以垫木),把端盖取下。拆轴承时,有两种方法:一种是用拉钩(拉具),如图6—36b所示,把拉勾的勾手紧紧扣住轴承的内圈,然后慢慢转动螺杆,把轴承拆下来;另一种方法是敲打法,用铜棒顶紧轴承内圈,用手锤沿轴承内圈全周均匀用力敲打铜棒,注意敲打前用两条长铁板或角钢在轴承内圈下托住转轴,铁板或角钢用圆筒或支架支撑,转轴距地面保持一定距离,在地面放一块木板或破布,防止破坏转轴端部,然后一人扶住铁板或转子,一人用铁锤垫板敲打转轴,使轴承脱离,如图6—37所示。

(4)抽出转子。对风叶在机座内的小型电动机的转子,可将转子连同风叶及风叶侧的端盖一起抽出。对大、中型电动机(55 kW及以上),需用起重设备将转子吊住平移抽出,步骤是先在轴端较长的一端,套下一根钢管(又称假轴),把绳索一端套在钢管上,绳的另一端套在转轴另一端,抽出转子时,应谨慎小心,动作要缓慢,以防歪斜碰伤定子绕组,抽出转子的操作如图6—38所示。抽出的转子须放在洁净处,以便进行定期检修。

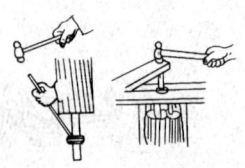

图6—37 敲打轴承

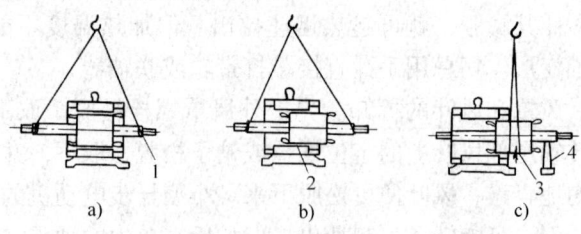

图6—38 抽出转子
a)第一次吊运 b)第一次吊运过程中 c)第二次吊运
1—衬垫 2—厚纸 3—转子重心 4—支架

2. 电动机的清洗　电动机拆卸后，必须清扫机座、绕组等部分的灰尘或油泥。清扫时，可使用毛刷、破布、吹风机。清洗轴承，一般采用毛刷蘸取苯、四氯化碳、汽油或煤油等溶剂进行。注意，不要太快地转动轴承，以免杂物进入轴承内而损伤滚道面。

轴承洗净后，要用干净的布擦干，勿用棉纱等多绒毛的东西揩抹轴承，以免纱头、绒毛等杂物落入轴承内。凡是用煤油清洗过的轴承，需要用汽油再洗一遍，这是因为煤油中含的水分较多，用汽油可以把这些水分冲掉，以免轴承生锈。

3. 电动机的装配　电动机的装配过程与拆卸过程相反，其步骤如下：

(1) 先清除各配合处的锈斑及污垢异物，再检查定、转子有无杂物，如有应清除后再将转子装入定子。

(2) 装配端盖时，注意与拆卸时的标记吻合。装配时要施力均匀，可用木锤敲击端盖四周。拧螺栓时，上下左右对角逐个拧紧，如图 6—39 所示，以免耳攀断裂或转子同轴度不良。同时，查看轴承是否清洁，并加入适量润滑脂。回装轴承的方法有热套法与敲打法两种。热套法是先把轴承放在油锅内，将锅内机油（或变压器油）加热到 100℃ 左右，经几分钟以后取出加热的轴承套在转轴上，轻轻用力压到安装部位，如图 6—40 所示，然后压住内圈直到冷却为止。敲打法是先将轴承放在轴上，用一个内径略大于转轴的铁套筒套在转轴上，筒壁应能很好地顶住轴承内圈，然后用手锤均匀敲打套筒，直至到位为止，如图 6—41 所示。

(3) 小心地把转子平移放回或吊回定子内的位置，用手转动转轴，注意是否转动灵活，有无阻滞或偏重现象，有无异常碰擦响声。大电动机要用塞尺、塞规检查定、转子之间的气隙是否均匀，如不均匀则要重新装配，装配无误后拧紧端盖、轴承盖螺栓。

(4) 安装带轮或联轴器时，先把带轮或联轴器的轴孔用砂纸

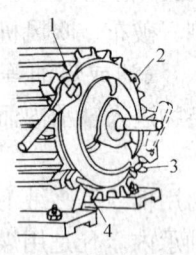
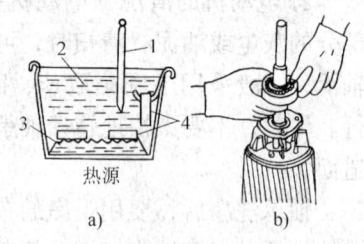

图6—39 固定端盖螺钉
的正确方法
1、2、3、4—螺栓

图6—40 加热轴承后热套轴承
a) 加热轴承 b) 热套轴承
1—温度计 2—变压器油
3—钢丝网 4—轴承

稍磨光滑再套在轴上,可在端面垫上木块,对准键槽位置,用手锤打入。若打入困难时,为了使轴承不受损伤,应在轴的另一端垫一木块,顶在墙上再打入带轮或联轴器,最后用铜板(或硬木板)垫在键的一端,把键或销钉打入凹槽内。

4. 笼型转子断笼的修理　铸铝转子常见的故障是断笼,主要是铸铝质量不好或使用不当(如经常正、反转启动与过载)等造成的。断笼包括断条与断环,断条是指笼条中一根或数根断裂(或有严重气泡),断环是指端环中一处或几处裂开。

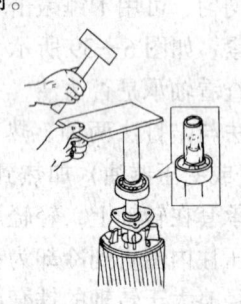

断笼后,电动机虽能空转,但噪声　　图6—41 打入轴承
大且启动转矩和额定转矩下降,这时如测量三相绕组电流,电流表指针来回摆动。端环开裂及断条,一般容易看出。当断条严重时,运行时间较长,在断条槽口处可能会出现小黑洞。若目测不易发现,可用断笼侦察器检查。如图6—42所示,将被测转子放在铁心1上,用铁心2逐槽测量,如转子断笼,则毫伏表读数减小。断笼的修理方法有以下几种:

(1) 焊接法。将导条或端环的裂口扩大，然后把转子加热到450℃左右，再以锡63%、锌33%、铝4%组成的焊料用气焊补焊。

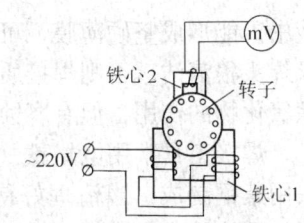

图6—42 用断笼侦察器检查笼型转子断条

(2) 冷接法。在裂口处用一只与槽宽相近的钻头钻孔，并攻螺纹，然后拧上一个铝螺钉，再用车床或铲刀，除掉螺钉的多余部分。

(3) 换条法。将原有的端环用车床车去，用夹具夹住转子铁心，浸入浓度为60%的工业烧碱溶液中，经过6~7 h，将铝条腐蚀掉，把铝溶化后的转子立即用水冲洗，再投入0.25%浓度的冰醋酸溶液中煮沸，以中和残留在铁心上的烧碱，再投入清水中煮沸1~2 h后取出烘干。

换条法还可以将转子直接加热到700℃左右，将铝条全部熔掉并清理干净，把截面积等于转子槽形面积70%左右的铜条插入槽内，铜条须紧紧顶住槽口和槽底，铜条两端伸出槽口20~30 mm，最后将车好的端环按转子槽口位置对应钻孔套在铜条上，铜条与端环之间用银焊或磷铜焊焊牢。对于小型电动机，可把伸出槽口的铜条打弯，然后用银焊或磷铜焊将转子两端的铜条熔成整体即成端环，最后将外表车光滑。

5. 绕线型转子并头套的补焊　绕线型转子常见的故障之一是转子绕组的并头套脱焊，其原因是焊接时清理不好或焊得不透，导致接触电阻增大，通电发热后焊锡熔化，造成插入式绕组导条与并头套脱焊。

补焊的焊料一般用锡，锡成分多则焊液流动性好。焊剂有几类，一类为氯化锌、硼砂，它们能溶解氧化物，产生有效的清除作用，但对铜和绝缘物有腐蚀性。另一类为松香、蜡、凡士林，它们具有不使氧气侵入的保护作用，特别是松香在酒精、汽油溶液中,能形成坚硬薄膜,可保护焊接处不受腐蚀,但这类焊剂要求焊头很清洁,否则焊接质量不好。还有一类是焊锡膏,它有清除氧化物的作用,但有腐蚀性。

焊接工具常用电烙铁(有时也用电弧烙铁、火烙铁),烙铁头用紫铜制成。当清理好待焊的导条和并头套后,立即涂上焊剂,而烙铁头也涂好焊锡,将焊锡放在导条头和并头套处,用烙铁加热后焊锡即熔化渗入内部。

补焊后应检查焊接处是否被焊锡充满、有无脱损(用锤轻轻敲打)。如有凹陷,可能是焊接处未清理干净,或是焊缝太大。若焊接处有黑点,则用铁丝扦查,按插入深度来确定焊接好坏。当焊接处表面未发现缺陷,则可用以下两种方法检查焊接处的质量。

(1)接触电阻的测定。测定原理图如图6—43所示,1为直流电流表,可测0.01~10 A;3为毫伏表,可测0.003 V以下电压;4为附加电阻;5为12 V的蓄电池组;6为特殊测试杆(如图6—44所示),其作用是电流在试棒内部中断,而不是在它的端头使电流中断。测定时合上开关7,将试棒放在焊接处两端,压紧试棒,使电流回路接通,利用变阻器2调节电流,调节至毫伏表指针有明显的偏移,记录每个接头处的毫伏表读数。如读数显著增大,且超过其他接头电压,则表示该焊接处质量不好。

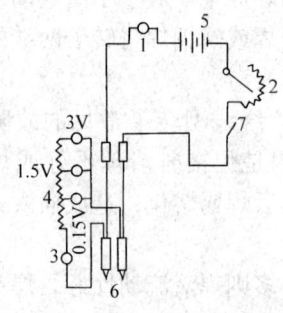

图6—43 接触电阻的测定原理图
1—直流电流表 2—变阻器 3—毫伏表
4—附加电阻 5—蓄电池 6—试杆 7—开关

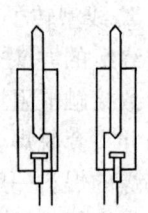

图6—44 试杆的结构

(2) 通电发热检查。将转子绕组通入电流（即焊接处的额定电流），经 10~15 min，用手试探全部焊接处，焊接良好时各处发热温度应一样。若某处发热温度很高，则说明该处焊接不良，再继续通电，即会出现焊锡熔化，焊料流出，这时需作好记号，重新清理、补焊。

七、三相异步电动机修复后的试验

对已修复的三相异步电动机，应进行以下几个项目的试验，即测定绕组冷态直流电阻、绝缘试验、耐压试验、空载试验、温升试验、超速试验和短时电流过载试验、确定变压系数等。

1. 绕组冷态直流电阻的测定　按电动机的功率大小，分为高电阻（10 Ω 以上）与低电阻（10 Ω 以下），高电阻可用单臂电桥测量，低电阻用精度较高的双臂电桥测量。将测定的绕组每相电阻与以前测得的数据或出厂时数据比较，差别不应超过 2%~3%，平均值不应超过 4%。对三相绕组，其不平衡度小于 5% 即为合格。

2. 绝缘电阻的测量　包括各相绕组与外壳的绝缘电阻，绕组与绕组之间的绝缘电阻。对于额定电压 500 V 以下的电动机，应用 500 V 的兆欧表测量；对于额定电压 500~3 000 V 的电动机，应用 1 000 V 的兆欧表测量；对于额定电压 3 000 V 以上的电动机，应用 2 500 V 兆欧表测量。新嵌线的低压电动机绕组绝缘电阻不小于 5 MΩ，3~6 kV 高压电动机不小于 20 MΩ。对于使用中的异步电动机绝缘电阻不得低于 0.5 MΩ，如果低于 0.5 MΩ，必须先经干燥处理之后，方可进行通电运转和耐压试验。

大型异步电动机还要测出吸收比，即连续不断测 60 s (1 min) 的绝缘电阻 R_{60}，同法测 15 s 的绝缘电阻 R_{15}，则 R_{60}/R_{15} 的比值称为吸收比，吸收比大于 1.3 可以认为绝缘是干燥的，否则认为绝缘受潮。

3. 耐压试验　耐压试验又称绝缘耐压强度试验。对于绝缘老化但绝缘电阻仍较高的异步电动机，经耐压试验便可确切地发现绝缘是局部缺陷还是整体的缺陷。耐压试验包括绕组对地、绕组之间以及匝间的耐压测试。对于大型电动机，为了及时发现缺陷，防止返工，在包绝缘、嵌线、接线过程中，各工序都应试压（试验电压见表6—18），具体可通过 YDJ 或 YSJ 系列耐压机进行，也可以采用如图6—45所示试验线路进行。

表6—18　　　　　　定子试验电压值　　　　　　　　　　V

试验阶段	1 kW 以下闭口槽电动机	1~3 kW 半闭口槽电动机	3 kW 以上半闭口槽电动机	3~1 000 kW 开口槽电动机
线圈绝缘后未嵌线				$2.75U_N + 4\ 500$
嵌线后未接线	$2U_N + 1\ 000$	$2U_N + 2\ 000$	$2U_N + 2\ 500$	$2.5U_N + 2\ 500$
接线后未浸漆	$2U_N + 750$	$2U_N + 1\ 500$	$2U_N + 2\ 000$	$2.2U_N + 2\ 000$
总装后	$2U_N + 500$	$2U_N + 1\ 000$	$2U_N + 1\ 000$	$2U_N + 1\ 000$

注：U_N 为电动机额定电压。

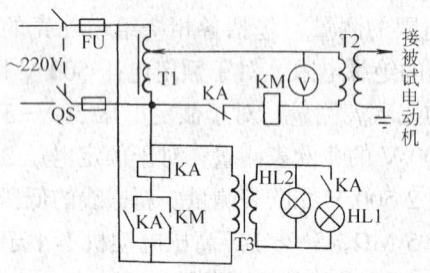

图6—45　绝缘耐压试验线路

图6—45中，T1为调压器；T2为1∶30的升压变压器（也可用同样变压比的电压互感器），电压表接在低压侧，T3为供给指示灯的电源变压器。试验时合上开关QS，指示灯HL2亮，调节T1，使升压变压器二次侧得到所需高压（开始时应不超过试验电压的 $\frac{1}{3}$，逐渐增压时不超过全值的5%）。注意，电压由半值

升到全值的时间不应小于 10 s，全值试验电压保持 1 min 后降为全值的 $\frac{1}{3}$，然后把电源切断。若绝缘被击穿，则 KM 动作，接通中间继电器 KA，切断变压器 T2 一次绕组回路，KA 接通指示灯 HL1，发出警告。若历时 1 min 不击穿则认为绝缘强度合格。

每一个绕组都应轮流进行对机座的绝缘试验。此时，试验电源的一极（T2 输出的一端）接在被试绕组的引出线端，而另一端则接在电动机的接地机座上。注意，在试验一个绕组时，其他绕组都应与接地机座相连。

4. 空载试验　空载试验的目的是求取在额定电压和额定频率下的空载电流和空载损耗，检查电动机气隙，绕组参数，确定铁心铁耗和机械损耗及画出空载特性等。

电动机的技术条件规定，当三相电源对称时，额定电压下的三相空载电流，任何一相与其平均值的偏差不大于平均值的 10%，三相电流不平衡应不超过 10%；在额定电压下的空载电流，约为额定电流的 16%～55%，空载损耗约为额定功率的 3%～8%；同规格电动机空载电流波动幅度约为 5%～15%，空载损耗的波动幅度约为 5%～20%。空载电流和空载损耗过大的原因是绕组匝数少，铁心质量差，定子铁心与转子铁心未对齐等。

5. 温升试验　电动机温升是电动机运行的重要参数之一，超过规定的温升限值则会影响电动机的寿命和可靠性。温升试验一般采取直接负载法，加负载的方法为功率消耗法和回馈法，其中带轮回馈法最常用，有时可采用被驱动的设备作负载进行试验。

6. 超速试验　超速试验在于检查电动机应有的机械强度，即把电动机的转速提高到最高额定转速的 120% 且历时 2 min，以考核各旋转零部件能否承受超速时的离心力。试验时，通过辅助电动机来拖动被试电动机，也可将被试电动机接上较高频率的电源。

7. **短时电流过载试验** 容量在 1 000 kW 以下的电动机,应在 50% 的电流过载下运行 15 s;容量超过 1 000 kW 的电动机,应运转 1 min。

八、低压散嵌绕组

1. **制作绕线模** 小型交流电动机一般都采用低压散嵌绕组,应用圆铜漆包线绕制线圈,经过半闭口槽的槽口嵌入槽内,导线直径小于 1.6 mm,电流较大的线圈可用多根导线并绕。绕制线圈先要制作绕线模,做法是拆除旧绕组时留下一个完整的线圈,按其形状及尺寸制作新绕线模。如无参考依据,则需要重新设计。下面,介绍常用的几种绕线模的设计方法:

(1) 双层叠绕组绕线模。双层叠绕组绕线模的模芯如图 6—46 所示,其模芯宽 A 为:

$$A = \frac{D_{i1} + h_s}{z_1}(y_1 - x) \text{ mm} \quad (6—59)$$

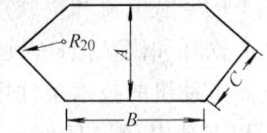

图 6—46 双层迭绕组绕线模的模芯

式中 h_s ——定子槽高,mm;
y_1 ——以槽数表示的节距;
x ——校正系数(又称经验系数),见表 6—19,大容量的电动机取上限。

表 6—19 校 正 系 数 值

极数	2极	4极	6极	8极
x	1.5~2	0.5~0.75	0~0.25	0~0.2
t	1.49	1.53	1.58	1.58

模芯直线部分的长度 B 及模芯端部长度 C(又叫斜边长)为:

$$B = L + 2a \text{ mm} \quad (6—60)$$

$$C = \frac{A}{t} \text{ mm} \quad (6—61)$$

式中 a ——线圈的直线部分伸出铁心的单边长度,mm,可取

10~20 mm，容量大而极数少时取上限；

t——校正系数，从表6—19选用。

（2）单层同心式绕组绕线模。单层同心式绕组绕线模的模芯如图6—47所示，其模芯宽度 A_1 和 A_2、模芯直线部分长度 B、模芯端部圆弧半径 R_1 和 R_2 分别为：

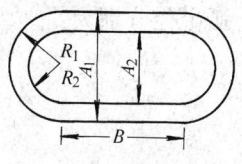

图6—47 单层同心式绕组绕线模模芯

$$A_1 = \frac{\pi(D_{i1} + h_s)}{z_1}(y_{1大} - x_{大}) \text{ mm} \qquad (6—62)$$

$$A_2 = \frac{\pi(D_{i1} + h_s)}{z_1}(y_{1小} - x_{小}) \text{ mm} \qquad (6—63)$$

$$B = L + 2a \text{ mm} \qquad (6—64)$$

$$R_1 = \frac{A_1}{2} \text{ mm} \qquad (6—65)$$

$$R_2 = \frac{A_2}{2} \text{ mm} \qquad (6—66)$$

式中 $y_{1大}$、$y_{1小}$——大线圈、小线圈以槽数表示的节距；

$x_{大}$、$x_{小}$——大线圈、小线圈的校正系数，查表6—20选用；

R_1、R_2——大线圈、小线圈的圆弧半径，mm。

表6—20 校 正 系 数 表

绕组形式		x 值和极数			t
		2极	4极	6极	
单层同心式	大线圈	2.1	1.1	—	2
	小线圈	1.6	0.6	—	2
单层交叉式	大线圈	2.1	1.1	—	1.8
	小线圈	1.85	0.85	—	1.9
单层链式	线圈		0.85	0.55	1.6

（3）单层链式绕组绕线模。单层链式绕组绕线模的模芯如图

6—48 所示，其模芯宽度 A、模芯直线部分长度 B、模芯端部圆弧半径分别为：

$$A = \frac{\pi (D_{i1} + h_s)}{z_1} (y_1 - x) \text{ mm} \quad (6\text{—}67)$$

$$B = L + 2a \text{ mm} \quad (6\text{—}68)$$

$$R = \frac{A}{t} \text{ mm} \quad (6\text{—}69)$$

式中　x、t——链式绕组校正系数，查表 6—20 选用。

（4）单层交叉式绕组绕线模。单层交叉式绕组绕线模的模芯如图 6—49 所示，其模芯宽度 A_1 和 A_2、模芯直线部分长度 B、模芯端部圆弧半径 R_1 和 R_2 分别为：

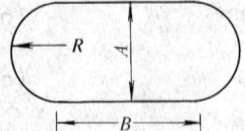
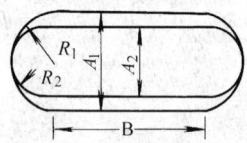

图 6—48　单层链式绕组绕线模模芯　　图 6—49　单层交叉式绕组绕线模模芯

$$A_1 = \frac{\pi (D_{i1} + h_s)}{z_1} (y_{1大} - x_{大}) \text{ mm} \quad (6\text{—}70)$$

$$A_2 = \frac{\pi (D_{i1} + h_s)}{z_1} (y_{1大} - x_{小}) \text{ mm} \quad (6\text{—}71)$$

$$B = L + 2a \text{ mm} \quad (6\text{—}72)$$

$$R_1 = \frac{A_1}{t_{大}} \text{ mm} \quad (6\text{—}73)$$

$$R_2 = \frac{A_2}{t_{小}} \text{ mm} \quad (6\text{—}74)$$

式中　$y_{1大}$ 和 $y_{1小}$——分别为交叉式绕组大线圈和小线圈的节距；

　　　$x_{大}$、$t_{大}$、$x_{小}$、$t_{小}$——分别为交叉式大线圈、小线圈的校正系数，查表 6—20 选用。

(5) 模芯厚度 b。模芯厚度如图 6—50 所示，一般，小电动机为 8～10 mm，大电动机为 10～15 mm，也可由下式算出，即

$$b = 1.1 n d_1 \qquad (6\text{—}75)$$

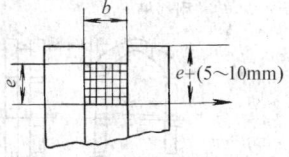

图 6—50 模芯厚度尺寸

式中 d_1——单根导线绝缘后的直径，mm；
n——每层导线的根数，可自行确定，若为多根并绕，则为并绕根数乘上每层匝数。

(6) 模夹板尺寸。模夹板又称为线模挡板，其形状与模芯相同，每边比模芯放出的长度约为线圈厚度 e + (5～10) mm，如图 6—50 所示，夹板上应留有引出线槽及若干扎线槽。当已知定子绕组匝数 N_1，线圈并绕根数 m 和模芯厚 b 时，则线圈厚度 e 可按下式计算：

$$e = \frac{N_1 m d_1^2}{0.9 b} \text{ mm} \qquad (6\text{—}76)$$

绕线模是由模芯和夹板两部分组成的，模芯一般斜锯成两块，一块固定在上夹板上，另一块固定在下夹板上，便于绕成的线圈容易脱模。同时，可按每极每相的线圈数制成组合式绕线模，如每极每相有三只线圈，则可造成三块模芯、四块夹板的绕线模，使三只线圈可以连绕，省去线圈间的焊接。有时，甚至可通过组合模实现每相连绕，省去极相间的焊接，即每相只有两引出线。绕线模挡板用层压板或不易变形的硬木板，或铝合金制作，如图 6—51 所示。

电动机种类及规格很多，在重换绕组时，若每种绕组都制作一种尺寸的线模，不但浪费大量材料，而且还影响维修电动机的速度。因此，实用上常制作一种能调节尺寸的多用绕线模与活络绕线模，可达到一模多用。图 6—52 所示是一种简易多用绕线模，在板上钻几排孔，用六根金属棒插入孔中，每根金属棒上安放一个外径约 12 mm、厚 10 mm 的层压极垫圈（图 6—52 中的

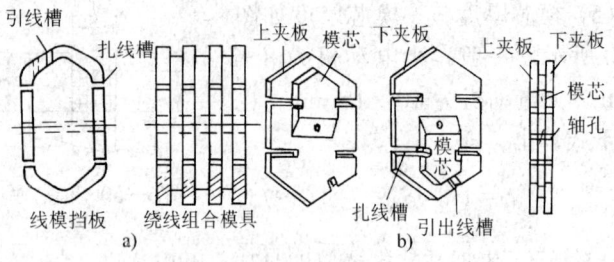

图 6—51 绕线模的结构

大圈),再安放一块同样的模板,装夹在绕线机上。如要连绕几个线圈,只要多制作几块模板和层压板垫圈、金属棒放长些即可。

图 6—53 所示是常用的盘式多用绕线模,它有四个线轮架装在滑轨上,转动左右纹螺杆 5 时,滑块在滑轨上移动,可调整线圈宽度,而转动左右纹螺杆 1 时,滑轨在底盘上移动,可以调整线圈直线部分长度。另外,两个菱端线轮直接装在滑轨上,调整菱端线轮位置就可以调整线圈端伸长度。绕线时,把线模底盘安装在绕线机上进行绕线,绕完一组,分别扎牢,转动左右纹螺杆,缩短滑轨距离,即可卸下线圈。

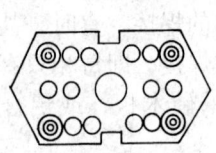

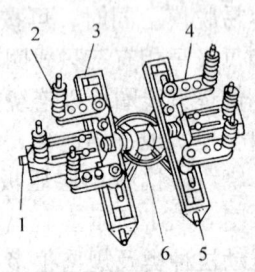

图 6—52 简易多用绕线模   图 6—53 盘式多用绕线模
　　　　　　　　　　　　　1—左右纹螺杆　2—菱端线轮　3—滑轨
　　　　　　　　　　　　　4—线轮架　5—左右纹螺杆　6—底盘

图 6—54 所示是板式多用绕线模(又称为活络绕线模),它由六个支架和若干个垫圈分别装在线模底盘上。这种绕线模虽然

尺寸变化范围没有盘式模大，但由于结构简单，容易制造，按所需尺寸调节线模上的六只螺栓位置就能适应不同规格的要求，因此使用方便。

2. 绕制新线圈　绕制线圈一般在手摇绕线机上进行（工厂多用电动绕线机）。首先，将绕线模板装在主轴上，校对计数器并调至零位，将漆包线盘装在搁线架上，将漆包线通过拉紧装置，然后，将线始端留出适当长度放入模板的引出线槽内固定好，手摇绕线机，线径在模芯自左向右排列整齐、紧密、不得交叉，绕至规定匝数为止，则第一个线圈绕好，将其尾端拉入模板的扎线槽内扎紧。重复上述步骤再绕制第二个、第三个线圈……。最后，留出尾端引出线，剪断扎紧，每个线圈的端接部分用白线绳绑牢后，拆下绕线模，取出线圈。注意，绕线时不要忽快忽慢，拉线不要太紧，以免损伤导线及划破漆层。线圈绕制示意图如图 6—55 所示。

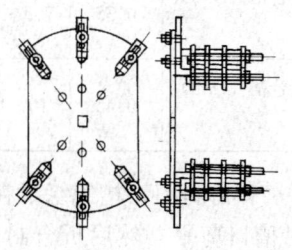
图 6—54　板式多用绕线模

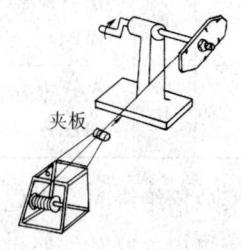
图 6—55　线圈绕制示意图

3. 选择绝缘材料　异步电动机定子绕组绝缘分为槽绝缘、相间绝缘和层间绝缘，绝缘好坏决定了电动机的使用安全及寿命长短。绝缘所用的材料是根据电动机的绝缘等级和电压等级选择的。在修理中，可以用耐热等级较高的绝缘材料代替较低的绝缘材料，但不能以低代高，同时还要注意到绝缘材料与引出线、套管、浸渍漆等的配套。

（1）槽绝缘。槽绝缘的规范很多，各制造厂因工艺不同而有所改变。槽绝缘的主要绝缘材料不外乎是聚酯薄膜、聚酰亚胺薄膜等，云母纸、青壳纸作补强垫衬，保护薄膜不受机械损伤。不同绝缘等级的槽绝缘材料见表6—21。

表6—21　不同绝缘等级的槽绝缘材料

机座号	绝缘等级	材　　料	总厚度(mm)	伸出铁心长度(mm)
$JO_2 1\sim 4$	E	0.27聚酯薄膜青壳纸复合箔，槽两端摺边，上盖上槽盖绝缘	0.27	7.5～10
$JO_2 5\sim 9$	E	0.27聚酯薄膜青壳纸复合箔+0.06聚酯薄膜（或0.15绝缘漆布）	0.33(0.44)	10～15
Y80～112	B	0.3聚酯纤维聚酯薄膜复合箔（DMD、DMDM）	0.3	7.5～10
Y132～180	B	0.35聚酯纤维聚酯薄膜复合箔（DMD、DMDM）	0.35	7.5～10
Y200～280	B	0.45聚酯纤维聚酯薄膜复合箔（DMD、DMDM）	0.45	10～15

安放槽绝缘时，事先按规格尺寸剪裁好材料，槽绝缘纸在槽的两端折边，嵌好线后可将引槽纸沿槽口剪平，然后折合封好，如图6—56所示。或者把引槽纸拔出，上面另盖上一条槽盖纸封起来，如图6—57所示。

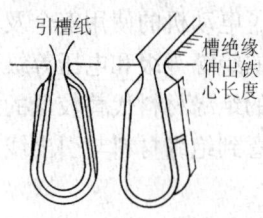 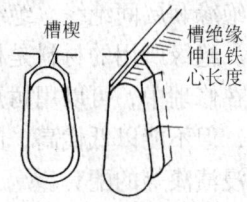

图6—56　用引槽纸的槽绝缘结构　　图6—57　用槽盖纸绝缘的槽绝缘结构

槽绝缘两端伸出铁心外的长度，应根据电动机容量大小而定，并应根据是否采用不反折加强，或是反折加强不伸入槽口，或是反折加强伸入槽口而定。长度太短会使绕组对铁心的安全距离不够，端部相间的绝缘无法垫好，槽绝缘容易在槽底裂开；长度太长，则要增加线圈直线部分的长度。对于1~4号机座，槽绝缘两端伸出铁心外的长度为 8 mm 左右，反折时为 7 mm 左右；对5~9号机座，槽绝缘两端伸出铁心外的长度为 10~15 mm，反折时也为 10~15 mm（指将伸出槽口的绝缘反叠回来成为双层）。槽绝缘的宽度，应使槽绝缘放置在槽口下不高出槽口，否则线匝难嵌入槽内，若放置太低，则不能把导线包住，易使导线与铁心间击穿。槽盖纸的长度应跟槽绝缘一样，或稍短1~2 mm，槽盖纸的宽度以槽高中点宽度的 1.5 倍为宜。剪裁绝缘纸时，应以纸延压的方向为一边，否则在折叠封槽口时就比较困难。

(2) 相间绝缘。相间绝缘采用一层与槽绝缘相同的材料，其尺寸应按标准剪裁，使端部相间的线圈组严格分开。为减少电动机运行时线匝相互移动而产生的摩擦，端部必须绑扎（一般用浸漆处理的无碱玻璃丝带扎紧）。大机座电动机在下线前，以玻璃漆布带半叠包住 $\frac{1}{3}$ 端部长，下线后再疏绕扎紧。

(3) 层间绝缘。电动机是双层绕组，所以还要放好层间绝缘，层间绝缘长度同线圈有效边长度大致相同。一般，层间绝缘伸出铁心 20~30 mm，层间绝缘的宽度为中间宽度的 1.7 倍左右。

4. 嵌线　嵌线前要备好木锤、尖嘴钳、剪刀、理线板（板厚薄适宜，表面光滑）、压线板（根据槽形多备几只，压脚宽度应比槽上部宽度小 0.6~0.7 mm，且光滑无棱）等工具，然后可进行嵌线，常用的几种三相定子绕组的嵌线步骤如下：

(1) 单层同心式绕组嵌线。以例 6—1 的 24 槽三相 2 极 ($q=4$) 为例。

1) 先嵌第一相第一组的小线圈的第二圈边，封槽，紧接着嵌大线圈的第二圈边，封槽，而第一圈边都起把。

2) 隔（空）二槽，嵌第二相第一组的小线圈的第二圈边，紧接着嵌大线圈的第二圈边，封槽，而第一圈边都起把。

3) 隔二槽，分别嵌第三相第一组的小线圈和大线圈的第二圈边，封槽，按 $y_{1小}=9$（即 2—11）反向把小线圈的第一圈边嵌入相应预留的空槽内，按 $y_{1大}=11$（即 1—12）反向把大线圈的第一圈边嵌入前一空槽内，整好端部，封槽，垫间相绝缘。

4) 隔二槽，再嵌第一相的另一组小线圈和大线圈的第二圈边，而第一圈边按 $y_{1小}=9$，$y_{1大}=11$ 反向分别嵌入前面预留的空槽内，封槽，垫好相间绝缘。

5) 以后就空二槽嵌二槽的方法，依次把其余相的小线圈、大线圈嵌完，最后按 $y_{1小}=9$，$y_{1大}=11$ 反向分别把 4 条起把边逐一嵌入前面预留的相应空槽内。

(2) 单层链式绕组嵌线。以例 6—2 的 24 槽三相 4 极（$q=2$）为例

1) 先嵌第一相第一线圈的第二圈边，封槽，第一圈边起把；隔（空）一槽，嵌第二相第一个线圈的第二圈边，封槽，第一圈边起把。

2) 隔一槽，嵌第三相第一个线圈的第二圈边，封槽，按反向 $y_1=5$（即 1—6）把第一圈边嵌入预留的相应空槽内（注意算节距的方向与嵌线方向是相反的），封槽，垫好相间绝缘。

3) 隔一槽，嵌第一相第二个线圈的第二圈边，封槽，按 $y_1=5$ 反向把第一圈边嵌入预留的相应空槽内，封槽、垫好相间绝缘。

4) 以后顺二、三、一相，按空一槽嵌一槽的方法，轮流把各相线圈嵌完，最后按 $y_1=5$ 反向将 2 条起把边嵌入剩下的空槽内。

(3) 单层交叉式绕组嵌线。以例 6—3 的 36 槽三相 4 极（$q=3$）为例。

1）先嵌第一相绕组的双圈中的第一个（又叫大线圈）的第二圈边，封槽，第一圈边起把，紧接着是嵌第二个大线圈的第二圈边，封槽，第一圈边起把。

2）隔（空）一槽，嵌第二相单圈（又叫小线圈）的第二圈边，且封槽，而第一圈边起把。

3）隔二槽，嵌第三相双圈中的第一个大线圈的第二圈边，按节距 $y_{1大}=8$（即1—9）把第一圈边嵌入到预留的相应的空槽内（注意算节距的方向与嵌线的方向是相反的），封槽。紧接着嵌第二个大线圈的第二圈边和第一圈边并封槽。

4）又隔一槽，嵌第一相小线圈的第二圈边，反向隔 $y_{1小}=7$（1~8），把第一圈边嵌入到预留的相应空槽内，封槽，垫好相间绝缘。

5）又隔二槽，嵌第二相的双圈的第二圈边，反向隔 $y_{1大}=8$ 嵌第二圈边，封槽，垫好相间绝缘。一、二、三相依次先嵌双圈，然后空一槽，嵌单圈，空二槽，再嵌双圈，再空一槽，接着嵌单圈，再空二槽，然后嵌双圈……直至嵌完，最后按反向 $y_{1大}=8$、$y_{1小}=7$ 才把三条起把边嵌入剩下的空槽内。

(4) 双层叠绕组嵌线。

1）先嵌第一极相组的下层边，垫好层间绝缘，上层边起把（又称吊起），紧跟着（不用空槽）嵌第二极相组和第三极相组，然后又嵌第一极相组……。

2）若节距为 $y_1=n$，则有 n 个线圈的上层边起把，从（y_1+1）个线圈开始，上层边按节距反向算定，嵌入前面槽的上层位置上，封槽（整理槽内导线，插入槽楔），垫好极相组绝缘。

3）以后依次把各极相组的线圈都嵌完，最后按节距反方向算定，把起把的上层边依次嵌入前面槽的上层位置上，封槽，垫好极相组绝缘。嵌线过程如图6—58所示。

5. 槽楔　槽楔是用来压住槽内导线，防止绝缘和导线松动，一般使用竹制板，或电工胶木板，或层压板，长度比槽绝缘短2

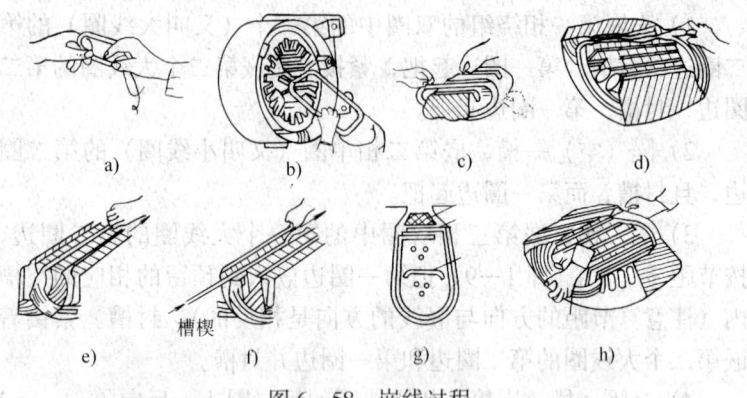

图 6—58 嵌线过程

a) 捏平线圈　b) 嵌入线圈下层边　c) 嵌入上层边　d) 剪去高出的绝缘纸
e) 拆覆槽绝缘　f) 打入槽楔　g) 层间绝缘位置　h) 压下线圈两端

~3 mm,端面形状为梯形或弧形,厚度为 3 mm 左右,两端棱角须去掉,表面应光滑,以免插入槽内时损坏槽绝缘。

6. 接线　嵌完线圈,封好槽(将经变压器油煎煮过的竹楔打入槽口内,压紧绝缘纸和圈边),进行端部整形,即将木板垫在绕组端部,用木锤轻轻敲打成喇叭口,口径要适宜,既有利通风散热,又不能离机壳太近,同时要修剪两端的相间绝缘纸(只允许高出绕组 3~4 mm),并理顺线头准备接线,如图 6—59 所示。

(1) 极相组的连接。极相组又称线圈组。为了保证组内的槽中导体电流方向相同,以产生同一极性磁场,要求组内的线圈头尾相接成极相组(如一个极相组内的线圈是连续绕制的,则不用连接)。

(2) 并联支路及相绕组的连接。对每相支路数 $a>1$ 的电动机,其支路之间并联连接是各支路内顺着极性箭头方向连接,各支路的始端与始端相接,末端与末端相接,并满足并联后各支路的线圈组数相等。对每相 $a=1$ 的电动机,如线圈组数等于极数时,则组尾接组尾、组头接组头……,剩下两端作为相绕组头、尾输出端；如线圈组数等于极数一半时，则组尾接组头、组头接组尾……，剩下两端作相绕组头、尾输出端，如图6—60所示。

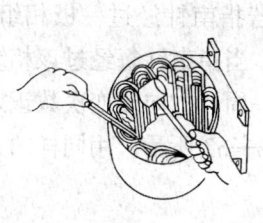
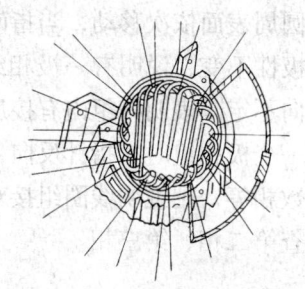

图6—59 整形　　　　　　　图6—60 定子绕组的接线

（3）三相绕组的连接。把三个相绕组的始、末端用引出线引到接线盒的相应接线柱上，利用铜接线片将其接成星联结或角联结。引出线规格按电动机额定电流选用丁晴橡胶线或丁晴聚氯乙烯线。

7. 绕组端部绑扎　为了防止电动机运行时绕组的振动或摩擦，应将各连接线整理成弧形贴附在绕组端部的外侧或顶端，与绕组引出线一起绑扎牢固。绑扎前要用聚酯纤维编织绝缘套管套好，然后用0.1 mm厚的无碱玻璃丝带或涤纶玻璃丝绳每隔两槽绑扎一道，如图6—61所示。

8. 接线后检查　为了防止由于疏忽大意或不熟悉而造成的线匝折断、绝缘损坏、线圈、线圈组嵌反，头、尾接错，支路接错或Y、△接错等毛病，电动机浸漆前必须进行检查，常用方法如下：

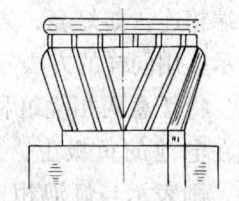

图6—61 接线绑扎在顶部

（1）用电桥测量各相绕组直流电阻，各相电阻与三相绕组平均值一般不超过4%的偏差。

(2) 用兆欧表检查相对地、相与相绝缘电阻是否符合要求、有无击穿现象。

(3) 把 3~6 V 的直流电通入绕组的一相，用指南针沿定子内圆周表面依次移动，当指南针经过相邻的两个极相组时，指示的极性不变，说明有一极相组接反；若指南针经过一极相组时，指向不定，表明该组内有接反的线圈；当指南针每经过该相绕组的一个极相组时，指针反向，且旋转一周，方向改变次数正好与极数相等，则说明线圈组接对，如图 6—62 所示。用同样的方法检查第二相、第三相。

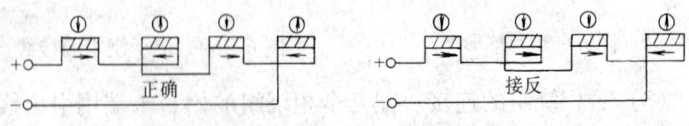

图 6—62　用指南针检查线圈组连接

(4) 在定子内圆放一滚珠（钢质），定子绕组通入低压三相交流电，若滚珠不沿定子内圆周表面上连续旋转，表示极相组及线圈有接错。

(5) 检查三相绕组头、尾是否接反，可用下面方法：

1) 用两节干电池（或 36 V 低压交流电）和一只灯泡串联，一头和电动机绕组的任意一个出线端相连，另一头分别与其他出线端相连，如灯亮，表示这两个出线端属同一相，如图 6—63a 所示。用同样的方法分清其他两相的出线端。

将任意两相绕组和灯泡三者串联，将第三相的一个出线端接在电池的负极上，用另一出线端去接触电池的正极，如灯亮，则表示与灯泡相连的两个出线端，一个是第一相的线头，另一个是第二相的线尾，如图 6—63b 所示；如灯不亮，则表示与灯泡相连的两个出线端分别是这两相的线头（或都是线尾），如图 6—63c 所示。接着将已经分清头尾的一相与第三相串

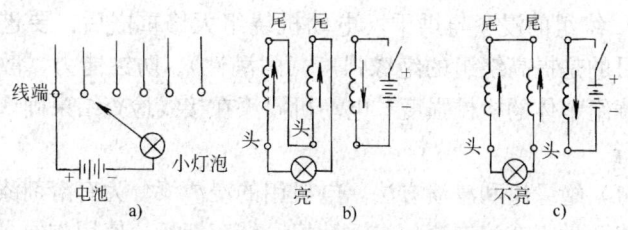

图6—63 用绕组串联法检查绕组的头尾
a) 判断同一相 b)、c) 判断两相头尾

联,再用同样的方法判断第三相的头尾,这种方法称为绕组串联法。如果电动机绕组阻抗较大,或灯泡与电池电压配合不当,以致灯泡的亮度不够而不易观察时,可用 4 000 Ω 左右的耳机或扬声器的响声来代替灯光(称为喇叭法),或用电压表代替灯光(称为电压表法)。

2) 用万用表的毫安挡,如图6—64所示接法进行检查,称为万用表法。检查时,盘动电动机的转子,如万用表指针不动,说明三相绕组头尾的连接是对的,因为转子铁心中的剩磁在定子三相绕组中感应电动势的相量和等于零,因此电流 $i=0$;如果万用表的指针摆动,说明三相绕组中有一相头、尾接反,因为定子三相绕组中感应电动势的相量和不等于零,因此电流 $i \neq 0$。

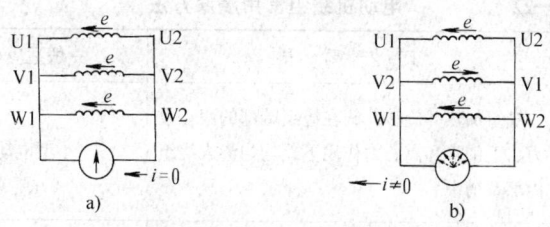

图6—64 用万用表检查绕组的头尾
a) 指针不动,绕组头尾接法正确
b) 指针摆动,绕组头尾接法不对

9. 绕组的浸漆与烘干　电动机绕组大修重嵌后，要进行浸漆，目的是提高绕组的绝缘强度（耐潮性）、防蚀能力、散热能力及绕组整体的机械强度。电动机浸漆在接线检查结束确认无误后进行。

(1) 绝缘漆和浸渍方法。电机用的浸渍漆分为有溶剂漆和无溶剂漆两类。有溶剂漆的渗透性好、储存期长、使用方便，但浸渍和烘焙时间长，固化慢，溶剂挥发会造成浪费和环境污染。无溶剂漆则固化快，黏度随温度变化快，流动性和浸透性好，固化过程的挥发物少，劳动条件好，绝缘处理的时间短，绝缘处理后绝缘结构整体性好，导热性和耐热性好。

耐热等级为 E 级及 B 级的常用浸渍漆有三聚氰胺醇酸漆 1032，环氧酯漆 1033，环氧聚酯酚醛无溶剂漆 5152-2，环氧聚酯快干无溶剂漆 1034 等。

电动机绕组浸漆方法主要有滴浸、沉浸、真空压力浸、滚浸和浇漆等五种，见表 6—22。真空压力浸质量最好，但设备贵；滴浸用于自动线；滚浸、浇漆（淋漆、刷漆）用于个别电动机修理；沉浸设备简单，质量也不错，是大批量生产电动机常用的浸漆方法。上述五种浸渍漆中，除 1034 漆适用于滴浸工艺外，其他四种均适用于沉浸、真空浸、滚浸和浇浸等工艺。

表 6—22　　　　　　电动机绕组常用浸漆方法

名称	工艺要求	一般适应范围
滴浸	绕组加热并旋转，滴在绕组端部的漆在重力、毛细管和离心力作用下，均匀渗入绕组内部及槽中	小型电动机
沉浸	绕组加热排潮后，将整个定子沉入漆液内，利用漆液压力和毛细管作用，使漆渗透和填充	中、小型电动机

续表

名称	工艺要求	一般适应范围
真空压力浸	在密封容器中,利用真空排除绕组内层的空气、潮气和挥发物,浸漆后,在液面上加 19.6~68.6 N/cm² 的压力	要求质量高的中、小型电动机;采用整体浸漆工艺的高压电动机
滚浸	绝缘漆浸没部分绕组,滚动铁心使漆在绕组端部和槽内渗透和填充	大、中型电动机
浇漆	使绕组受漆充分、均匀	大、中型电动机绕组端部

(2) 浸漆要点。浸漆工艺主要包括有预烘、浸漆和干燥三个过程。预烘是驱除分布在绝缘结构内的潮气和低分子挥发物,以利于漆的渗透。预烘温度可选绝缘结构所允许的最高温度,预烘时间以绝缘电阻达到持续稳定值为止。

浸漆时,工件的温度以 50~70℃ 为宜,温度过高将使漆槽内的漆聚合变质。各次浸漆对漆的黏度和时间的要求有所不同。第一次浸漆,漆的黏度宜小些,浸漆时间宜长些,以利浸透,以后各次浸漆在于覆盖首次浸漆干燥时留下的微孔和加厚表面漆膜,因此黏度可稍大,浸渍时间比首次短。多次浸漆时,在每次浸漆后应有适当的干燥过程,使前、后次的漆膜既不分层,又不致使前次漆膜被溶蚀。

干燥一般分为两个阶段,第一阶段主要是使漆中的溶剂挥发,这时温度应控制在高于溶剂的挥发温度,但不得超过其沸点以防起泡;第二阶段主要是使漆基固化,并在绝缘表面形成坚硬的漆膜。为此,干燥温度宜控制在高于工件绝缘等级的极限温度约 10℃,升温速度视浸渍漆不同而异,一般约为每小时 20℃。烘干过程中要定时测量绝缘电组(1次/1 h),干燥固化时间(2~3 h)以绝缘电阻达到持续稳定值为止(即连续三次数值基本不变,便可停止烘干)。

(3) 沉浸工艺。沉浸工艺是将绕组预烘后浸入有溶剂或无溶剂的漆槽内,利用漆液的压差把漆渗透入绝缘结构内部,漆液表面至少要高出工件 200 mm。预烘可在烘房或真空罐内进行,真空罐预热时可取较低预烘温度并缩短预烘时间,但预烘过程中应中断真空数次,使空气进入烘房,使工件有足够的温度将绝缘中的挥发物溶解,以利于将其排除。

普通电动机浸漆次数为:有溶剂漆 2 次,无溶剂漆 1 次。用于运行环境湿度大或有腐蚀性气体的电动机应适当增加 1~2 次。表 6—23 为低压小型电动机定子绕组沉浸 1032 漆的常用工艺一例。

表 6—23　低压小型电动机定子绕组（E 级）沉浸 1032 漆工艺

工序名称	温度（℃）	时间（h）	热态绝缘电阻（MΩ）
预烘	130	4~9	>50
第一次浸漆①	50~70	直至无气泡,约 0.25	
滴漆	室温	约 0.5	
烘干	130	8~15	>10
第二次浸漆②	50~70	0.20~0.25	
滴漆	室温	约 0.5	
烘干	130	11~20	>1,变化小于 10%

注:①浸渍漆黏度 22~30 s（4 号黏度计,20±1℃）。
　　②浸渍漆黏度 35~40 s（4 号黏度计,20±1℃）。

(4) 烘干设备。绕组浸漆的烘干处理,或绕组受潮后的烘干处理一般都在专用的烘房中进行。烘房由内、外两层耐火砖砌成,中间填有隔热材料(如石棉粉、硅藻土),内壁安放电阻丝或远红外线加热元件,可手动或自动调温,烘房装有鼓风机来搅拌房内热空气;烘房装有活门,必要时可通入新鲜空气,排出漆的溶剂蒸气,

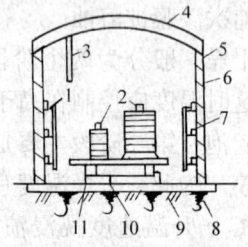

图 6—65　烘房结构简图
1—钢板　2—电动机定子　3—温度计
4—水泥上盖　5—出气孔　6—砖墙加石棉板
7—电阻丝　8—三合土　9—水泥
10—车轴　11—钢轨

以加速干燥，如图 6—65 和图 6—66b 所示。

在电动机修理时，往往没有烘房设备，若电动机容量较小或轻度受潮，可利用红外线灯泡或普通白炽灯的光热效应，用灯泡烘箱进行烘熔，如图 6—66a 所示。

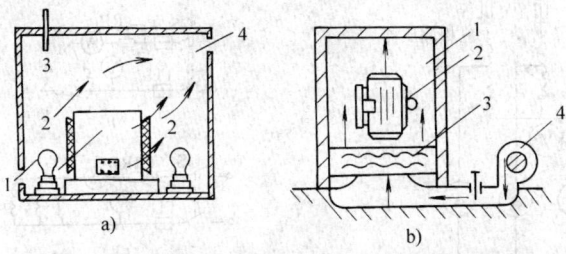

图 6—66 灯泡烘箱及热风干燥示意图
a) 灯泡烘箱　　　　　　b) 热风干燥示意图
1—进风口　2—灯泡　　1—干燥室　2—电动机
3—温度计　4—出风口　　3—电热器　4—鼓风机

这种烘箱装置简单、方便、耗电少，改变灯泡的大小、数量或烘焙距离，即可改变干燥温度。注意，电动机不得过于靠近灯泡，以防局部过热烧焦，通常灯泡的功率可按每立方米容积 5 kW 左右选用。

电动机应急烘干时，可把定子放在砖砌的座上，下面用煤炉加温，炉顶放入铁板，防止漆滴入炉内引起燃烧。漆膜形成后，可移动铁板位置改变炉与电动机的距离来控温。为使加热均匀，烘到一定时间后，要把电动机翻转过来再烘。

除了上述介绍的外部加热干燥外，电动机还可以采用内部加热法（又称电流干燥法），即把定子绕组接到三相低压交流电源，转子抽出，施加 $(7\sim15)\% U_N$，使绕组发热驱潮或烘干，如图 6—67 所示。也可把三相绕组串联或并联起来，通入单相交流电，电压约为 $(15\sim20)\% U_N$，控制绕组电流为 $(50\sim70)\% I_N$，使绕组升温由里往外干燥，如图 6—68 所示。

最后按本节第六、七部分的要求对电动机进行组装、检查、试验，合格后方能使用。

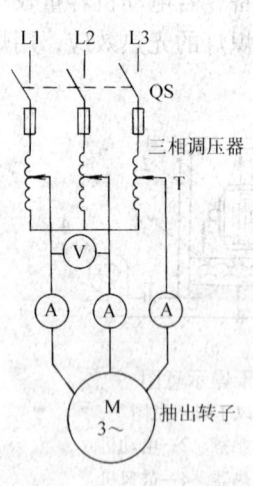
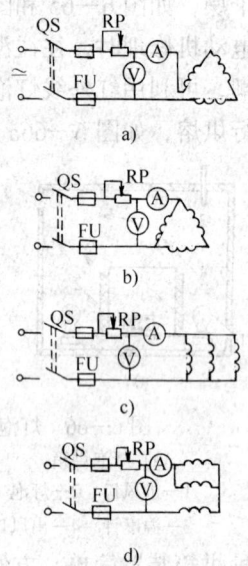

图 6—67 三相调压器控制　　图 6—68 笼型电动机电流干燥接线图
电流加热法　　　　　　　a) 串联　b) 串并联　c) 并联　d) 串并

§6—4 单相异步电动机

一、单相异步电动机的工作原理

用单相交流电源供电的异步电动机称为单相异步电动机,其转子是笼型,定子绕组嵌放在定子铁心槽内,结构部件和外形如图 6—69 所示。由于单相异步电动机具有结构简单、成本低和使用单相电源等优点,所以在家用电器、医疗及仪表上获得广泛应用。但是,与同容量的三相异步电动机比较,单相异步电动机体积较大、运行性能较差,且功率较小,一般仅用于 1 kW 以下。

当单相交流电通入单相绕组时,产生的磁场为脉动磁场,其分布、大小及方向随空间和时间按正弦规律作周期性变化。分析

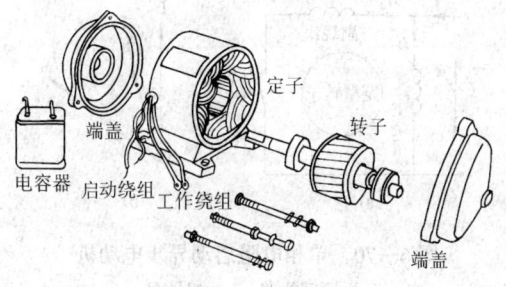

图 6—69 单相异步电动机

脉动磁场时，可认为是由两个大小相等、转速相等、转向相反的旋转磁场合成的。与电动机转向相同的磁场称为正向旋转磁场，而与电动机转向相反的磁场称为逆向旋转磁场。当转子静止时，两个旋转磁场分别在转子上产生两个转矩，其大小相等但方向相反，互相抵消，即合成转矩为零，因此转子不能自行启动。如用外力转动一下转子，即正、反转矩已不相等时，转子方能旋转。

为了使单相异步电动机接入电源后能产生启动转矩而自行启动。通常在定子内设置了两个绕组，一个为工作绕组（又称主绕组）；另一个为启动绕组（又称副绕组，嵌放在槽内，与主绕组在空间相距 90°），由于两绕组的阻抗不同，所以通电后两绕组产生的磁场在时间和空间上存在着相位差，可合成为一个圆形（或椭圆）旋转磁场，它切割笼型转子导条，此时像三相异步电动机一样，产生启动转矩而自行启动。

二、单相异步电动机的主要类型

根据启动方法的不同，单相异步电动机可分为电阻启动式电动机、电容运转式电动机和罩极式电动机等。

1. 单相电阻启动异步电动机　单相电阻启动异步电动机又称电阻分相启动电动机，线路原理如图 6—70 所示。定子铁心槽内嵌放相轴互差 90°电角度的主、副绕组。通常，副绕组的导线较细、匝数较少，嵌在槽内上部，电阻较大，电抗较小。主、副

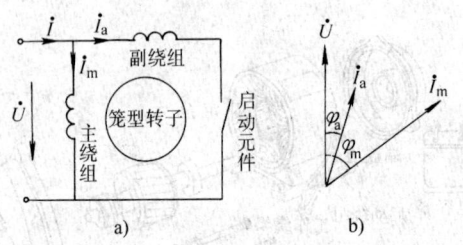

图 6—70　单相电阻启动异步电动机
a) 原理线路　b) 相量图

绕组接于同一电源 $\dot{U}$ 上，由于阻抗不同，电流相位不同，副绕组电流 $\dot{I}_a$ 相位超前于主绕组电流 $\dot{I}_m$（$\dot{I}_a$ 与 $\dot{I}_m$ 的相位差小于 90°），从而在气隙中产生一个两相椭圆旋转磁场使电动机启动。电动机启动后，启动元件（离心开关或启动继电器）将自动把副绕组与电源断开，让主绕组单独运行，以避免副绕组烧坏。

增大副绕组电阻的方法，可选用较细铜线，或部分线圈反绕以减小电抗，或串入一个外加电阻等。由于单相电阻启动异步电动机 $\dot{I}_a$ 与 $\dot{I}_m$ 相位差难以达到 90°，所以启动转矩不高，启动电流较大。因此，该类单相电动机仅适用于驱动对启动转矩无要求的小型车床、鼓风机、医疗器械等。

2. **单相电容启动异步电动机**　为了增大启动转矩，可采用图 6—71 所示的电容分相法，即在副绕组回路中串联一只电容器，恰当地选择电容值（见表 6—24），使副绕组电流 $\dot{I}_a$ 恰好超前于 $\dot{I}_m$ 为 90°，便可在空间产生一个圆形旋转磁场，从而有较

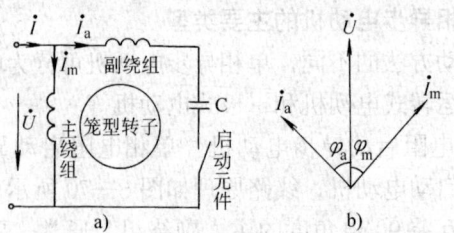

图 6—71　单相电容启动异步电动机
a) 原理线路　b) 相量图

大的启动转矩（达 3 倍额定转矩）使电动机启动。

表 6—24　电容启动的单相异步电动机的启动电容参考值

电动机功率（W）	120	180		250	370~400	550~600	750~800
极数	2、4	2	4	2、4	2、4	2、4	2、4
启动电容值（μF）	75	75~100	100~150	100~150	100~200	150~300	200~400

为了节省铜材，启动绕组仍按短时工作制设计，线径细，电流密度高达 80~90 A/mm²。电动机启动后（约 80% 同步转速时），启动元件将自动把启动绕组从电源断开，主绕组单独运行，以避免副绕组烧坏及电容被过高电压击穿。这类单相电动机适用于驱动要求高启动转矩的小型空压机、洗衣机、磨粉机等。

3. 单相电容运转异步电动机　如图 6—72 所示，单相电容运转异步电动机与电容分相启动单相电动机相似，但无启动元件。由于电容器在电动机启动与运转时都参与工作而成为两相异步电动机，因此要求电容器能长期在较高电压（电容器端电压常高于外加电压）下工作，故不能采用电解电容器，而需采用纸介或油浸纸介电容器。电容量可根据电动机运行性能来选择，它比电容启动式时为小，见表 6—25，所以启动转矩较电容启动时小。这种电动机虽然主、副绕组不对称（匝数、线径、端电压不等），但合理配置副绕组的匝数和电容，也能在气隙中建立圆形旋转磁场，使负序磁场大大削弱，所以电动机的功率因数和效率

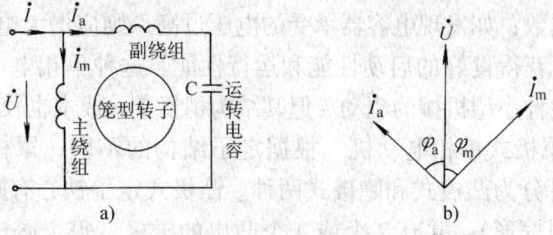

图 6—72　单相电容运转异步电动机
a) 原理线路　b) 相量图

表 6—25　电容运转式单相异步电动机的运转电容参考值

电动机功率(W)	8		15		25		40		60		90		120	180	
极数	2	4	2	4	2	4	2	4	2	4	2	4	2、4	2、4	
运行电容值（μF）	0.75	1	1	1~1.5	1~1.5	2~2.5	2~4	4~6	4~6	6~8	6~8	4~8	6~8		

较高。另外，这种电动机由于启动绕组也参加工作，所以在同样材料、同样体积下，其功率比其他单相电动机要大，而且省去了启动装置，使用可靠性高，适用于固定负载的家用电器驱动，如风扇、抽油烟机、洗碗机等。

4．单相电容启动与运转异步电动机　这种电动机俗称双值电容单相机，是电容分相启动式和电容运转式两种电动机的综合，副绕组与两个并联的电容器串接，如图 6—73 所示。其中，启动电容带启动元件，便于启动后与电源断开，而运

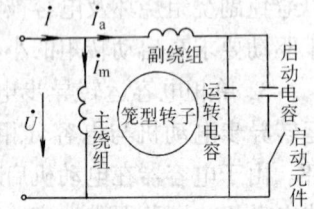

图 6—73　双值电容异步电动机原理线路

转电容则处于长期工作中。因此，这种单相电动机兼有电容启动单相电动机及电容运转单相电动机的优点。运转电容与启动电容可独立选择不同的数值，如发现电动机效率及功率因数偏低，可适当增大运转电容值；如发现启动转矩偏小，可适当增大启动电容值；如发现启动电流太大，可适当减小启动电容值并增加启动绕组的匝数；如发现电容器承受的电压过高，则应增大电容值等，使电动机获得良好的启动性能和运行性能。这种单相电动机广泛应用于各种小型机械的驱动。但其结构稍复杂，成本也较高。

5．罩极式单相电动机　根据定子结构的不同，罩极式单相电动机可分为凸极式和隐极式两种。凸极式定子铁心有圆形、方形（又叫框形），并有 2 个或 4 个凸出的磁极，每个磁极上有励磁的集中绕组（即主绕组），在极向的一边，约 $(\frac{1}{3} \sim \frac{1}{2})$ 处开

有小槽,并套装短路铜环(又称罩极线圈、副绕组),如图6—74所示。转子还是笼型,产品大多数只有轴承支架而无端盖、机壳或机座。

当主绕组通入单相交流电时,便产生脉振磁场,铜环上感应电动势和电流,该电流又产生磁势及磁通,使通过 $\frac{1}{3}$ 处极面的磁通在时间相位上落后于通过 $\frac{2}{3}$ 处极面的磁通,即环内(罩极内)的磁通不但在数量上与环外的不同,而且在相位上也滞后于环外的磁通,这两个在时间上、空间上有一定相位差的交变磁通,合成一个椭圆旋转磁场,使转子产生启动转矩,电动机转向是从磁极未罩部分转向被罩部分。

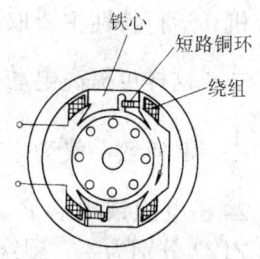

图6—74 罩极式电动机

隐极式定子铁心冲片是分布槽形,俗称齿槽式定子。主绕组和罩极绕组均属分布绕组,它们的轴线在空间相差30°~60°(常为45°),罩极绕组的槽数约为总槽数的 $\frac{1}{3}$,罩极绕组通常用较粗(约为 $\phi1.5\ \text{mm}$ 线径)的圆铜线,匝数少(2~8匝),彼此串联成闭合短路绕组。主绕组匝数多、线径细,通单相电源,工作原理与凸极式相同,电动机转向是从主绕组轴线转到罩极绕组轴线。

无论凸极式或隐极式罩极单相电动机,其启动转矩均小,功率因数和效率也较低,但结构简单、成本低,适用于驱动小型风扇、电动模型,及各种空、轻载启动的小功率设备。此外,罩极单相电动机制成后,转向很难改变(定子需调头安装)。而分相式、电容运转式单相电动机则不同,只要换接主、副绕组之一的首末端,将其中一个绕组的极性变反,旋转磁场反转,电动机就会反转。

三、单相异步电动机的绕组

除凸极式罩极电动机的定子绕组采用集中绕组外,其他类型的单相异步电动机均采用分布绕组,包括单层、双层和正弦绕组。

1. 单、双层分布绕组 由于单层同心式绕组的绕制和嵌线较简单,故单相异步电动机大多采用这种绕组。对分相式电动机,运行特性主要取决于主绕组,主绕组通常占定子总槽数的 $\frac{2}{3}$,这样可提高电动机有效材料利用率,启动绕组占总槽数的 $\frac{1}{3}$,其匝数一般为主绕组的 $\frac{1}{2} \sim \frac{2}{3}$。图6—75所示为一台四极24槽电阻或电容启动单相电动机的定子绕组展开图。U1U2、Z1Z2分别为主、副绕组的出线端。在第一极下,主绕组轴线在槽3、4之间,启动绕组轴线在槽6、7之间,两轴线相距3个槽,而相邻槽的槽距角 $\alpha = \frac{p \times 360°}{24} = \frac{2 \times 360°}{24} = 30°$,故两绕组轴线在空间相隔90°电角度。其简化接线图如图6—76所示。

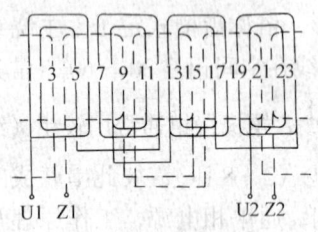 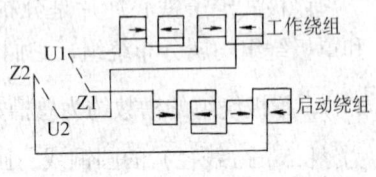

图6—75 分相电动机定子绕组展开图　　图6—76 分相电动机简化接线图

对于电容运转单相异步电动机,由于主、副绕组都参与运行,其所占槽数一般各占 $\frac{1}{2}$,用铜量也基本相符。图6—77所示为一台两极16槽的电容运转单相电动机定子绕组展开图,槽距角为 $\alpha = \frac{1 \times 360°}{16} = 22.5°$,第一个磁极下,主绕组轴线在4、5槽之间,副绕组轴线在8、9槽之间,两者相距4个槽,即90°电角度,其简化接线图如图6—78所示。

2. 罩极式单相异步电动机绕组 对凸极式,主绕组是集中

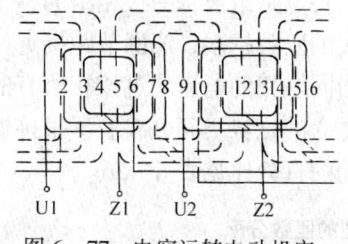

图 6—77 电容运转电动机定子绕组展开图

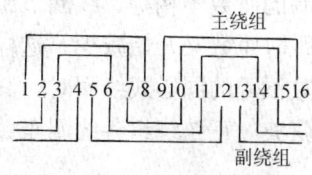

图 6—78 单相电动机绕组简化接线图

绕组,套在定子磁极上,副绕组是一个短路环,套在磁极极靴的罩极上。对隐极式,为保证电动机性能良好,主、副绕组轴线在空间相隔 30°~60°电角度,分布嵌入定子槽内,且分别串联成独立回路。副绕组串联后自行短路为罩极绕组,极性与主绕组相同,同样是相间地出现 N 极和 S 极。图 6—79 所示为一台 2 极 18 槽隐极式单相电动机定子绕组展开图,在第一极下主绕组轴线在 5 槽,罩极绕组轴线在 7 槽,两者相距 2 个槽,槽距角 $\alpha = \frac{1 \times 360°}{18} = 20°$电角度,故两绕组轴线在空间相距 40°电角度。

为改善启动性能和运行性能,隐极式罩极电动机的主绕组也可按正弦规律分配在各槽中,罩极绕组的导体可以集中放在两个槽内,也可分散放在较多的槽内。

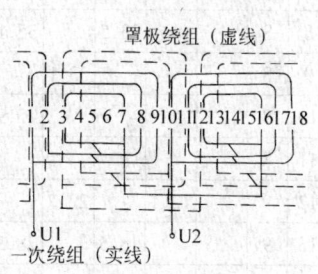

图 6—79 隐极式罩极电动机定子绕组展开图

3. 正弦绕组 绕组通入电流就产生磁场,磁场的波形与绕组形式和位置有关,非正弦波形的磁场将分解为一系列高次谐波,产生一系列附加转矩,使启动和运行性能变坏,甚至启动困难,尤其是单相电动机。故此,通过采用能产生接近正弦磁场波形的正弦绕组,以改善单相电动机的启动及运行性能。

正弦绕组通常是同心式结构,特点是组成每一极相组的各个线圈的匝数不相等,线圈节距越大的匝数越多,线圈节距接近一极距时匝数又开始减少。这样,当同一相的电流流过该相所有的匝数不等的同心式线圈时,其所建立的磁势空间分布波形很接近正弦波。正弦绕组各线圈匝数分配的百分比见表 6—26。

表 6—26　正弦绕组各线圈的匝数分配

序号	每极槽数	线圈匝数百分比(%) 线圈所跨槽数											绕组系数 k_{dp}
		1	2	3	4	5	6	7	8	9	10	11	12	
1	4		60.8		39.2									0.802
2	4		58.6		41.4									0.828
3	6	13.5		36.5		50.0								0.776
4	6		26.8		46.4		26.8							0.804
5	6			42.3		57.7								0.856
6	6				63.4		36.6							0.915
7	8		15.3		28.0		36.8		19.9					0.796
8	8			23.5		35.1		41.4						0.827
9	8				33.1		43.4		23.5					0.87
10	8					45.9		54.1						0.912
11	8						64.8		35.2					0.95
12	9		12.1		22.7		30.6		34.6					0.793
13	9			18.5		28.3		34.7		18.5				0.82
14	9				25.7		34.8		39.5					0.856
15	9					34.7		42.6		22.7				0.893
16	9						47.8		52.2					0.928
17	9							65.3		34.6				0.96
18	12	3.4		10.0		15.9		20.8		24.1		25.8		0.783
19	12		6.8		13.2		18.6		22.8		25.4		13.2	0.79

续表

序号	每极槽数	线圈匝数百分比（%）线圈所跨槽数												绕组系数 k_{dp}
		1	2	3	4	5	6	7	8	9	10	11	12	
20	12			10.3		16.5		21.4		25.0		26.8		0.806
21	12				14.1		20.0		24.5		27.3		14.1	0.829
22	12				18.3		24.0		27.8		29.9			0.855
23	12						23.3		28.5		31.8		16.4	0.883
24	12							29.3		34.1		36.6		0.91
25	12								37.2		41.4		21.4	0.936
26	12									48.2		51.8		0.959
27	12										65.9		34.1	0.978

图 6—80 所示为一台 180 W 四极 24 槽电容启动单相异步电动机定子正弦绕组展开图和节距标示图。下层为主绕组，上层为副绕组，每极六槽、四个线圈组，每个线圈组有三个线圈，外线圈跨六个槽（$y_大=6$），中线圈跨四个槽（$y_中=4$），内线圈跨两个槽（$y_小=2$），采用表 6—26 中序号 4 所列的分布方式，主绕组各线圈的匝数分配为外线圈占 26.8%，中线圈占 46.4%，内线圈占 26.8%。实际上，外线圈为 46 匝占 26.4%，中线圈为 82 匝占 47.2%，内线圈为 46 匝占 26.4%。同理，副绕组外线圈为 27 匝，中线圈为 48 匝，内线圈为 27 匝，符合正弦绕组分布规律。

根据设计和使用场合的不同，单相异步电动机的绕组可做成各种形式的绕组，每个线圈的匝数也可能不同，主、副绕组的布置也较复杂。因此，在修理或更换电动机绕组时，应按记录的绕组数据进行，以保证绕组的原有性能。

四、单相异步电动机的调速方法

单相异步电动机的转速公式为：

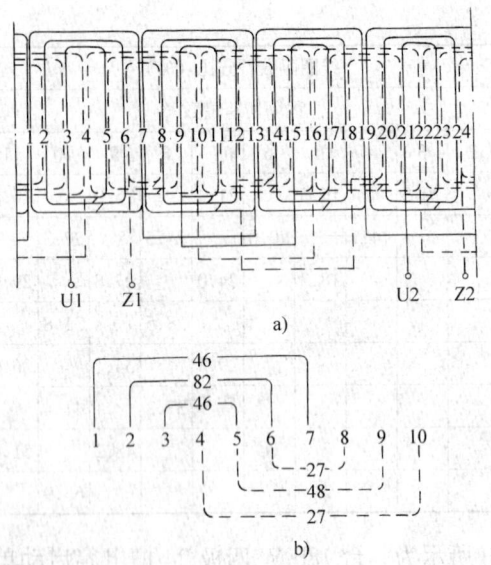

图 6—80 180 W 电容启动电动机定子正弦绕组布置图
a) 展开图 b) 主、副绕组匝数及节距标示图

$$n = n_1(1-s) = \frac{60f_1}{p}(1-s) \qquad (6—77)$$

显然，改变单相异步电动机的转速可以从三方面考虑：一是改变电动机定子绕组的极对数 p（简称变极调速）；二是改变电动机电源的频率 f_1（变频调速）；三是改变电动机的转差率 s（变差调速）。

实现变极调速，可在定子槽内嵌放两套不同极对数的独立主绕组，且每套绕组又有不同的接线组合，从而得到不同的极对数；或者在定子槽内只嵌放单一主绕组，但可改变其接线方式而得到不同的极对数，实现减极升速、增极降速的目的。由于这种方法出线头多、用铜多、工艺麻烦，且调速性能不好（调速范围窄，只能获得倍数比速度，属有级调速，平滑性差），故在单相异步电动机调速中不常用。

变频调速性能最好，升频升速，降频降速，平滑性及调速范围都不错，但要设置专用的变频电源（由晶闸管或其他电子元件组成），成本较高，而且在调速过程中必须保持压频比 $\dfrac{U_1}{f_1}$ 不变，否则会导致单相异步电动机发热，因此使变频调速的应用受到一定的限制。但随着集成电路的发展及完善，使用这种调速方法将会不断增多。

变差调速目前对单相异步电动机来说，应用最广，特别是用于家用电器的电容式单相异步电动机，大都通过调压方式来实现，即升压（s减小）升速，降压（s增大）降速。但应注意，电压不能高于额定电压，也不能降得太低，否则电动机运行不稳定便会引起故障。通常调压（调差）的调速方法有：

1. 电抗器调速　在电源电路串入铁心电抗器，如图6—81所示。当调速开关S转到抽头5挡时，电抗器降压最大，主绕组的电压最低，所产生的磁场最弱，转速最低。当调速开关S转到1挡时，主绕组在额定电压下工作（无压降，电压最高），产生的磁场最强，转速最高。这种方法是用改变电抗器的线圈抽头来调速的，适合于定子槽小、嵌线困难的电动机，但增加了购置电抗器的成本，且无功耗电量增大。

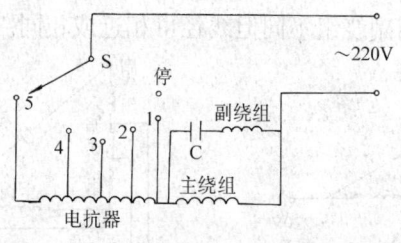

图6—81　电抗器降压调速原理图

2. 调速绕组调速　调速绕组调速又称抽头调速，此时定子槽中除嵌放主、副绕组外，还多嵌放一个调速绕组。通过改变调速绕组与主、副绕组的连接，利用改变调速绕组抽头的方法，以

改变主绕组的压降及气隙磁场强度(大小及椭圆度)而实现调速,主要接线方式有下列几种:

(1) L—1 型接线。如图 6—82 所示,调速绕组与主绕组串接于电源电压上,且调速绕组嵌放入主绕组所在槽的上层,两绕组是同槽分布的,在空间是同相位,但调速绕组线径一般比主绕组小 20%~30%。电动机高速挡运行时,调速绕组全部接入副绕组中,两相绕组满足对称运行条件,磁场基本为圆形,运行性能较好。电动机中速运行时,调速绕组的一部分匝数串入副绕组,其余部分匝数串入主绕组(压降增大),即主绕组匝数增加,电压与磁通降低,气隙中合成磁场椭圆度变大,使转矩、转速降低,达到调速的要求。电动机低速运行时,调速绕组全部串入主绕组中,使磁场椭圆度更大,转速更低。

L—1 型接线的优点是电动机的全部绕组在高、中、低速运转时,都处于工作状态,用铜量较省。缺点是低速时磁场椭圆度大,反转磁场强,电动机输入功率大而输出功率低,效率低,不利于电能的充分利用。

(2) L—2 型接线。如图 6—83 所示,调速原理、运行性能及优、缺点与 L—1 型接线相同,但结构相反,调速绕组与副绕组嵌入相同的槽中,且调速绕组在上层,副绕组在下层,调速绕组的匝数一般与副绕组不同但线径可相近或相同。

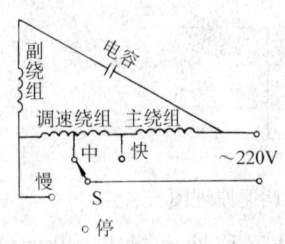 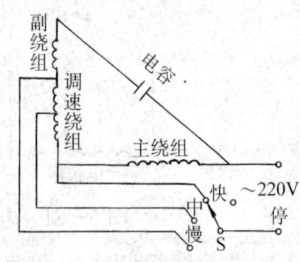

图 6—82　L—1 型接线法示意图　　图 6—83　L—2 型接线法示意图

(3) T 型接线。如图 6—84 所示,调速绕组串接在主、副绕组并联的电路中,对主、副绕组同时降压,是以降低磁场强度为主、改变磁场椭圆度为辅的办法。与前两种调速接线相比,电动机性能较好,电能利用合理,调速绕组的空间相位、下线位置可与L—1型接法相同,也可以与L—2型接法相同,但线径、匝数有差异。

(4) H型接线。如图6—85所示,把调速绕组与副绕组串接起来,再并接到主绕组的抽头与电源之间。调速绕组与副绕组嵌入相同的槽中,且调速绕组处于上层,副绕组处于下层,两绕组在空间上同相位。这种接线是使主绕组的上半部分、下半部分和副绕组形成三个不对称的相位差。改变调速绕组的抽头位置,就改变了三个绕组之间的三个不对称相位差,从而改变了电动机旋转磁场的强度,实现了电动机的调速。

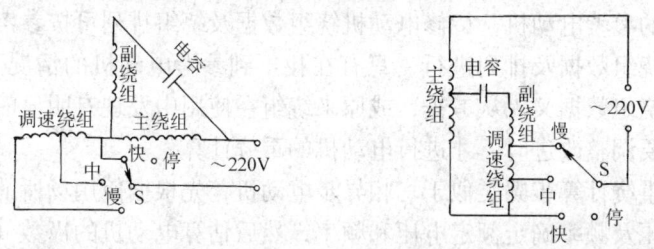

图6—84 T型接法原理图　　图6—85 H型接法原理图

3. 晶闸管调速　又叫可控硅调速,如图6—86所示,它是通过改变电位器的阻值,控制电容器充、放电的快慢及单结晶体管导通的时间,从而改变电动机主、副绕组的电压降而实现调速的。

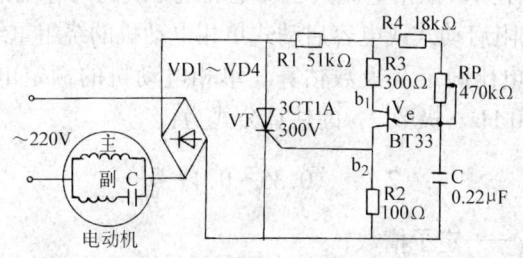

图6—86 晶闸管调压电路图

此外，单相异步电动机还可串接自耦变压器或电容器进行调速，但目前极少使用。上述电抗器调速、调速绕组调速、晶闸管调速等方法同样适用于电阻启动、电容启动及罩极式电动机，不过降压用的电抗线圈、调速绕组、晶闸管等元件只能串入主绕组中。

五、单相异步电动机的绕组重绕计算

单相电动机重换绕组时，均按原绕组数据重绕及嵌线。若是空壳铁心，可以根据铭牌数据（型号、功率、电压等），或者是测出定子铁心外径、内径、长度、齿宽、轭高及定子槽数后，再查有关的电工手册和电动机产品目录。如有某一型号电动机与待修电动机铭牌相同，或者是某型号单相电动机定子铁心的尺寸、数据与待修电动机定子铁心的尺寸、数据相同，都可作为待修电动机的参考电动机，待修电动机绕组数据及绕组排列可按参考电动机绕组数据及排列进行。只有在找不到参考电动机的情况下，原来绕组数据又无从考查，或原来绕组在使用中发现有明显的缺点需要调整改进时，才进行电动机的重绕计算。

重绕计算步骤类似于三相异步电动机，先根据使用场所的电源电压及频率确定额定电压和频率，然后估算电动机的极数（考虑负载对转速的要求）与功率，再按规定的范围预选气隙及铁心齿、轭磁密，并由功率与预选的电能功效系数 $\eta\cos\varphi$ 计算出绕组的电流；最后依据电压的高低与磁密大小确定绕组每相的匝数及每槽导体数，依据电流大小确定绕组导线的尺寸规格。

1. 电阻启动式或电容启动式单相电动机的绕组重绕计算

（1）电压确定及极数估算。单相电动机的额定电源 U_N 为 200 V、50 Hz。极数 $2p$ 的估算公式为：

$$2p = (0.35 \sim 0.4)\frac{z_1 b_t}{h_c} \qquad (6\text{—}78)$$

式中　Z_1——定子槽数；

　　　b_t——定子齿宽，cm；

h_c——定子轭高,cm。

(2) 估算电动机视在容量 P_s。

$$P_s = \frac{0.06 B_\delta D_{i1}^2 L A}{2p} \quad \text{VA} \quad (6\text{—}79)$$

式中 B_δ ——气隙磁密,T,二极机取 $B_\delta = 0.3 \sim 0.5$ T,四极机取 $0.35 \sim 0.65$ T,对于家用电器电动机,为了降低噪声,宜取下限;

D_{i1} ——定子铁心内径,cm;

L ——定子铁心长,cm;

A ——线负载,A/cm 二极机取 $A = 65 \sim 150$ A/cm,四极机取 $A = 85 \sim 200$ A/cm。

(3) 计算电动机输出功率 P_2(即 P_N)。

$$P_N = P_s \eta \cos\varphi \quad \text{W} \quad (6\text{—}80)$$

式中 $\eta\cos\varphi$ ——电能功效系数,常取 $0.18 \sim 0.55$,功率大者取上限,计算后再查对图 6—87,查出值应与选取值相符,否则要重选。

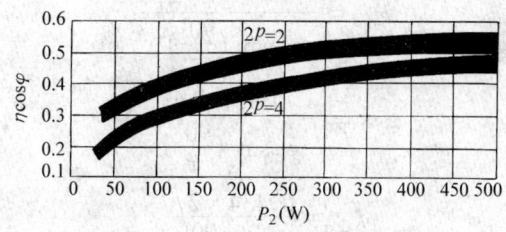

图 6—87 分相电动机电能功效系数

(4) 定子齿部磁密 B_t 的校验。

$$B_t = \frac{3.37 D_{i1} B_\delta}{z_1 b_t} \quad \text{T} \quad (6\text{—}81)$$

B_t 一般为 $1.47 \sim 1.72$ T,如超过上限,应降低 B_δ 值重算。

(5) 定子轭部磁密 B_c 的校验。

$$B_c = \frac{1.16 D_{i1} B_\delta}{2 p h_c} \quad \text{T} \qquad (6-82)$$

B_c 应控制在 $1.05 \sim 1.6$ T，如计算值超过，应重算。

(6) 电动机额定电流 I_N 与主绕组电流 I_m。

$$I_N = \frac{P_s}{U_N} = \frac{P_N}{U_N \eta \cos\varphi} \quad \text{A} \qquad (6-83)$$

由于分相式电动机运行时副绕组不接入电源，故主绕组电流等于电动机额定电流，即 $I_m = I_N$。

(7) 绕组系数 k_{dp} 的计算。采用正弦绕组时，k_{dp} 可查表 6—26。若采用其他布线形式，如单相单层绕组，可由式 (6—84) 和式 (6—85) 计出，若单相双层绕组，可由式 (6—86) 和式 (6—87) 计算。

$$k_{dpm} = \frac{2p \sin\left(180° \frac{z_m}{z_1}\right)}{z_m \sin\left(\frac{90°}{\tau}\right)} \qquad (6-84)$$

$$k_{dpa} = \frac{2p \sin\left(180° \frac{z_a}{z_1}\right)}{z_a \sin\left(\frac{90°}{\tau}\right)} \qquad (6-85)$$

$$k_{dpm} = \frac{0.75 \times 2p}{z_m \sin\left(\frac{90°}{\tau}\right)} \qquad (6-86)$$

$$k_{dpa} = \frac{0.434 \times 2p}{z_a \sin\left(\frac{90°}{\tau}\right)} \qquad (6-87)$$

式中　z_m——主绕组所占槽数；

　　　z_a——副绕组所占槽数；

　　　k_{dpm}——主绕组系数；

　　　k_{dpa}——副绕组系数。

分相式电动机 $z_m/z_a = 2$，并取节距为 $\frac{2}{3}$ 极距，以消除三次谐波。此外，也可以通过查出绕组的分布系数和矩距系数，相乘后可得绕组系数值。

（8）主绕组每极匝数 N_{pm}、每槽导线数 N_{sm}、导线直径 d_m。

$$N_{pm} = \frac{21.4 K_e U_N}{B_\delta D_{i1} L k_{dpm}} \quad 匝/极 \qquad (6—88)$$

$$N_{sm} = \frac{4pN_{pm}}{z_m} \quad 根/槽 \qquad (6—89)$$

$$d_m = 1.13\sqrt{\frac{I_m}{J}} \quad mm \qquad (6—90)$$

式中　K_e——压降系数，一般 $K_e = 0.7 \sim 0.94$，功率大者取较大值；

J——电流密度，一般 $J = 5.5 \sim 8\ A/mm^2$，重载启动取 $J = 2.6 \sim 5\ A/mm^2$。

（9）副绕组每极匝数 N_{pa}、导线直径 d_a。

$$N_{pa} = K_B N_{pm} \frac{k_{dpm}}{k_{dpa}} \quad 匝/极 \qquad (6—91)$$

$$d_a = d_m t_D \quad mm \qquad (6—92)$$

式中　K_B——变比系数，对电阻启动，$K_B = 0.4 \sim 0.7$，电容启动 $K_B = 0.7 \sim 1.25$；

t_D——导线直径比值系数，对电阻启动，$t_D = 0.45 \sim 0.75$，电容启动 $t_D = 0.55 \sim 0.8$。旧型号电动机取较小值，新系列电动机取较大值。

（10）线负载 A 校验和槽满率校验。

$$A = \frac{0.637 I_m z_1 N_{pm} 2p}{D_{i1} z_m} \quad A/cm \qquad (6—93)$$

线负载 A 要在允许范围内，否则要重选气隙磁密与电流密度后重算。槽满率校验可用实嵌或计算法，计算法可参考三相异步电动机重绕计算部分。

（11）启动电容器工作电压 U_q 和电容量 C_q。

$$U_q = (1.3 \sim 1.5) U_N \quad \text{V} \qquad (6\text{—}94)$$

$$C_q = \frac{6600 \sqrt{I_N}}{U_N (1 - \eta\cos\varphi)} \quad \mu\text{F} \qquad (6\text{—}95)$$

此外，启动电容器可参考表 6—24 直接选取。

例 6—7 有一空壳铁心，定子槽数 $z_1 = 24$ 槽，测得定子铁心内径 $D_{i1} = 7.8$ cm，铁心长 $L = 2.5$ cm，轭高 $h_c = 1.8$ cm，齿宽 $b_t = 0.4$ cm，按电阻分相式启动电动机，试求绕组重绕数据？（单相电源为 220 V、50 Hz）

确定极数　$2p = (0.35 \sim 0.4)\dfrac{z_1 b_t}{h_c} = (0.35 \sim 0.4)\dfrac{24 \times 0.4}{1.8}$

$= 1.86 \sim 2.13$（取 $2p = 2$ 极）

初选 $B_\delta = 0.53$ T，$A = 95$ A/cm，估算电动机容量为：

$$P_s = \frac{0.06 B_\delta D_{i1}^2 L A}{2p} = \frac{0.06 \times 0.53 \times 7.8^2 \times 2.5 \times 95}{2} = 229 \text{ VA}$$

初选电能功效系数 $\eta\cos\varphi = 0.35$，计算输出功率为：

$$P_N = P_s \eta\cos\varphi = 229 \times 0.35 = 80.15 \text{ W}$$

确定单相电动机额定功率 $P_N = 80$ W，由图 6—87 查得 $\eta\cos\varphi = 0.33 \sim 0.4$，与初选值相符。

$$B_t = \frac{3.37 D_{i1} B_\delta}{z_1 b_t} = \frac{3.37 \times 7.8 \times 0.53}{24 \times 0.4} = 1.45 \text{ T}$$

$$B_c = \frac{1.16 D_{i1} B_\delta}{2 p h_c} = \frac{1.16 \times 7.8 \times 0.53}{2 \times 1.8} = 1.33 \text{ T}$$

验算齿部磁密 B_t、轭部磁密 B_c 均在允许范围内。

电动机额定电流　$I_N = \dfrac{P_s}{U_N} = \dfrac{229}{220} = 1.04$ A

主绕组电流　$I_m = I_N = 1.04$ A

本机采用正弦绕组布线，依据每极槽数 $\tau = 12$ 槽，查表 6—26 选主绕组序号为 21，绕组系数 $k_{dpm} = 0.829$，各线圈匝比系数为：

y_{1-13} $K_1 = 14.1\%$

y_{2-12} $K_2 = 27.3\%$

y_{3-11} $K_3 = 24.5\%$

y_{4-10} $K_4 = 20\%$

y_{5-9} $K_5 = 14.1\%$

选副绕组序号为 23，绕组系数 $k_{dpa} = 0.883$，各线圈匝比系数为：

y_{1-13} $K_1 = 16.4\%$

y_{2-12} $K_2 = 31.8\%$

y_{3-11} $K_3 = 28.5\%$

y_{4-10} $K_4 = 23.3\%$

取压降系数 $K_e = 0.82$，则主绕组每极匝数为：

$$N_{pm} = \frac{21.4 K_e U_N}{B_\delta D_{i1} L k_{dpm}} = \frac{21.4 \times 0.82 \times 220}{0.53 \times 7.8 \times 2.5 \times 0.829} = 451 \text{ 匝/极}$$

主绕组每极线圈匝数分配为：

$N_{1-13} = K_1 N_{pm} = 0.141 \times 451 = 64$ 匝

$N_{2-12} = K_2 N_{pm} = 0.273 \times 451 = 123$ 匝

$N_{3-11} = K_3 N_{pm} = 0.245 \times 451 = 110$ 匝

$N_{4-10} = K_4 N_{pm} = 0.2 \times 451 = 90$ 匝

$N_{5-9} = K_5 N_{pm} = 0.141 \times 451 = 64$ 匝

选主绕组导线电流密度 $J = 4 \text{ A/mm}^2$，则主绕组线径为：

$$d_m = 1.13 \sqrt{\frac{I_m}{J}} = 1.13 \sqrt{\frac{1.04}{4}} = 0.576 \text{ mm}$$

最后选主绕组标准线径 $d_m = 0.57$ mm。

选副绕组的变比系数 $K_B = 0.58$，比值系数 $t_D = 0.52$，则副绕组每极匝数、每极线圈匝数分配、线径分别为：

$$N_{pa} = K_B N_{pm} \frac{k_{dpm}}{k_{dpa}} = 0.58 \times 451 \times \frac{0.829}{0.883} = 246 \text{ 匝/极}$$

$N_{1-13} = K_1 N_{pa} = 0.164 \times 246 = 40$ 匝

$$N_{2-12} = K_2 N_{pa} = 0.318 \times 246 = 78 \text{ 匝}$$
$$N_{3-11} = K_3 N_{pa} = 0.285 \times 246 = 70 \text{ 匝}$$
$$N_{4-10} = K_4 N_{pa} = 0.233 \times 246 = 57 \text{ 匝}$$
$$d_a = d_m t_D = 0.576 \times 0.52 = 0.299 \text{ mm}$$

最后,副绕组线径选标准线径 $d_m = 0.31$ mm。由线圈匝数分配及布线可知,主绕组占槽为 20 槽,副绕组占槽为 8 槽(其中 4 槽为双层),作实槽校验合格。为提高启动能力,拟将槽满率较低的副绕组 N_{1-13} 及 N_{2-12} 线圈各增绕 60 匝,即正绕 30 匝,反绕 30 匝。

$$A = \frac{0.637 I_m z_1 N_{pm} 2p}{D_{i1} z_m} = \frac{0.637 \times 1.04 \times 24 \times 451 \times 2}{7.8 \times 20}$$
$$= 91.9 \text{ A/cm}$$

由于该验算值与初选值 95 A/cm 接近,故线负载校验合格。

2. 电容运转单相电动机绕组重绕计算　电容运转电动机的重绕计算与上述分相式电动机大致相同,但由于副绕组串联电容器与主绕组并联运行,其性能指标和运行参数有别于分相式电动机,所以计算时经验公式或取值范围有如下几点不同:

(1) 电能功效系数取值比分相电动机高。

　　　　10～40 W　　　$\eta\cos\varphi = 0.23 \sim 0.35$
　　　　45～450 W　　$\eta\cos\varphi = 0.36 \sim 0.68$
　　　　450 W 以上　　$\eta\cos\varphi = 0.69 \sim 0.71$

(2) 同容量下主绕组电流略小。

$$I_m = \frac{P_s}{\sqrt{2} U_N} = \frac{P_N}{\sqrt{2} U_N \eta\cos\varphi} = 0.707 I_N \quad \text{A} \qquad (6—96)$$

(3) 主、副绕组系数相等,占槽比 $\frac{z_m}{z_a} = 1$,采用正弦绕组时,绕组系数由表 6—26 查得。若采用其他绕组形式,则双层绕组由式 (6—96) 求出,单层绕组由式 (6—97) 求出。

$$k_{\text{dpm}} = k_{\text{dpa}} = \frac{0.707}{q\sin\left(\frac{45°}{q}\right)}\sin\left(90° - \frac{y_1}{\tau}\right) \quad (6\text{—}97)$$

$$k_{\text{dpm}} = k_{\text{dpa}} = \frac{0.707}{q\sin\left(\frac{45°}{q}\right)} \quad (6\text{—}98)$$

（4）变比系数 K_B 取值略高，可取 $K_B = 0.96 \sim 1.7$。

（5）副绕组电流 $I_a = \dfrac{I_m}{K_B t_D^2}$ A。 (6—99)

（6）运行电容的工作电压 U_C 和电容量 C。

$$U_C = 3185 \frac{I_a}{C} \text{ V} \quad (6\text{—}100)$$

$$C = \frac{K_C I_N \times 10^3}{U_N \cos\varphi 2p} \ \mu\text{F} \quad (6\text{—}101)$$

式中　K_C——与启动有关的系数，空载、轻载启动的电动机取 $K_C = 2.2 \sim 2.5$，重载启动取 $K_C = 5 \sim 6.5$。

（7）线负载 A 校验。

$$A = \frac{0.637(N_{\text{pm}}I_m + N_{\text{pa}}I_a)2p}{D_{i1}} \text{ A/cm} \quad (6\text{—}102)$$

例 6—8　有一台脱水用的电容运转电动机的空壳，已测得定子铁心尺寸为：内径 $D_{i1} = 7$ cm，长度 $L = 2$ cm，齿宽 $b_t = 0.41$ cm，轭高 $h_c = 0.82$ cm，$z_1 = 24$ 槽，梯形槽 $b_1 = 4.8$ mm，$b_2 = 7.6$ mm，$h'_s = 11.3$ mm，试求绕组重绕数据？（单相电源为 220 V、50 Hz，槽楔高 $h = 2.7$ mm）

确定极数　$2p = (0.35 \sim 0.4)\dfrac{Z_1 b_t}{h_c} = (0.35 \sim 0.4)\dfrac{24 \times 0.41}{0.82}$

$\qquad\qquad = 4.2 \sim 4.8$（取 $2p = 4$ 极）

初选 $B_\delta = 0.53$ T，$A = 130$ A/cm，估算电动机容量：

$$p_s = \frac{0.06 B_\delta D_{i1}^2 LA}{2p} = \frac{0.06 \times 0.53 \times 7^2 \times 2 \times 130}{4} = 101.3 \text{ VA}$$

初选电能功效系数 $\eta\cos\varphi = 0.32$，计算输出功率：

$$P_N = P_s \eta \cos\varphi = 101.3 \times 0.32 = 32.4 \text{ W} \quad (取 P_N = 35 \text{ W})$$

$$B_t = \frac{3.37 D_{i1} B_\delta}{Z_1 b_t} = \frac{3.37 \times 7 \times 0.53}{24 \times 0.41} = 1.27 \text{ T}$$

$$B_c = \frac{1.16 D_{i1} B_\delta}{2ph_c} = \frac{1.16 \times 7 \times 0.53}{4 \times 0.82} = 1.31 \text{ T}$$

验算 B_t、B_c 值均在允许范围内,且在中值左右,较合理。

电动机额定电流 $I_N = \dfrac{P_s}{U_N} = \dfrac{101.3}{220} = 0.46$ A

主绕组电流 $I_m = 0.707 I_N = 0.707 \times 0.46 = 0.325$ A

本机采用正弦绕组布线,据每极槽数 $\tau = 6$ 槽,查表 6—26,主、副绕组均选序号 4 布线,绕组系数 $k_{dpm} = k_{dpa} = 0.804$,各线圈匝比系数为:

$$y_{1-7} \quad K_1 = 26.8\%$$
$$y_{2-6} \quad K_2 = 46.4\%$$
$$y_{3-5} \quad K_3 = 26.8\%$$

取压降系数 $K_e = 0.75$,主绕组电流密度 $J = 6.4$ A/mm^2,则主绕组每极匝数、每极线圈分配、线径分别为:

$$N_{pm} = \frac{21.4 K_e U_N}{B_\delta D_{i1} L k_{dpm}} = \frac{21.4 \times 0.75 \times 220}{0.53 \times 7 \times 2 \times 0.804} = 591 \text{ 匝/极}$$

$$N_{1-7} = K_1 N_{pm} = 0.268 \times 591 = 158 \text{ 匝}$$

$$N_{2-6} = K_2 N_{pm} = 0.464 \times 591 = 274 \text{ 匝}$$

$$N_{3-5} = K_3 N_{pm} = 0.268 \times 591 = 158 \text{ 匝}$$

$$d_m = 1.13 \sqrt{\frac{I_m}{J}} = 1.13 \times \sqrt{\frac{0.325}{6.4}} = 0.255 \text{ mm}(用标准线径$$

$d_m = 0.25$ mm)

选电动机变比系数 $K_B = 1.28$,比值系数 $t_D = 0.95$,则副绕组每极匝数、每极线圈匝数分配、线径、电流分别为:

$$N_{pa} = K_B N_{pm} \frac{k_{dpm}}{k_{dpa}} = 1.28 \times 591 \times \frac{0.804}{0.804} = 756 \text{ 匝/极}$$

$$N_{4-10} = N_{1-7} = K_1 N_{pa} = 0.268 \times 756 = 202 \text{ 匝}$$

$$N_{5-9} = N_{2-6} = K_2 N_{pa} = 0.464 \times 756 = 351 \text{ 匝}$$

$$N_{6-8} = N_{3-5} = K_3 N_{pa} = 0.268 \times 756 = 202 \text{ 匝}$$

$$d_a = d_m t_D = 0.25 \times 0.95 = 0.237 \text{ mm}$$

$$I_a = \frac{I_m}{K_B t_D^2} = \frac{0.325}{1.28 \times 0.95^2} = 0.28 \text{ A}$$

副绕组选定标准线径 $d_a = 0.23$ mm。运转电容值可通过查表6—25选择，也可按下式求出，先选取系数 $K_c = 5$，$\cos\varphi = 0.8$，则

$$C = \frac{K_c I_N \times 10^3}{U_N \cos\varphi \, 2p} = \frac{5 \times 0.46 \times 10^3}{220 \times 0.8 \times 4} = 3.27 \approx 4 \; \mu F$$

$$U_C \geqslant \frac{3\,185 I_a}{C} = \frac{3\,185 \times 0.28}{4} = 223 \text{ V}$$

运转电容选工作电压 300 V，电容量 4 μF。

$$A = \frac{0.637 (N_{pm} I_m + N_{pa} I_a) \, 2p}{D_{il}}$$

$$= \frac{0.637 (591 \times 0.325 + 756 \times 0.28)}{7} \times 4 = 147 \text{ A/cm}$$

去槽楔后的梯形槽净面积 A_n 为：

$$A_n = \frac{b_1 + b_2}{2} (h'_s - h)$$

$$= \frac{4.8 + 7.6}{2} (11.3 - 2.7) = 53.32 \text{ mm}^2$$

从匝数分配知第5槽导线最多，导线的总截面积最大，为：

$$S_{n5} = 0.785 (N_{3-5} d_m^2 + N_{5-9} d_a^2)$$

$$= 0.785 (158 \times 0.25^2 + 351 \times 0.23^2) = 22.33 \text{ mm}^2$$

$$K_s = \frac{S_{n5}}{A_n} = \frac{22.33}{53.32} = 0.42$$

按第5槽校验槽满率 $K_s = 0.42$ 在允许范围内，线负载校验值 $A = 147$ A/cm 也在允许范围内，均校验合格，可进行重绕。

3. 圆形罩极电动机的绕组重绕计算

(1) 极数估算。凸极极数由铁心看出,隐极极数按式(6—78)算出:

$$2p = (0.35 - 0.4) \frac{z_1 b_t}{h_c}$$

(2) 估算电动机视在容量 P_s 和输出功率 P_N。

$$P_s = \frac{K_a B A D_{i1}^2 L}{2p} \text{ VA} \qquad (6—103)$$

输出功率 P_N 按式(6—80)算出:$P_N = p_s \eta \cos\varphi$ W

式中　K_a——经验系数,$K_a = 0.065 \sim 0.098$;
　　　A——线负载,A/cm,$A = 60 \sim 160$ A/cm;
　　　$\eta\cos\varphi$——电能功效系数,$\eta\cos\varphi = 0.23 \sim 0.71$,功率大者取较大值。

(3) 定子齿、轭磁密校验。

凸极式　$B_t = \dfrac{2.62 D_{i1} B_\delta}{2pb}$ T　　　　(6—104)

式中　b——凸极极宽,cm。

隐极式　$B_t = \dfrac{3.37 D_{i1} B_\delta}{z_1 b_t}$ T　　　　(6—105)

$$B_c = \frac{1.31 D_{i1} B_\delta}{2p h_c} \text{ T} \qquad (6—106)$$

上面校验式中,凸极罩极电动机 B_t 应控制在 $0.8 \sim 1.05$ T,B_c 应控制在 $0.8 \sim 1$ T;隐极罩极电动机 B_t 应控制在 $1.45 \sim 1.8$ T,B_c 应控制在 $1.1 \sim 1.5$ T。

(4) 电动机工作电流 I_N、主绕组每极匝数 N_{pm} 及线径 d_m。

$$I_N = \frac{P_s}{U_N} = \frac{P_N}{U_N \eta \cos\varphi} \text{ A} \qquad (6—107)$$

$$N_{pm} = \frac{1.56 K_e U_N}{K_a D_{i1} L B_\delta k_{dpm}} \text{ 匝/极} \qquad (6—108)$$

$$d_m = 1.13 \sqrt{\frac{I_N}{J}} \text{ mm} \qquad (6—109)$$

式中 K_e —— 压降系数，$K_e = 0.8 \sim 0.94$；

J —— 电流密度，A/mm²，$J = 3 \sim 5$ A/mm²。

若集中绕组，绕组系数 $k_{dp} = 1$；若分布绕组，其计算与其他的单相电动机相同。

(5) 线负载校验。

$$A = \frac{0.637 N_{pm} I_N 2p}{D_{i1}} \text{ A/cm} \qquad (6—110)$$

(6) 隐极式电动机分布罩极绕组的计算，又称副绕组计算。一般由 1 匝或几匝的同心线圈组成，可以采用连绕后作一处短接，或每极分别短接，通常罩住磁极的 $\frac{1}{2} \sim \frac{3}{4}$。同心线圈的最大节距 y_z、罩极绕组的线径 d_z、每极匝数 N_{pz}、主绕组每匝电动势 e、罩极电流密度 J_z 分别为：

$$d_z = (1.73 \sim 2.5) d_m \text{ mm} \qquad (6—111)$$

$$y_z = \left(\frac{1}{2} \sim \frac{3}{4}\right) \frac{z_1}{2p} \text{ 槽} \qquad (6—112)$$

$$N_{pz} = (0.92 \sim 1.38) \frac{2p N_{pm}^2 L_z}{(U_N d_z)^2} \text{ 匝/极}$$

$$\qquad (6—113)$$

$$e = \frac{U_N}{2p N_{pm}} \text{ V/匝} \qquad (6—114)$$

$$J_z = 55.6 \frac{e}{L_z} \text{ A/mm}^2 \qquad (6—115)$$

式中，L_z 为罩极绕组平均匝长，可根据罩极绕组的平均节距在铁心中试绕实测。而布线可根据每极匝数值采用等匝或不等匝分配同心线圈匝数。如果计算每极匝数不足 1 匝，则先按 1 匝试绕。若试车时严重过热，可能是主绕组每匝电动势过高，或罩极导线电流密度过大所致，应控制 e 在 $(0.2 \sim 0.4)$ V/匝，控制 J_z 在 $(14 \sim 28)$ A/mm²。e 过高要降低 B_δ 值重算，如 J_z 过大，可增加匝长（迂回布线），或适当减小罩极线径（以增加电阻）。

例 6—9 一台鼓风用罩极电动机的空壳,测得铁心外径 $D_1 = 13.5\text{ cm}$,内径 $D_{i1} = 6.9\text{ cm}$,长度 $L = 7\text{ cm}$,齿宽 $b_t = 0.45\text{ cm}$,轭高 $h_c = 1.4\text{ cm}$,$z_1 = 24$ 槽,试求主绕组及罩极绕组的重绕数据?电动机的额定电压为 220 V、50 Hz。电动机的极数为:

$$2p = (0.35 \sim 0.4)\frac{z_1 b_t}{h_c} = (0.35 \sim 0.4)\frac{24 \times 0.45}{1.4}$$

$$= 2.7 \sim 3.09 \text{ (取 } 2p = 4 \text{ 极)}$$

初选经验系数 $K_a = 0.07$,$B_\delta = 0.72\text{ T}$,$A = 125\text{ A/cm}$,功效系数 $\eta\cos\varphi = 0.65$,按式(6—103)计算容量为:

$$P_s = \frac{K_a B_\delta A D_{i1}^2 L}{2p}$$

$$= \frac{0.07 \times 0.72 \times 125 \times 6.9^2 \times 7}{4} = 525\text{ VA}$$

按式(6—80)计算输出功率为:

$$P_N = P_s \cdot \eta\cos\varphi$$

$$= 525 \times 0.65 = 341.25\text{ W}$$

$$B_t = \frac{3.37 D_{i1} B_\delta}{z_1 b_t} = \frac{3.37 \times 6.9 \times 0.72}{24 \times 0.45} = 1.55\text{ T}$$

$$B_c = \frac{1.31 D_{i1} B_\delta}{2p h_c} = \frac{1.31 \times 6.9 \times 0.72}{4 \times 1.4} = 1.16\text{ T}$$

齿、轭磁密均在允许的合理范围内,故取定 $B_\delta = 0.72\text{ T}$。

选压降系数 $K_e = 0.92$,$J = 5\text{ A/mm}^2$,则电动机工作电流、主绕组每极匝数及线径分别为:

$$I_N = \frac{P_s}{U_N} = \frac{525}{220} = 2.4\text{ A}$$

$$N_{pm} = \frac{1.56 K_e U_N}{K_a D_{i1} L B_\delta k_{dpm}} = \frac{1.56 \times 0.92 \times 220}{0.07 \times 6.9 \times 7 \times 0.72 \times 0.804} = 161\text{ 匝/极}$$

$$d_m = 1.13\sqrt{\frac{I_N}{J}} = 1.13\sqrt{\frac{2.4}{5}} = 0.78\text{ mm}$$

绕组采用正弦绕组,依据每极槽数 $\tau = 6$ 查表 6—26 序号 4,

绕组系数 $k_{dpm}=0.804$，线圈匝数分配参考例 6—8。最后选定标准线径 $d_m=0.77$ mm。

$$A=\frac{0.637N_{pm}I_N 2p}{D_{i1}}=\frac{0.637\times 161\times 2.4\times 4}{6.9}=143 \text{ A/cm}$$

实际线负载在允许范围内，校验通过。

罩极绕组线径为：
$$d_z=(1.73\sim 2.5)d_m=(1.73\sim 2.5)\times 0.77$$
$$=1.33\sim 1.92 \text{ mm}$$

暂定 $d_z=1.35$ mm QZ 型高强漆包圆铜线。

罩极绕组同心线圈最大节距为：
$$y_z=\left(\frac{1}{2}\sim\frac{3}{4}\right)\frac{z_1}{2p}=\left(\frac{1}{2}\sim\frac{3}{4}\right)\times\frac{24}{4}$$
$$=3\sim 4.5 \text{（取 } y_z=4 \text{ 槽）}$$

实测罩极线圈匝长 $L_z=0.28$ m，所以每极匝数为：

$$N_{pz}=\frac{(0.92\sim 1.38)2pN_{pm}^2 L_z}{(U_N d_z)^2}$$
$$=(0.92\sim 1.38)\frac{4\times 161^2\times 0.28}{(220\times 1.35)^2}=0.3\sim 0.45 \text{ 匝/极}$$

$$e=\frac{U_N}{2pN_{pm}}=\frac{220}{4\times 161}=0.34 \text{ V/匝}$$

$$J_z=55.6\frac{e}{L_z}=55.6\times\frac{0.34}{0.28}=67.5 \text{ A/mm}^2$$

检验每匝电动势在允许范围，但 J_z 超过允许值，故减小线径为 $d_z=1.16$ mm，又反绕 2 匝使匝长增加到 $L_z=0.92$ m，此时

$$N_{pz}=\frac{(0.92\sim 1.38)2pN_{pm}^2 L_z}{(U_N d_z)^2}$$
$$=(0.92\sim 1.38)\frac{4\times 161^2\times 0.92}{(220\times 1.16)^2}=1.35\sim 2.02 \text{ 匝/极}$$

$$J_z=55.6\frac{e}{L_z}=55.6\times\frac{0.34}{0.92}=20.5 \text{ A/mm}^2$$

最后取定 $N_{pz}=2$ 匝，即每极两只线圈，每只线圈迂回绕 3 匝，即有效匝数为 1 匝，保证电密验算在允许范围内。

4. 框形罩极电动机的绕组重绕计算　框形罩极电动机是指凸极两极结构，罩极为短路环，功率只有几瓦至十几瓦。

(1) 主绕组匝数 N_m。

$$N_m = \frac{48.4 K_e U_N}{B_c h_b L} \text{ 匝} \qquad (6—116)$$

式中　h_b——铁柱（径向）宽度，cm；
　　　B_c——轭部磁密，为 $(0.8\sim1)$ T。

(2) 主绕组线径 d_m。

无铭牌功率时的线径　$d_m = \sqrt{\dfrac{K_n S_b}{N_m}}$ mm　　(6—117)

式中　K_n——填充系数，常取 $K_n = 0.38\sim0.45$；
　　　S_b——窗口面积，且 $S_b = ab$ mm²。

有铭牌功率时的线径按公式（6—109）计算

$$d_m = 1.13 \sqrt{\frac{I_N}{J}} \text{ mm}$$

式中　J——电流密度，在 $(3\sim5)$ A/mm 内选择。

额定电流　　$I_N = \dfrac{P_N}{U_N \eta \cos\varphi}$ A

式中　$\eta\cos\varphi$——电能功率系数，在 $(0.05\sim0.2)$ 内选择。

(3) 校验气隙磁密 B_δ。

$$B_\delta = \frac{14.35 K_e U_N}{\alpha D L N_m} \text{ T} \qquad (6—118)$$

式中　α——极弧系数，$\alpha = 0.6\sim0.9$；
　　　D——定子磁极内径，(cm)。

气隙磁密 B_δ 应控制在 $0.15\sim0.3$ T 范围内。

(4) 罩极短路环的计算。罩极短路铜环损坏时应拆去，再将原规格导线嵌入后将它焊接即可，只有启动性能极差，或过热烧

坏时,才进行校验性的计算。一般,凸极短路铜环截面积 S_K 的计算公式为:

$$S_K = K \frac{d_m^2 N_{pm} L_K}{2pL_p} \text{ mm}^2 \qquad (6—119)$$

式中 K ——比例系数,且 $K = 0.785 \sim 1.57$;

d_m ——主绕组线径,mm;

N_{pm} ——主绕组每极匝数;

L_K ——短路环匝长,cm;

L_p ——主绕组线圈平均匝长,cm;

$2p$ ——电动机极数。

例 6—10 一框形罩极电动机内径 $D = 3$ cm,铁柱宽 $h_b = 1.5$ cm,叠厚 $L = 1.75$ cm,窗口面积为 $S_b = 12 \times 32 = 384$ mm²,用于 220 V 电源,试求绕组重绕数据?

选压降系数 $K_e = 0.82$,$B_c = 0.95$ T,则主绕组匝数 N_m 为:

$$N_m = \frac{48.4 K_e U_N}{B_c h_b L} = \frac{48.4 \times 0.82 \times 220}{0.95 \times 1.5 \times 1.75} = 3501 \text{ 匝}$$

选填充系数 $K_n = 0.38$,则主绕组线径 d_m 为:

$$d_m = \sqrt{\frac{K_n S_b}{N_m}} = \sqrt{\frac{0.38 \times 384}{3501}} = 0.204 \text{ mm}$$

最后选定标准线径 $d_m = 0.2$ mm QZ 型高强漆包圆铜线。

六、多速异步电动机

多速异步电动机又称变极调速电动机。从异步电动机的转速关系式 $n = \frac{60 f_1}{p}(1-s)$ 可知,三相异步电动机可通过变极实现调速。做法有只嵌放一套定子绕组,改变其接线方式;或嵌放两套极对数各不相同的独立绕组,且每套绕组又有不同的接线组合,实现减极升速,增极降速的目的。由于要满足定、转子极对数要对应的要求,从调节方便起见,这类电动机转子绕组均为笼型。变极的方法有反向法、换相法和变跨距法,下面以常用的单绕组多速异步电动机为例，分析其变极原理。

1. 反向法　将各相绕组的部分线圈按一定的规律反接，以改变其电流方向来实现变极，倍极比2∶1和非倍极比3∶2的变极原理图如图6—88和图6—89所示。此方法绕组出线端少，工艺简单，转换操作方便，较经济，故常采用，但分布系数有所降低。

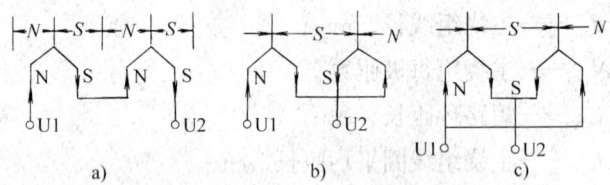

图6—88　倍极比变极原理图
a) 两个半相顺串($2p$)　b) 两个半相反串(p)　c) 两个半相反并(p)

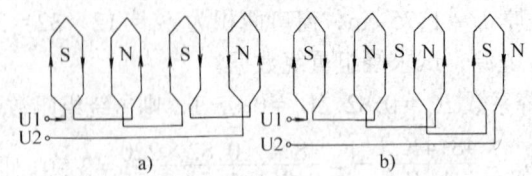

a)　　　　　b)

图6—89　非倍极比异步电动机变极原理图
a) 四极　b) 六极

36槽2/4极2Y/△双速绕组排列表见表6—27，二极为60°相带，四极为120°相带，变极时具有反转向可变转矩特性。选用节距$y_1=9$，二极$k_d=0.956$、$k_p=0.707$、$k_{dp}=0.676$；四极$k_d=0.83$、$k_p=1$、$k_{dp}=0.83$，其绕组接线图如图6—90所示，引出线6根。"＊"号表示电流反向。

表6—27　　36槽2/4极双速绕组排列表

槽号	1	2	3	4	5	6	7	8	9	10	11	12	13	14	15	16	17	18
2极	a	a	a	a	a	$-c$	$-c$	$-c$	$-c$	$-c$	$-c$	b	b	b	b	b	b
4极	a	a	a	a	a	a	c	c	c	c	c	c	b	b	b	b	b	b
反向指示							＊	＊	＊	＊	＊	＊						

续表

槽号	19	20	21	22	23	24	25	26	27	28	29	30	31	32	33	34	35	36
2极	-a	-a	-a	-a	-a	-a	c	c	c	c	c	c	-b	-b	-b	-b	-b	-b
4极	a	a	a	a	a	a	c	c	c	c	c	c	b	b	b	b	b	b
反向指示	*	*	*	*	*	*							*	*	*	*	*	*

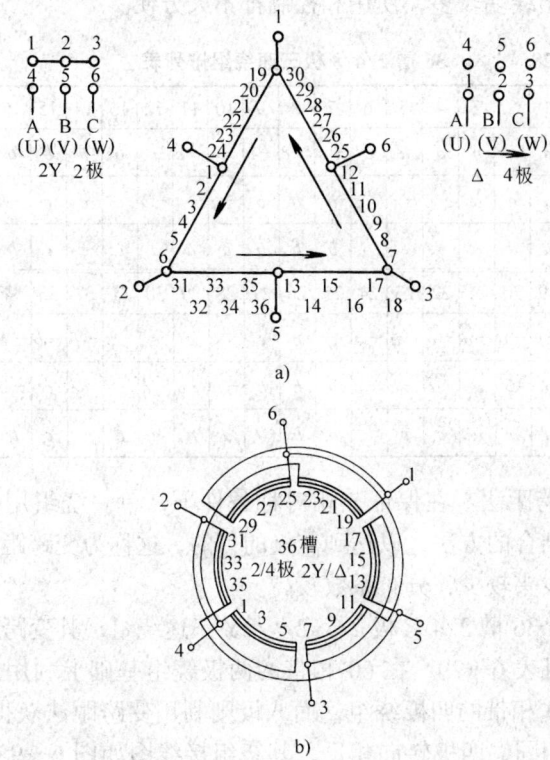

图6-90 36槽2/4极2Y/△双速绕组接线图

2. 换相法 在部分线圈反接的同时,适当改变某些线圈的相号,使各种极数都有较高的分布系数,这称之为换相法,多用于单绕组三速电动机。

例如,36槽2/4/8极2△/2△/2Y三速绕组,其绕组排列表见表 6—28。绕组二、四极是用换相法变极，八极则在四极基础上采用庶极接法获得，二、四极转向相同，八极转向相反，其绕组接线图如图 6—91 所示，引出线 12 根。选用节距 $y_1 = 6$，二极的 $k_d = 0.956$、$k_p = 0.5$、$k_{dp} = 0.478$；四极 $k_d = 0.96$、$k_p = 0.866$、$k_{dp} = 0.831$；八极 $k_d = 0.844$、$k_p = 0.866$、$k_{dp} = 0.731$。这种方法出线端较多，使用和控制都不大方便。

表 6—28　　36 槽 2/4/8 极三速绕组排列表

槽号	1	2	3	4	5	6	7	8	9	10	11	12	13	14	15	16	17	18
2 极	a	a	a	a	a	a	-c	-c	-c	-c	-c	-c	b	b	b	b	b	b
4 级	a	a	a	-c	-c	-c	b	b	b	-a	-a	-a	c	c	c	-b	-b	-b
8 极	a	a	a	c	c	c	b	b	b	a	a	a	c	c	c	b	b	b
槽号	19	20	21	22	23	24	25	26	27	28	29	30	31	32	33	34	35	36
2 极	-a	-a	-a	-a	-a	-a	c	c	c	c	c	c	-b	-b	-b	-b	-b	-b
4 级	a	a	a	-c	-c	-c	b	b	b	-a	-a	-a	c	c	c	-b	-b	-b
8 级	a	a	a	c	c	c	b	b	b	a	a	a	c	c	c	b	b	b

3. 变跨距法　在保证三相对称条件下，单一绕组用两种不同跨距相结合的方法，以达到变极的目的，这称为变跨距法，其优点是出线头较少，分布系数较高。

例如，36 槽 2/4/8 极 2△/2△/2Y 三速绕组，其变跨距法绕组排列表见表 6—29，在 60°相带的两极绕组基础上利用庶极接法获得 120°相带的四极绕组，而八极则用变跨距法获得，二、八极转向相同，四极转向相反，其绕组接线图如图 6—92 所示，引出线 9 根。线圈节距 $y_大 = 12$，$y_小 = 6$，二极的 $k_d = 0.956$、$k_p = 0.707$、$k_{dp} = 0.676$；四极 $k_d = 0.832$、$k_p = 1$、$k_{dp} = 0.832$；八极 $k_d = 0.731$、$k_p = 0.866$、$k_{dp} = 0.633$。

本方法在确定跨距时，须照顾多极数下的功率，倍极比双速绕组跨距常取接近或等于多极时的满距。

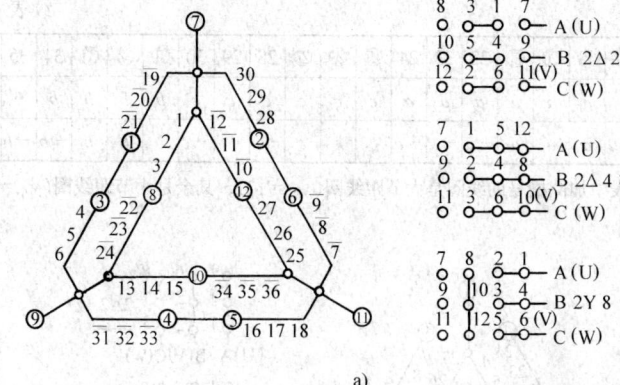

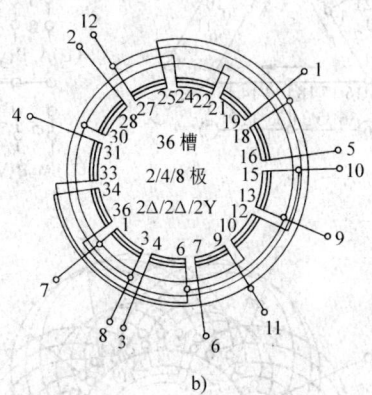

图 6—91 36 槽 2/4/8 极 2△/2△/2Y 三速绕组接线图

表 6—29 36 槽 2/4/8 极三速绕组排列表

槽号	①	②	③	4	5	6	⑦	⑧	⑨	10	11	12	⑬	⑭	⑮	16	17	18
2 极	a	a	a	a	a	a	$-c$	$-c$	$-c$	$-c$	$-c$	$-c$	b	b	b	b	b	b
4 极	a	a	a	a	a	c	c	c	c	c	c	c	b	b	b	b	b	b
8 极	a	a	$-a$	$-a$	$-a$	c	c	c	$-c$	$-c$	$-c$	b	b	b	$-b$	$-b$	$-b$	$-b$
槽号	⑲	⑳	㉑	22	23	24	㉕	㉖	㉗	28	29	30	㉛	㉜	㉝	34	35	36
2 极	$-a$	$-a$	$-a$	$-a$	$-a$	$-a$	c	c	c	c	c	c	$-b$	$-b$	$-b$	$-b$	$-b$	$-b$

续表

槽号	⑲	⑳	㉑	22	23	24	㉕	㉖	㉗	28	29	30	㉛	㉜	㉝	34	35	36
4 极	a	a	a	a	a	a	c	c	c	c	c	c	b	b	b	b	b	b
8 极	a	a	$-a$	$-a$	$-a$	$-a$	c	c	c	$-c$	$-c$	$-c$	b	b	b	$-b$	$-b$	$-b$

注：表中加圈槽号的线圈是大节距线圈（$y_大 = 12$），其余是小节距线圈（$y_小 = 6$）。

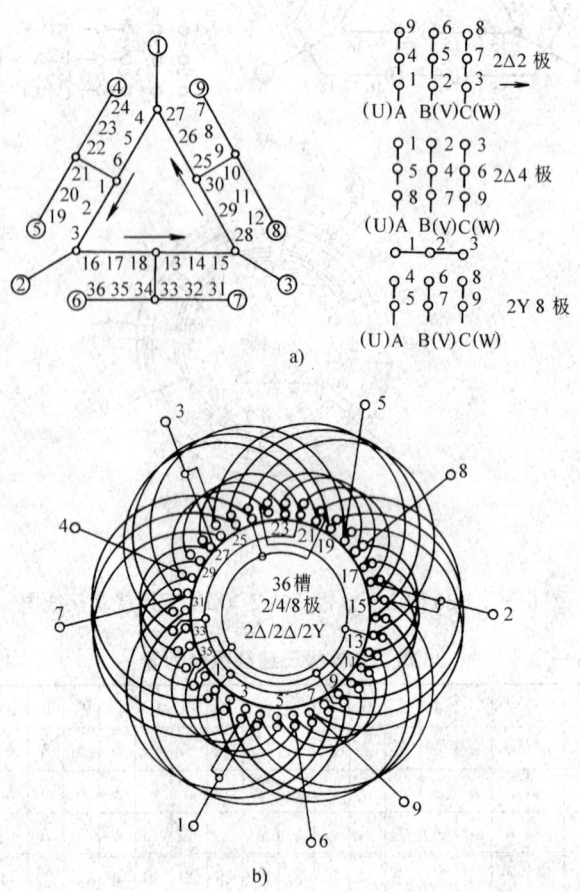

图 6—92 36 槽 2/4/8 极 2△/2△/2Y（变跨距）三速绕组接线图

4. 变极调速电动机应注意的问题

(1) 电动机转向。由于变极引起绕组电角度的改变，相序也会改变，从而转向要改变，若要保持原转向，则接至电源的端头次序应作相应改动（接反相序）。

(2) 变极调速方式与负载类型的配合。由于接线与绕组排列的不同，电动机在不同极数时，输出转矩和功率有恒转矩、恒功率及可变转矩等，这三种情况，同样也有个与恒转矩、恒功率等负载配合的问题，否则会引起电动机过载或得不到充分利用。

(3) 绕组系数。因调速时每极每相槽数 q 与节距的变化、槽距角的变化，必然引起绕组系数的变化。对恒功率负载，应采用不同极数下，绕组系数相近且较高的方案。对恒转矩负载，应选择少极数时绕组系数应高，多极数时绕组系数应低。

(4) 变极调速控制。其电器控制线路参看第十章。至于多速异步电动机的拆装和检修、试验等的方法及步骤与普通笼型异步电动机相同，只是检查定子绕组电气故障上稍为麻烦些，要理顺各个抽头和端头。

§6—5 特殊用途的异步电动机

一、电磁调速异步电动机

电磁调速异步电动机又称滑差电动机，它由笼型异步电动机、电磁转差离合器（又称滑差离合器、涡流离合器）及控制器三大部分组成。离合器主要由电枢、磁极、励磁绕组等构成。JZT 系列电磁调速异步电动机有组合式结构(1~7号机座)与整体式结构(8、9号机座)两种。组合式滑差电动机结构如图 6—93 所示。

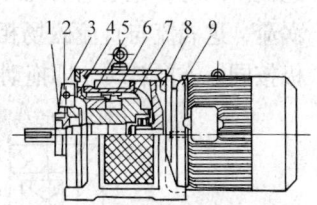

图 6—93 滑差电动机结构
1—测速发电机 2—接线盒
3—端盖 4—托架 5—磁极
6—励磁绕组 7—电枢
8—机座 9—感应电动机

1. 调速原理　笼型异步电动机为原动机，它本身并不调速，而是通过励磁装置（或控制器）控制离合器的励磁电流 I_f，即改变 I_f 的大小就可以调节离合器的输出转速，以达到调速的目的，如图 6—94 所示。电枢是一个由铸钢制成的圆筒，套在笼型电动机轴的一端，构成主动转子，它兼有导磁和导电的作用。磁极一般制成爪形结构，爪形磁极互相穿插，并固装在另一根轴（该轴是连接机械负载的，又称机械从动轴）上，构成从动转子。磁极装有励磁绕组，有的离合器励磁绕组就装在从动转子爪形磁极中间，励磁用的直流电从轴上滑环及炭刷通入。

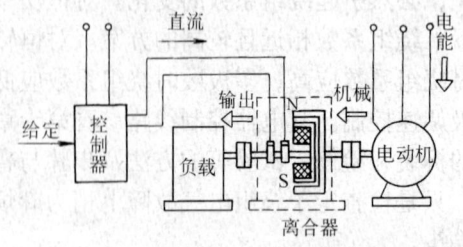

图 6—94　电磁转差离合器调速系统图

电枢与磁极之间有一气隙，当励磁绕组流过由控制器供给的直流励磁电流 I_f 后，沿气隙圆周的各爪极便形成若干对 N、S 交替的磁极。同时，笼型电动机带动电枢旋转，电枢切割磁力线而感应出涡流，这涡流与直流磁场相作用便产生电磁转矩 T_{em}，从而拖动磁极按同一方向旋转，即拖动生产机械旋转，如图 6—95 所示。

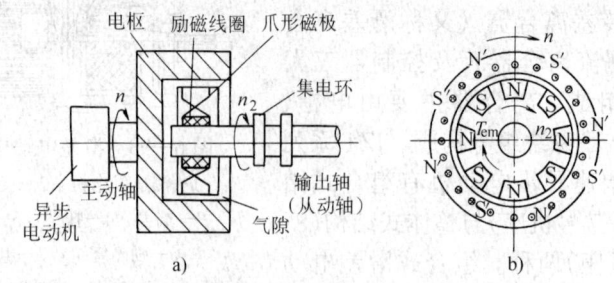

图 6—95　滑差离合器的结构及工作原理

笼型电动机转速 n 是不变的，从动轴的转速 n_2 恒低于主动轴的转速，因为只有存在转差，才能使电枢有感应电动势和感应涡流（这点与感应电动机相似）。又因为转矩和磁场的强弱有关，I_f 大，磁场强，T_{em} 就大，n_2 就高；相反 I_f 小，磁场弱，T_{em} 就小，n_2 就低。所以，只要改变励磁电流 I_f 的大小，就能调节离合器的输出转矩及工作机械的转速。

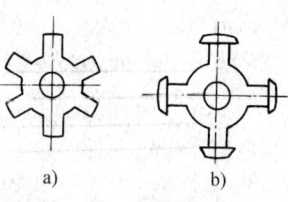

图 6—96　磁极结构示意图
a) 感应子式　b) 凸极式

离合器的磁极除低极结构外，还有感应子式和凸极等形式，如图 6—96 所示。感应子式磁极构造简单，但材料利用率低，一般用于小功率或爪极受限制的场合。凸极式性能较好，但励磁绕组用铜量大，多用于大型离合器。

2. 机械特性　离合器的固有机械特性较软，当负载变化时，转速变化很大。因此，电磁调速异步电动机（如 JZT 系列）都配以带速度负反馈的晶闸管闭环控制器，使励磁电流能随转速的变化自动调节，从而保证转速基本稳定，其人为机械特性如图 6—97 所示。

为实现速度负反馈，JZT 系列滑差电动机采用交流三相永磁式测速发电机（额定为 5 W、50 V、200 Hz、1 500 r/min），JZTM 型电动机则采用脉冲测速发电机（又叫磁阻变送器），如图 6—98 所示，它是利用齿轮旋转时齿槽位置的变化引起磁通的变化，从而在线圈中感应电动势。因为脉冲频率与转速成线性关系，这种方式更适合于多台离合器同步运行或按给定的转速比例并列运行的场合。

3. 优缺点　滑差电动机的传递效率为 $\eta = \dfrac{n_2}{n}$，输出功率为 $P_2 = P_N \eta$（P_N 为笼型电动机的额定功率）。在高速时，η 为 80%～85%，随着转速的降低，输出功率将减小，故适用于恒转

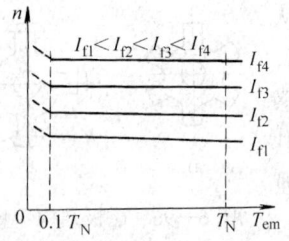
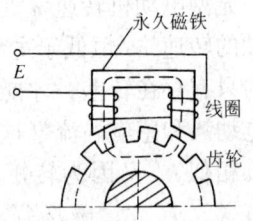

图 6—97 滑差离合器的人为机械特性　　图 6—98 脉冲测速发电机

矩及风机型负载,不适用于恒功率负载;而且低速时 η 较低,不宜长期低速运行。另外,空载和轻载时(负载转矩小于 10% 额定值)会产生失控现象,即 $n_2 \approx n$,转速变化很小,即速度调节不了。

但滑差电动机启动力矩大、启动平滑,加入速度负反馈闭环控制系统后,调速范围广,在调速范围内能均匀地、连续地无级调速。

4.拆装与检修　电磁调速电动机的拆卸、安装和检修除遵照普通异步电动机的步骤及规定外,还应注意滑差离合器和控制器(晶闸管调速系统)有无故障,元件是否损坏,励磁绕组是否断线、短路、接地,磁极是否与电枢相摩擦等。检修完毕,试车之前须认真检查并接线,并保证在一定的励磁及负载下进行试车,出现异常情况时应先拉开电动机的电源。

二、防爆电动机

当氢、乙炔、甲烷、石油气、煤气、二硫化碳等类气体或液体蒸气与空气混合达到危险浓度时,一遇到火花或高温就会爆炸。因此,存在这类气体的场合,所用的电气设备,应该是防爆的,烧油的火电厂、漆厂、燃料厂、油站等区域所用的电动机,一般都选用防爆电动机。

1.防爆电动机的结构特点　引起爆炸必须具备两个条件,即爆炸性混合物(某种易燃气体与空气混合)达到爆炸极限(引起爆炸的最低或最高浓度），以及有火花、电弧或危险温度存在。防爆电动机必须能排除或克服这些爆炸条件。

根据防爆的原理不同，防爆电动机可分为隔爆型、安全型、通风充气型等。所谓隔爆型，即允许电动机内产生火花、电弧，也允许进入机壳内的爆炸性混合物爆炸，但将这个爆炸限制在隔爆的机壳内，不让外传。所谓安全型，即采取加强措施，尽量避免或减少发生事故的火花、电弧或危险温度的机会。所谓通风充气型，即允许电动机内有火花、电弧产生，但用新鲜空气或惰性气体层，将火花、电弧与外部爆炸性混合物隔离开来，不使其冲出有与爆炸性混合物接触爆炸的可能。

防爆电动机的种类很多，目前普遍采用的有 BJO_2、AJO_2、JBR（绕线式）等系列。防爆电动机运行原理与普通感应电动机运行原理基本相同，所不同的主要是结构方面。下面，以 BJO_2 系列隔爆型电动机为例，说明防爆电动机与普通感应电动机的主要区别。另外，要保证隔爆，必须对机壳、防爆接合面、接线盒、观察窗、进线装置、紧固零件等分别提出要求。

(1) 隔爆机壳。要有足够的机械强度，使之能承受爆炸压力与外力冲击而不损坏。为了提高机械强度，机壳可用钢板或铸钢制造。此外，要控制好机壳表面温度，使其不能达到危险温度。

(2) 防爆接合面。机壳里外相通的缝隙称为防爆接合面，这些缝隙均制成隔爆的结构。为了隔爆，隔爆面的粗糙度应不低于 0.5，还要采取防锈措施（如电镀、磷化等）。另外，静止部分的隔爆接合面的最小有效长度、隔爆接合面边缘至螺孔边缘的最小有效长度、转轴与轴孔的隔爆接合面的最大直径差和最小有效长度等，均须保证一定的尺寸大小，否则会传爆。

(3) 接线盒。必须制成独立的隔爆空腔，这是考虑到万一接线盒的进线口处理不当也不会影响主空腔的隔爆性能。进线口一般采用弹性密封垫压紧导线、电缆的方法进行密封或采用其他措施密封。弹性密封垫一般用邵尔氏硬度 45~50 的橡胶制成。

(4) 观察窗。其透明板要有足够的机械强度,且外露部分的面积应尽量减小。

(5) 紧固零件。隔爆接合面用的螺钉与螺母要有防松装置(如弹簧垫圈)。螺钉不许穿透机壳,螺孔周边及底部厚度要不小于 3 mm。连接平面接合面的两相邻螺杆的间距不大于 120 mm。BJO_2 系列隔爆型电动机的结构如图 6—99 所示。

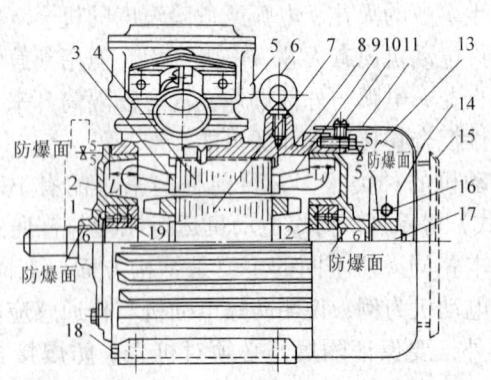

图 6—99　BJO_2 系列隔爆型电动机的结构图
1—轴承　2—端盖　3—绝缘　4—定子铁心　5—接线盒　6—吊环
7—转子　8—机壳　9—定子绕组　10—固定螺钉　11—六角螺钉及弹簧垫圈
12—轴承内挡　13—风扇　14—风罩　15—顶罩　16—六角螺母及六角螺钉
17—转轴　18—六角螺钉及垫圈　19—弹簧圈

2. 对防爆电动机的要求　对防爆电动机的要求包括有良好的接地,有耐潮、防漏电、防放电的措施,并必须标出防爆标志及机壳表面允许温度。防爆标志要按类型、级别、组别标出。

所谓级别,即爆炸性混合物按传爆能力强弱(即试验最大不传爆间隙大小)划分成四级,作为确定结构间隙的根据,级数越大,试验最大不传爆间隙越小,如 1 级的间隙 $\delta > 1$ mm,4 级的间隙 $\delta \leqslant 0.4$ mm。

所谓组别,即爆炸性混合物,按自燃温度的高低分成五组,作为额定工作状态下机壳表面允许温度值的根据。五组为 a、b、

c、d、e。组数 a，对应于混合物的自燃温度 $T>450℃$；组数 e，对应于混合物的自燃温度为 $100℃<T<135℃$。如 BJO_2 系列隔爆型电动机，"B2d"型说明适用于 2 级 a、b、c、d 组爆炸性混合物的场所。一般防爆电动机在额定工作状态下，外壳表面的允许温度不得超过表 6—30 所列数值。

表 6—30　　防爆电动机外壳表面允许温度

级别	a	b	c	d	e
温度（℃）	360	240	160	110	80

3. 安全型防爆电动机　主要从以下几方面防止火花、电弧或危险温度的产生：

（1）防水，防外物侵蚀。

（2）降低绝缘绕组的额定允许温升。

（3）控制转子堵转时达到危险温升的时间。

（4）提高绕组的匝间绝缘及对地绝缘的试验电压。

（5）提高导体连接的可靠性。

（6）控制定、转子之间最小单边气隙等。

4. 防爆电动机的运行维护及检修　其运行维护和检修与普通感应电动机的方法相同。通过目测法和仪表法检查防爆电动机的机械故障、电气故障以及接地是否良好，外壳及轴承温度是否过高，定、转子间是否有扫膛现象，轴端风扇固定是否牢靠，有无异常声响及气味。借助摇表、万用表、电桥、转速表检测绝缘电阻、电压、相电阻、转速是否符合要求。另外，特别注意密封件、密封面、密封垫是否爆裂、渗透、变质、变形、缺块和松动等。

5. 防爆电动机的拆装与调试　拆装步骤大体上与普通感应电动机相同。这里须强调的是在拆装过程中，密封垫、密封件严禁沾尘、沾水、沾污秽，别放置于高温的物体上，拧螺钉、螺母时要格外小心，别太紧或太松。和多速电动机、电磁调速电动机一样，如果是重新安装，须进行水平校正、传动装置校正、旋转平衡校正等。

（1）水平校正。用水平仪，并将 0.5～5 mm 钢片垫在机脚下进行校正。

（2）传动装置校正。包括带传动装置校正、联轴器传动装置校正、齿轮传动装置校正。采用带传动的机组，电动机带轮的轴线与被驱动机械带轮的轴线应平行，两个带轮的宽度中心线应在同一直线上（若两带轮宽度相同，校正可在轮的侧向进行）。

联轴器传动装置的校正可用卡子或钢尺进行，校正时先拆下联轴器连接螺钉，用塞尺测量径向间隙及轴向间隙，然后依次旋转 90°、180°及 270°分别进行测量，边测量边调整，这样重复几次，直到每次测得的径向间隙分别相等、轴向间隙分别相等为止（误差不超过 0.08～0.1 mm）。

齿轮传动装置校正有两种情况，一种是通过减速机传动；另一种是两齿轮直接啮合传动；前者通常用联轴器与电动机连接，校正与联轴器传动校正相同；后者电动机的轴与被驱动机械的轴应平行，两齿轮才会啮合适当。校正时，可用塞尺测量啮合间隙，如间隙均匀且在允许值内（一般为 0.1～0.3 mm），说明两轴已平行。

（3）平衡校正。旋转部分不平衡是由于结构缺陷或制造不良所造成的。转子不平衡有静不平衡与动不平衡两种，可用人工或专用平衡机校正。校正过程包括确定平衡块的质量与安放位置，即在转子适当地方固定一重物，它在转子上产生的作用力与不平衡力大小相等、方向相反。对低速及较短的转子，一般只校正静平衡，而对高速及较长的转子必须校正动平衡，动平衡校正通常在专用平衡机上进行。

在现场校正静平衡时，可用两根长 1 m 左右的角钢，一边刨出 45°斜口，将两根角钢平行且水平地安装在牢固的基础上，斜口是一条直线，然后把转子两轴伸端搭放在斜口上，如图 6—100 所示。用力使转子在斜口上慢慢滚动，当转子不平衡时，它由滚动到自行停止，必然是重边向下，在最低点做上记号，再将转子向左（或右）转 90°即放手，看它是否向右（或左）转去，经多次摇摆，在轴下部做好记号，最后将记号处转到上面，放手后如转子自转或摇摆停下时，记号仍在下面，说明记号处即是转子的偏重点。

为了校正不平衡的转子，在偏重点的对边端环上粘上配重用的白胶泥，重复上边试验，直到配置适合时（这时转子可在任何位置停住），称下配重白胶泥的质量，用同质量的金属制成平衡块，固定在端环上或专用的平衡盘上，固定方法是用燕尾槽或螺钉固定。当配

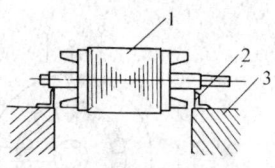

图6—100 转子静平衡试验
1—转子 2—角钢 3—基础

重很小，端环截面裕度较大时，也可在偏重处钻几个浅孔，使钻下来的金属末的质量与白胶泥质量相等，这样也可以使转子达到平衡。

§6—6 同步电动机

交流电动机除工农业生产中常用的异步电动机外，还有同步电动机，同步电动机一般用来拖动恒转速大功率的生产机械，如大型水泵、大型空气压缩机等。

一、同步电动机的基本结构和工作原理

同步电动机的主要特点是，它的转子转速 n 与电流的频率 f 始终保持如下严格的关系：

$$n = \frac{60f}{p}$$

同步电动机的结构可分为电枢和磁极两大部分。绝大部分同步电动机采用旋转磁极的结构，即定子为电枢，转子为磁极。只有某些小容量的同步电动机采用旋转电枢的结构。

旋转磁极式同步电动机的定子（电枢）和异步电动机定子的结构是相同的。在开有槽的定子铁心上，嵌装有三相绕组。而其转子有两种构造形式：隐极式（见图6—101a）和显极式（见图6—101b）。隐极式绕组嵌于转子槽中，结构牢固，能承受强大的离心力，多用于高速电动机；显极式则用于低速电动机。

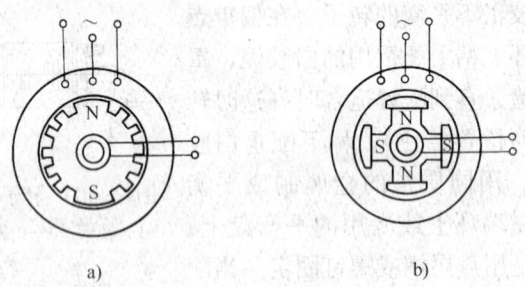

图6—101 显极式及隐极式同步电动机示意图
a）隐极式 b）显极式

转子绕组的励磁，由单独的励磁直流发电机（励磁机）供给，或由硅整流器供给。励磁功率很小，只有电动机功率的1%～2%，所以把励磁绕组布置在转子上，而把实现机电能量转换的电枢绕组布置在定子上，这样可以避免通过滑动接触传送大功率。目前的趋势是使用硅整流器励磁，就是把交流励磁机发出的交流电经硅整流器整成直流电后，再送给同步电动机转子绕组励磁。有时将交流励磁机、硅整流器与同步电动机同轴安装，由于没有了滑动接触，所以提高了运行的可靠性。

在同步电动机定子内通以三相交流电，转子通以直流电，则定子产生三相旋转磁场，而转子产生恒定直流磁场，两个磁场相互作用，电动机转子受力转动，这就是同步电动机的工作状态。由于同步电动机转子的转矩是旋转磁场与转子磁场的异性磁极间的吸引力所产生的，所以定子旋转磁场转速 n_1 与转子转速 n 是相等的，即

$$n = n_1 = \frac{60f}{p}$$

如果电源频率 f 不变，旋转磁场转速恒定，则电动机的转速便也恒定，它不随负载大小的变化而变化，故这种电动机称为同步电动机。

和直流电动机一样，同步电动机也是可逆的，既可作为电动机，又可作为发电机。

二、同步电动机的运行特性

同步电动机通常做成显极式。定子绕组通以三相交变电流，产生转速为 n_1 的旋转磁场；转子绕组通以直流电流，产生静止的磁场。当转子不动时，定子旋转磁场以同步转速 n_1 对转子磁场作相对运动，假设代表旋转磁场的定子磁极运动方向由左向右，并在某一瞬时转至图6—102a所示位置，在这瞬时可以看到，定子磁极和转子磁极相互作用所产生的转矩推动转子由左向右运动。但因转子具有一定的转动惯量，在此转矩作用下，转子不可能加速到同步转速。半个周期以后（对50周的频率来说，只有 $\frac{1}{100}$ 秒），定子磁极向前移动了一个极距，到达图6—102b所示的位置，此时定子磁极对转子磁极产生的力为排斥力，将阻止转子的转动。这样，转子是不能获得一个固定方向的转矩而启动的。

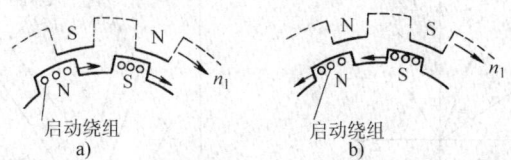

图6—102 同步电动机启动时定子磁极对转子磁极的作用

如果借助外力使转子启动，而且使其转速接近于同步转速，使定子磁极与转子的相对运动速度趋近于零，这时接通转子的励磁电路，便可产生推动转子转动的同步转矩，也就能使转子加速到同步转速。转子被带入同步以后，其磁场与定子磁场相对静止，电磁转矩的方向就不再改变，电动机转入稳定的同步运转。

现代同步电动机的启动，多采用异步启动的方法，在显极式同步电动机的转子上，装有与异步电动机笼型绕组相似的启动绕组，如图 6—102 所示。当同步电动机未达同步转速以前，定子磁场将在启动绕组中感应一电流，这一电流与定子旋转磁场相互作用产生异步电磁转矩，同步电动机便作为异步电动机而启动。在转速接近同步转速（通常在 $S = 5\%$）时，再给予直流励磁，将电动机牵入同步。

在电动机中，$\dot{U}$ 是电源电压，$\dot{E}_0$ 是反电动势，$\dot{I}X_T$ 是电动机内部的阻抗降压。同步电动机的电压平衡方程为：

$$\dot{U} = -\dot{E}_0 + j\dot{I}X_T$$

当 $\dot{I}$ 超前时，其相量图如图 6—103 所示。

同步电动机在负载不变的条件下，定子电流的有功分量不变，改变转子直流励磁电流，可以改变定子电流的无功分量，从而改变定子电流的大小和相位。定子电流和励磁电流的关系曲线 $I = f(I_f)$ 呈 V 形，称 V 形曲线，如图 6—104 所示。把 $\cos\varphi = 1$ 时的励磁称正常励磁，而把低于正常励磁的称欠励磁，高于正常励磁的称过励磁。由图 6—104 可看出，过励磁时同步电动机

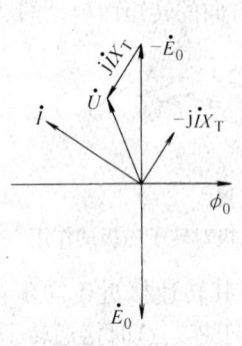

图 6—103 同步电动机 $\dot{I}$ 超前时的相量图

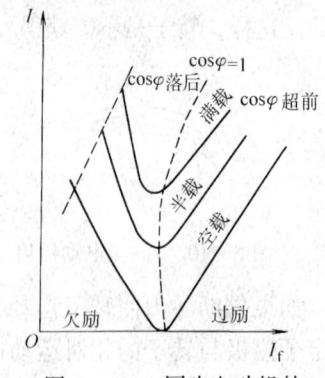

图 6—104 同步电动机的 V 形曲线

向电网获取超前电流，可补偿异步电动机的落后电流，从而提高电网的功率因数。

同步电动机与异步电动机相比，有价格高、需直流励磁电源、启动过程复杂等缺点；但它也有转速恒定、运行效率高、功率因数可调等优点，因此在某些场合还是值得采用的。

由于同步电动机在中、小型企业应用较少，故本书不再介绍同步电动机的故障及修理。同步电动机定子结构与异步电动机是相似的，对异步电动机定子部分的故障分析和处理也适用于同步电动机。与同步电动机配套的直流励磁机就是一台直流发电机，对直流发电机的故障分析及处理，同样也适用于直流励磁机。

【习题】

1. 三相交流异步电动机的工作原理是怎样的？常用的交流定子绕组形式有哪些？

2. 三相交流异步电动机和变压器的等效电路和相量图有何异同？同等容量时谁的 Z_m 大？为什么？

3. 三相交流异步电动机有哪些功率和损耗？与对应的转矩关系如何？

4. 三相交流异步电动机的机械特性包含哪四点特殊点？工作特性有哪几条？表示什么意思？

5. 三相交流异步电动机的拆装步骤如何？应注意什么？

6. 三相交流异步电动机的正常运行维护包括哪些内容？常见故障项目有哪些？处理的方法怎样？

7. 三相交流异步电动机的机械结构部件叫什么名称？轴承与机座如何进行检修？

8. 如何检查电动机定子绕组的断路、短路、接地故障？

9. 三相交流异步电动机修理后的一般检查及试验怎样进行？需要什么仪表及电气设备？

10. 单相交流异步电动机是怎样分类的？其绕组结构及故障检修与三相异步电动机有何异同？

11. 单相交流异步电动机与三相交流异步电动机的绕组重绕计算有何异同？其步骤怎样？

12. 多速电动机、电磁调速电动机、防爆电动机在结构上有什么特点？其拆装、检修、接线、调试、试车等与普通异步电动机有何异同？

13. 同步电动机为什么没有启动转矩？它采用什么方法启动？

14. 同步电动机的功率因数随什么因素的影响而发生变化？分析同步电动机在负载一定时，调节励磁电流对功率因数的影响。

15. 如果励磁电流一定，当负载变化时，同步电动机功率因数是否会发生改变？怎样改变？

第七章 直流电机

本章主要介绍直流电机的基本结构、电枢绕组、磁场、电枢反应、换向和基本方程式等。还介绍了作为直流发电机运行时的外特性和作为直流电动机运行的机械性以及直流电动机的启动和反转方法。此外，还叙述了直流电动机的维护、一般故障的处理方法、局部修理及绕组的重绕计算方法。

§7—1 直流电机的基本结构和原理

直流电机包括直流发电机和直流电动机两种运行方式。直流发电机是将机械能转换为电能，而直流电动机是将电能转换为机械能。直流电机运行是可逆的，即直流电机可作为发电机运行，可作为电动机运行。

一、基本原理

1. 直流发电机　图7—1所示为两极直流发电机原理图。在两个固定磁极 N、S 之间，有一个圆柱形铁心，上面有一匝线圈，其有效边是 ab 和 cd，线圈的两个端头 a 和 d 分别和两个半圆形铜环连接，铜环是固定在轴上并和轴一起转动，铜环之间以及轴之间都是相互绝缘的。这两个半圆环构成最简单的换向器，此半圆铜环称为换向片，分别与位置固定的电刷 A、B 滑动接触，通过电刷把线圈中的电流引出。

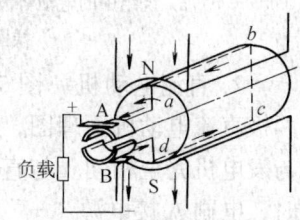

图7—1　直流发电机原理图

(1) 当线圈 abcd 被原动机带动且按逆时针方向等速旋转时，因线圈 ab、cd 切割磁力线而感生电动势，用右手定则确定导体中感应电动势的方向。在图 7—1 所示瞬时，导体 ab 处在 N 极下，感应电动势的方向由 b 到 a；导体 cd 处在 S 极下，感应电动势的方向从 d 到 c。当铁心旋转半周后，导体 ab 和 cd 所在位置的磁极改变了，导体的电动势方向也改变了，ab 中电动势的方向从 b 到 a 变为从 a 到 b；cd 中电动势的方向从 d 到 c 变为由 c 到 d。所以，线圈中产生的是交变电动势，其波形如图 7—2a 所示。

(2) 为了把交流电变换为直流电，在电机轴上装了换向器，使电刷 A、B 电动势方向始终是 A 为正 B 为负，对外电路输出的就是直流电动势，其波形如图 7—2b 所示。若线圈和换向片增多，则直流电动势的脉动程度大大减小，其波形如图 7—2c 所示。

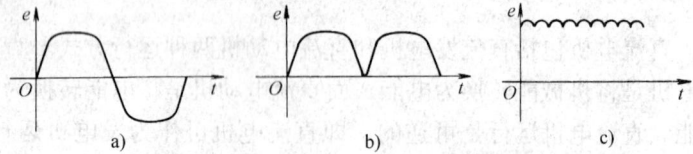

图 7—2 简单直流发电机的电动势波形
a) 绕组中的电动势波形 b) 换向后两电刷间的电动势波形
c) 线圈和整流片增多时的波形

2. 直流电动机 图 7—3 所示为两极直流电动机原理图，其基本结构与发电机完全相同。与直流电源连接时，电刷 A 接电源"＋"端；电刷 B 接电源"－"端。这时，电流从电刷 A 流入线圈，从电刷 B 流回电源。根据电磁力定律可知，通电导体在磁场中会受到电磁力的作用，其方向可由左手定则确定。当线圈处于图 7—3 中所示位置时，导体 ab 中的电流方向由 a 到 b，处于 N

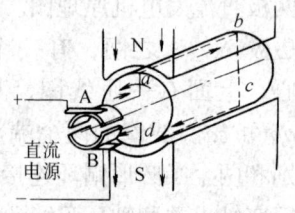

图 7—3 直流电动机原理图

极下,受力方向向左;导体 cd 中的电流方向由 c 到 d,处在 S 极下,受力方向向右,由两个有效边 ab 和 cd 形成的力矩使电枢转动。当转动半周后,因线圈两端头所接换向器接触的电刷改变了,导体 ab 和 cd 中的电流方向也改变,所以电磁力的方向随即改变,就使电枢以不变的方向旋转,这就是直流电动机的基本原理。

二、直流电机的基本结构

直流电机由静止部分和转动部分组成,如图 7—4 所示。

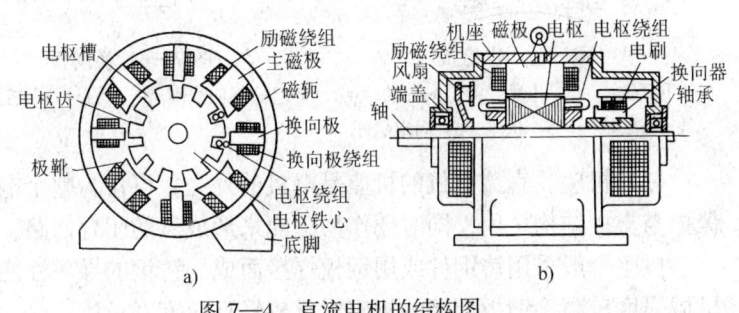

图 7—4 直流电机的结构图
a) 径向剖面图 b) 轴向剖面图

1. 静止部分 电机的静止部分称为定子,它主要由主磁极、换向极和机座构成,此外还包括端盖、电刷装置和吊环等。主要用以产生磁通和构成磁路以及作电机的机械支撑。

(1) 主磁极。主要作用是产生磁通,它由主极铁心和套在上面的励磁绕组组成,用螺栓固定在机座上,如图 7—5 所示。主极铁心通常用 0.5～1.5 mm 厚的硅钢片或薄铁片冲压叠成。小型电机也有采用整块铸钢磁极,铁心与绕组之间垫有绝缘层。主磁极下部称极靴(或称极掌),比极身宽,其作用是使通过空气隙的磁通的磁阻减小,同时可改善磁密的分布。

(2) 换向极(附加极)。主要作用是改善换向性能,安装在相邻两个主磁极的几何中性线上。换向极一般采用整块钢加工而成,只有在大型电机和电流变化急剧的电机中,铁心才采用钢片叠成。换向绕组一般由矩形铜线绕制后套在铁心上，装配好的换向极用螺栓固定在机座上，如图7—6所示。换向极对转子有较大的气隙。

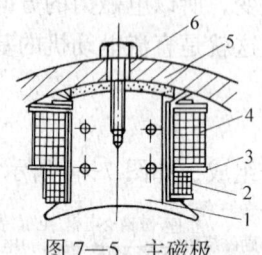 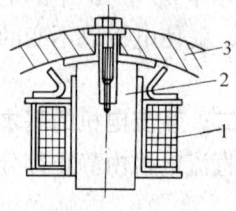

图7—5 主磁极　　　　　　　图7—6 换向极
1—主极铁心　2—串励线圈　3—主极绝缘　　1—换向线圈　2—铁心　3—机座
4—并励线圈　5—机座　6—固定螺杆

（3）机座。直流电机的机座是电机的外壳，可作为整个电机保护与支撑结构之用，同时还作为磁轭来形成磁的闭合回路。

机座一般采用铸钢件或用钢板焊接而成。铸钢的导磁性能和机械强度较高，钢板焊接的机座质量较轻且便宜。

（4）端盖。电机机座两端各装一端盖，其作用是保护电机免受外界损害以及保护运行人员的安全。对中、小型电机，端盖还有支持转动部分的作用，此时滚动轴承可装在端盖中。

（5）电刷装置。主要作用是使静止的电刷与转动的换向器保持滑动接触，把电流由转动的电枢绕组引到外电路。其中最主要的部件是炭-石墨质的电刷，它装在刷杆上特制的刷握内，并靠弹簧压紧在换向器上。刷杆上的数目等于磁极的数目。刷杆座是不带电的，它必须与刷杆可靠地绝缘。电刷装置如图7—7所示。

（6）补偿绕组。置于主极极靴的槽内并和电枢电路串联，用以抵消极靴范围内的电枢反应磁势。补偿绕组增加了电机的成本，使电机结构复杂。因此，通常仅用于大容量、高电压、高速度以及冲击负载大和换向困难的电机中。

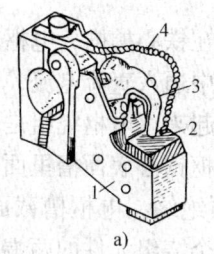 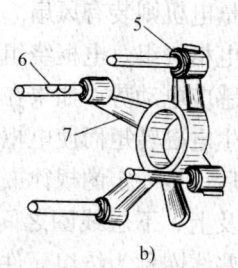

图 7—7 电刷装置
a) 电刷及刷握 b) 刷杆及刷杆座
1—刷盒 2—电刷 3—加压弹簧
4—导电绞线 5—绝缘 6—刷杆 7—刷杆座

2. 转动部分 转动部分又称转子，其中用来感应电动势和通过电流而实现能量转换的部分称为电枢。它包括电枢铁心和电枢绕组。此外，转子还有换向器、风扇和转轴等部件。

(1) 电枢铁心。一般采用 0.5 mm 厚的硅钢片冲叠而成，以减少铁心损耗。电枢冲片的外圆上冲有均匀分布的槽，如图 7—8 所示。槽内嵌置电枢绕组。

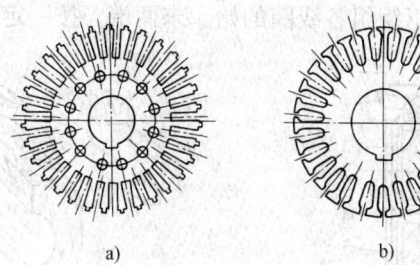

图 7—8 电枢冲片
a) 开口槽 b) 半闭口槽

为了改善电枢的冷却条件，小容量电机采用轴向通风沟，中等容量的电机则将电枢铁心分成几段，每段厚约 4~6 cm，每两段之间留 8~10 mm 的径向通风沟。小容量电机在转子上装有风叶，大容量电机则装有风扇。

(2) 电枢绕组。电枢绕组安放在铁心槽内，电枢旋转时，绕组中产生感应电动势。如果在绕组中通入直流电流，则电流与磁场作用产生电磁转矩而使电枢旋转起来。电枢绕组是由绝缘铜线绕成线圈后，按一定的规律嵌入电枢铁心表面槽里面。线圈与铁心之间以及上、下层线圈之间必须绝缘，电枢槽截面如图 7—9 所示。这些线圈称为绕组元件，每个绕组元件的两端分别接到两个换向片上，通过换向片把独立的绕组元件互相连接起来。

槽口用槽楔固定，外层绕组端部用非磁性钢丝捆扎或用无纬玻璃丝带绑扎，以防止运转时由于离心力的作用将电枢绕组甩出。

(3) 换向器。换向器的作用是把电枢绕组内部的交流电动势转换为电刷间的直流电动势，其结构如图 7—10 所示。它由许多带有燕尾形截面的铜片（换向片）叠成一圆筒，相邻两换向片之间垫 0.6~1 mm 厚的云母片绝缘，圆筒两端用两个 V 形截面的压圈夹紧，在 V 形压圈和换向片组成的圆筒之间，垫以 V 形云母绝缘环。每一换向片上开一小槽或接一升高片，以便焊接电枢线圈的线端。电枢绕组各线圈的始、末两端，按一定的规律接到

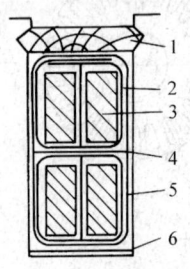

图 7—9　电枢槽截面图
1—槽楔　2—线圈绝缘　3—导线
4—层间绝缘　5—槽绝缘（主绝缘）
6—槽底绝缘

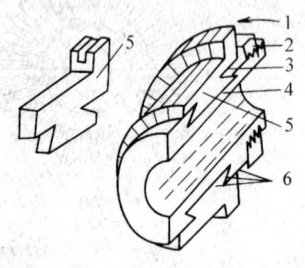

图 7—10　换向器
1—片间云母　2—锁紧螺帽　3—V 形环
4—套筒　5—换向片　6—云母绝缘

换向片上。目前，小型直流电机广泛采用酚醛玻璃纤维塑料压制的换向器来代替V形压圈结构，因而简化了工艺，节省了钢材。

3. 空气隙　在小容量电机中，定子与转子之间的空气隙约为 0.5～3 mm，大容量约为 10～12 mm。气隙是磁路系统的重要部分，气隙的大小对电机的运行性能影响较大。

§7—2　直流电机的铭牌数据

每台直流电机的机座上都装有一块铭牌，标明该电机的各项主要技术数据。铭牌数据主要有以下几项：

一、型号

直流电机的型号由三部分组成：第一部分为产品代号，第二部分为规格代号，第三部分为特殊环境代号，三部分之间以短横线相连。

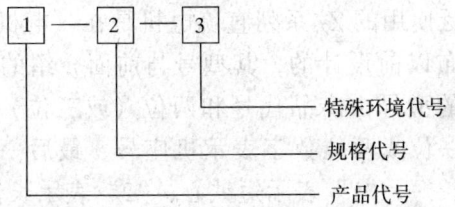

1. 产品代号　直流电机的产品代号由类型代号和设计序号组成。类型代号如 Z 表示直流电动机，ZF 表示直流发电机；设计序号用阿拉伯数字表示，如 Z_2 表示第二次改型设计的直流电动机。

2. 规格代号　直流电机的规格代号有两种表示方法。

（1）小型直流电机（系指电枢铁心外径为 368 mm 及以下或中心高为 400 mm 及以下的直流电机）以中心高和机座长度的字母代号表示。中心高系指电机轴的中心线到机座底脚平面之间的距离，以 mm 表示；机座长度的字母代号：S—短机座，M—中机座，L—长机座。

(2) 大、中型直流电机（系指电枢铁心外径为 368 mm 以上的直流电机）以电枢铁心外径/铁心长度表示，如 ZF423/230 表示电枢铁心外径为 423 mm、铁心长度为 230 mm 的直流发电机。

3. 特殊环境代号　特殊环境条件所用代号见表 7—1。例如，ZF90S—TH 表示中心高为 90 mm 和短机座，可在湿热带环境中使用的直流发电机。

表 7—1　　　　特 殊 环 境 代 号

特殊环境条件	代号	特殊环境条件	代号
高原用	G	热带用	T
海船用	H	湿热带用	TH
户外用	W	干热带用	TA
化工防腐用	F		

目前广泛使用的 Z_2 系列直流电机是在《电机产品型号编制方法》颁布以前设计的，其型号与前面介绍的不同。Z_2 系列直流电机的型号由产品代号和两位（或三位）阿拉伯数字组成。前面一位或两位数字表示机座号，最后一位数字表示电枢铁心的长短，"1"表示短铁心，"2"表示长铁心。例如，Z_2—31 表示 3 号机座和短铁心；Z_2—112 表示 11 号机座和长铁心。机座号数越大表示机座直径越大或表示电机中心高越大。

二、额定值

1. 额定功率　额定功率是指直流电机在额定工作状况下运行时的输出功率。对电动机来说，是指电动机轴输出的机械功率。对发电机来说，是指发电机出线端输出的电功率。我国直流电机的功率等级见表 7—2，额定功率的单位为千瓦（kW）。

表 7—2　　　　　直流电机的功率等级　　　　　　　　　kW

直流电动机						
0.37	0.55	0.75	1.1	1.5	2.2	3
4	5.5	7.5	10	13	17	22
30	40	55	75	100	125	160
200	250	320	400	500	630	800
1 000	1 250	1 600	2 050	2 600	3 300	4 300
5 350	6 700					
直流发电机						
0.7	1	1.4	1.9	2.5	3.5	4.8
6.5	9	11.5	14	19	26	35
48	67	90	115	145	185	240
300	370	470	580	730	920	1 150
1 450	1 900	2 400	3 000	3 600	4 600	5 700
7 000						

2. 额定电压　额定电压是指直流电机在额定工作状况下运行时的线端电压。直流电机的电压等级见表 7—3，额定电压的单位为伏（V）。

表 7—3　　　　　直流电机的电压等级　　　　　　　　　V

直流电动机								
6	12	24	36	48	60	72	110	160
220	(330)	440	630	800	1 000			
			(660)					
直流发电机								
6	12	24	36	48	60	72	115	230
(330)	460	630	800	1 000				
			(660)					

注：表中有括号的电压不常使用。

3. 额定电流　额定电流是指直流电机在额定工作状况下运行时的线端电流。直流电动机是指输入电流,直流发电机是指输出电流,单位为安(A)。

4. 额定转速　它是指直流电机在额定工作状况下运行时的转速,单位为转/分(r/min)。

5. 励磁方式　按电枢与励磁绕组接线方式分类,励磁方式可分他励和自励两大类,而自励又分并励、串励、复励等三种。

6. 励磁电压　励磁电压是指直流电机在额定工作状况下运行时磁场绕组两端的电压。他励直流电机的励磁电压是指励磁系统的额定电压,单位为伏(V)。

7. 励磁电流　励磁电流是指直流电机在额定工作状况下运行时,磁场绕组在额定励磁电压的情况下所通过的励磁电流,单位为安(A)。

8. 定额　定额是规定电机运行的持续时间和顺序。

(1) 连续定额。电机在铭牌规定的数值范围内可以长期运行。

(2) 短时定额。电机在实际冷态下(即电机各部件温度与环境温度相近时)启动,并能在规定的时间限度内运行。其时间限度优先采用 10 min、30 min、60 min 或 90 min。达到规定时间后必须停机,待电机冷却后再运行。

(3) 周期工作定额。电机应按指定的工作周期运行,即电机只能间歇工作。周期工作定额电机的负载持续率是指额定负载时间与整个周期之比,采用百分数来表示。标准负载持续率为 15%、25%、40% 和 60%,每一个工作周期为 10 min。若无其他说明,全部电量和机械量的数值,按 25% 负载持续率为基准的数值。

9. 绝缘等级　绝缘等级是指电机所用绝缘材料的耐热等级。绝缘等级也标志着电机各发热部分的温升限度。在直流电机铭牌上,一般不标温升限度而标绝缘等级。

§7—3 直流电机的电枢绕组

电枢绕组是直流电机进行能量转换的主要部件。在电机电枢的表面均匀分布的槽内嵌放着许多线圈,这些线圈按一定的规律连接起来,构成直流电机的电枢绕组。每个线圈可以由单匝导线或多匝导线构成,它的两个端头分别连接在不同的两块换向片上。这就是电枢绕组的基本组成单元,称为绕组元件。

直流电机的电枢绕组可分为叠绕组和波绕组。叠绕组又有单叠和复叠之分,波绕组又有单波与复波之分。另外还有叠绕组和波绕组复合组成的复合(蛙形)绕组。本节着重研究应用较广且具有代表性的单叠绕组和单波绕组。

一、直流电机绕组构成的原则和节距

直流电机的电枢绕组为双层绕组,绕组元件的两个有效边分别嵌放在一个槽的上层和另一个槽的下层。两个端头分别焊接在两个不同的换向片上,每个换向片上接有两个不同元件的端头。因此,绕组元件数 S 和换向片数 K 相等,即

$$S = K \tag{7—1}$$

如果电枢铁心有 Z 个槽,每个槽中嵌放上、下两个元件边,如图 7—11a 所示,则元件数等于槽数亦等于换向片数,即

$$S = K = Z \tag{7—2}$$

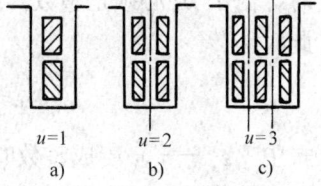

图 7—11 实槽与虚槽

当元件数多于槽数时,每个槽(此时称实槽)分为 u 个虚槽,如图 7—11b、c 所示。一般电动机的 $u = 1 \sim 5$,元件数和虚槽数 Z_u 相等,即

$$Z_u = uZ = S \tag{7—3}$$

各种绕组的连接规律由绕组的节距来确定。电枢绕组的形式及节距如图 7—12 所示。

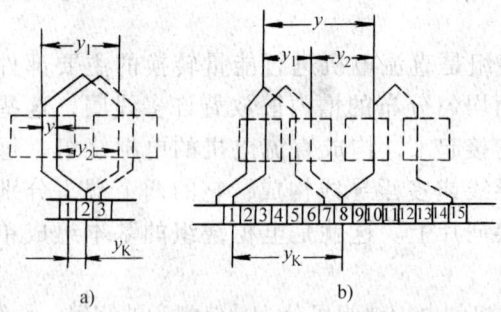

图 7—12 电枢绕组的形式和节距
a) 叠绕组 b) 波绕组

1. 前节距 y_1（又称第一节距） 前节距是指一个元件的上层边和下层边在电枢表面所跨的距离，用虚槽数计算。为了得到最大的电动势，要求前节距 y_1 等于或接近一个极距 τ（τ 一般用虚槽数表示），即

$$\tau = \frac{uZ}{2p} = \frac{Zu}{2p} \tag{7—4}$$

式中 p——极对数。

当 $y_1 = \tau =$ 整数时，这种绕组称为整距绕组。当 τ 不是整数时，由于 y_1 必须是整数，因此，用加、减一个小数来进行修正，此时

$$y_1 = \frac{Zu}{2p} \mp \varepsilon = 整数 \tag{7—5}$$

式中 ε——y_1 凑成整数时的一个分数值。

计算时，可能有三种情况：若 $\varepsilon = 0$，则 $y_1 = \tau$，即为全距绕组，绕组的感应电动势最大；若 $\varepsilon < 0$，则 $y_1 < \tau$，即为短距绕组；若 $\varepsilon > 0$，则 $y_1 > \tau$，即为长距绕组。长距和短距绕组比整距绕组感应的电动势略小，但能改善波形，短距绕组又能省铜，一般采用短距绕组。绕组的节距如图 7—13 所示。

2. 后节距 y_2（又称第二节距）

后节距是指在相串联的元件中，第一个元件的下层边与第二个元件的上层边之间在电枢表面的距离，用虚槽数计算。

3. 合成节距 y　合成节距是指两个相邻串联元件的对应元件边在电枢表面的距离，用虚槽数计算。合成节距表示每串联一个元件后，绕组在电枢表面前进或后退了多少槽距。不同类型绕组的差别，主要表现在合成节距上。

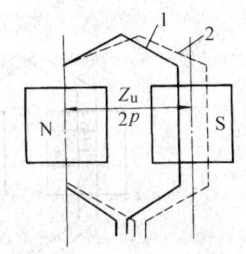

图 7—13　绕组的节距
1—短距绕组　2—长距绕组

4. 换向器节距 y_k　换向器节距是指每一个元件的两个端头所接的两片换向片之间的距离，以换向片数表示。由于元件数等于换向片数，元件边在电枢表面上前进了多少个虚槽，其出线端头在换向器上必须同时前进相同的换向片数，所以换向器节距应该等于合成节距，即

$$y_k = y \tag{7—6}$$

从图 7—12 可得：

叠绕组　　　　　$y_2 = y_1 - y$　　　　　　(7—7)

波绕组　　　　　$y_2 = y - y_1$　　　　　　(7—8)

二、单叠绕组

单叠绕组的基本特点是 $y = y_k = \pm 1$，即每连接一个元件，在电枢表面就要移动一个虚槽。若取 $Y_k = +1$，即绕组向右移动一个虚槽，称为右行绕组，如图 7—14a 所示。当 $y_k = -1$，则绕组向左移动一个虚槽，称左行绕组，如图 7—14b 所示。左行绕组的两个出线端交叉，用铜较多，很少采用。

下面举例说明单叠绕组的连接方法和特点。已知直流电机，$2p=4$，$Z_u=Z=K=S=16$，试计算电机绕组的节距和绘制绕组展开图。

1. 计算绕组节距

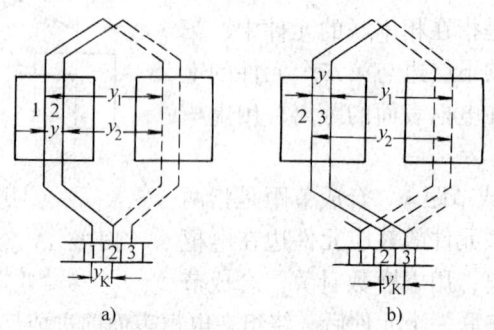

图 7—14 单叠绕组的连接
a) 右行绕组 b) 左行绕组

(1) 前节距 y_1

$$y_1 = \frac{Z_u}{2p} \mp \varepsilon = \frac{16}{4} \mp 0 = 4$$

为整距绕组。

(2) 合成节距 y 和换向器节距 y_k，

采用右行绕组，即

$$y = y_k = 1$$

(3) 后节距 y_2

$$y_2 = y_1 - y = 4 - 1 = 3$$

2. 绘制绕组展开图　根据节距计算结果绘制的绕组展开图如图 7—15 所示，画图的步骤如下：

(1) 画电枢槽。如图 7—15 所示，等距离画出电枢线槽，用等长实线表示各槽元件的上层边；虚线表示下层边，并将各槽依次编号。

(2) 画换向器换向片。换向片总宽与电枢宽度相等，等分画出 $K = Z_u = 16$ 个换向片，暂不编号。

(3) 各元件连接。将 1 号元件的上层边放在 1 号槽的上层 (以实线表示)，下层边根据 $y_1 = 4$ 应放入 $1 + y_1 = 5$ 号槽的下层

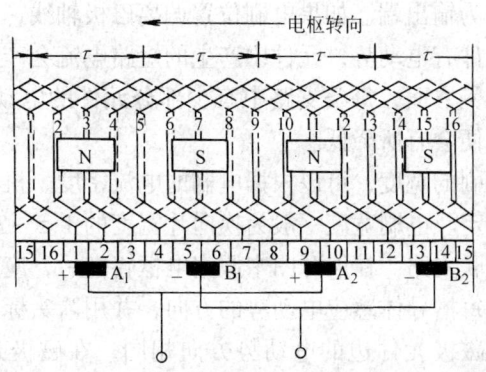

图 7—15　单叠右行绕组展开图

(以虚线表示)。此两端头接在 1、5 两槽之间对称位置的两换向片 1 和 2 上，并依次将换向片全部编号。然后将 2 号元件的上层边放入 2 槽（$1+y=2$）的上层，下层边放入 6（$2+4=6$）号槽的下层，2 号元件的始端连接在 2 号换向片上，末端连在 3 号换向片上，其余类推。最后将 16 号元件的末端连接在 1 号换向片上形成一个闭合回路。绕组元件的串联顺序如下：

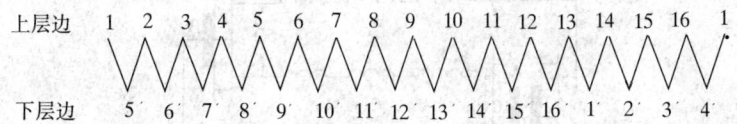

(4) 画磁极。将展开之电枢宽度按磁极数等分，磁极的宽度一般只画 0.7τ，N 极和 S 极应交替。并假定 N 极的磁通是进入纸面，S 极的磁通是从纸面穿出。

(5) 电刷位置。在图 7—15 所示瞬间，1、5、9、13 四个元件刚好在磁极的几何中性线上，该处的磁势为零，所以这四个元件的感应电动势为零。2、3、4 三个元件的上层边同在 N 极下，电动势方向相同。下层边同在 S 极下，电动势方向也相同。为了引出最大电动势，可将电刷放置在磁极轴线上。将相同磁极下的电刷连接作为输出端。如果电刷位置偏离磁极轴线，一方面被电刷短路的元件有电动势，元件中产生的短路电流会产生较大的换向火花；另一方面，每条支路中有少部分元件的电动势被抵消，电枢电动势便会有所降低。

关于电刷的宽度，可以根据电刷的电流密度、机械强度和换向情况来决定。电刷宽度一般为换向片宽度的1.5～3倍。

(6) 并联支路。在展开图中假定电枢转向后，应用右手定则即可确定出每槽导体感应电动势的方向，并用箭头标示。由此可见，在同一磁极元件边的电动势方向相同，在磁极几何中性线处，元件边无电动势。循着一个方向环绕电枢闭合回路前进，每经过一个磁极，绕组电动势方向改变一次。因此 $2p=4$ 的单叠绕组，可按电动势方向的不同，将元件分成4个部分，形成4条并联支路，如图7—16所示。处于同一极下各元件的电动势方向相同，通过换向片串联相加，组成一条支路电动势，所以单叠绕组的并联支路数等于电机的极数，如果用 a 表示支路对数，则

$$2a = 2p \tag{7—9}$$

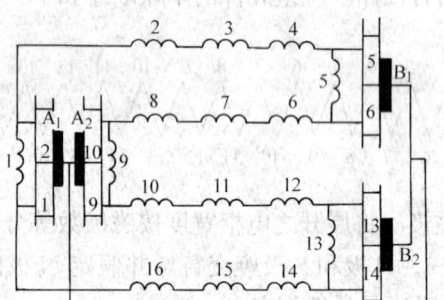

图7—16　单叠绕组等效电路图

当电枢旋转到另一位置时，由于电刷位置不变，组成一条支路的元件数不变，正负电刷之间的电动势大小也不变。

从图7—16所示的单叠绕组等效电路图可以看出，直流电机

的端电压由一条支路的电动势决定。而外电路的总电流 I_a 应等于各条支路电流 i 之和。即

$$I_a = 2ai \tag{7—10}$$

三、单波绕组

单波绕组的基本特点是其换向器节距和合成节距接近两个极距,两个相串联的元件分别处在两对磁极下。若电机有 p 对极,当串联 p 个元件后,便跨过 p 对极的距离,也就是沿电枢和换向器绕了一周。为了使绕组元件能继续串联下去,第 p 个元件的末端应落在 1 号元件始端所接的换向片左边或右边相邻的换向片上,即

$$py_k = K \mp 1$$

因此,单波绕组的换向器节距为

$$y_k = \frac{K \mp 1}{p} = 整数 \tag{7—11}$$

式(7—11)若采用"+"号,串联 p 个元件后,p 个元件的末端落到起始换向片右边换向片上,称右行绕组。右行绕组元件的前端部交叉,制造时较困难,很少用。常采用"-"号,即左行绕组,p 个元件的末端接到起始换向片的左边换向片上。

下面举例说明单波绕组的连接方法和特点。已知直流电机 $2p=4$,$Z=S=K=15$,$u=1$,试计算电机绕组节距和绘制绕组展开图。

1. 计算绕组节距

(1) 前节距 y_1

采用短距绕组,则

$$y_1 = \frac{Z}{2p} \mp \varepsilon = \frac{15}{4} - \frac{3}{4} = 3 \quad (其中 \varepsilon = \frac{3}{4})$$

(2) 合成节距 y 和换向器节距

采用左行绕组,则

$$y = y_k = \frac{K-1}{p} = \frac{15-1}{2} = 7$$

(3) 后节距 y_2

$$y_2 = y - y_1 = 7 - 3 = 4$$

2. 绘制绕组展开图　　根据节距计算结果绘制的绕组展开图如图 7—17 所示。第一个元件的上层边放入 1 号槽内，下层边放入 4 号（$1 + y = 1 + 3 = 4$）槽内，再接到（$1 + y_k = 1 + 7 = 8$）8 号换向片上。第二个元件的上层边与 8 号换向片连接。2 号元件上层边放入相隔 y_1（$8 + y_1 = 8 + 3 = 11$）的 11 号槽内，2 号元件下层边的出线端接到与起头端相隔 $y_k =$（$8 + y_k = 8 + 7 = 15$）的 15 号换向片上，这样串联了 p 个元件后，沿电枢和换向器绕了一周，回到起始片 1 的左边即 15 号片上（左行绕组）。尚未连接的元件，按照相同的规律继续联下去，最后 9 号元件的末端，接到 1 号换向片上，构成一个闭合回路。元件连接次序如下：

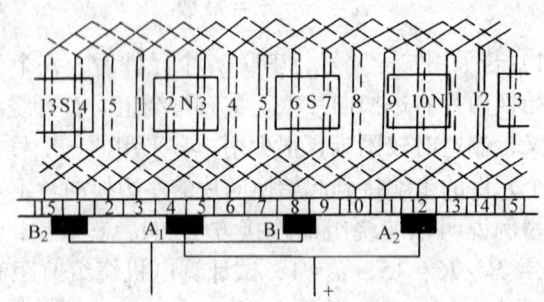

图 7—17　单波绕组的展开图

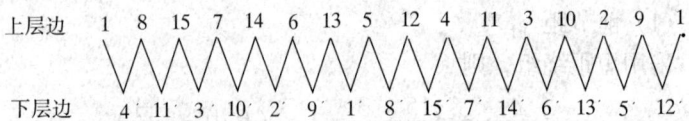

3. 电刷的位置和并联支路　　电刷的位置和单叠绕组相同，元件端部对称地放置在磁极轴线下的换向片上，使电刷所短接的元件的电动势等于或趋近于零。由图 7—17 可知，单波绕组将所有 N 极下的元件（15、7、14、6、13 号元件）串联成一条支路，

同时将 S 极下的元件（4、11、3、10、2 号元件）串联成另一条支路。无论极数多少，其支路数总是等于 2，即单波绕组的支路对数 $a=1$。单波绕组的等效电路图如图 7—18 所示。

单波绕组一般适用于小型直流电机，由于单波绕组只有两条并联支路，理论上只要正、负一对电刷即可工作。但在极数较多时，电刷载流量很大，从而将增加换向器的长度，耗铜量多，因此一般采用与极数相等的电刷组数。

四、直流电机的电枢电动势

在直流电机中，希望气隙磁场按正弦规律分布。因此，极靴下面气隙的大小是依一定规律变化的，如图 7—19 所示。无论电机作发电机运行，还是作电动机运行，只要电枢旋转，电枢上每根导体都切割主磁通而感应电动势。由于气隙磁密分布是不均匀的，所以电枢线圈有效边在不同位置时的感应电动势是不相等的。假设直流电机气隙中的平均磁通密度为 B_p，则每根导体中的平均感应电动势为：

$$E_p = B_p l v \quad (7—12)$$

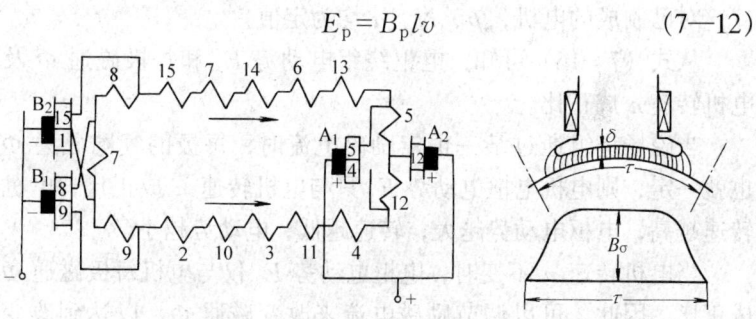

图 7—18　单波绕组的等效电路　　图 7—19　气隙磁密分布图

如果电枢上总导体数（即绕组的有效边总数）为 N，支路数为 2，则在一条支路中串联导体数为 $\frac{N}{2}$，电枢电动势为：

$$E_a = E_p \frac{N}{2a} = \frac{N}{2a} B_p l v \quad (7—13)$$

若每极磁通是 Φ（Wb），电枢铁心直径为 D_a，轴向有效长度为 l，电枢表面积为 $\pi D_a l$，每个磁极占有的电枢表面积为 $\pi D_a l / 2p$，则气隙中平均磁通密度为：

$$B_p = \frac{\Phi}{\pi D_a l / 2p} = \frac{2p\Phi}{\pi D_a l} \quad (7-14)$$

电枢表面线速度为：

$$v = \pi D_a \frac{n}{60} \quad (7-15)$$

将式（7—14）、（7—15）代入式（7—13），可得：

$$E_a = \frac{N}{2a} \frac{2p\Phi}{\pi D_a l} l \pi D_a \frac{n}{60}$$

$$= \frac{pN}{60a} \Phi n = C_e n \Phi \quad (7-16)$$

式中 C_e——电势常数，$C_e = \frac{pN}{60a}$。

对已制成的电机，p、N、a 均为定值。

从式（7—16）可知，电枢绕组电动势 E_a 和每极磁通 Φ 及电机转速 n 成正比。

当磁场绕组通过某一恒定励磁电流时，每极的气隙磁通 Φ 也就一定，则电机电枢电动势 E_a 只与电机转速 n 成正比，电机转速越高，电枢电动势越大；转速越低，电动势越小。

当电机转速 n 不变时，电枢电动势 E_a 仅与电机每极磁通 Φ 成正比。因此，可以调节励磁电流来改变磁通 Φ，以达到改变电枢电动势 E_a 的目的。

§7—4 直流电机的磁场

一、直流电机按励磁方式分类

由于直流电机中的主磁场是由励磁绕组中的励磁电流产生

的,因此,直流发电机的运行情况,将受励磁绕组连接方式的影响。直流电机按励磁方式的不同可分为两大类:

1. 他励式 他励式直流电机的励磁绕组和电枢绕组在电气上没有任何联系,励磁电流 I_f 是由其他直流电源供给的,如图 7—20a 所示。

2. 自励式 自励式直流电机的励磁绕组按一定方式和电枢绕组连接在一起,自励电机按励磁绕组与电枢绕组连接方式的不同,分为并励式、串励式、复励式。

(1) 并励式。并励式直流电机的励磁绕组与电枢绕组并联,如图 7—20b 所示,励磁绕组上所加的电压就是电枢电路两端的电压。励磁绕组用匝数很多的细导线绕成,具有较大的电阻。通常,I_f 只占额定电流的 1%~5%。

(2) 串励式。串励式直流电机的励磁绕组与电枢绕组串联,如图 7—20c 所示。励磁电流 I_f 与电枢电流 I_a 相等,即 $I_f = I_a$。

(3) 复励式。复励式直流电机的励磁绕组分为两个,一个与电枢电路并联(并励绕组);另一个与电枢电路串联(串励绕组),如图 7—20d 所示。若串励绕组与并励绕组产生的磁势方向相同,则称积复励;若两个磁势相反,则称差复励。

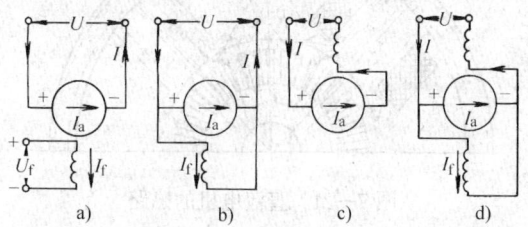

图 7—20 直流电机的励磁方式
a) 他励式 b) 并励式 c) 串励式 d) 复励式

直流电机的运行特性随励磁方式的不同有很大的区别。一般情况下电动机主要采用并励式、串励式和复励式,发电机主要采用他励式、并励式和复励式。

二、直流电机的空载磁场

直流电机中有两种基本绕组,即励磁绕组和电枢绕组。空载时,电枢电流 $I_a=0$,只有励磁绕组中存在电流 I_f。因此,空载时电机内部的磁场完全由励磁绕组的磁势所决定。

图 7—21 所示为一台四极直流电机空载时,由励磁电流单独建立的磁场分布。现取其一对极来分析其磁路。磁通由 N 极出发,经过气隙和电枢齿,然后分两路经过电枢轭,再经过电枢齿和气隙,进入相邻的 S 极,最后从定子磁轭回到原来出发的 N 极而自成闭路,这部分磁通称主磁通,以 Φ_0 表示。Φ_0 同时交链着励磁绕组和电枢绕组。当电枢绕组中有电流通过时,则主磁通与载流导体相互作用,产生电磁转矩。另外,在 N 极和 S 极之间,还存在着一小部分磁通,它们不进入电枢铁心,不和电枢绕组相交链,这部分磁通称为主极漏磁通,以 Φ_σ 表示,如图 7—21 中的①和②所示。由于主磁通回路的磁阻较小,而漏磁通回路的磁阻很大,所以漏磁通比主磁通要小得多,一般 $\Phi_\sigma = (0.15 - 0.20)\Phi_0$。

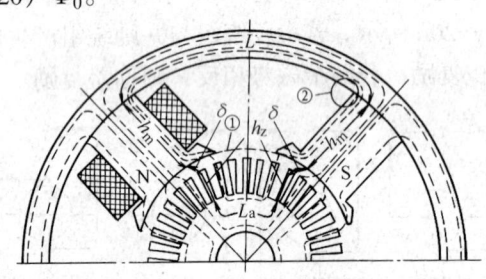

图 7—21 直流电机的磁路

根据安培环路定律,一个闭合磁回路的总磁势 F_f 应等于闭合回路各段磁路的磁场强度 H 和该段磁路长度 L 的乘积之和,即

$$F_f = \sum I_f N_f = \sum HL \qquad (7—17)$$

式中　I_f——励磁绕组电流(励磁电流),A;

N_f——每极磁场绕组匝数;

L——各段磁路长度，m；

H——各段磁路平均磁感应强度，A/m；

F_f——每对极的总磁势，安匝。

从图 7—21 可以看出，主磁通 Φ_0 经过的闭合回路分为五段，即气隙、电枢齿、电枢轭、磁极及磁轭。所以每对极的总磁势 F_f 应等于这五段磁路的磁压降之和，即

$$F_f = 2H_0\delta + 2H_z h_z + H_a L_a + 2H_m h_m + H_j L_j$$
$$= F_0 + F_z + F_a + F_m + F_j \tag{7—18}$$

式中 H_0、H_z、H_a、H_m、H_j——分别为气隙、电枢齿、电枢轭、主极铁心和磁轭中磁场强度的平均值；

δ、h_z、L_a、h_m、L_j——分别为气隙、电枢齿、电枢轭、主极铁心和磁轭的磁路平均长度。

一般气隙磁势 F_0 和电枢齿部磁势 F_z 之和约占总磁势 F_f 的 90%。

主磁通 Φ_0 的大小决定于励磁安匝 $I_f N_f$ 的大小，它们之间的关系曲线，即 $\Phi_0 = f(F_f)$，称为磁化曲线，如图 7—22 所示。

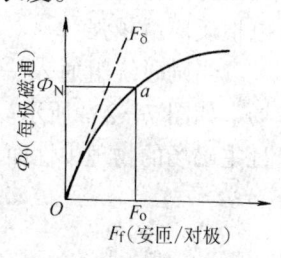

图 7—22 磁化曲线

对一台已制好的电机，磁路长度 L 和横截面积 S 都是一定的，因为 $F = HL$，F 正比于 H；$\Phi_0 = BS$，Φ_0 正比于 B，所以电机的磁化曲线 $\Phi_0 = f(F_f)$ 和磁路所用的铁磁材料的 B—H 曲线形状相似。

又因为 $E_a = C_e n\Phi$，当电机的转速 n 一定时，空载电枢绕组的感应电动势 E_0 与 B 和 Φ_0 成比例，而励磁绕组的匝数 N_f 是一定的，所以励磁磁势 F_f 与励磁电流 I_f 成正比，电机的磁化曲线在另一种比例尺下又代表了 $E_0 = f(I_f)$ 的关系，称为电机的空载特性。空载特性可以用实验方法求得。

当磁通较小时，励磁回路中的铁磁材料没有饱和，磁回路的磁势几乎全部消耗在气隙中，励磁安匝和 Φ_0 的关系几乎按直线变化。当磁通较大时，铁磁材料开始饱和，磁化曲线开始弯曲，与曲线下部相切的直线表示在不同 Φ_0 时消耗在气隙中的磁势，这切线称为气隙线。磁化曲线与气隙线之间的横向距离，表示铁磁材料中消耗的磁势，一般电机在额定电压时运行在磁化曲线开始弯曲处，如图7—22的 a 点。Φ_N 表示电机空载时产生额定电压所需的每极磁通。

三、直流电机的电枢反应

在直流电机中，当励磁绕组通入直流励磁电流时，便在电机气隙中建立主磁场，便而电机无论是作为发电机运行还是作为电动机运行，只要电枢中有电流就会产生电枢磁场。这个磁场将使电机中主磁场发生变化，这一作用叫做电枢反应。显然，电枢中电流越大，电枢磁场就越强，电枢磁场对主磁场影响就越大，即电枢反应就越强。

当励磁绕组通入一定方向的直流电流时，电机产生的主磁场，如图7—23a所示。主磁场方向和磁极轴线 Y—Y′平行，并且主磁场的物理中性面（磁感应强度为零点所在的平面）与几何

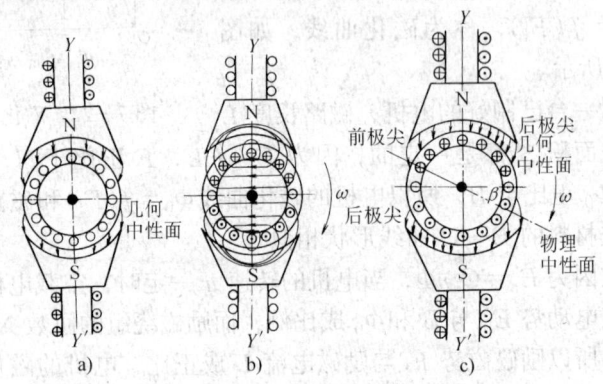

图7—23 直流电机的电枢反应
a) 主磁场 b) 电枢磁场分布图 c) 合成磁场

中性面（就是位于两磁极中间且垂直于主磁极轴线 $Y—Y'$ 的平面）重合。故主磁场又称为直轴磁场。

假设处在 N 极面下的电枢导体中电流方向从纸面流入，处在 S 极面上的导体电流方向从纸面流出。根据右手螺旋法则可以判断出电枢磁场方向，见图 7—23b。由图可见，电枢磁场与主磁极轴线 $Y—Y'$ 垂直，故称交轴磁场。实际上，在电机气隙中，电枢磁场和主磁场叠合在一起形成了气隙中的合成磁场。这个合成磁场对主磁场来说，强弱和方向都有改变，这种变化就是电枢反应的结果。

假设发电机中的主磁场如图 7—23a 所示。当电枢按顺时针方向转动时，根据右手定则可以判断出电枢绕组中的感应电动势方向。如果发电机接上负载，电枢绕组中就会产生电流，同时产生电枢磁场，其方向如图 7—23b 所示。当两个磁场在电机气隙中合成时，显然，发电机磁极的前极尖（迎着电枢旋转方向的极尖）的磁通减小，即电枢磁场有去磁作用。造成去磁的原因是两磁场方向相反。对后极尖来说，由于两磁场方向相同，因此合成磁场增强，即有助磁作用。合成磁场如图 7—23c 所示。由图可见，由于电枢磁场的助磁和去磁作用，使合成磁场发生了扭斜，它的物理中性面就不再与几何中性面重合，而是顺着发电机的旋转方向移动了一个 β 角。当电枢铁心未饱和时，电枢电流越大，电枢磁场越强，电机气隙中的合成磁场扭斜得越厉害。

由图 7—23c 可以看出，电枢反应的作用就是在半个极面下有去磁作用，在另半个极面下则有助磁作用。由于电机磁路工作在接近磁饱和状态，从图 7—24 可见，在半个磁极内磁势增大 ΔF 所引起的磁通增加量小于另半个磁极内磁势减小 ΔF 所引起的磁通减小量。故相对主磁场来说，合成磁场的总磁通量减弱了。

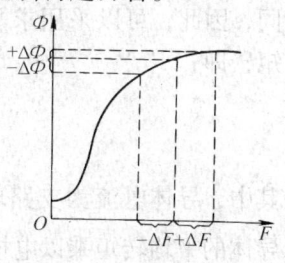

图 7—24　$\Phi—F$ 曲线

可以用同样的方法来分析直流电动机的电枢反应。注意，如果励磁电流方向和电枢电流方向不变的话，则电动机的旋转方向（逆时针方向）和发电机的旋转方向相反，因而发电机的前极尖就是电动机的后极尖，发电机的后极尖就变成了电动机的前极尖。因此，对电动机来说，前极尖磁通增强，后极尖磁通减弱。合成磁场的物理中性面逆着电动机旋转方向移动一个 β 角。

综上所述，电枢反应使电机中合成磁场发生扭斜且减弱。对发电机来说，前极尖磁通减弱，后极尖磁通增强，物理中性面顺着电枢旋转方向移动一个 β 角；对电动机来说，则与此相反。

四、直流电机的电磁转矩

直流电机有负载时，电枢有电流流过，电枢绕组在磁场中受到电磁力的作用，对转轴产生了电磁转矩。无论是电动机运行还是发电机运行都会产生电磁转矩，其计算方法是一样的。

根据电磁力定律，当已知气隙某处径向磁密 B_x，电枢导体有效长度 l，导体中的电流 i_a，则导体所受切线方向的电磁力为：

$$f_x = B_x l i_a \tag{7—19}$$

电磁力 f_x 的方向按左手定则决定。

设电枢的直径为 D_a，则一根导体的电磁转矩为：

$$T_x = \frac{f_x D_a}{2} = B_x l i_a \frac{D_a}{2} \tag{7—20}$$

由于每一根导体在磁场中处的位置不同，其转矩大小亦不同，因此，可以采用求平均值的方法来求得每一导体的平均转矩，即：

$$T_p = B_p l i_a \frac{D_a}{2} \tag{7—21}$$

其中，导体电流为支路电流，$i_a = \dfrac{I_a}{2a}$。总的电磁转矩等于每根导体的平均转矩乘以电枢绕组全部有效导体数 N，即：

$$T = N T_p = N B_p l \frac{I_a}{2a} \frac{D_a}{2} \tag{7—22}$$

将式（7—14）代入式（7—22）整理后得

$$T = \frac{pN}{2a\pi}\Phi I_a = C_T \Phi I_a \qquad (7—23)$$

式中　C_T——转矩常数。

$C_T = \frac{pN}{2a\pi}$，对已制成的电机是一个常数，电流 I_a 的单位为安（A），磁通的单位为韦（Wb），计算得电磁转矩单位为牛顿·米（N·m）。

式（7—23）表明，电磁转矩的大小与每极磁通 Φ 和电枢电流 I_a 的乘积成正比。

§7—5　直流电机的基本方程式

直流电机的基本方程式包括电动势方程式、转矩方程式、功率方程式等。这些方程式综合了电机内部的电磁过程，并表达了电机外部的运行特性。下面以并励直流电机为例加以说明。

一、电动势方程式

无论是直流发电机或是直流电动机，当电枢旋转时，电枢绕组将会产生感应电动势 E_a，其大小为 $E_a = C_e \Phi n$，它的方向用右手定则判定。

在发电机中，原动机拖动电枢逆时针方向以速度 n 旋转，绕组中产生感应电动势，电枢两端接上负载后，便有电流流经负载，电流与电动势的方向一致，如图 7—25a 所示。设电枢绕组端电压为 U_a，电枢电流为 I_a，电枢回路电阻为 R_a（包括电枢绕组电阻 r_a 及电刷与换向器接触电阻），以 U_a、E_a、I_a 的实际方向为正方向，如图 7—25b 所示，可得电枢回路的电动势方程式为：

$$E_a = U_a + I_a R_a = U_a + I_a r_a + 2\Delta U_s \qquad (7—24)$$

式中　ΔU_s——电刷与换向器的接触电压降，V。

对于并励式发电机，有

$$I_a = I + I_f \qquad (7\text{—}25)$$

式中 I ——输出的线路电流，A；

I_f ——励磁电流，$I_f = \dfrac{U_a}{R_f}$，A；

R_f ——励磁绕组电阻，Ω。

在电动机中，电枢两端接在外电源上，电枢电流由电源输入，其方向与电源电压一致，如图 7—25b 所示。电枢电流与气隙磁场相互作用产生电磁转矩驱动电枢旋转。旋转的电枢绕组切割气隙磁通产生的感应电动势 E 与电流方向相反，如图 7—25c 所示，称为反电势。仍以 E_a、U_a、I_a 的实际方向为正方向，可得电动机的电势方程式为：

$$U_a = E_a + I_a R_a = E_a + I_a r_a + 2\Delta U_s \qquad (7\text{—}26)$$

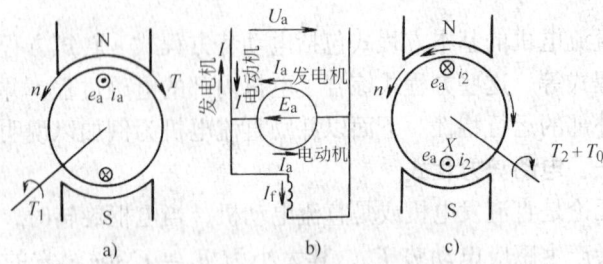

图 7—25　直流电机的电动势和电磁转矩
a) 发电机　b) 电动势和电流的方向　c) 电动机

对于电动机，其电枢电流 I_a 及励磁电流 I_f 都由电源输入，故输入的线路电流为：

$$I = I_a + I_f \qquad (7\text{—}27)$$

综上所述，直流发电机和直流电动机都同时存在着电动势和电压。在发电机中，由于 $E_a > U_a$，电动势决定了电流的方向，故 I_a 与 E_a 同方向；在电动机中，$U_a > E_a$，电源电压决定了电流的方向，故 I_a 与 U_a 同方向。

二、转矩方程式

无论是直流发电机还是直流电动机，当电枢中流过电流时，便产生电磁转矩,转矩的大小可用式(7—23)决定,其电磁力的方向可用左手定则确定。

对发电机,由图7—25a可见,由于i_a与e_a同方向,所以i_a和气隙磁场作用产生的电磁转矩T与电枢转向相反。所以,在发电机中电磁转矩是制动性质的转矩。设原动机的拖动转矩为T_1,发电机的空载损耗转矩为T_0,则发电机的转矩方程式为:

$$T_1 = T_0 + T \tag{7—28}$$

对电动机,从图7—25c可见,电磁转矩T的方向与电枢转向相同,电磁转矩是驱动性质的转矩,它必须与轴上机械负载转矩T_2及空载损耗转矩T_0相平衡。所以电动机的转矩方程式为:

$$T = T_2 + T_0 \tag{7—29}$$

由以上分析可知,在发电机中,$T_1 > T$,电机的转向取决于T_1的方向;在电动机中,$T > T_2$,电机的转向取决于T的方向。

三、直流电机的电磁功率

电机负载运行时,电枢感应电动势E_a乘以电枢电流I_a称为电机的电磁功率P_T,即

$$\begin{aligned}P_T &= E_a I_a = \frac{PN}{60a}\Phi n I_a \\ &= \frac{P}{2\pi}\frac{N}{a}\Phi I_a \frac{2\pi n}{60} = C_T \Phi I_a \frac{2\pi n}{60} = T\omega\end{aligned} \tag{7—30}$$

式中 ω——电机的机械角速度,rad/s,$\omega = \frac{2\pi n}{60}$。

对发电机,$T\omega$为原动机为克服制动的电磁转矩所输入的机械功率,$E_a I_a$则为发电机电枢发出的电功率,由于能量守恒,两者相等。对电动机,$E_a I_a$为电枢从电源吸收的电功率,$T\omega$则为电动机的电磁转矩对机械负载所作的机械功率,由于能量守恒,两者亦相等。所以,无论是发电机或是电动机,电磁功率均是指能量转换过程中机械能转换为电能或电能转换为机械能的功率。

四、功率方程式

根据电动势方程式和转矩方程式,可导出功率方程式。对于

发电机,把转矩方程式(7—29)乘以机械角速度 ω 可得

$$T_1\omega = T\omega + T_0\omega \qquad (7\text{—}31)$$

式中 $T_1\omega$ ——原动机的输入功率 P_1;

$T\omega$ ——电磁功率 P_T;

$T_0\omega$ ——克服空载转矩所需要的功率,即空载损耗 P_0。

空载损耗 P_0 包括铁损耗 P_{Fe},机械损耗 P_j,即 $P_0 = P_{Fe} + P_j$,于是式(7—31)可以写为:

$$P_1 = P_T + P_{Fe} + P_j \qquad (7\text{—}32)$$

因为电磁功率 $P_T = E_a I_a$,而对于并励式发电机则有 $I_a = I + I_f$,$E_a = U + I_a r_a + 2\Delta U_s$。所以电磁功率可写为:

$$\begin{aligned}P_T &= (U_a + I_a r_a + 2\Delta U_s) I_a \\ &= U_a I + U_a I_f + I_a^2 r_a + I_a 2\Delta U_s \\ &= P_2 + P_{Cuf} + P_{Cua} + P_s \end{aligned} \qquad (7\text{—}33)$$

式中 P_2 ——发电机输出的电功率,$P_2 = U_a I$;

I ——发电机的负载电流;

P_{Cuf} ——消耗于励磁回路电阻 R_f 上的励磁损耗;

P_{Cua} ——消耗在电枢绕组电阻 r_a 上的电枢铜耗;

ΔU_s ——电刷与换向器的接触电压降;

P_s ——消耗于电刷与换向器接触电阻上的功率。

式(7—32)和式(7—33)是直流并励式发电机的功率方程式,相应的功率图如图 7—26a 所示。从发电机的功率方程式可

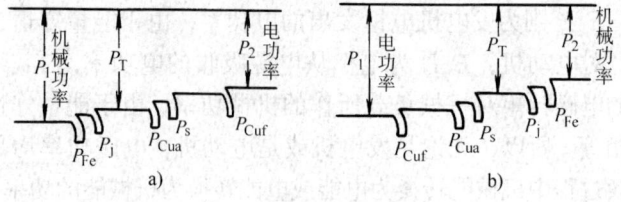

图 7—26 并励直流电动机的功率图
a) 发电机 b) 电动机

见，原动机的驱动转矩克服了电机的制动转矩和其他损耗转矩之后，输入机械功率中相当于 P_T 的一部分就转换为电功率。

对于并励式电动机，式（7—27）乘以电压 U_a 可得

$$U_a I = U_a (I_f + I_a)$$
$$= U_a I_f + (I_a r_a + 2\Delta U_s + E_a) I_a \qquad (7—34)$$

式（7—34）可改写为

$$P_1 = P_{Cuf} + P_{Cua} + P_s + P_T \qquad (7—35)$$

式中　P_1——电动机输入功率，$P_1 = U_a I$；其他符号意义同前。

考虑到 $P_T = T\omega$，$T = T_2 + T_0$，则电磁功率为：

$$P_T = (T_2 + T_0) \omega = P_2 + P_{Fe} + P_j \qquad (7—36)$$

式中　P_2——电动机输出机械功率，$P_2 = T_2 \omega$。

与式（7—35）、式（7—36）相对应的功率图如图 7—26b 所示。从电动机的功率方程式可见，电动机的电枢建立了反电动势，它把从电源吸取的电磁功率 P_T 转换为机械功率。

§7—6　直流电机的换向

一、换向过程

旋转着的电枢绕组元件，从一条支路经过电刷进入另一条支路时，其中的电流将变换方向，这种电流方向的变换称为换向，换向过程如图 7—27 所示，图中画出了单叠绕组的部分线圈。设电刷宽度等于换向片宽度，电枢旋转方向如图中箭头所示。

在图 7—27a 所示的瞬间，电刷仅与换向片 1 接触，这里元件 K 中流过的电流等于电枢绕组支路电流 i_a。

在图 7—27b 所示的瞬间，电刷同时接触换向片 1 和 2，元件 K 被电刷短路，电枢支路电流 i_a 一方面从 a 点流入电刷，另一方面直接从 b 点流入电刷，元件 K 的电流减少了。

在图 7—27c 所示的瞬间，元件 K 已进入另一条支路，其中流过的电流也从 $+i_a$ 变为 $-i_a$，这就是换向过程，元件 K 称为

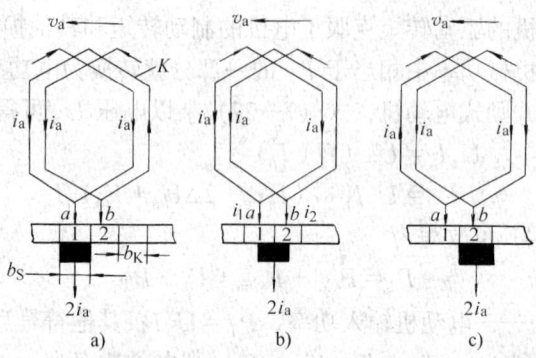

图 7—27 换向元件的换向过程

换向元件,换向元件从开始换向到终了所经历的时间称为换向周期,换向周期仅为千分之几秒。

二、换向时的火花

直流电机运行时,在电刷与换向器接触的地方,往往会因换向而产生火花。

按照国家技术标准规定,电刷下的火花分为五个等级,见表 7—4。

表 7—4　　　　直流电机换向火花等级

火花等级	特　征	换向器及电刷状态	示　意　图
1 级	无火花,又称黑暗换向		
$1\frac{1}{4}$ 级	电刷下面仅小部分有微弱的点状火花	换向器上没有黑痕,电刷上没有灼痕	
$1\frac{1}{2}$ 级	电刷下面大部分有轻微火花	换向器上有发黑痕迹出现,用汽油擦其表面易除去,同时电刷上有灼痕	
2 级	电刷的整个边缘下面都有火花	换向器上有发黑痕迹出现,用汽油擦其表面不能除去,同时电刷上有灼痕	
3 级	电刷的整个边缘下面都有强大的火花,同时有火花飞出	换向器上发黑相当严重,用汽油擦其表面不能除去,同时电刷烧焦及损坏	

在直流电机从空载到额定负载运行的所有情况下，换向器上的火花等级不应超过 $1\frac{1}{2}$ 级；在短时过电流或短时过转矩时，火花不应超过 2 级；在直接启动或逆转的瞬间，如果换向器与电刷的状态仍能适用于以后的工作，允许火花为 3 级。当火花超过上述限度时，便会使电刷与换向器损坏。

三、换向火花产生的原因

换向时产生火花的原因很复杂，主要有电磁、机械、化学等三个方面的原因。另外，电刷型号的选择、工作环境等对火花也有一定的影响。下面，着重分析电磁、机械、化学等三方面的原因。

1. 电磁原因　在换向过程中，换向元件可能会出现三种电动势，即自感电动势 e_L、电枢反应电动势 e_a 和换向极电动势 e_k。在换向元件中的总电动势为：

$$\sum e = e_L + e_a + e_k \tag{7—37}$$

如果 $\sum e = 0$，才能完全消除换向火花。

(1) 自感电动势 e_L。在换向过程中，由于换向元件内的电流由 $+i_a$ 变换到 $-i_a$。随着换向元件电流的变化，换向元件周围的漏磁通也发生相应的变化，从而在换向元件中产生自感电动势 e_L。e_L 的方向是企图阻挠换向元件中的电流发生变化，因此 e_L 的存在对换向是不利的。

(2) 电枢反应电动势 e_a。在正常的情况下，电刷置于主极间的几何中线位置。由于交轴电枢反应磁场在换向元件中所感应的电动势 e_a 也是阻挠换向元件中的电流发生变换，因此 e_a 也是不利于换向的。

(3) 换向极电动势 e_k。在装有换向极的直流电动机中，换向极磁场处在电机几何中性线附近，当换向线圈切割该磁场时产生 e_k，其方向与 e_a 及 e_L 的方向相反，它不但可以抵消电枢反应磁场的影响，还可以抵消自感电动势 e_L，从而改善了换向。

2. 机械原因 产生火花的机械方面的原因是多种多样的，有时可能是几种原因同时存在。常见的机械方面原因有：

（1）换向器偏心。
（2）换向片间绝缘或换向片凸出。
（3）电刷上的弹簧压力不合适。
（4）刷杆间的距离不等。
（5）换向极下气隙不等。
（6）换向器表面不清洁等。

3. 化学原因 电机运行时，在换向器表面形成一层氧化亚铜薄膜，从而增加了换向元件回路中的电阻，这有利于改善换向。但当电刷压力过大，或电机在高空缺氧的环境中以及有腐蚀性气体的场合下运行时，都会损坏换向器表面的氧化亚铜薄膜，使其难于形成，这样就容易引起火花。

四、改善换向的方法

1. 装设换向极 在直流电机中，广泛采用装设换向极来改善换向。换向极装设在主极之间的几何中性线上，图7—28所示为一直流发电机，电枢按反时针方向旋转。由于发电机电动势和电流的方向是一致的，所以电枢绕组中的符号既表示导线中感应电动势的方向，亦表示电枢电流的方向。根据右手螺旋定则，决定电枢反应磁场方向为横向，平行于电机的几何中性线，电枢相当于是一个右边为N极、左边为S极的磁场。为了抵消电枢这个磁场的影响，在定子主极间装设换向极，使换向极的磁场方向与电枢反应磁场方向相反，即右边为S极、左边为N极。由图7—28可见，在发电机中换向极的极性应沿旋转方向与前面的主极极性相同，电动机则与此相反。

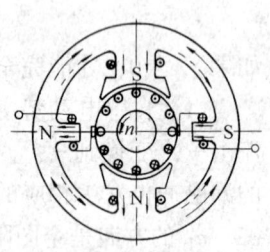

图7—28 直流发电机（附装换向极）

换向极的磁势必须正比于电枢电流，所以换向极的绕组应与电枢绕组串联。同时，还要求换向极磁路不饱和，除保证换向极磁势抵消电枢磁势在几何中性线上的作用外，还产生一个抵消自感电动势作用的换向极电动势 e_k。只要设计和调整合适，就能保证换向元件中总电动势接近于零，使电机能顺利换向。

2. 调整电刷位置　　如果将发电机的电刷顺旋转方向移动，或将电动机的电刷逆转方向移动，移过合成磁场的物理中性线（磁势为零处）一定的距离，这时被电刷所短接的元件在换向时将处于下一个磁极磁场的作用下，就可以产生一个 e_k 以抵消电抗电动势 e_r，但此时 e_k 不能随电枢电流变化，只能在某一定负载时有较佳的换向效果。这种方法仅在小功率电机或未装换向极的老式直流电机中应用。

§7—7　直流发电机

本节主要研究他励式、并励式和复励式直流发电机的运行特性。所谓运行特性是指电机正常运行时其外部各个可测物理量之间的变化关系。发电机是由原动机拖动，由于转速是恒定不变的，所以外部可测变量只有三个，即端电压 U、负载电流 I 和励磁电流 I_f。

直流发电机端电压的性质有着十分重要的意义。因此，必须研究端电压 U 随励磁电流 I_f 及负载电流 I 的变化而变化的关系。表示这些变化关系的曲线即为空载特性 $U_0 = f(I_f)$ 和外特性 $U = f(I)$。

一、他励发电机的空载特性和外特性

1. 空载特性　　当转速 $n = $ 常数、负载电流 $I = 0$ 时，端电压 U_0 随励磁电流 I_f 变化的关系，即 $U_0 = f(I_f)$ 曲线称为开路特性或空载特性。

当负载电流为零时，电枢回路的电阻电压降等于零，因此空载时发电机端电压 U_0 等于感应电动势 E_a，根据式（7—16）则有

$$U_0 = E_a = C_e n\Phi \qquad (7-38)$$

由于转速 $n=$ 常数，所以 U_0 正比于 Φ。同时，由于励磁电流 I_f 正比于励磁磁势 F_f，所以空载特性曲线 $U_0 = f(I_f)$ 和电机的磁化曲线 $\Phi = f(I_f)$ 在形状上完全相同。空载特性曲线如图7—29所示。

从图7—29可见，在设计发电机时，最好把正常工作点选在曲线弯曲部分 ab 段，如 A 点处。这样，既能保证发电机的输出电压比较稳定，又可以有一定的调节范围。若工作点选在曲线的 a 点左边部分的某点处，由于磁路没有饱和，电机铁心不能充分利用，故不经济。尤其是工作点在曲线的直线部分，励磁电流如有很小变化，就会引起空载电压 U_0 很大的变化，电枢端电压很不稳定。若工作点选在曲线 b 点右边的某点处，由于磁路非常接近饱和，则端电压有一个很小的变化时，就需要励磁电流有一个很大的变化，故不利于端电压的调整。

由于发电机有剩磁存在，因此图中曲线的起点不在坐标的原点处，即当 $I_f = 0$ 时，电枢绕组旋转切割剩磁而产生一个微弱的感应电动势 E_{0r}。

他励式发电机空载试验线路如图7—30所示，图中 R_f 是励

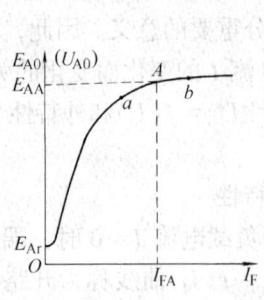

图7—29 他励发电机的空载特性曲线

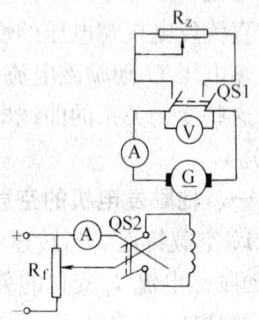

图7—30 他励式发电机试验线路图

磁回路的调节电阻,用以改变励磁电流的大小; R_z 为负载电阻。在求取空载特性时,开关 QS1 是打开的,以使负载电流为零。开关 QS2 的作用是用以改变励磁电流方向的。

2. **外特性** 当转速 n = 常数,励磁回路电阻 R_f = 常数时,端电压 U 随负载电流 I 变化的关系,即 $U = f(I)$ 曲线称为外特性。

在由实验求作他励式发电机外特性时,线路仍如图 7—30 所示,但此时应将开关 QS1 闭合。首先使电机以额定速度 $n = n_N$ 旋转,然后调节励磁电流到额定值 I_{fN},使得在额定负载电流 $I = I_N$ 时,具有额定端电压 $U = U_N$。然后保持 I_{fN} 及 n_N 不变,减少发电机的负载电流,最后直到空载 $I = 0$ 为止。根据不同的负载电流 I 及其相对应的端电压 U,即可作出发电机外特性曲线,如图 7—31 所示。

从图 7—31 可见,随着负载电流 I 的增加,发电机的端电压逐渐下降,这是因为随着 I 的增加,电枢回路电阻压降 IR_a 上升,从而使端电压 $U = E_a - I_a R_a$ 下降。又因为随着负载电流的增加,电枢反应的去磁效应使每极磁通减少,则电动势 $E_a = C_e n \Phi$ 减少,端电压进一步降低。

发电机从空载到额定负载的电压变化程度,可用电压调整率来表示。电压调整率为:

$$\Delta U = \frac{U_0 - U_N}{U_N} \times 100\% \qquad (7—39)$$

ΔU 又称电压变化率,对于一般它励式直流发电机,$\Delta U = (5 \sim 10)\%$ 左右。

二、并励发电机建压过程和建压条件

并励式发电机的线路图如图 7—32 所示。励磁电流由发电机自己供给,这就称为发电机的自励。自励是按照下述过程进行的:

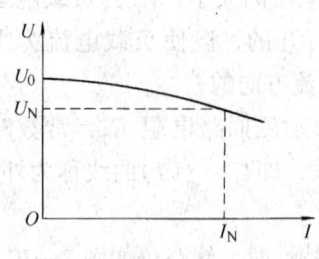 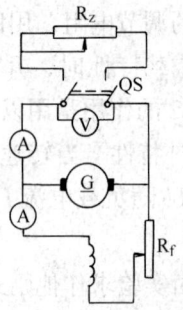

图 7—31　他励式发电机的外特性　　图 7—32　并励式发电机线路图

在电动机中通常总有剩磁存在，电枢旋转时，切割剩磁而感应出一个微小的电动势，从而在励磁回路内产生一个微小的励磁电流。该电流将产生励磁磁通，如果励磁磁通的方向与剩磁方向一致，则合成磁通增加，从而使电枢中感应电动势增加。电动势增加后，再使励磁电流及磁通增加，如此继续下去，最后电压上升到某一稳定值，励磁电流亦稳定在某一数值，这时直流并励式发电机就完成了自励过程，建立了电压，如图 7—33 所示。

如果将励磁绕组反接，则最初微小电流的磁化方向便与剩磁方向相反，剩磁反而被削弱，发电机便不能建立电压，此时必须把励磁绕组与电枢相接的两端互换。

如果已知励磁回路附加调节电阻 R_f 和励磁绕组电阻 r_f，则总电阻为 $R_f + r_f$。励磁电路的端电压等于电枢电压 U_0。对应某一端电压 U_0，在励磁回路中就有相应的励磁电流 I_f 来满足 $U_0 = I_f (R_f + r_f)$ 的关系。当 $R_f + r_f$ 数值不变时，$U_0 = I_f (R_f + r_f)$ 可用一条直线表示，这称为场阻线 OA，OA 的斜率为：

$$\tan\varphi = \frac{U_0}{I_f} = R_f + r_f \tag{7—40}$$

如果改变电阻 R_f 的大小，场阻线的斜率亦改变。在图 7—33 中的 $U_0 = f(I_f)$ 曲线为空载特性曲线，它有饱和弯曲段，与场阻线有明确的交点 A，A 点的纵坐标即为发电机的空载电压。改变电阻 R_f 的大小,场阻线的斜率和交点 A 均随着变动,这样就可以调节发电机的空载电压。如不断增加 R_f,使场阻线与空载特性直线部分重合,如图7—33中直线2所示,这时场阻线与空载特性无固定交点,发电机不能建立稳定的电压,对应这一斜率的场阻值,称为励磁电阻

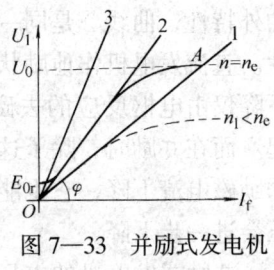

图7—33 并励式发电机电压建立

的临界电阻。若励磁回路的电阻值大于临界电阻时,如图7—33中直线3所示,电枢绕组只有剩磁电压,所以无法建立额定电压。

若发电机的转速过低,其空载特性曲线下移,如图7—33中虚线所示,它与场阻线没有交点,亦不能建立额定电压。

从上述电压建立过程可以知道,要使一台并励发电机建立电压,在速度为恒定额定转速 n_N 时,还必须满足下面三个条件:

(1) 发电机中要有剩磁。

(2) 励磁绕组接法要正确,即励磁电流产生的磁通方向与剩磁方向一致。

(3) 励磁绕组的电阻要小于建压的临界电阻。

三、并励式发电机的空载特性和外特性

1. **空载特性** 在并励式发电机中,励磁电流由发电机本身供给,它虽然也流过电枢绕组,但其数值不超过额定电流的1%~3%,这样微小电流在电枢绕组中所引起的电枢反应及电压降完全可略而不计,故空载端电压也就是电枢的感应电动势,这个情况与他励式发电机完全一样,因此并励式发电机的空载特性和他励式发电机相同。

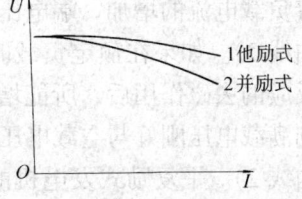

2. **外特性** 在图7—34中,曲线1作为他励式发电机运行时

图7—34 并励式发电机与他励式发电机的外特性

的外特性，曲线2是同一台电机作为并励式发电机运行时的外特性。直流发电机作他励状态运行时，励磁电流是不变的，端电压下降仅由电枢反应的去磁作用和电枢回路电阻压降两个因素引起。而在并励时，除了这两个原因以外，还有因端电压下降引起的励磁电流下降，它也能使每极磁通下降，故感应电动势及端电压会进一步下降。

并励式发电机的电压变化率 ΔU 约为 20% 左右，比他励式发电机高。

四、复励式发电机的空载特性和外特性

如图 7—35 所示，复励式发电机中存在着并励和串励两个绕组，如果这两个绕组的磁势方向相同，即称为积复励；如果方向相反，则称为差复励，它以并励绕组为主，以保证空载时产生额定电压。

1. 空载特性　由于仅在并励绕组中存在电流，因此复励式发电机的空载特性与并励式发电机完全相同。

2. 外特性　当负载电流流过串励绕组时，同样产生励磁磁势，串励绕组磁势的强弱对外特性的形状有很大影响。

随着负载电流增加，电阻电压降及电枢反应的去磁作用使端电压有下降的趋势。但在积复励情况下，随着负载电流的增加，串励绕组的助磁作用增强，因而也有使端电压升高的趋势。如果串励绕组的影响较大，随着负载电流的增加，端电压上升，形成过复励（见图 7—36 曲线 1）。如果串励绕组的影响较小，则随着负载电流的增加，端电压仍然下降，形成欠复励（见图 7—36 曲线 3）。如果在额定负载时，串励绕组的助磁作用在抵消电枢反应的去磁作用后，所能增加的感应电动势恰好补偿电阻压降，则满载电压刚好与空载电压相等，此时称为平复励（见图 7—36 曲线 2）。平复励式发电机的外特性并非一条水平的直线，这是因为当电流较小时，磁路尚未饱和，随着负载电流的增加，磁通及磁感应电动势增加较多。串励绕组的影响较大，故端电压上

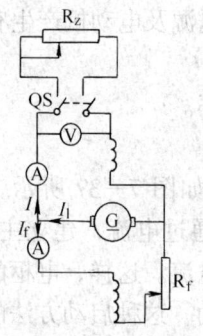
图 7—35 复励式发电机

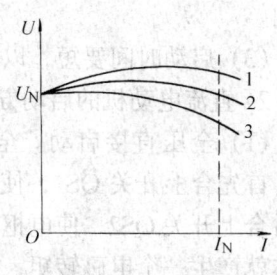
图 7—36 复励式发电机的外特性

升;而当电流较大时,磁路趋于饱和,随着负载电流的增加,磁通及感应电动势增长较少,而电阻压降仍按正比例增加,因此随负载电流的继续增加,端电压反而下降。

当负载电流变化时,积复励式发电机端电压变化较小,故适用于要求电源电压基本不变的系统,应用范围较广泛。

如果串励绕组是一个去磁磁势,随着负载电流的增加,发电机中合成磁通减少,使感应电动势及端电压迅速下降,所以差复励的发电机只在特殊场合下采用。

§7—8 直流电动机

直流电动机的特性可分为启动特性、工作特性与机械特性、调速特性等。

一、直流电动机的启动和反转

电动机从静止状态开始转动,直至达到稳定运行的全过程,称为电动机的启动过程。

1. 对电动机启动性能的要求

(1) 有较大的启动转矩,以缩短启动过程所需的时间,并能在负载下启动。

(2) 有较小的启动电流,以避免对电源及电动机产生有害的影响。

(3) 启动时间要短,以便提高生产率。

2．直流电动机的启动方法

(1) 全压直接启动。全压启动线路如图 7—37 所示。启动时,首先合上开关 QS1,使励磁回路内通过电流,建立主磁场,然后合上开关 QS2,使电枢绕组内流过电流。这样,电枢的载流导体就产生一个电磁转矩,使电动机启动。这种启动方法的优点是：设备简单、手续简便。但缺点是会产生很大的启动电流。根据式（7—24）和式（7—16）可知,直流电动机的电枢电流为：

$$I_\mathrm{a} = \frac{U - E_\mathrm{a}}{R_\mathrm{a}} = \frac{U - C_\mathrm{e}\Phi n}{R_\mathrm{a}} \qquad (7\text{—}41)$$

在刚启动瞬间,转速 $n = 0$,反电动势 $E_\mathrm{a} = 0$,此时启动电流为：

$$I_\mathrm{st} = \frac{U}{R_\mathrm{a}} \qquad (7\text{—}42)$$

因此,在刚启动的瞬间,启动电流仅由电枢回路的电阻所决定,而电枢电阻又是一个很小的数值,故启动电流很大,可达到额定电流的 10~20 倍。这样大的启动电流在线路上会产生很大的电压降并可能使换向器上发生强烈的火花。因此,全压直接启动只适用于小容量直流电动机,这是因为小容量电动机的电枢绕组电阻相对较大,可以限制启动电流,同时电动机惯量也较小,启动过程很快便可结束。

(2) 在电枢回路内串电阻启动。如果在电枢回路内串入电阻 R_st,如图 7—38 所示,则启动电流为：

$$I_\mathrm{st} = \frac{U}{R_\mathrm{a} + R_\mathrm{st}} \qquad (7\text{—}43)$$

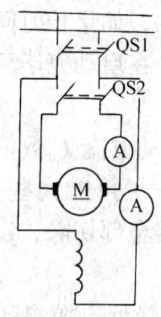
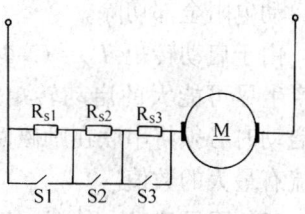

图 7—37　并励式直流电动机全压启动线路图　　图 7—38　电枢串电阻启动

因此，串联的启动电阻 R_{st} 越大，启动电流便越小，这种方法既可限制启动电流，设备也很简单，故应用很广。专供直流电动机启动用的变阻器一般称为启动器。注意，由于电磁转矩 $T = C_T \Phi I_a$，即电磁转矩正比于电枢电流，因此在启动电流减少的同时，启动转矩也降低。

如果启动转矩大于阻尼转矩，电动机开始以某一加速旋转，同时产生和转速 n 成正比例的反电动势 E_a，此时电流为：

$$I_{st} = \frac{U - E_a}{R_a + R_{st}} = \frac{U - C_e n \Phi}{R_a + R_{st}} \qquad (7—44)$$

从式（7—44）可以看出，随着转速的上升，反电动势增加，启动电流逐步下降，启动转矩也逐渐减小。为了保持一定数值的启动转矩，在启动过程中，可以把启动电阻一段一段地逐步切除。如图 7—38 所示，当电动机转速上升到某一数值时，接触器动作，使 S1 触点闭合，切除电阻 R_{s1}，于是电枢电流及电磁转矩又增大，以加快启动过程。以后，随着转速的继续升高，再陆续闭合触点 S2 及 S3，以切除电阻 R_{s2} 及 R_{s3}。如果 R_{s1}、R_{s2}、R_{s3} 设计得比较合适，可以使启动电流限制在一个合理的数值范围内，同时又能产生足够大的启动转矩。这样，既可避免过大启动电流引起的不良后果，又可缩短启动过程，以提高生产效率。

启动电阻都是按照短时运行方式设计的，如果长时间通过较大的电流，则会因过热而损坏电阻。因此，在启动完毕后，必须将启动电阻全部切除。

由于启动转矩 $T_{st} = C_T \Phi I_{st}$，在同一启动电流 I_{st} 数值下，为了产生尽可能大的启动转矩，应使磁通 Φ 尽可能大些。因此，在启动时必须将串联在励磁回路内的变阻器全部切除，以使励磁电流有最大的数值。

(3) 降压启动。从式 (7—42) 可知，降低电源电压，也可减少启动电流。降压启动的优点是不采用启动电阻，因而在启动过程中没有大量的电能为启动电阻所消耗。但却需专门的电源设备，增加了成本。

3. 直流电动机的反转　在生产过程中，有时要求直流电动机能够正、反两个方向转动，如龙门刨床的床面往复运动。由直流电动机工作原理可知，改变电枢电流的方向或改变主磁极的方向（即改变励磁电流的方向）都可以改变电动机的旋转方向。在实际应用中，一般采用改变电枢电流方向的办法使电动机反方向旋转。

二、直流电动机的机械特性

电动机的运行特性是研究电动机端电压 $U = $ 常数，励磁回路电阻 $R_f = $ 常数时，电动机的转速 n、转矩 T、效率 η 与输出功率 P_2 的关系。由于直流电动机是带动生产机械的原动机，所以研究它的转速 n 与转矩 T 之间的关系在电力拖动中具有极其重要的意义。

1. 并励式电动机的机械特性 $n = f(T)$　由式 (7—26) 可得

$$E_a = U - I_a R_a \tag{7—45}$$

将 $E_a = C_e n \Phi$ 代入式 (7—45)，整理后可得

$$n = \frac{U - I_a R_a}{C_e \Phi} = \frac{U}{C_e \Phi} - \frac{R_a}{C_e \Phi} I_a \tag{7—46}$$

将 $T = C_T \Phi I_a$ 变换成 $I_a = \dfrac{T}{C_T \Phi}$ 代入式 (7—46)，可得

$$n = \dfrac{U}{C_e \Phi} - \dfrac{R_a}{C_e C_T \Phi^2} T \qquad (7—47)$$

式中 U = 常数。由于 R_f = 常数，I_f = 常数，在忽略电枢反应去磁作用时，磁通 Φ = 常数，因为电枢电阻 $R_a \ll C_e C_T \Phi^2$，故电动机由空载到额定负载时机械特性 $n_f = f(T)$ 是一条略微下降的曲线，如图 7—39 所示。对于转速下降的程度，可用转速调整率来表示，即转速调整率为：

$$\Delta n = \dfrac{n_0 - n_N}{n_N} \times 100\% \qquad (7—48)$$

对于并励直流电动机而言，从空载到额定负载其转速变化不大，Δn 约为 3%～8% 左右，这种速度变化不大的特性，称为硬特性。

2. 串励式电动机的机械特性 $n = f(T)$　串励式电动机的励磁绕组与电枢绕组是串联的，接线原理图如图 7—40a 所示，此时，励磁绕组通过的电流就是电枢电流 I_a。所以磁通 Φ 将随 I_a 而变化，即磁通 Φ 的大小与负载有关。

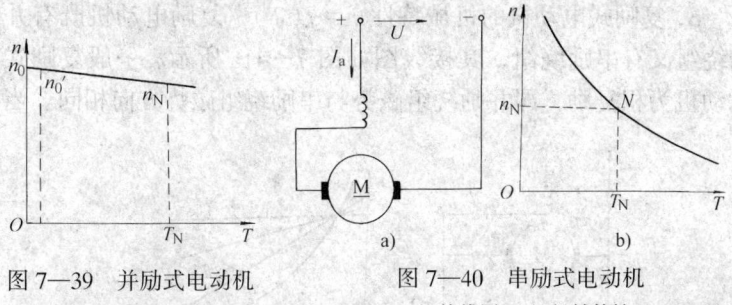

图 7—39　并励式电动机的机械特性

图 7—40　串励式电动机
a) 接线图　b) 机械特性

在电源电压 U 不变的情况下，串励式电动机的机械特性 $n = f(T)$ 曲线如图 7—40b 所示。转速 n 与 T 的关系和并励电动机一样，可用式 (7—47) 表示。

当负载较小时（I_a 较小），电动机磁路未饱和，主磁通 Φ 正比于 I_a。由式（7—47）可知，随着负载的增加，公式右方第一项 $\dfrac{U}{C_e\Phi}$ 因 Φ 增大而下降很快，公式右方第二项因 $T=C_T\Phi I_a\alpha\Phi^2$ 而不变。所以转速随负载的增加而下降，如图 7—40b 中曲线上 N 点的左面部分。当负载增加到一定程度时，磁路开始饱和，这时 I_a 继续增加，但磁通 Φ 变化甚微，与并励式电动机相类似。这时式（7—47）右方第一项基本不变，第二项 $T\alpha I_a$ 随负载增加而增加，但因 $R_a\ll C_eC_T\Phi^2$，故转速随负载增加而略有下降。如图 7—40b 中曲线 N 点的右面部分。

由图 7—40b 可见，串励式电动机机械特性的特点是：随着电流增加，转矩增加，转速急剧地下降，具有这种性质的特性，称为软特性。并且，串励式电动机在空载时，转矩很小，因此电枢电流及主磁通也很小，此时串励式电动机的转速会上升到危险的高值，电动机的机械强度往往不能承受这样大的离心运动而损坏。所以串励式电动机绝对不允许空载启动及空载运行。对一般串励式电动机而言，工作的最低负载不应小于额定值的 25%～30%。

3. 复励式电动机的机械特性 $n=f(T)$　复励电动机既有并励绕组又有串励绕组，其接线图如图 7—41a 所示。一般复励式电动机为积复励，即并励绕组磁势与串励绕组磁势方向相同。当

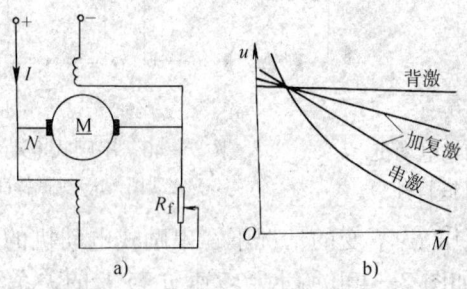

图 7—41　复励式电动机
a）接线图　b）机械特性

复励式电动机中并励绕组起主要作用时，它的机械特性接近于并励式电动机；当串励绕组起主要作用时，其机械特性接近于串励式电动机。所以，积复励式电动机的机械特性介于并励式和串励式电动机之间，如图7—41b所示。

差复励式电动机的负载增加时，串励绕组的磁势对并励绕组起去磁作用，会导致运行的不稳定。故差复励式电动机通常不使用。

§7—9 直流电机的维护及一般故障的处理

一、使用前的检查及使用时的维护

直流电动机使用前和使用时除可按第六章介绍的异步电动机的有关检查步骤进行巡视以外，还应注意以下三点：

1. 使用前检查换向器表面是否光洁，有无机械损伤和火花灼痕。

2. 检查电刷是否磨损得太短，刷握的压力是否适当（一般压力应为 $1.47\sim1.96$ N/cm^2，刷架位置是否符合规定的标志。

3. 运行时换向器上的火花不能大于 $1\frac{1}{4}\sim1\frac{1}{2}$ 级。

二、直流电机常见故障及处理

直流电机常见故障及处理见表7—5。

表7—5　　　　直流电机常见故障及处理

故障现象	可 能 原 因	处 理 方 法
1. 直流电动机转速过高（应及时断电，以防甩坏）	(1) 并励回路电阻过大或断路 (2) 并励或串励绕组匝间短路 (3) 并励绕组极性接错 (4) 复励电动机的串励绕组极性接错（积复励接成差复励） (5) 串励电动机负载过低 (6) 主磁极气隙过大	(1) 测量励磁回路的电阻，恢复正常电阻值 (2) 检查并励或串励绕组，找出故障点进行修复 (3) 用指南针测量极性顺序，并重新接线 (4) 检查并纠正串励绕组极性 (5) 增加负载 (6) 按规定用铁垫片调整气隙

续表

故障现象	可能原因	处理方法
2. 磁场绕组过热	(1) 电动机励磁电流超过规定（常因低转速引起） (2) 电动机端电压长期超过额定值 (3) 发电机气隙太大 (4) 发电机转速太低 (5) 并励绕组匝间短路 (6) 复励发电机负载时电压不足，调整电压后励磁电流过大	(1) 恢复正常励磁电流 (2) 恢复额定电压 (3) 调整气隙 (4) 提高转速 (5) 检查并排除故障 (6) 该电动机串励绕组极性接反，应重新接线
3. 电动机不能启动	直流电动机电刷与换向器接触不良、电枢绕组断路或短路、启动电流太小	检查电刷与换向器的接触情况予以改善。检查电枢绕组是否正常。检查启动器是否合上
4. 电动机带负载运行时转速过低	(1) 电枢绕组短路 (2) 换向器片间短路 (3) 电刷位置不正确 (4) 换向极极性接错（同时出现长的黄色火花）	(1) 检查电枢绕组的短路故障，如看见端部有放电穿孔或烧焦痕迹，可确定电枢已烧坏，常需重新嵌线 (2) 检查换向片，清理片间残留的焊锡铜屑、毛刺等 (3) 调整刷杆座位置 (4) 检查并纠正换向极极性
5. 电刷下换向火花超出规定	(1) 全部换向绕组或补偿绕组极性接错（电刷下有耀眼的黄色火花和响声） (2) 部分换向绕组或补偿绕组极性接错（电刷下有黄色舌状火花） (3) 换向极气隙过大（电刷下滑出边有火花），或小（电刷下滑入边有火花） (4) 换向极第二气隙不符合规定（重载及负载变化时才有火花）	(1) 检查并纠正换向绕组或补偿绕组极性 (2) 检查纠正换向绕组或补偿绕组极性 (3) 按规定值调整气隙，有时需要通过实际试运行选择最合理的气隙 (4) 按规定值及规定材质（黄铜、铝、层压板）调整第二气隙

续表

故障现象	可 能 原 因	处 理 方 法
5. 电刷下换向火花超出规定	(5) 换向绕组、补偿绕组匝间短路 (6) 电枢绕组断线（换向器一圈绿色环状火花，片间云母有放电烧伤痕迹） (7) 电枢绕组与换向片有局部脱焊 (8) 换向片松动凸出（可看出凸片发亮，凹片发黑，严重时听到拍拍撞击电刷声及看到电刷边撞崩） (9) 换向器表面粗糙，或表面有油污 (10) 换向器云母片凸出或云母片沟积有炭粉等 (11) 换向极绕组匝数不符合要求 (12) 换向极绕组短路 (13) 电刷磨损过度 (14) 电刷牌号不符合要求 (15) 电刷在刷握内过紧或过松 (16) 电刷与换向器表面接触不良 (17) 电刷压力不当（通常偏小） (18) 电刷在换向器圆周上分布不匀或位置不符 (19) 刷杆偏斜	(5) 检查换向绕组、补偿绕组匝间短路故障，更换绕组 (6) 修理断线处 (7) 用毫伏表检查换向片间电压，重新焊好 (8) 于冷、热两状态下紧固换向器的螺帽或拉紧螺栓，重新车削换向器工作面，挑沟、倒棱、研磨光洁 (9) 研磨换向器工作面，必要时重新精车 (10) 挑沟、倒棱、研磨光洁 (11) 匝数相差太多需补绕，相差不多可调整换向极气隙 (12) 用电桥测量，如有短路应衬垫绝缘或重新绕制 (13) 更换新电刷 (14) 按技术要求更换电刷 (15) 磨制合适电刷或修理刷握，使电刷在刷握中能自由滑动 (16) 用砂纸研磨电刷与换向器表面吻合，清除污物并运行 $0.5\sim 1\ h$ (17) 调整弹簧压力 (18) 校正电刷位置 (19) 可利用换向片或云母槽作标准来调整刷杆与换向器的平行度

续表

故障现象	可能原因	处理方法
5. 电刷下换向火花超出规定	（20）机身振动，因此有时在换向器表面出现规律性黑痕 （21）过载或负载过分剧烈波动 （22）转速过高	（20）校正电枢平衡，紧固底座，清除振动 （21）恢复正常负载 （22）恢复正常转速
6. 发电机电压不能建立	（1）剩磁消失 （2）电机旋转方向不符合规定 （3）励磁绕组接反把剩磁抵消 （4）励磁回路的电阻太大 （5）励磁绕组断路或有匝间短路 （6）转速太低 （7）电刷压力太低或接触不良 （8）换向器表面或电枢绕组有短路	（1）用外加直流电源使励磁绕组通电，重新建立磁场 （2）改变旋转方向 （3）检查并纠正励磁绕组的接线方向及其极性，重新充磁 （4）检查励磁回路各处接触情况，要保证接触良好（因为剩磁电压很低，电路中的电阻变化将对励磁电流有明显影响）；或者将调节电阻全部短路，待电压建立后再恢复正常 （5）检查励磁绕组的断路及匝间短路故障，更换绕组 （6）提高转速使达到额定值，对带传动的发电机，注意张紧带，涂带油，减少滑差 （7）调节弹簧压力，研磨电刷接触面 （8）用毫伏表找出短路故障点，及时修理
7. 发电机电压达不到额定值	（1）电机转速太低 （2）电刷位置不正确 （3）并励绕组部分短路	（1）提高电机转速达到额定值 （2）调整电刷位置 （3）分别测量每个绕组的电阻，修理或调换电阻特别低的绕组

续表

故障现象	可能原因	处理方法
7. 发电机电压达不到额定值	(4) 换向片之间有导体造成短路 (5) 换向极绕组接反 (6) 串励磁场绕组接反 (7) 电机过载	(4) 清除导电体 (5) 用指南针检查换向极极性，更正接线 (6) 改正接线 (7) 减少负载
8. 发电机电压过高	(1) 转速过高 (2) 励磁回路电阻过小 (3) 差复励的串励绕组极性接反	(1) 恢复正常转速 (2) 增加励磁电阻 (3) 调换串励绕组极性

§7—10 直流电机的局部修理

直流电机的局部修理方法可参看第六章中异步电动机修理的相应部分，下面叙述直流电机修理的特殊要求：

一、中小型直流电机的拆装

对装有滚动轴承的中、小型直流电机，其拆卸步骤如下：

1．拆除所有的外部连接线。

2．拆除换向器端盖螺钉和轴承盖螺钉，并取下轴承外盖。

3．打开端盖的通风窗，从刷握中取出电刷，再拆下接到刷杆上的连接线。

4．拆卸换向器端的端盖，取出刷架。

5．用厚纸或布将换向器包好，以保持清洁及避免碰伤。

6．拆除轴伸端的端盖螺钉，将连同端盖的电枢从定子内抽出或吊出。

7．拆除轴伸端的轴承盖螺钉，取下轴承外盖及端盖轴承，若轴承无损坏则不必拆卸。

二、换向器的修理

换向器的修理主要包括换向片表面的修理和换向器的拆卸修理。

1. 换向器表面的修理 直流电机运行一段时间后,换向器表面由于压力松弛而变形,使换向器外圆的径向偏摆值超过标准规定值,换向片和绝缘被强烈火花烧坏;电刷与换向器滑动接触的磨损程度不均匀,而使换向器表面出现高低不平,个别换向片凸出或凹陷等,都需要及时修理。

修理换向器外圆变形、个别换向片凸出或凹进及换向器表面粗糙时,首先拧紧换向器压环螺栓,将换向器外圆车光滑,下刻换向片间的云母片,下刻深度见表7—6。研磨外圆,换向器外圆容许不圆度见表7—7。清除换向器表面的切屑及毛刺等杂物。

表7—6　　　　　换向器云母片下刻深度

换向器直径 (mm)	云母片下刻深度 (mm)
≤50	0.5
50~150	0.8
151~300	1.2
>300	1.5

表7—7　　　　　换向器外圆容许不圆度

换向器线速度 (m/s)	冷态偏摆 (mm)	热态偏摆 (mm)
>40	0.03	0.05
15~40	0.04	0.06
<15	0.05	0.10

2. 换向器的拆修 如果换向器片间绝缘受损而造成片间短路,或者换向器V形云母环受损造成换向器与电枢铁心接通,则必须拆修换向器。

换向器拆修步骤如下:先在换向器外圆上包一层0.5~1mm厚的弹性纸作衬垫,并用直径为1.2~2mm的钢丝扎紧或用铁环箍紧,同时做好压环与换向片间的相对位置标记。然后拧松螺帽(如螺帽过紧可加热到约50~70℃后再拧开),取出V形绝缘环。同法,拆出另一端螺帽及云母环,进一步检查换向片间、V形槽表面及V形云母环的故障处,然后分别进行修理。

三、直流电机电枢绕组的修理

直流电机电枢绕组常见的主要故障有绕组开路、短路、接地和接错等。

1. **电枢绕组开路** 如果开路的原因是由于换向片和线圈的连接线松脱，则可进行重焊。如果线圈断线，最好是拆除重绕。但有时可采用暂时应急措施修复，首先查明断线线圈，从换向片上拆下，同时用绝缘包扎线端；然后用绝缘导体在被拆下线圈的换向片上按规定重新跨接。单叠绕组和单波绕组的跳接方法分别如图 7—42 和图 7—43 所示。

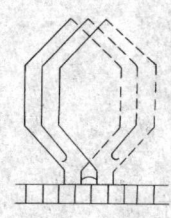

图 7—42　单叠绕组的跳接方法

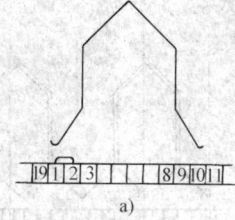

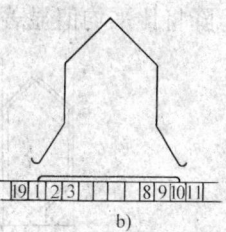

图 7—43　单波绕组的跳接方法

注意，按图 7—43a 的跳接，可将 1 和 2 或 10 和 11 两组换向片的任一组连接起来，这种方法除了把本身开路的一只线圈去掉外，对四极电机还等效地拆掉一只好的线圈，若为六极电机就等效地再拆掉两只好的线圈。另外，切勿将两处相邻换向片同时连接起来，以免使两个相邻的线圈成为并联，造成内部短路发热，而引起新的故障。

图 7—43b 所示为另一种较好的跳接方法，先把开路的线圈两端从换向片上拆下包好，再在它原来接着的 1 和 10 换向片上焊接一根包有绝缘的导线。这样跳接之后，可以使除开路线圈以外的线圈都有电流通过，仍然处于较好的工作状态。

直流电机的电枢绕组是闭路绕组，如果电枢绕组个别元件产生断线或换向片焊接不良，则当该元件转动到电刷下，电流就通过电刷接通，而离开电刷时，电流也通过电刷断开，因而在电刷接触和离开的瞬时呈现较大的点状火花，使断路元件两侧换向片灼黑。根据灼黑的换向片可找出断线元件的位置，如图7—44所示。

通常，采用测量换向片间压降的方法来检查电枢绕组断路及开焊故障的位置，即在换向器相邻两换向片上或相隔接近一个极距的两换向片上接入低压直流电源，用直流毫伏表测量相邻两换向片间的电压，如图7—45所示。在正常情况下，测得电枢绕组各换向片间的压降一般应该相等，或与其平均值的偏差不大于±5%。若电枢绕组断路或焊接不良，则在相邻两换向片间测得的压降将比平均值显著增大。

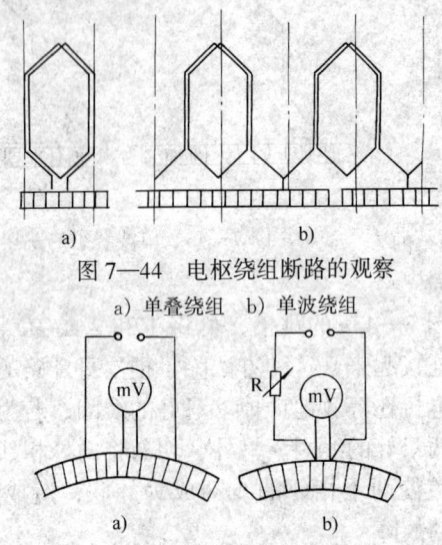

图7—44 电枢绕组断路的观察
a) 单叠绕组 b) 单波绕组

图7—45 检查电枢绕组的断路和短路
a) 单波绕组—电源接入相隔接近一个极距的两个换向片
b) 单叠绕组—电源接入相邻的两个换向片

2．电枢绕组短路　电枢绕组短路是指某一只线圈里面有两匝或两匝以上的导线互相碰通，或者某只线圈和它相邻的一只线圈相碰通，以及在同一槽里的线圈相碰通。受潮也能使线圈内产生局部短路现象。电枢绕组里出现短路后,电枢会发热,电刷上火花增大,换向器上有被烧灼的黑点。在叠绕组的电枢上,线圈短路处总比其他地方要热得多。在波绕组的电枢上,有短路线圈时,就同时有好几个地方发热,电机的级数越多,发热的地方也就越多。

短路故障的检查仍可按图7—45所示的方法进行。当线圈匝间短路时,则在和短路线圈相连的换向片上测得的压降值显著降低;若换向片或升高片间短路时,则片间压降几乎等于零。

3.电枢绕组及换向器接地 电枢接地的情况有两种:一是电枢绕组接地,二是换向器接地。如果电机的机壳不接通大地,那么在电枢绕组或换向器上仅有一处通地时,还不至于影响电动机的运行;若有两处以上通地时,就会造成短路故障。电枢通地故障可以用以下方法检查:

(1) 用毫伏表测量换向片和轴之间的压降。图7—46为电枢绕组接地故障检查的电路原理图。将低电压值直流电源(干电池)接在换向器上,然后将毫伏表的一端接在电机转轴上接地,另一端依次触及各换向片。如果毫伏表上有读数,就表明该换向片及其所连接的电枢线圈没有接地;当触及到某换向片时,毫伏表读数近似为零,则表明这一换向片或所连接的线圈有可能接地。

(2) 用校验灯进行逐片检查。如图7—47所示,如果灯泡发亮,则说明电枢绕组或换向器通地。可按试验时观察到的火花、烟雾、响声来判断接地点的位置。

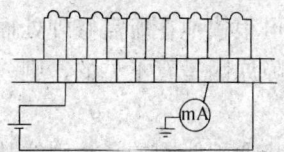

图7—46 电枢绕组接地故障
检查的电路原理图

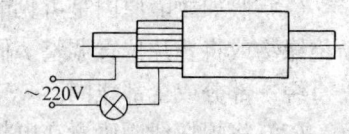

图7—47 用校验灯检查电枢通地

(3) 测量换向片间的压降。将低压直流电源(干电池)接到换向片和轴上,如图7—48所示,测量相邻换向片间的压降。邻近接地点的片间压降将方向相反，但在与电源相接的换向片上所测得的压降的反向情况不属此例。

(4) 对重绕的绕组进行耐压试验时检查电枢通地的方法。对于重绕的电枢绕组，一般都要进行耐压试验，耐压试验的电压，按下述公式计算：

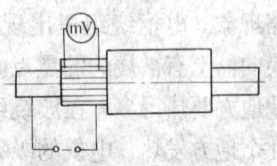

图7—48　测量换向片间压降的方法

功率在 1 kW 以下的电机

$$试验电压 = (2U_N + 500) \times 75\% \text{ V} \qquad (7-49)$$

功率在 1 kW 以上的电机

$$试验电压 = (2U_N + 1\,000) \times 75\% \text{ V} \qquad (7-50)$$

第二次检修后再作耐压试验，试验电压由上两式的 75% 降为 60% 进行。

当试验电压增高到某值而电枢被高压击穿，如果以后再重复加压时，逐次的击穿电压值逐渐下降，那就是换向器通地所致；如当电压增高到一定值电枢被击穿，重复第二、第三次的高压再也加不上来时，则一般都是绕组通地所致。这是因为换向器绝缘厚，其通地故障大多由于污垢杂物造成，击穿现象是逐步形成的，而槽部绕组绝缘比较薄弱，绕组一经击穿，就不会恢复，所以只能承受一次高压的冲击。

绕组通地的修理方法有两种：

(1) 假如故障原因是可见的，便可很快地在所需修理处插入新绝缘物或将叠片位置调整。假如故障原因是看不见的，则一般需重绕一部分或全部线圈。

(2) 将损坏线圈废置在电枢内，将通地线圈的各根引线从两块换向片上拆下，在该两换向片间接入跳接线，将它们短接，而将拆下来的线圈引线包扎好。

在拆卸电枢绕组时，必须在拆卸过程中作好记录，以便重绕与嵌线时参考。

一般电枢绕组拆卸步骤如下:

(1) 电枢置于转动支架上,熔脱扎钢丝焊头,拆下扎钢丝或剪去无纬玻璃丝带。

(2) 敲出槽楔。

(3) 熔开电枢绕组在换向片上的接线头。

(4) 电枢铁心是开口槽时,应将导线加热后拆除。如果拆下的电枢线圈包扎新的绝缘后仍可继续使用时,可将拆下的绕组通过退火、整形、包扎绝缘等工序进行修复。

重绕电枢线圈时,应根据电枢线圈制造工艺进行绕制。

在修理电机时,一般重新包扎的绝缘材料应选用比原来高一级的材料。

中、小型直流电机常用的槽绝缘材料见表7—8。绕组端部支架与端部层间绝缘材料见表7—9。

表 7—8 直流电机的槽绝缘材料

绝缘等级	槽 绝 缘 材 料
A 级	二层 0.07 mm 青壳纸和一层 0.2 mm 聚酯薄膜复合玻璃漆布
E 级	一层 0.17 mm 玻璃漆布和一层 0.2 mm 聚酯薄膜复合青壳纸
B 级	二层 0.15 mm 醇酸玻璃漆布和一层 0.25 mm 醇酸柔软云母板,或用二层 0.05 mm 醇酸聚酯薄膜和一层 0.17 mm 醇酸玻璃漆布与一层 0.25 mm 醇酸柔软云母板组成
F 级	二层 0.17 mm 硅有机玻璃漆布和一层 0.2 mm 硅有机柔软云母板
H 级	同上,或用聚酰亚胺薄膜—聚砜纤维复合纸

表 7—9 绕组端部支架与端部层间绝缘材料

绝缘等级	端部支架与端部层间绝缘材料
B 级	聚酯薄膜玻璃漆布、醇酸玻璃柔软云母板或有机玻璃云母带
F 级	聚酰亚胺薄膜玻璃漆布、F 级柔软云母板或硅有机玻璃云母带
H 级	聚酰亚胺薄膜—聚砜酰胺纤维复合纸、硅有机粉云母板或硅有机玻璃云母带

必须指出,对于中、小型直流电机电枢,无论是采用沉浸或真空压力浸漆法,在浸漆、干燥过程中,为了更好地排除气泡,

有利于电机的机械平衡,最好将电枢直立起来,换向器端在上进行浸漆和烘焙。在电枢烘焙过程中,换向器的热态绝缘电阻将对整个电枢的热态绝缘电阻有很大的影响,需特别注意防止浸漆进入换向器内。

§7—11 直流电机的重绕计算

在修理直流电机绕组时,对绕组已被拆去,铭牌丢失,原数据也无从考查,或原来电机的规格、性能不适于生产设备的要求等情况,必须重新进行下列各项计算:

一、直流电动机电枢绕组重绕计算

1. 电动机功率估算

$$P_s = \frac{\alpha D_2^2 L_2 n B_g A}{6.1 \times 10^8} \text{ VA} \qquad (7-51)$$

式中 α ——极弧系数,一般取 $\alpha = 0.6 \sim 0.7$;

D_2 ——转子直径,cm;

L_2 ——转子铁心长度,cm;

n ——转速,r/min;

B_g ——气隙磁密,对 $D_2 = 10 \sim 40$ cm 的中、小型直流电动机取 $B_g = 0.64 \sim 1.00$ T,对连续工作制的微电动机取 $B_g = 0.28 \sim 0.34$ T,短时工作制可取 $B_g = 0.35 \sim 0.55$ T;

A ——电枢线负荷,一般取 $60 \sim 400$ A/cm。

计算时可按下列公式初选,即

$$A = (11.5 \sim 14) D_2 \text{ A/cm} \qquad (7-52)$$

大功率电动机取小值。

2. 电动机输出功率估算

$$P_N = \frac{P_s}{(1.02 \sim 1.14)} \text{ W} \qquad (7-53)$$

式中 P_N——电动机输出功率，W。

3. 电动机电流估算

$$I = \frac{P_N \times 10^3}{E_2} \text{ A} \tag{7—54}$$

式中 E_2——额定负载时的电枢电动势，$E_2 = K_E U_N$ V；
K_e——压降系数，对中、小直流电机，取 $K_e = 0.85 \sim 0.95$，大功率电机取大值。

4. 每极有效总磁通估算

$$\Phi = \alpha \tau L_1 B_g \times 10^{-8} \text{ Wb} \tag{7—55}$$

式中 τ——极距，cm；
L_1——定子主极长度，cm。

5. 电枢绕组总有效导线数 N 的估算 电动机铭牌丢失时：

$$N = \frac{60 a E_2 \times 10^8}{p n \Phi} \text{ 根} \tag{7—56}$$

电动机铭牌可查时：

$$N = \frac{6.28 D_2 A a}{I_N} \text{ 根} \tag{7—57}$$

式中 A——电枢线负载，A/cm；
p——磁极对数；
a——电枢绕组并联支路对数；单叠绕组 $a = p$，复叠绕组 $a = mp$，单波绕组 $a = 1$，复波绕组 $a = m$；
n——额定转速，r/min；
I_N——额定电流，A。

每槽有效导体数：

$$S_n = \frac{N}{Z_2} \text{ 根/槽}$$

S_n 取为整数后，绕组实际取定的总有效导线数：

$$N = S_n Z_2 \tag{7—58}$$

式中 Z_2——电枢槽数。

6. 电枢绕组每线圈匝数

$$N_Y = \frac{N}{2K} \qquad (7\text{—}59)$$

式中 K ——换向片数。

7. 线负载校验

$$A = \frac{NI}{6.28 D_2 a} \text{ A/cm} \qquad (7\text{—}60)$$

电枢实际的线负载应不超过初选值的 ±10%，如相差过大时，应重选重算。

8. 电枢绕组导线选择

(1) 流过电枢绕组支路电流

$$i_a = \frac{I}{2a} \text{ A} \qquad (7\text{—}61)$$

式中 $2a$ ——电枢绕组并联支路数。

(2) 电枢绕组导线截面积

$$S_2 = \frac{i_a}{J} \text{ mm}^2 \qquad (7\text{—}62)$$

式中 J ——电枢绕组电流密度，通常取 4.5~7.5 A/mm²。

(3) 导线直径 d_2

$$d_2 = 1.13 \sqrt{S_2} \text{ mm} \qquad (7\text{—}63)$$

电枢铁心为半闭槽时，可选用圆形绝缘导线绕制，若导线直径超过 $\phi1.62$ mm 时，为绕制和嵌线方便，可采用几股细导线并结。电枢为开口槽时，可采用扁铜线，当截面积大于 15~18 mm²时，也应选用多股并绕。

9. 槽满率 f_n 校验

$$f_n = \frac{n_i S_n d_0^2}{A_n} \qquad (7\text{—}64)$$

式中 n_i ——导线并绕根数；

S_n ——每槽有效导线数；

d_0——绝缘导线直径,mm;

A_n——转子槽的有效截面积,mm²。

$$A_n = (r_1 + r_2 - 2\Delta)(h_1 + r_1 - h_r - 2\Delta) + 1.57(r_2 - \Delta)^2 - 1.3\Delta(r_1 + r_2) \text{ mm}^2 \qquad (7\text{—}65)$$

式中 Δ ——槽绝缘一侧的厚度,mm。依绝缘材料等级而定,一般 B 级绝缘取 0.6 mm 左右,也可以根据绝缘材料的实际厚度计算;

h_r——槽楔高度,mm。

槽满率一般应在 0.65~0.80 之间,若小于此值,说明电动机功率未能充分利用;但超过此值时,嵌线将困难。

10.铁心导磁体磁密校验

(1) 电枢绕组实际有效总磁通

$$\Phi = \frac{60 E_2 a}{p N} \text{ Wb} \qquad (7\text{—}66)$$

式中 N ——电枢绕组实际有效导体数。

(2) 气隙磁密

$$B_g = \frac{\Phi}{\alpha \tau L_2} \times 10^{-4} \text{ T} \qquad (7\text{—}67)$$

电枢齿部磁密

$$B_t = \frac{B_g t_2}{0.93 b i} \times 10^{-4} \text{ T} \qquad (7\text{—}68)$$

式中 t_2 ——齿距,cm;

τ ——极距,cm;

b_t ——齿厚,cm。

(3) 电枢轭部磁密

$$B_c = \frac{\Phi}{1.86 h_c L_2} \times 10^{-4} \text{ T} \qquad (7\text{—}69)$$

式中 h_c ——轭部高度,cm。

计算值 B_c 不应超过 1.3~1.5 T

二、直流电动机励磁绕组计算

直流电动机的励磁绕组计算,主要是根据各段磁路和磁性材质,通过磁密 B 来求取磁场强度 H,再求出所需的励磁磁势,最后确定所需的绕组匝数。

1. 串励式电动机的励磁绕组计算
(1) 气隙磁势

$$F_q = 1.6 K_q B_g \delta_1 \text{ 安匝/对极} \qquad (7-70)$$

式中　B_g——气隙磁密,1×10^{-4} T;
　　　δ_1——气隙长度,cm;
　　　K_q——气隙系数。

$$K_q = \frac{t_2}{t_2 - \dfrac{b_0^2}{5\delta_1 + b_0}} \qquad (7-71)$$

式中　t_2——电枢齿距,cm;
　　　b_0——实测的电枢槽口宽度,cm。

(2) 电枢齿部磁势

$$F_t = 2 H_L h_L \text{ 安匝} \qquad (7-72)$$

式中　H_L——磁场强度,A/cm。可根据 $B_{t1/3}$ 的值由电枢冲片材料的磁化曲线图 7—49 的曲线查得。

$$B_{t1/3} = \frac{B_g t_2}{0.93 b_{1/3}} \times 10^{-4} \text{ T} \qquad (7-73)$$

式中　$B_{t1/3}$——离电枢齿根 1/3 处的齿部磁密,1×10^{-4};
　　　$b_{1/3}$——离电枢齿根 1/3 处的齿宽度,cm。

(3) 电枢轭部磁势

$$F_c = H_c L_a \text{ 安匝} \qquad (7-74)$$

式中　H_c——电枢轭铁磁材料的磁场强度,A/cm。可根据轭部磁密 B_c 由图 7—49 的曲线查得;
　　　L_a——电枢轭部磁路平均长度,cm。

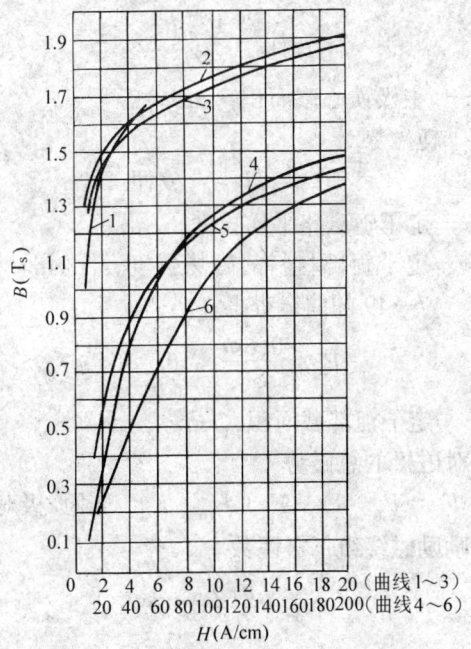

图 7—49 硅钢片和铸钢的磁化曲线
1、6—铸钢 2—1～1.75 mm 硅钢片
3、5—DR530-50 硅钢片 4—1～1.75 mm 硅钢片

$$L_a = \pi D_p / 2P \quad \text{cm} \tag{7—75}$$

式中 D_p——电枢轭部平均直径，cm。

$$D_p = \frac{D_2 - 2h_s + d_2}{2} \quad \text{cm} \tag{7—76}$$

式中 h_s——槽深，cm；
d_2——电枢铁心内径，cm。

(4) 主磁磁势

$$F_m = 2H_m h_1 \quad \text{安匝} \tag{7—77}$$

式中 H_m——主极磁场强度，A/cm。根据主极磁密 B_m 由图 7—49 的曲线查得。

· 425 ·

$$B_m = \frac{1.2\Phi}{S_m} \qquad (7-78)$$

式中 S_m —— 主极铁心截面积，cm^2。

(5) 定子轭磁势

$$F_d = H_d L_d \quad 安匝 \qquad (7-79)$$

式中 L_d —— 定子轭磁路平均长度，cm；
　　H_d —— 定子轭部材料的磁场强度，A/cm。根据 B_d 由图 7—49 的曲线查得

$$B_d = \frac{0.6\Phi}{S_d} \times 10^{-4} \quad T \qquad (7-80)$$

式中 S_d —— 定子轭部截面积，cm^2。

(6) 每对磁极的总磁势

$$F_F = F_g + F_t + F_c + F_m + F_d \quad 安匝/极对 \qquad (7-81)$$

(7) 串励励磁绕组每极匝数

$$N_{fc} = \frac{F_F a}{2I} \quad 匝/极 \qquad (7-82)$$

式中 F_F —— 每对磁极的总磁势，安匝/极对；
　　a —— 串激绕组并联支路数。一般小型电动机 $a=1$，只有大功率电动机才采用并联支路。
　　I —— 电枢电流，A。

2. 并励式与他励式电动机励磁绕组计算

(1) 励磁电流计算

$$i_f = K_f I \quad A \qquad (7-83)$$

式中 I —— 电枢电流，A；
　　K_f —— 并励电流经验系数。当电动机额定功率 $P_N < 20$ kW 时，

$$K_f = (0.9 \sim 1.2) \frac{57 - P_N}{P_N^{1/6}} \times 10^{-3} \qquad (7-84)$$

当电动机额定功率 $P_N > 20$ kW 时，

$$K_f = (0.9 \sim 1.2)(31 - \frac{P_N}{3}) \times 10^{-3} \qquad (7-85)$$

(2) 励磁绕组导线截面积

$$S_{cf} = K_e \frac{i_f}{J_f} \text{ mm}^2 \qquad (7\text{—}86)$$

式中 K_e——电动机励磁余量。直流电动机取 $K_e = 1.1 \sim 1.2$;

J_f——励磁绕组导线电流密度,A/mm²。通常取 $J_f = 3 \sim 4$ A/mm²。

(3) 励磁绕组层数

$$n = \frac{b_c}{1.05 d_{01}} \text{ 层} \qquad (7\text{—}87)$$

式中 b_c——并励绕组在主极上能占的厚度,mm;

d_{01}——选用的绝缘导线直径,mm。

(4) 励磁绕组每层匝数

$$N_n = \frac{h_{fc}}{1.05 d_{01}} \text{ 匝/层} \qquad (7\text{—}88)$$

式中 h_{fc}——实测主极有效绕线高度,mm。

(5) 励磁绕组每极匝数

$$N_f = n N_n \text{ 匝} \qquad (7\text{—}89)$$

式中 n——并励绕组层数。

(6) 励磁绕组平均匝长

$$L_p = 2(L_1 + b_1 + 1.2) + \pi b_c \text{ cm} \qquad (7\text{—}90)$$

式中 L_1——主极铁心长度,cm;

b_1——主极宽度,cm;

b_c——绕组厚度,cm。

(7) 励磁绕组工作电阻

$$R_f = K_\theta \frac{2 p N_f L_p}{5\ 700 S_{cf}} \text{ Ω} \qquad (7\text{—}91)$$

式中 K_θ——与温升有关的系数,$K_\theta = 1 + 0.04(\theta - 20°)$;

θ——工作温度,根据采用绝缘等级而定,℃;

N_f——励磁绕组每极匝数;

L_p ——励磁绕组平均匝长。

(8) 验算实际励磁电流最大值(不串接调节电阻)

$$i_{fm} = \frac{U_N}{R_f} \text{ A} \tag{7—92}$$

如验算的励磁电流与估算值相差太大时,则应重新调整导线截面积和每极匝数重算。

3. 复励式电动机励磁绕组的计算 复励式电动机的并励绕组计算与并励式电动机的并励绕组计算相同。但对复励式电动机的串励绕组的匝数,应根据电动机特性要求而定。一般对冶金或起重用的复励式电动机,串励绕组每极匝数为:

$$N_{fc} = \frac{N_f i_f a}{2I} \tag{7—93}$$

4. 换向极绕组的计算 换向极绕组的每极匝数为:

$$N_h = K_h \frac{Na_h}{8ap} \text{ 匝} \tag{7—94}$$

式中 N ——电枢绕组总有效导体数;

a_h ——换向极绕组并联支路数;

a ——电枢绕组并联支路对数;

p ——电动机极对数;

K_h ——系数,对 2 极电动机用一个换向极时,取 $K_h = 1.2 \sim 1.3$;对 4 极电动机用四个换向极时,取 $K_h = 1.15 \sim 1.25$。

为弥补计算不精确的缺陷,可采用在换向极与机座间垫入一定的磁性材料做垫片,以便根据换向情况调整极下气隙。

5. 直流电动机改压计算 直流电动机额定电压与电源电压不同时,或重绕计算中励磁绕组电压与电动机端电压不同时,均应进行改压计算。

(1) 电枢绕组计算。

1) 电枢有效导线数:

$$N = \frac{N'U}{U'} \text{ 根} \qquad (7\text{—}95)$$

式中　N'——改绕前电枢绕组有效导线数；
　　　U'——电动机原来电压，V；
　　　U——电动机改绕后的电压，V。

2）每槽导线数

$$N_s = \frac{N}{Z_2} \qquad (7\text{—}96)$$

式中　Z_2——电枢槽数。

3）每槽绕组数

$$u = \frac{K}{Z_2} \qquad (7\text{—}97)$$

式中　K——换向片数。

4）每绕组匝数

$$N = \frac{N_s}{2u} \qquad (7\text{—}98)$$

5）导线截面积

$$S = S'\frac{U'}{U} \text{ mm}^2 \qquad (7\text{—}99)$$

式中　S'——电枢绕组原来的导线截面积，mm^2。

(2) 串励绕组计算。

改压后串励绕组每极匝数

$$N_{fc} = \frac{Ua}{U'a'} N'_{fc} \text{ 匝} \qquad (7\text{—}100)$$

式中　N'_{fc}——串励绕组原来每极匝数；
　　　a'——串励绕组原来并联支路数；
　　　a——串励绕组改压后并联支路数。

(3) 并（他）励绕组计算

1) 导线截面积

$$S_{cf} = S'_{cf} \frac{U'}{U} \text{ mm}^2 \qquad (7—101)$$

式中　S'_{cf}——并励绕组原来导线截面积，mm^2。

2) 改压后并励绕组每极匝数

$$N_f = N'_f \frac{S'_{cf}}{S_{cf}} \text{ 匝} \qquad (7—102)$$

式中　N'_f——并励绕组原来每极匝数。

（4）换向极绕组计算。

$$N_h = N'_h \frac{U a_h}{U' a'_h} \text{ 匝} \qquad (7—103)$$

式中　N'_h——换向极原来匝数；

　　　a'_h——换向极绕组原来并联支路数；

　　　a_h——换向极绕组改压后并联支路数。

【习题】

1. 为什么说直流电机是带换向器的交流电机？
2. 直流电机有哪些主要部件？各有何作用？一般采用什么材料制造？
3. 从原理上看，直流电机可以只有一个线圈构成，但实际上直流电机电枢绕组是用很多线圈串联而成的，为什么？
4. 直流电机铭牌上标记的是输出功率，还是输入功率？
5. 单叠绕组和单波绕组的连接规律有何不同？在同样极数的电机中，两者的支路数有何不同？
6. 绕组元件的前节距 y_1 为什么应接近等于1个极距？如果 y_1 大于或小于一个极距时有什么影响？
7. 直流电机的电刷为什么要放在磁极轴线上？
8. 有一台四极的单叠绕组，如果缺少一对正负电刷，对电机有什么影响？如有一元件断线，电刷间的电压有何变化？电流有何变化？上述问题如出现在单波绕组中，情况又会怎样？

9. 何谓电枢反应？电枢反应对气隙磁场有何影响？

10. 直流电机的电磁转矩是怎样产生的？它的大小与哪些因素有关？

11. 试写出直流发电机和直流电动机的功率、转矩、电动势平衡方程式。

12. 如何判断直流电机是运行于发电机状态，还是电动机状态？它们的电磁转矩转向、电枢电动势、电枢电流及端电压的方向有何不同？

13. 换向元件在换向过程中可能产生哪些电动势？是什么原因引起的？它们对换向各有什么影响？

14. 造成换向不良的主要电磁原因有哪些？怎样改善换向条件？

15. 换向极的作用是什么？

16. 已知某直流发电机的额定功率 $P_N = 75$ kW，额定电压 $U_N = 220$ V，额定转速 $n_N = 1\ 500$ r/min，额定效率 $\eta_N = 88.5\%$，求该发电机的额定电流。

17. 已知某直流电动机的额定功率 $P_N = 240$ kW，额定电压 $U_N = 460$ V，额定转速 $n_N = 600$ r/min，试求该电动机的额定电流。

18. 有一台直流电机，电枢绕组为右行单叠绕组，已知数据为：$Z = S = K = 20$，$2p = 4$，$u = 1$，试求：

(1) 计算绕组的各个节距；

(2) 画出绕组展开图，并确定磁极及电刷的位置；

(3) 画出支路图。

19. 一台左行单波绕组的直流电机，已知数据为：$Z = S = K = 21$，$2p = 4$，$u = 1$，试求：

(1) 计算绕组的各个节距；

(2) 画出绕组展开图，并确定磁极及电刷的位置；

(3) 画出支路图。

20. 一台直流发电机，4 极 36 槽，每槽又分为 3 个虚槽，额定转速为 1 460 r/min，每极磁通量为 2.2×10^{-2} Wb，电枢为单叠绕组。试求此发电机电枢绕组感应电动势。

21. 上题发电机如当电动机使用，试问当电枢电流为 800 A 时，能产生多大转矩？

22. 并励发电机的端电压为 115 V，电枢电阻 $r_a = 0.05\ \Omega$，励磁绕组电阻 $r_f = 25\ \Omega$，外电路负载电阻 $R = 1.44\ \Omega$，电刷接触压降 $\Delta U_s = 2$ V，试求发电机电动势及电枢电流。

23. 已知一直流电机并联于 $U = 220$ V 电网运行，其电枢为单波绕组，$p = 2$，$N = 372$ 根，$n = 1\ 500$ r/min，$\Phi = 1.1 \times 10^{-2}$ Wb，电枢回路总电阻（含电刷接触电阻）$R_a = 0.208\ \Omega$，励磁电路铜耗 $P_{Cuf} = 500$ W，铁心损耗 $P_{Fe} = 362$ W，机械损耗 $P_j = 204$ W。试问：

(1) 此直流电机运行在发电机状态还是电动机状态？

(2) 电动机的电磁转矩，输入功率和效率各为多少？

24. 如果发现并励式直流发电机不能建立电压，应如何找原因？怎样处理？

25. 同一台发电机，在同一转速下，分别作他励式、并励式、复励式发电机运行时，其电压变化率是否相同？为什么？

26. 直流并励式电动机启动时，常把串联在励磁回路内的变阻器短路，这是为什么？若在启动时励磁回路串入较大的电阻，会发生什么现象？若运行时励磁回路突然断线，后果如何？

27. 直流串励式电动机为什么不能空载启动或运行？

28. 试述串励式、并励式、复励式直流电动机机械特性之特点。

29. 直流电动机有哪些常见故障？如何排除？

第八章 控制电机

控制电机是在系统中作检测、放大、执行、解算等控制用途的微型电机,对它的性能要求是动作迅速、准确度高等,而效率、功率因数等能力指标则是次要的。目前,随着控制系统的发展,控制电机品种繁多,用途广泛。本章仅介绍具有代表性的三种控制电机:伺服电动机、测速发电机和步进电动机。

§8—1 伺服电动机

伺服电动机在控制系统中作执行元件,它的任务是将电信号(例如控制电压的大小)转换成为电动机轴上的角度位移。因此,它必须具有良好的可控性,运行稳定和快速响应。良好的可控性是指单相供电时无自转现象,运行稳定是指转速要随着转矩的增加而均匀下降,快速响应是指伺服电动机接到信号后能快速启动,失去信号后能自行制动并迅速停止转动。

伺服电动机分为直流和交流两类。直流伺服电动机通常应用在功率稍大的系统中,其输出功率一般为 1~600 W,电压为 6 V、9 V、12 V、24 V、27 V、48 V、110 V、220 V。交流伺服电动机的输出功率一般为 0.1~100 W,最常用的为 30 W 以下,其电源频率为 50 Hz 时,电压为 36 V、110 V、220 V 和 380 V,且多制成 2 极或 4 极机;电源频率为 400 Hz 时,电压为 20 V、26 V、36 V 和 115 V,多制成 4、6 或 8 极机。现将其结构、分类、原理和特性分别介绍如下。

一、直流伺服电动机

1. 分类和结构　在直流伺服系统中常用的是电磁式(又称

他励式）和永磁式直流伺服电动机两种。电磁式直流伺服电动机的产品名称代号为 SZ，永磁式直流伺服电动机的产品名称代号为 SY。直流伺服电动机的结构与普通直流电动机无根本的区别，所不同的仅仅是直流伺服电动机的电枢电流很小，换向并不困难，因此都不设置换向极；另外，直流伺服电动机转子细而长，且气隙较小。

近年来，为了适应各种伺服系统的不同需要，发展了无槽电枢、空心杯电枢和无刷直流伺服电动机等产品。在某些要求不高的伺服系统中，也有把小型串励式直流电动机等作为伺服电动机使用的。

2. 原理和特性　　直流伺服电动机的控制方式有两种，即电枢控制和磁场控制。

电枢控制如图 8—1a 所示，磁极绕组长期接在电压 U_f 上，并建立磁通 Φ，而电枢绕组作为控制绕组，当控制电压 U_k 施加到电枢绕组后，在电枢回路中有电流 I 流过。电流 I 与磁通 Φ 相互作用而产生电磁转矩，使伺服电动机转子旋转而投入工作。当控制电压消失后，电枢电流 I 为零，电磁转矩消失，伺服电动机立即停止转动。

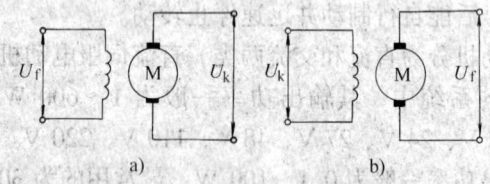

图 8—1　电枢控制与磁场控制
a) 电枢控制　b) 磁场控制

磁场控制原理如图 8—1b 所示，电枢绕组长期接在电压 U_f 上，并在电枢回路内流过电流 I。磁极绕组则作为控制绕组，当控制电压 U_k 施加到磁极后，磁极绕组建立磁场 Φ，I 与 Φ 相互作用而产生电磁转矩，转子旋转。

由于电枢控制的性能比磁场控制的优越,故一般直流伺服系统中多采用电枢控制,而磁场控制只用于功率很小的伺服电动机。下面分析电枢控制式伺服电动机的两个主要特性——机械特性和调节特性。

如果不考虑饱和及电枢反应的去磁作用的影响,可以认为磁极磁通 Φ 与励磁电压 U_f 成正比,即

$$\Phi = C_\Phi U_f \qquad (8\text{—}1)$$

式中 C_Φ ——比例常数。

将式(8—1)代入式(7—23)可得电磁转矩的表达式为:

$$T = C_T C_\Phi U_f I \qquad (8\text{—}2)$$

由式(7-26)可知,如果略去电刷接触压降 ΔU_s,则电枢电流为:

$$I = \frac{U_k - E_a}{R_a} \qquad (8\text{—}3)$$

由式(7—16)可知,电枢电动势为:

$$E_a = C_e n \Phi = C_e C_\Phi n U_f \qquad (8\text{—}4)$$

令控制电压 U_k 与励磁电压 U_f 的比值为信号系数 α,即

$$\alpha = \frac{U_k}{U_f} \qquad (8\text{—}5)$$

因而

$$I = \frac{\alpha U_f - C_e C_\Phi n U_f}{R_a} \qquad (8\text{—}6)$$

将式(8—6)代入式(8—2)中,可得

$$T = \frac{C_T C_\Phi \alpha U_f^2 - C_e C_T C_\Phi^2 U_f^2 n}{R_a} \qquad (8\text{—}7)$$

如果选取电枢不动($n=0$)及控制电压等于励磁电压($\alpha=1$)时的转矩为转矩的基值,即转矩基值为:

$$T_{k0} = \frac{C_T C_\Phi U_f^2}{R_a} \qquad (8\text{—}8)$$

因转矩的标么值为：

$$T^* = \frac{T}{T_{k0}} = \alpha - C_e C_\Phi n \qquad (8-9)$$

由式（8—9）可知，当 $\alpha = 1$ 并在理想空载（$T^* = 0$）时的转速为 $n_0 = \dfrac{1}{C_e C_\Phi}$，称为理想空载转速。以 n_0 作为转速基值，则转速的标么值为 $\gamma = \dfrac{n_0}{n}$，代入式（8—9）可得

$$T^* = \alpha - \gamma \qquad (8-10)$$

当 $\alpha = $ 常数时，$T^* = f(\gamma)$ 的关系曲线称为机械特性。由式（8—10）可知，它们之间是线性关系，如图 8—2a 所示。该曲线表示：启动转矩等于信号 α，亦即正比于控制电压，理想空载时 $T^* = 0$，$\gamma = \alpha$。

当 $T^* = $ 常数时，$\gamma = f(\alpha)$ 的关系曲线为调节特性，如图 8—2b 所示，它也是线性的。在一定的转矩下，电枢开始转动的信号系数 $\alpha = T^*$，它表示了启动电压值。

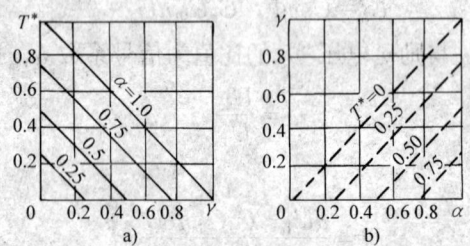

图 8—2 直流伺服电动机的机械特性与调节特性
a) 机械特性 b) 调节特性

电枢控制时，直流伺服电动机的两个主要特性都是线性的，这是一个很可贵的特点。

二、交流伺服电动机

1. 结构和分类 交流伺服电动机的定子结构与一般异步电动机相似，但它的定子绕组多制成两相，且其两相绕组在空间相

差90°电角度。交流伺服电动机常用的转子结构有笼型和非磁性杯形两种。笼型伺服电动机的转子结构与一般笼型异步电动机相同,非磁性杯形伺服电动机的基本结构如图 8—3 所示。

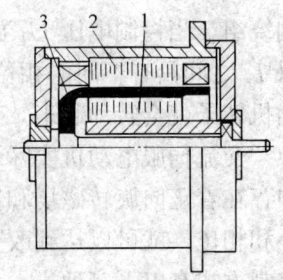

图 8—3　杯形转子交流伺服电动机
1—内定子　2—外定子　3—杯形转子

笼型转子两相伺服电动机的产品名称代号为 SL,非磁性杯形转子(亦称空心杯转子)两相伺服电动机的产品名称代号为 SK,这两种交流伺服电动机的转子结构、特点和使用范围见表 8—1。

表 8—1　SL 和 SK 型交流伺服电动机的特点

种类	转子结构	特点	使用范围
笼型 SL	与一般笼型异步电动机的转子结构相似,但转子细而长,笼可用铝、紫铜、黄铜制成	励磁电流较小,体积较小,机械强度较高,低速运行时不够平滑,有抖动现象	广泛应用于小功率自动控制系统
非磁性杯形 SK	用非磁性金属箔、紫铜等制成杯形转子,杯的内外由内、外定子构成磁路	转子惯量小,运转平滑,无抖动现象,励磁电流及体积较大	用于要求运行平滑的自动控制系统

2．原理和特性　笼型伺服电动机的优点较多,应用广泛。交流伺服电动机的工作原理如图 8—4 所示。定子上有两个相距 90°电角度的绕组,将恒定的励磁电压 $\dot{U}_f$ 加在励磁绕组 f 上,如果只向励磁绕组供电,这种情况就像一台没有启动绕组的单相异步电动机,产生的只是脉振磁场,而不会自行启动。在图 8—4 中,K 为控

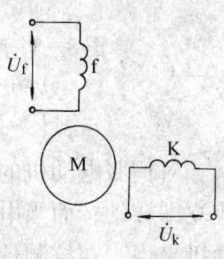

图 8—4　交流伺服电动机工作原理图

制绕组,当控制电压 $\dot{U}_k$ 施于控制绕组后,产生控制电流 $\dot{I}_k$。如果 $\dot{I}_k$ 之间具有不同的相位,这两个绕组便产生了旋转磁场,电动机转子就会转动起来。

交流伺服电动机实际上是两相电动机的不对称运行,电动机中存在着正向旋转磁场和反向旋转磁场。只要改变控制电压的大小和相位,就可以达到改变电动机合成转矩及转速的目的。具体控制方式有以下三种:

(1) 幅值控制。改变控制电压的振幅来控制。
(2) 相位控制。改变控制电压的相位来控制。
(3) 幅—相控制。同时改变控制电压的幅值和相位来控制。

交流伺服电动机的两个主要特性——机械特性和调节特性。
图 8—5 所示为交流伺服电动机幅—相控制时的机械特性和调节特性。

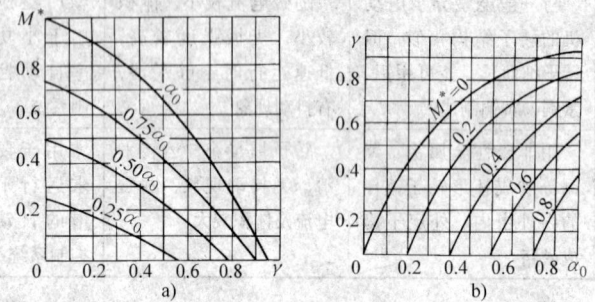

图 8—5 交流伺服电动机的机械特性和调节特性
a) 幅—相控制时交流伺服电动机的机械特性
b) 幅—相控制时交流伺服电动机的调节特性

对伺服电动机的重要要求之一是一旦加上信号电压,电动机应立即转动;而当电压信号消失,电动机应马上停转。对伺服电动机来说,在控制信号消失以后,虽然控制绕组上已经没有外施电压,但转子不能停转,伺服电动机失去控制而自行旋转的现象,称为自转。消除自转现象的方法是增大转子的电阻。

§8—2 测速发电机

测速发电机是一种测量转速的信号元件,它的功能是把输入的转速信号转换成输出的电压信号。对测速发电机性能的主要要求是

(1) 输出电压与转速之间应有严格的正比关系,以达到高精度的要求。

(2) 在一定的转速时所产生的电动势要尽可能的大,以达到高灵敏度的要求。

测速发电机在自动控制系统中一般可作为检测和解算元件。

测速发电机分为交流和直流两大类,现分述如下:

一、直流测速发电机

1. 结构和分类　直流测速发电机在结构上与普通小型直流发电机相同,按其励磁方式不同,可分为电磁式和永磁式两种,电磁式一般采用他励。电磁式直流测速发电机的产品名称代号为 CD,永磁式直流测速发电机的产品名称代号为 CY 或 CYD。永磁式的定子用永久磁钢造成。按电枢结构的不同可分为普通有槽电枢、无槽电枢、空心电枢和圆盘式印制绕组电枢等,而以电磁式和永磁式有槽电枢的直流测速发电机应用较多。

2. 原理与输出特性　直流测速发电机实际上是一台他励式直流发电机,由式 (7—24) 可得

$$U = E_a - I_a r_a - 2\Delta U_s$$

将式 (7—16) 代入式 (7—24),整理后可得

$$U = \frac{C_e n \Phi - 2\Delta U_s}{1 + \dfrac{r_a}{R_L}} = f(n) \qquad (8\text{—}11)$$

$U = f(n)$ 称为直流测速发电机的输出特性。对测速发电机而言,最主要的性能是要求输出电压 U 与转速 n 保持正比关系,下面利用式 (8—11) 来研究影响这个正比关系的因素。

(1) 电刷的影响。如果不考虑电刷接触压降的影响,即令 $2\Delta U_s = 0$,此时输出电压 U 与 n 之间为正比关系,如图 8—6 中虚线所示。如考虑接触压降 $2\Delta U_s \neq 0$ 的影响,则特性曲线向下平移,如图 8—6 中实线所示。从图可以看出,在转速很低时不会输出电压,出现了无信号区,使电压与转速之间失去了成正比的关系。

(2) 负载电阻的影响。如果 $2\Delta U_s = 0$,式(8—11)变为

$$U = \frac{Ce\Phi n}{1 + \dfrac{r_a}{R_L}} \quad (8-12)$$

由式(8—12)可以看出,负载电阻 R_L 的存在不会破坏 U 与 n 之间的正比关系,只不过随负载电阻的减小,输出电压 U 变低而已,如图 8—7 中虚线所示。但有了电枢电流之后,电枢反应的去磁作用会使每极磁通减少,因而使输出电压降低,故实际的输出特性如图 8—7 实线所示。转速越高,负载电阻越小,电枢电流越大,电枢反应的去磁作用也越强烈,电压下降程度也越显著。所以,在使用测速发电机时,为了减少电枢反应对输出特性的影响,应尽可能采用比较大的负载电阻和不大的转速范围。

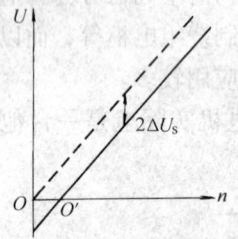

图 8—6 电刷接触压降对输出特性的影响

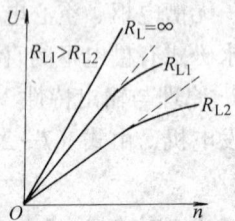

图 8—7 负载电阻对输出特性的影响

(3) 温度的影响。当周围环境温度变化时,励磁绕组电阻的变化将会引起励磁电流及每极磁通的变化,从而影响输出电压的数值。为减少温度对输出特性的影响,往往将磁路设计得比较饱和。这是因为磁路饱和后,励磁电流的变化引起磁通的变化不

大,输出特性较稳定。减少温度影响还可以在励磁回路内串一个比励磁绕组电阻大几倍的附加电阻来稳定电流。

二、交流测速发电机

交流测速发电机可分为同步测速发电机和异步测速发电机两大类。由于同步测速发电机的输出电动势频率随转速变化,致使负载阻抗和电机本身的内阻抗大小都随转速变化,其输出电信号并不和转速成正比关系,所以应用不多。

异步测速发电机又分空心杯转子异步测速发电机和笼型转子异步测速发电机两种,在自动控制系统中应用较普遍的是交流空心杯转子异步测速发电机。

交流空心杯异步测速发电机的原理如图8—8所示。定子励磁绕组 N_1 上施加稳压的交流电压 U_1 时,如将与其在空间严格保持 $90°$ 电角度的绕组 N_2 作为输出绕组,则在 N_2 两端间的电压 U_2 就是测速发电机的输出电压。

励磁绕组 N_1 在施加交流电压 U_1 时,其中便有电流 I_1 流过,并产生以电源频率 f 在空间脉振的磁势 F_1 和对应的脉振磁通 Φ_1。磁通 Φ_1 在空间沿 N_1 的轴线方向(一般称为直轴 d 的方向)脉振。

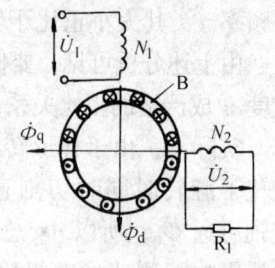

图8—8 异步测速发电机原理图
N_1—励磁绕组 N_2—输出绕组
B—空心杯转子

转子静止($n=0$)时,直轴脉振磁通 Φ_d 在电机磁路中经过空心杯转子,只能像变压器一样感应出变压器电动势。在输出绕组中,因为与励磁绕组的轴线在空间相差 $90°$ 电角度,所以和直轴磁通 Φ_d 没有匝链,不会产生感应电动势,输出电压为零。

杯形转子在外力驱动下旋转($n\neq0$)时,旋转的转子空心杯切割直轴磁通 Φ_d,在空心杯中引起的感应电动势 E_1 与转速 n 成正比。电动势 E_1 在转子空心杯产生短路电流 I_R,I_R 也是频

率为 f 的交流电流，其大小正比于 E_1，方向和 E_1 相同，即转子杯上半部流进纸面，下半部流出纸面。于是，短路电流 I_R 产生一个脉振的磁势 F_R，其频率也为 f，大小正比于电动势 E_1。脉振磁势 F_R 再在电机磁路中产生一个脉振磁通 Φ_q。由图 8—8 可知，Φ_q 的方向与 Φ_d 相互垂直，称为交轴磁通。

由于交轴磁通 Φ_q 的方向与输出绕组 N_2 的轴线方向一致，它又将在输出绕组中感应出变压器电动势 E_2，其频率为 f，大小与 E_1 成正比，也就是与转速 n 成正比，即有

$$E_2 \propto \Phi_q \propto F_q \propto I_R \propto E_1 \propto n$$

因此，异步测速发电机的输出电动势 E_2 的频率为励磁电源的频率 f，其大小正比于转速 n。

由上述分析可见，要保证测速发电机的输出电动势 E_2 与转子速度 n 成严格的正比关系，关键在于使直轴磁通 Φ_d 保持不变。

实际上，由于杯形转子有漏抗存在，且转子旋转时同时切割直轴磁通 Φ_d 和交轴磁通 Φ_q，所以 Φ_d 总有一定的变化，这就影响了测速发电机输出特性的斜率和线性度。同时，发电机在接负载阻抗 Z_L 后，由于输出绕组中输出电流 I_2 的影响，也会影响输出特性的斜率和线性度。因此，测速发电机实际的输出特性如图 8—9 曲线 2 所示。

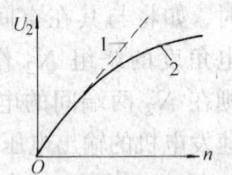

图 8—9 交流测速发电机的输出特性
1—理想特性 2—实际特性

§8—3 步进电动机

一、步进电动机的用途和基本要求

步进电动机或称脉冲电动机，是一种将输入脉冲信号转换成输出轴的角位移（或直线位移）的执行元件。这种电动机每输入一个脉冲信号，输出轴便转过一个固定的角度，即向前迈进了一

步。因而，输出轴转过的总角度与输入脉冲数成正比，而输出轴的转速与脉冲频率成正比。

目前，步进电动机在数控机床、轧钢机、军事工业、钟表工业及自动记录仪等方面得到广泛的应用。

1. 控制系统对步进电动机的基本要求

（1）在一定的速度范围内，步进电动机都能稳定地运行，输出轴转过的步数必须等于输入的脉冲数，既不能多也不能少，即不能出现所谓的"失步"现象。

（2）每输入一个脉冲信号，输出轴所转过的角度称为步距角，步距角要小而精度要高。

（3）允许高工作频率，以提高生产率。

2. 步进电动机种类繁多，按转矩产生的原理，可分以下三大类：

（1）反应式（又称磁阻式）步进电动机。

（2）永磁式步进电动机。

（3）混合式（又称永磁感应子式）步进电动机。

这三种步进电动机的结构和性能特点见表8—2。

表 8—2　　　　　　　　步进电动机的特点

种类	型号	结构特点	性能特点
反应式步进电动机	BF	定子上有多相绕组，定子磁极和转子上开有小齿，定、转子铁心可做成单段式或多段式	齿距角可以做得很小，启动和运行频率较高。断电时无定位转矩，需要带电定位，消耗功率大
永磁式步进电动机	BY	定子上有多相绕组。但定子磁极上不开小齿。转子用永久磁钢做成，转子极数与定子每相的极数相同	步距角较大，启动和运行频率较低，需供给正负脉冲信号，断电时有定位转矩，消耗功率较小
永磁感应子式步进电动机	BYG	为永磁式和反应式的组合，定子结构与反应式相同，转子由位于中部的环形永久磁钢和位于两端的无磁性铁心组成。环形磁钢轴向充磁，两端的铁心上开有小槽	步距角小，有较高的启动和运行频率，消耗功率小，有定位转矩，兼有以上两种步进电动机的优点，但需供给正、负脉冲信号，结构复杂

二、步进电动机的作用原理和基本结构

1. **步进电动机的作用原理** 三相反应式步进电动机原理图如图 8—10 所示。定子和转子用硅钢片叠成。定子上有六个极，其上装有线圈，相对两个极上的线圈串联起来组成三个独立的绕组，称为三相绕组，独立绕组的数目称为步进电动机的相数。除三相以外，步进电动机还可以做成四、五、六等相数。图 8—10 中，转子有四个极或称四个齿，其上无绕组，本身亦无磁性。工作时，驱动电源将脉冲电压按一定顺序轮流加到定子三相绕组上。按其通电顺序的不同，三相反应式步进电动机有以下三种运行方式：

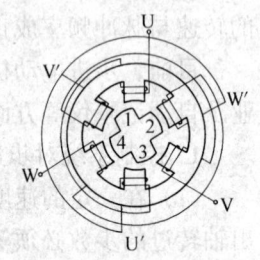

图 8—10 三相反应式步进电动机原理图

（1）三相单三拍运行方式。"三相"是指三相步进电动机，"单"是指每次只给一相绕组通电，"三拍"是指通电三次完成一个通电循环。也就是说，这种运行方式是按 U—V—W—U 或相反顺序通电的。

当 U 相绕组单独通电时，由于磁力线总是力图从磁阻最小的路径通过，即要建立以 UU′为轴线的磁场。因此，在反应转矩作用下，如图 8—11a 所示，转子将转到齿 1、3 与定子 UU′极对齐的位置。当 U 相绕组断电，V 相绕组单独通电时，又会建立以 VV′为轴线的磁场，如图 8—11b 所示，转子齿 2、4 将转到与定子 VV′极对齐的位置。同理，当 V 相绕组断电，W 相绕组通电，如图 8—11c 所示，转子齿 3、1 将转到与定子 WW′极对齐的位置，以后不断重复上述过程。由此可见，当三相绕组按 U—V—W—U 的顺序通电时，转子将顺时针方向旋转。若改变三相绕组的通电顺序，即按 U—W—V—U 的顺序通电，则转子就会变成反时针方向旋转。通电一个循环，磁场在空间旋转了 360°，而转子只转过了一个齿距角（转子相邻两齿中心线之间的

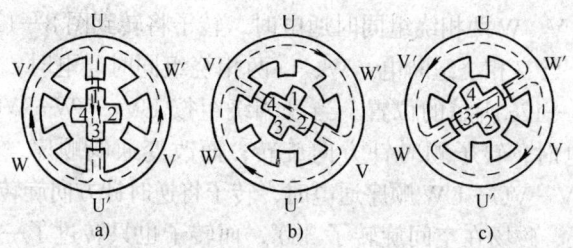

图 8—11 三相单三拍运行方式
a) U 相通电　b) V 相通电　c) W 相通电

夹角)。显然,齿距角 θ_z 与转子齿数之间的关系为:

$$\theta_z = \frac{360°}{z} \tag{8—13}$$

对于四个转子齿的步进电动机来说,$\theta_z = 90°$。在单三拍运行时,步距角 θ_s(每输一个脉冲时转子转过的角度)却只有齿距角的 1/3,即

$$\theta_s = \frac{1}{3}\theta_z = \frac{90°}{3} = 30°$$

(2) 三相双三拍运行方式。这种运行方式是按 UV—VW—WU—UV 或相反顺序通电的,即每次同时给两相绕组通电,如图 8—12 所示。

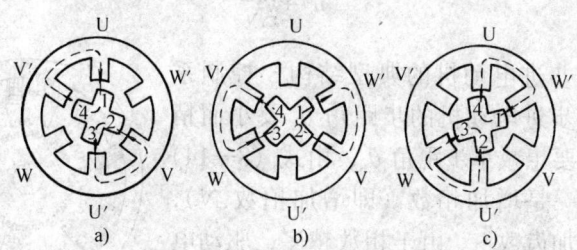

图 8—12 三相双三拍运行方式
a) U 相通电　b) V 相通电　c) W 相通电

当 U、V 两相绕组同时通电时,由于 U、V 两相的磁极对转子齿有吸引力,故转子将转到如图 8—12a 所示的位置。当 U 相绕

组断电、V、W 两相绕组同时通电时，转子将转到图 8—12b 所示的位置。当 V 相绕组断电，W、U 两相绕组同时通电时，转子将转到图 8—12c 所示的位置。当三相绕组按 UV—VW—WU—UV 顺序通电时，转子顺时针方向旋转；而改变通电顺序，使其按 UW—WV—VU—UW 顺序通电时，转子将逆时针方向旋转。通电一个循环，磁场在空间旋转了 360°，而转子也只转过了一个齿距角。双三拍运行时，步距角仍等于齿距角的 1/3，即 $\theta_s = 30°$。

(3) 三相单、双六拍运行方式。这种运行方式是按 U—UV—V—VW—W—WU 或相反的顺序通电的，即需六拍才完成一个循环，磁场在空间旋转了 360°，而转子仍只转了一个齿距角，但步距角却因拍数增加 1 倍而减少至齿距角的 1/6，即等于 15°。

由以上分析可见，无论采用何种方式运行，步距角 θ_s 和转子齿数 z 和极数 N 之间有以下关系

$$\theta_s = \frac{360°}{zN} \tag{8—14}$$

既然转子每经过一个步距角相当于转了 $1/(zN)$ 圈，若脉冲频率为 f，则转子每秒钟就转了 $f/(zN)$ 圈，故转子每分钟的转速为：

$$n = \frac{60f}{zN} \tag{8—15}$$

2. 步进电动机的典型结构　控制系统要求步进电动机的步距角 θ_s 要小而精度高。要想减小步距角 θ_s，由式（8—14）可知，一是增加相数（即增加拍数 N），二是增加齿数 z。由于相数越多，驱动电源就越复杂，所以较好的解决方法还是增加转子的齿数。步进电动机的典型结构图如图 8—13 所示。转子的齿数增加到 40 个，定子每个极上也相应的开出了 5 个齿。当 U 相绕组通电时，

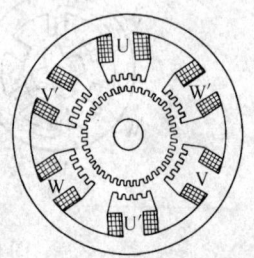

图 8—13　步进电动机的典型结构图

U相磁极下的定、转子齿应全部对齐,而 V、W 相下的定、转子齿像图 8—11 一样错开 $1/m$ 个齿距角（m 为相数）,这样在 U 相断电而别的相通电时,转子才能继续转动。对于图 8—13 所示的典型结构,由于 $z=40$,故采用单三拍和双三拍方式运行时,则有

$$\theta_s = \frac{360°}{zN} = \frac{360°}{40 \times 3} = 3°$$

采用三相单、双六拍方式运行时,则有

$$\theta_s = \frac{360°}{zN} = \frac{360°}{6 \times 40} = 1.5°$$

由此可见,反应式步进电动机由于转子齿槽很多,步距角较小,所以容易保证系统所需要的控制精度和运行可靠性。

三、步进电动机的主要性能指标

1. 步距角 θ_z 步距角是步进电动机的主要性能指标之一,不同的应用场合,对步距角的大小要求不同。改变控制绕组相数或转子齿数,可改变步距角的大小,增加相数和转子齿数,减少步距角。反应式步进电动机可获得足够多的齿数,步距角可达 1°以下。

2. 最大静转矩 电动机不转,供给控制绕组直流电时产生之最大转矩称为最大静转矩,它与电动机的性能密切相关。

3. 启动频率 转子从静止状态不失步地牵入同步转速的最大脉冲频率称启动频率,要求启动频率越高越好。

4. 最高工作频率 步进电动机工作时,在不失步状态下所能接受的最高控制脉冲频率,工作频率越高,转速越快。

5. 跟踪误差 在静态条件下,不同两步之间的转角位置的误差。

四、驱动电源

步进电动机必须有一个用来提供电脉冲的专用电源,称为步进电动机的驱动电源。由步进电动机的工作原理可知,驱动电源的作用主要有:

(1) 产生一系列连续的电脉冲信号。

(2) 控制电脉冲的加入顺序，使步进电动机的各相绕组依次通断，以实现所需要的运行方式。

(3) 为了控制步进电动机的转速，电源所产生的脉冲频率应该是可变的。

因此，步进电动机的驱动电源一般由变频信号源、脉冲分配器和功率放大器等基本部分组成，即

指令 → 变频信号源 → 脉冲分配器 → 功率放大器 → 步进电动机

变频信号源是一个脉冲频率可在几赫到数万赫范围内连续不变的信号发生器。脉冲分配器是由门电路和触发器等电子元器件组成的逻辑开关电路。它根据指令把脉冲信号按一定的逻辑关系（即分配方式）加到放大器上，使步进电动机按一定的运行方式运行。

【习题】

1. 系统对控制电机的性能要求是什么？
2. 直流伺服电动机和交流伺服电动机按控制方式如何分类？
3. 电枢控制式直流伺服电动机的机械特性和调节特性有何特点？
4. 测速发电机有何作用？对其性能的主要要求有哪些？
5. 直流测速发电机的输出特性有何特点？影响其输出电压与转速成正比关系的因素有哪些？
6. 欲保证交流测速发电机的输出电动势与转子速度的严格正比关系，关键何在？
7. 试述步进电动机的功能和用途。
8. 步进电动机的齿距角与转子齿的关系，步距角过大有何后果？
9. 试述步进电动机的驱动电源有何特点？
10. 一台五相反应式步进电动机，采用五相十拍运行方式时，步距角为 $1.5°$，若脉冲频率为 $3\,000\ Hz$，试问转速是多少？

第九章 电力拖动

本章主要介绍电力拖动的基本知识以及三相异步电动机、同步电动机以及直流电动机的电力拖动。

§9—1 电力拖动的基本知识

在国民经济各部门中，广泛地使用着各种各样的生产机械，而各种生产机械都需要有原动机拖动才能正常地工作。目前，拖动生产机械的原动机一般都采用电动机，通过对电动机的控制，实现生产机械的多种运动方式。这种以电动机来拖动生产机械的拖动方式就称为"电力拖动"。电力拖动得到广泛应用，它具有下列主要优点：

1. 电动机是一种将电能变为机械能的设备，电能能够以很小的损失输送很远的距离，可以非常简便地供用户使用。

2. 电动机的种类和形式很多，可以充分满足各种不同类型的生产机械对原动机的要求。

3. 电动机的控制方法简便，并且可以实现遥控和自动控制。

电力拖动主要由电动机、传动机构和控制设备等三个基本环节组成，电力拖动系统方框图如图9—1所示。

电动机及其控制设备是拖动系统中的重要组成部分，电力拖动系统的运动方程式、机械特性、电动机的启动、调速、制动等共性问题是电力拖动与控制的基础。

电动机以电磁转矩 T 拖动生产机械以转速 n 运转，生产机械对电动机则有一个反力矩，即制动转矩（负载阻力矩）T_z，其方框示意图如图 9—2 所示。

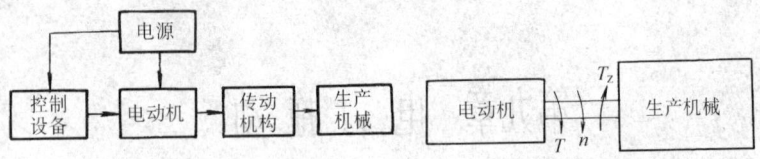

图 9—1　电力拖动系统方框图　　9—2　电动机电磁转矩与生产机械制动转矩方框示意图

对电力拖动系统的研究，主要是研究电动机带动生产机械转动的运动规律，因此必须了解生产机械的负载转矩特性和电动机的机械特性，并建立拖动系统的运动方程。

一、生产机械的负载转矩特性

在图 9—2 中，生产机械的负载转矩特性为 $T_z = f(n)$。根据统计，大多数生产机械的负载转矩特性可以归纳为四种类型，如图 9—3 所示。

1. **恒转矩负载特性**　它是指负载转矩 T_z 与转速无关的特性，见图 9—3 中直线 1。当转速变化时，负载转矩 T_z 保持恒值。例如，起重机提升一定重物或皮带运输机运送一定货物时的阻转矩，可以看成与转速无关，这种生产机械作

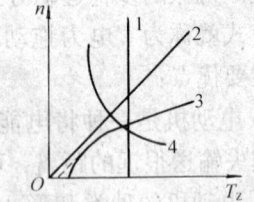

图 9—3　生产机械的负载转矩特性

为负载也称为恒转矩负载，属于这类机械的还有电梯、印刷机等。

2. **与转速成线性关系的负载特性**　负载转矩 T_z 的大小与转速 n 成正比，且成线性关系，即 $T_z = K_1 n$（K_1 为常数），见图 9—3 中直线 2。例如，一台异步电动机拖动一台他励式直流发电机对加热炉供电，作为电动机负载的他励式直流发电机即具有此负载特性。

3. **通风机负载特性**　负载转矩 T_z 基本上与转速 n 的平方

成正比，即 $T_z = K_2 n^2$（K_2 为常数），见图 9—3 中曲线 3。属于通风机负载的生产机械有通风机、水泵、油泵等，其中空气、水、油等介质对机器的阻力基本上和转速的平方成正比。

4. **恒功率负载特性** 一些机床（例如车床）在粗加工时，切削量大，切削阻力大，此时需开低速，而在精加工时，切削量小，切削阻力小，往往需开高速。因此，在不同转速下，负载转矩基本上与转速成反比，即 $T_z = \dfrac{K_3}{n}$（K_3 为常数），见图 9—3 中曲线 4。因为转矩与转速的乘积是功率，所以功率是基本恒定的。

必须指出，实际负载的特性可能是单一性的，也可能是几种性质的综合。例如，实际通风机除了主要是通风机性质的负载特性外，还由于其轴上有一定的摩擦转矩 T_0，所以实际通风机负载特性应为 $T_z = T_0 + K_2 n^2$，见图 9—3 中曲线 3 的虚线部分。

二、电动机的机械特性

电动机的机械特性是指电动机的转矩 T 和转速 n 的关系，即 $n = f(T)$。机械特性因电动机的不同而不同，一般分成以下三类，如图 9—4 所示。

1. **软的机械特性** 转矩增大，转速下降很快，见图 9—4 中曲线 1。串励式直流电动机的机械特性属于此类。

2. **硬的机械特性** 转矩增大，转速略有降低，他励式直流电动机、并励式直流电动机和异步电动机都属于此类，见图 9—4 中曲线 2。

3. **绝对硬的机械特性** 转矩改变，转速始终不变，见图 9—4 中曲线 3。同步电动机的机械特性属于此类。

注意，三相异步电动机的机械特性较为特殊，如图 9—5 所示。它有一个最大转矩 $T_{\max}$，最大转矩以上部分是机械特性的正常部分，属于硬的机械特性，以下部分是不能正常工作部分。

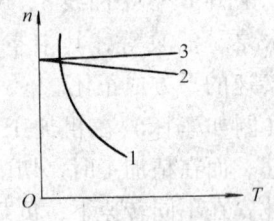 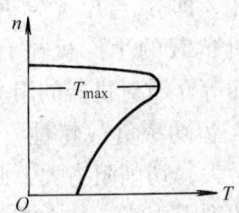

图 9—4 电动机的机械特性　　图 9—5 三相异步电动机的机械特性

当改变电动机的电源电压、频率、接线方式，或在电路中接入电阻、电感、电容等元件时，电动机的机械特性是可以改变的。

三、运动方程式

电动机在电力拖动系统中旋转运动时，其旋转运动的方程式为

$$T - T_z = J\frac{d\omega}{dt} \tag{9—1}$$

式中　T——电动机产生的驱动转矩，N·m；

　　　T_z——负载转矩（阻转矩），N·m；

　　　$J\dfrac{d\omega}{dt}$——惯性转矩，加速转矩，N·m。

其中　转动惯量 J 可表示为：

$$J = \frac{GD^2}{4g} \text{ kg·m}^2 \tag{9—2}$$

式中　G——旋转部分的质量，N；

　　　D——惯性直径，m；

　　　g——重力加速度，$g = 9.81 \text{ m/s}^2$。

将式（9—1）中角速度 ω（rad/s）变为转速 n（r/min）表示的形式，即

$$\omega = \frac{2\pi n}{60} \tag{9—3}$$

将式（9—2）和式（9—3）代入式（9—1）则有

$$T - T_J = \frac{GD^2}{375}\frac{dn}{dt} \qquad (9\text{—}4)$$

电动机的工作状态可由运动方程式表示，由式（9—4）可见：

(1) 当 $T = T_z$，$\frac{dn}{dt} = 0$，则 n 为 0 或为常数，即电动机处于静止或等速运动状态，电力拖动系统处于稳定运转状态。

(2) 当 $T > T_z$，$\frac{dn}{dt} > 0$，电力拖动系统处于加速状态，即处于过渡过程。

(3) 当 $T_1 < T_z$，$\frac{dn}{dt} < 0$，电力拖动系统处于减速状态，也处于过渡过程。

由运动方程式可知，电力拖动系统可能处于两种运转状态，即稳态和动态。当拖动系统由一个稳定运行状态变化到另一个稳定运行状态时，需要一个变化过程，这个过程称为过渡过程。在过渡过程中，电动机的转速、转矩和电流都按一定的规律变化。

四、电力拖动系统稳定运行的条件

电力系统受到外界某种短时的扰动（如负载的突变或电网电压波动等），就会使电动机转速发生变化，而离开了原有的平衡状态。如果系统在新的条件下仍能达到新的平衡，或者当外界的扰动消失后，系统电动机能恢复到原来的转速，就称该系统能稳定运行，否则就称为不稳定运行，这时即使外界的扰动已经消失，系统电动机速度也会无限制地上升或下降，直到停止转动为止。

为了使系统能稳定运行，电动机的机械特性和负载转矩特性必须配合得当，这就是电力拖动系统稳定运行的条件。

为了分析电力拖动系统稳定运行的问题，将电动机的机械特性和负载的转矩特性画在同一图上，如图9—6所示。

在图9—6a的情况下，系统原来运行在两条特性曲线的交点 A 处，A 点称为运行工作点。设由于外界的扰动，如电网电压波动，使机械特性偏高，由曲线1转为曲线2。扰动作用使原平

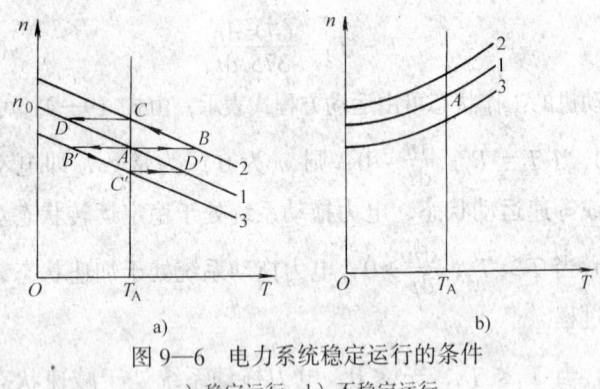

图 9—6 电力系统稳定运行的条件
a) 稳定运行 b) 不稳定运行

衡状态受到破坏，但瞬间转速还来不及变化，电动机的转矩则增大到 B 点所对应的值。这时电磁转矩将大于负载转矩，转速将沿曲线 2 由 B 点增加到 C 点。随着转速的上升，电动机的转矩重新变小，最后到 C 点得到新的平衡。当扰动消失后，机械特性曲线 2 恢复到机械特性曲线 1，这时电动机的转速由 C 点过渡到 D 点，由于电磁转矩小于负载转矩，故转速下降，最后又恢复到原运行点 A 点，重新达到平衡。

反之，如果电网电压向下波动使机械特性偏低，由曲线 1 转到曲线 3，则瞬间工作点将跃变到 B' 点，电磁转矩小于负载转矩，转速由 B' 点到 C' 点，在 C' 点取得新的平衡；而当扰动消失后，工作点将又恢复到 A 点。

以上这种情况，称为系统在运行工作点 A 是稳定运行的。

对应于图 9—6b，则是一种不稳定运行情况。

由以上分析可知，在工作点上，若

$$\frac{dT}{dn} < \frac{dT_z}{dn} \tag{9—5}$$

则系统能稳定运行，式（9—5）即为电力拖动系统稳定的条件。

图 9—6a 中的 A 点，$\frac{dT}{dn} < \frac{dT_z}{dn}$ 故系统稳定，而图 9—6b 中的 A

点，$\dfrac{dT}{dn} > \dfrac{dT_z}{dn}$ 故系统不稳定。

§9—2 三相异步电动机的电力拖动

一、三相异步电动机的机械特性

三相异步电动机的机械特性是指在一定的条件下，电动机的转速 n 与转矩 T 之间的关系 $n=f(T)$。因为三相异步电动机的转速与转差率 S 存在一定的关系，所以三相异步电动机的机械特性也可用 $T=f(S)$ 的形式来表示，通常称为 T—S 曲线。

1. 固有机械特性　当三相异步电动机工作在额定电压及额定频率，并按规定的接线方式接线，定子和转子电路不外接电阻、电抗或电容时，n 与 T 的关系称为固有机械特性。

由电机学原理可知，三相异步电动机的电磁转矩表达式为：

$$T = \dfrac{mpU_1^2 \dfrac{r_2'}{S}}{2\pi f\left[(r_1+\dfrac{r_2'}{S})^2 + (X_1+X_2')^2\right]} \quad (9—6)$$

式中　T ——电磁转矩，N·m；
　　　U_1 ——定子相电压，V；
　　　X_1、X_2' ——定子漏抗与转子漏抗折算值；
　　　r_1 ——定子回路电阻值；
　　　r_2' ——转子回路电阻折算值。

式 (9—6) 中，除 S 外，其余参数均为常数。

式 (9—6) 描绘的 $T=f(S)$ 特性曲线如图 9—7 所示，这就是三相异步电动机固有机械特性曲线。

(1) 固有机械特性曲线的四个特殊工作点。

1) $S=0$，$T=0$，电动机处于理想空载工作点（A 点），此时电动机的转速为同步转速 n_0。

2) $S = S_N$，$T = T_N$，电动机处于额定工作点（D 点），此时额定转速为 n_N，额定转差率为 S_N。

3) $S = 1$、$T = T_Q$，电动机处于启动工作点（C 点），此时电动机转速 $n = 0$，处于静止状态。

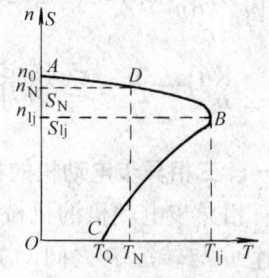

图 9—7 三相异步电动机固有机械特性曲线

4) $S = S_{lj}$、$T = T_{lj}$，电动机处于临界工作点（B 点），T_{lj} 称为临界转矩，即最大转矩 T_{max}，S_{lj} 称为临界转差率。临界工作点可以决定特性曲线的基本形状，以它为界将其曲线分成两个工作段，AB 为稳定工作段，BC 为不稳定工作段。

(2) 最大转矩和过载系数。由电机学原理可知，三相异步电动机的临界转差率 S_{lj} 的表达式为：

$$S_{lj} = \frac{r_2'}{\sqrt{r_1^2 + (X_1 + X_2')^2}} \quad (9—7)$$

在一般情况下，$r_1^2 \ll (X_1 + X_2')^2$，忽略 r_1^2，可得

$$S_{lj} = \frac{r_2'}{X_1 + X_2'} \quad (9—8)$$

将式（9—8）代入式（9—6），整理后可得

$$T_{lj} = \frac{3pU_1^2}{4\pi f (r_1 + X_1 + X_2')} \quad (9—9)$$

1) 当电动机的参数为常数时，最大转矩与电源的电压平方成正比，因此，即使电源电压变化不大时，对电磁转矩也会引起较大的变化。

2) 最大电磁转矩的大小与转子电阻 r_2' 无关，但临界转差率 S_{lj} 与转子回路电阻成正比。如果在转子回路内人为地串接电阻，

S_{lj}增大,而T_{lj}不变,结果使启动转矩增大。另外,在相同的负载转矩下,转子电阻不同,转差率S_{lj}也不同,这就是转子串电阻调速的依据。

3) 异步电动机的最大电磁转矩T_{max}与额定转矩T_N之比称为过载系数(过载能力)λ_m,即

$$\lambda_m = \frac{T_{max}}{T_N} \tag{9—10}$$

一般,三相异步电动机的过载系数$\lambda_m = 1.6 \sim 2.2$,冶金用电动机λ_m可达$2.2 \sim 2.8$。λ_m是感应电动机一个很重要的参数,它反映了电动机的短时过载的极限。

(3) 启动转矩。当电动机刚投入电网,而尚未开始转动的瞬间($m=0$,$S=1$)的电磁转矩称为启动转矩M_a。启动转矩大时,电力拖动系统的启动时间短,从而提高了生产率,并且有可能重载启动。

将启动时$n=0$、$S=1$,代入式(9—6),可得启动转矩为:

$$T_Q = \frac{3U_1^2 r_2'}{2\pi f \left[(r_1 + r_2')^2 + (X_1 + X_2')^2 \right]} \tag{9—11}$$

在绕线式异步电动机的转子回路内串入附加电阻,就可以改善启动性能。如果希望达到$T_Q = T_{lj}$,则只要满足$S_{lj} = 1$即可,此时

$$S_{lj} = \frac{r_2'}{X_1 + X_2'} = 1 \text{ 或 } r_2' = X_1 + X_2' \tag{9—12}$$

(4) 机械特性的实用公式。当已知异步电动机的最大转矩T_{max},临界转差率S_{lj}和运行时的转差率S时,异步电动机的电磁转矩可表示为:

$$T = \frac{2T_{lj}}{\dfrac{S}{S_{lj}} + \dfrac{S_{lj}}{S}} \tag{9-13}$$

2. 人为机械特性　人为机械特性是指人为地改变电动机参数或电源电压而得到的机械特性。三相异步电动机的人为机械特性种类很多，下面仅着重讨论两种人为机械特性。

（1）降低定子电压时的人为机械特性。当定子电压 U_1 降低时，电动机的电磁转矩 T（包括最大转矩 T_{max} 和启动转矩 T_Q）将与 U_1^2 成正比地降低，但临界转差率 S_{lj} 不变；由于异步电动机的同步转速与电压无关，因此同步点 n_0 不变。由此可见，降低定子电压的人为机械特性为一组通过同步点 n_0 的曲线簇，如图 9—8 所示。

由图 9—8 可见，当电动机在某一负载下运行时，若降低电压，将使电动机转速降低，转差率增大，转子电流将因此增大，从而引起定子电流增大。若电动机电流超过额定值，则电动机最终温升将超过容许值，从而导致电动机寿命缩短，甚至烧坏电动机。如果电压降低过多，致使最大转矩 T_{max} 小于总的负载转矩时，电动机会停转。

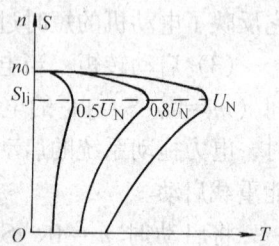

图 9—8　降低定子电压的人为机械特性曲线

（2）转子回路串电阻。此方法只适用于绕线式异步电动机，在其转子电路内，三相分别串接大小相等的电阻 R_f，此时电动机的同步转速 n_0 不变，最大转矩 T_{max} 不变，而临界转差率 S_{lj} 则随 R_f 的增大而增大，所以人为机械特性为一组通过同步点的曲线簇，如图 9—9 所示。

显然，在一定范围内增加转子电阻，就可以增大电动机的启动转矩 T_a。如果串接合适数值的电阻，可使 $T_a = T_{max}$。

二、三相异步电动机的启动、调速、反转和制动

该部分属于三相异步电动机应用和拖动的基本问题，已在初级电工培训教材中讲授过，不予重复。

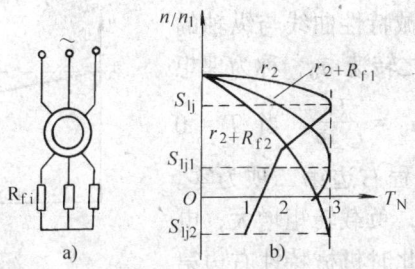

图 9—9 转子回路串电阻的人为机械特性曲线
a) 接线图 b) 机械特性

§9—3 直流电动机的电力拖动

由于直流电动机的启动和调速性能比交流电动机为好，因此在启动，正、反转频繁和调节速度要求较高的生产机械中，目前还是普遍采用直流电动机拖动，大多采用他励式直流电动机。

一、他励式直流电动机的机械特性

他励式直流电动机电路原理图如图 9—10 所示。图中励磁电路中串接调节电阻 R_j，以调节励磁电流 I_f，从而调节磁通 Φ。

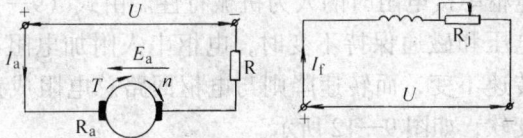

图 9—10 他励式直流电动机电路原理图

1. **固有机械特性** 由式（7—47）可知，他励式直流电动机的机械特性为：

$$n = \frac{U}{C_e \Phi} - \frac{R_a}{C_e C_T \Phi^2} T \quad (9—14)$$

式中，除 n 和 T 外，其余参数都是常数。如图 9—11 所示，其机械特性是一条向下倾斜的直线，这说明加大电动机的负载，会使转速下降。机械特性曲线与纵轴的交点为 $T=0$ 时之转速 n_0，称为理想空载转速，即 $n_0 = \dfrac{U}{C_e \Phi}$。当 $T=0$ 时，机械特性方程右边第二项为零。但随着负载增加，负载转矩增大，电磁转矩也增大，此时机械特性右边第二项不为零，即有

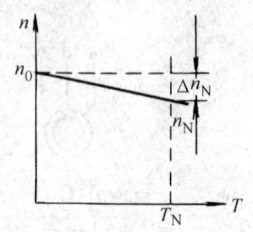

图 9—11　他励式直流电动机的机械特性

$$\Delta n = \dfrac{R_a T}{C_e C_\Phi{}^2} \tag{9—15}$$

式中，Δn 为电动机的转速降，由电动机电枢压降产生。由于他励式电动机的 R_a 很小，所以 Δn 也很小，固有机械特性的额定负载转速降 $\Delta n_N = \dfrac{R_a}{C_e C_T \Phi^2} T_N$ 也很小，故称他励式直流电动机的机械特性为硬特性。

2. 人为机械特性　由机械特性方程式可以看出，机械特性除与电机结构参数 C_e、C_T 有关外，还与电路参数 U、Φ、R_j 等有关，改变这些参数就可得到不同的人为机械特性。

(1) 电枢串接电阻时的人为机械特性。由式 (9—14) 可以看出，当电压和磁通保持不变时，电枢串入附加电阻 R_f 之后，理想空载转速不变，而转速降则与电枢回路总电阻成正比地增加，特性变软，如图 9—12 所示。

(2) 改变电枢电压时的人为机械特性。降低电枢电压后，理想空载转速成比例地减少，而转速降不变，特性硬度不变，如图 9—13 所示。

(3) 改变磁通时的人为机械特性。在电压为额定值，电枢未串入附加电阻，在励磁回路内串入电阻 R_j，并变化其值，即能使磁通减弱，此时理想空载转速成反比例地增大，同时，转速降也增大，特性变软，如图 9—14 所示。

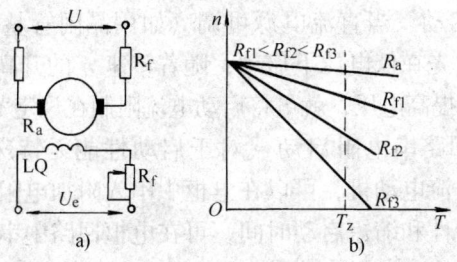

图 9—12 改变电枢串电阻 R_f 的人为机械特性
a) 接线图 b) 机械特性

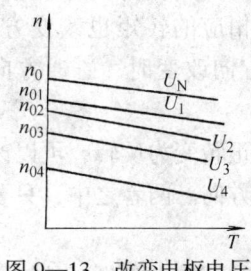

图 9—13 改变电枢电压的
人为机械特性

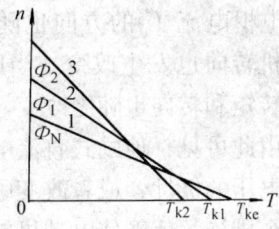

图 9—14 改变磁通的人为机械特性

二、他励式直流电动机的启动

直流电动机从接入电网开始，直到稳定运行速度的整个过程称为直流电动机的启动过程。启动时，必须有足够大的启动转矩 $T_q = C_T \Phi I_q$。因为启动瞬间 $n = 0$，电枢反电动势 $E_a = 0$，而电枢电阻又很小，所以启动电流 $I_q = \dfrac{U_N}{R_a}$ 将达到很大的数值，可为额定电流的几倍。过大的启动电流，会引起电网电压的波动，影响电网上其他用户的正常用电，并且会使电动机轴上受到很大的冲击。不采取任何措施就直接把电动机加上额定电压的启动方法，称为直接启动。除了个别容量很小的电动机可以采用直接启动外，一般直流电动机是不允许直接启动的。

直流电动机的启动，通常采用以下两种方法：

1. 降压启动 当直流电源可调（如用晶闸管整流或直流发电机组）时，先在低电压下启动，随着转速 n 的升高，产生反电动势，再逐步提高电压，就可将启动电流限制在规定范围以内。

2. 电枢回路串电阻启动 对于启动性能无特殊要求的中、小型他励式直流电动机，可以在电枢中串入附加电阻启动。为保证启动的平滑性和缩短启动时间，可在电枢回路中串多级电阻分段启动。

三、他励式直流电动机的反转

由式（7—23）可知，当加在电枢两端的直流电压极性改变时，电枢电流 I_a 的方向也随之而变，相应的转矩也改变方向，电动机转向也发生改变。当励磁电流方向改变时，磁通方向改变，转矩和转向也随之改变。

由此可见，他励式直流电动机要由正转变为反转，可以改变电枢电压的极性，或者改变励磁电流的方向。两者之中，只要采取一个措施，就能使电动机转向改变。

电动机正转时的机械特性曲线，通常画在直角坐标的第一象限，而反转时的机械特性曲线应画在第三象限，如图9—15所示，反转时的转矩和转速均为负值。

四、他励式直流电动机的速度调节

直流电动机的调速是指人为地改变电路中的参数，使电动机在同样负载下得到不同的转速。由人为机械特性的分析可知，他励式直流电动机有三种调速方法。

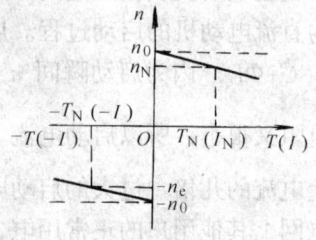

图9—15 直流电动机正、反转时的转速和转矩

1. 降低电枢电压调速 由机械特性方程式（9—14）可知，改变电枢电压 U 即可方便地进行调速。调速时，各机械特性曲线相互平行，电动机转速和电

枢电压近似成正比,如图 9—16 所示。

如果供电电压连续改变,则转速可以连续调节。直流发电机组作调压电源的示意图如图 9—17 所示。近年来,由于晶闸管技术的发展,目前普遍采用晶闸管调压装置,如图 9—18 所示。

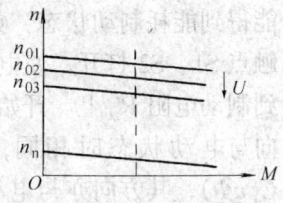

图 9—16 降低电枢电压调速

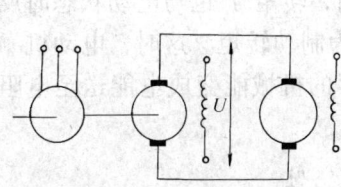

图 9—17 直流发电机组作调压电源调压

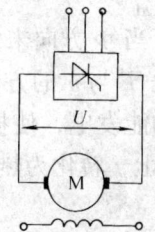

图 9—18 晶闸管装置调压线路图

降低电枢电压调速,调速性能好,使用广泛。但是,由于受电枢绕组绝缘耐压的限制,提高电枢电压的可能范围不大,最多只允许提高到额定值的 130%。目前,主要采用降低电枢电压调速,即从额定转速向下调速。

2. 减少磁通调速　由式(7—16)可知,转速 n 与磁通 Φ 成反比,但一般电动机的额定磁通已使铁心接近饱和,所以要改变磁通,只能通过减少励磁电流来减弱磁通,使电动机转速从额定转速往上调,故称为弱磁调速。采用此法调速,n_0 越高特性越软。

五、他励式直流电动机的制动

他励式直流电动机有三种制动方法,即能耗制动、再生制动和反接制动。

1. 能耗制动　在电动机旋转时,把电机电枢与电源脱离(励磁绕组仍接在电源上),在电枢回路中串入外加电阻 R_{zd},便

· 463 ·

能得到能耗制动状态，如图9—19a所示。制动时，接触器常开触点S1、S2打开，使电枢脱离电源，同时常闭触点S3将电枢接到制动电阻R_{zd}上。开始制动时，由于惯性，转速n的存在且转向与电动状态时相同，电枢绕组具有感应电动势E（$E = C_e n \Phi$），其方向亦与电动状态相同。此时E产生电枢电流，其方向与E相同，而与电动状态时相反。显然，由于$U=0$，$I_a = -\dfrac{E}{R_a + R_{zd}}$，电枢电流$I_a$为负值，即其方向与电动状态时的正方向相反。当$\Phi$方向未变而电流反向，转矩$T$也与电动状态时反向，因此$T$与$n$的方向相反，$T$为制动转矩。这时，电动机靠系统的动能发电，使拖动系统储存的机械能变成电能送至电阻$R_a + R_{zd}$上，转化为热能消耗掉。

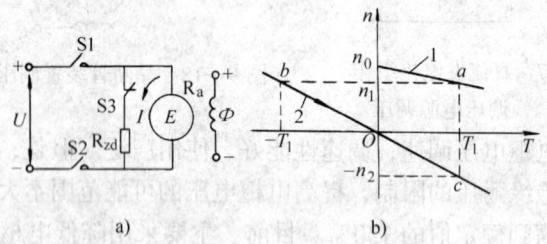

图9—19　能耗制动原理图
a) 接线图　b) 机械特性

能耗制动的特点是$U=0$，$R = R_a + R_{zd}$。能耗制动时的机械特性方程式为：

$$n = -\frac{R_a + R_{zd}}{C_e C_T \Phi^2} T \tag{9—16}$$

由式（9—16）可见，n为正时，T为负；$n=0$时，$T=0$，所以机械特性位于第二象限，并通过坐标原点。

如果电动机带动的是反抗性负载，它仅具有动能，能耗制动的作用是消耗掉拖动系统积蓄的动能使电动机迅速停车。其制动过程如下：设电动机原来运行在图9—19b中a点，转速为n_1，

刚开始制动时 n_1 不变，工作点由 a 转移到制动特性曲线 2 上的 b 点，电动机的转矩 T_1 为负值，是制动转矩。在制动转矩和负载转矩共同作用下，拖动系统减速，电动机的工作点沿特性曲线 2 上的箭头方向变化。随着转速的下降，制动转矩也逐渐减少，直至 $n=0$ 为止。

如果是位能性负载，在制动到 $n=0$ 时，重物还将拖着电动机反转，直到运行特性曲线 2 的 T 等于 T_{zj} 与负载线的交点 c 时，电动机才以" $-n_2$ "的转速稳定运转。这时电动机的转矩与电动状态相同，而转速与电动状态相反，电动机处于制动状态，机械特性位于第四象限中。

改变制动电阻 R_{zd} 的大小，可以得到不同斜率的特性。

2. 再生制动　电动机在电动状态运行时，由于某种因素（如用电动机拖动的机车下坡），使电动机的转速高于理想空载转速 n_0，即当 $n>n_0$ 时，$E>U$，使电枢电流 I 的方向与电动状态相反，电流 I 由电动机流向电源，如图 9—20a 所示。此时，转矩的方向也随之改变，而对电动机起制动作用。这时工作机械带动电动机发电，将机械能变成电能馈送回电源，因此也称回馈制动。

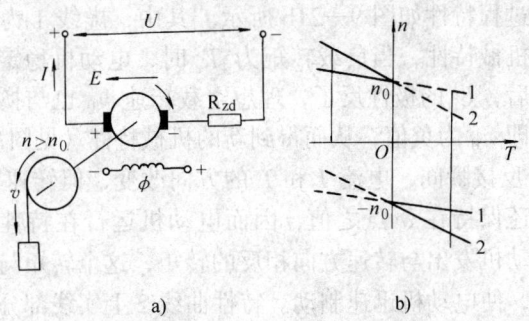

图 9—20　再生制动原理图
a) 接线图　b) 机械特性

回馈制动时，$n>n_0$，由于电枢电流 I 及电磁转矩 T 均为负值，所以机械特性是电动状态机械特性延伸到第二象限的一条直线，如图 9—20b 所示（见直线 1）。当电枢电路串入电阻后，将使特性曲线的斜率增大（见图9—20b中直线2）。

3. 反接制动　反接制动有电源反接制动和倒拉反接制动两种。

（1）电源反接制动。当突然改变电枢电压的极性时，电动机便处于制动状态。

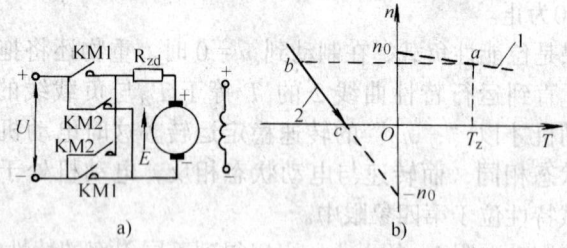

图9—21　反接制动原理图
a) 接线图　b) 机械特性

如图9—21a所示，接触器KM接通时，电动机为正转。当将触点KM1打开，而KM2立即接通，外加电压和反电动势方向一致，电枢电流反向，从而产生制动转矩，使电动机迅速减速以至反转。在反转之前，整个过程都处于电源反接制动状态。

制动过程特性如图9—21b所示。其中，虚线1为反接前电动状态的机械特性，当负载转矩为 T_z 时，电动机稳定运行于 a 点。反接后，U 的极性反了，理想空载转速 n_0 也与换向前的方向相反，即 n_0 为负值，从而得到新的机械特性（见图9—21b中曲线2）。反接瞬间，电流 I 和 T 的方向改变，但转速 n 由于机械惯性，还保持在 a 点之值，因而电动机运行在特性曲线的 b 点上，电动机发出与转速方向相反的转矩，这个转矩与负载转矩共同作用，使电动机迅速制动。特性曲线2上实线部分是反接运转的部分。但如果转速降到0（c 点）时，电枢还不从电源脱开，电动机就会反向启动，进入反向运行的电动状态。

电源反接制动时电流很大。电源反接制动一般应用在要求迅速减速、停车和反向的场合和要求经常正反转的机械上。

（2）倒拉反接制动。倒拉反接制动常用在控制位能负载的下降速度，使之不致在重物作用下有越来越大的加速。如图 9—22a 所示，在电枢回路加入附加电阻 R_{zd}，当负载转矩为 T_z 时，电动机以速度 n_1 拖动重物上升，电动机作为电动状态运转。如果重物下降，可把电枢回路中附加电阻增加到 R_{zd3}，特性变为曲线 3。如图 9—22b 所示，电动机的稳定运行点由 a 点变到 c 点，工作特性在第四象限，重物便以 $-n_3$ 的速度下降。改变附加电阻的值，就能得到不同的下降速度。在附加电阻为 R_{zd2} 时，工作在特性曲线 2，正好使负载转矩为 T_z 而重物静止不动（d 点）。

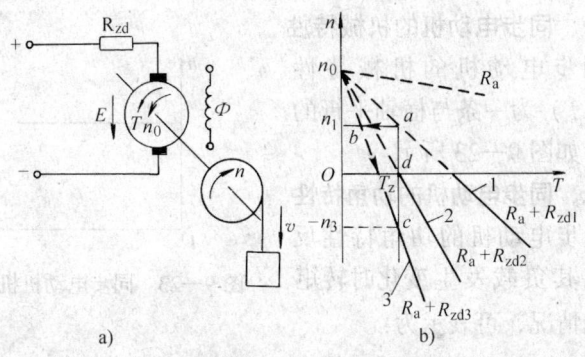

图 9—22 直流电动机吊重物接线原理图
a）接线图 b）机械特性

电动机进入倒拉制动的过程如下：在电阻由 R_{zd1} 增大到 R_{zd3} 的瞬间，由于电枢电流减少，工作点由 a 点到 b 点，负载转矩 T_z 大于电动机电磁转矩 T，电动机被负载拖动减速，反电动势随之减少，工作点沿特性曲线 3 的箭头趋势变化。在这过程中，电枢电流 $I = \dfrac{U-E}{R_a+R_{zd3}}$ 又随之增大。当 $n=0$ 时，电动机转矩仍不能与负载转矩 T_z 平衡。电动机在负载拖动下，开始反向旋转，n 和 E 变为负值，反电动势 E 与电源电压 U 同向，此时电枢电流 $I = \dfrac{U+E}{R_a+R_{zd3}}$ 和电动机转矩 T 都继续增加，直到 T 和 T_z 平衡（d 点）为止。

§9—4 同步电动机的电力拖动

同步电动机的转速不随负载变化而变化,最大转矩受电网电压波动的影响较小,能够承受较大的冲击力矩,功率因数可以调节。因此,同步电动机广泛地用于负载功率较大,长期运行不需调速的场合,如拖动气体压缩机、鼓风机、水泵、轧钢机等大型设备的动力机械。

一、同步电动机的机械特性

同步电动机的机械特性 $n = f(T)$ 为一条与横轴平行的直线,如图9—23所示。

二、同步电动机的功角特性

同步电动机的功角特性反映了当其负载发生变化时转矩的变化情况,可表示为:

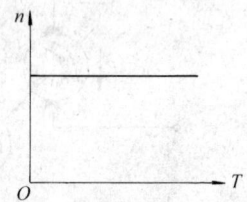

图9—23 同步电动机机械特性

$$T = \frac{3pUE_0}{2\pi f X_T}\sin\theta = T_{\max}\sin\theta \qquad (9—17)$$

式中 E_0——主磁通在定子绕组中的感应电动势,V;
         U——电源电压,V;
         θ——功率角,相量图中为 U 和 $-E$ 的夹角,即转子主磁通轴线和定子合成磁通轴线在空间的相角差;
         p——极对数;
         X_T——同步电抗,Ω;
         $T_{\max}$——最大电磁转矩(临界转矩),$T_{\max} = \dfrac{3pUE_0}{2\pi f X_T}$。

式(9—17)的曲线 $T = f(\theta)$ 是一条正弦曲线,如图9—24所示。

由功角特性可见，当 $0°<\theta<180°$ 时，T 为正值，作电动机运行，T 为制动转矩；T 为负值，作发电机运行，T 为拖动转矩。在电动机运行区域内，当 $\theta<90°$ 时，T 随 θ 角增大而增加，即负载增加时，T 增大，θ 角也增大。当 $\theta>90°$ 时，θ 增大，T 反而减小，这时同步

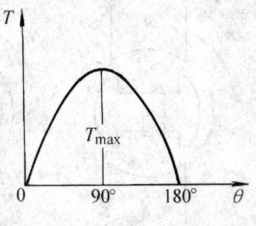

图9—24 功角特性

电动机的转子不能再以同步转速旋转，直至被迫停转，这称为"失步"现象。所以，同步电动机的稳定运行范围 θ 为 $0°\sim90°$。在额定状态运行时，θ_N 约为 $20°\sim30°$。当 $\theta>90°$ 时便不能稳定运行，这称为不稳定区。

当 $\theta=90°$ 时，$T=T_{max}$，即为最大转矩。

最大转矩与额定转矩之比，称为同步电动机的过载能力 λ。

$$\lambda = \frac{T_{max}}{T_N} = \frac{1}{\sin\theta_N} = \frac{1}{\sin(20°-30°)} = 2\sim3.5 \quad (9—18)$$

三、同步电动机的启动

如图9—25a所示瞬间，同步电动机定、转子磁场相互作用，使转子逆时针方向转动。但由于惯性的存在，转子受到作用力后并不马上转动。在转子还来不及转动以前，定子磁场已转过 $180°$，如图9—25b所示。此时，定、转子磁场之间的相互作用又使转子顺时针转动。所以，启动时由于定、转子磁场之间存在着相对运动，转子上受到的平均转矩为零，同步电动机不能自行启动。

同步电动机常用的启动方法有三种，即辅助电动机启动法、变频启动法和异步启动法。这里介绍最常用的异步启动法。

如图9—26b所示，在凸极式同步电动机转子极靴上嵌入阻尼绕组（也称启动绕组），和鼠笼铜条相似，实现所谓的异步启动。

同步电动机异步启动法步骤如下：

1. 把同步电动机转子的励磁绕组通过一个电阻 R_L 短接，短

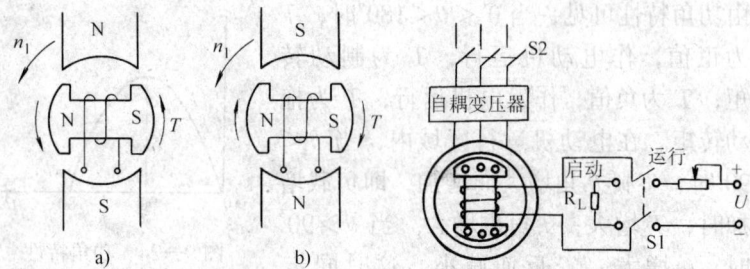

图9—25 启动时同步电动机的电磁转矩

图9—26 同步电动机的异步启动法

路电阻的大小约为励磁绕组本身电阻的10倍左右。启动时，励磁绕组开路会因其励磁绕组匝数过多而产生感应高压，所以必须予以短路以避免感应高压，并加串大电阻以限流。

2. 将三相电源电压加入定子三相绕组，这时定子旋转磁场将在阻尼绕组中感应电流，该电流与定子旋转磁通相互作用而产生异步电磁转矩，同步电动机便作为异步电动机而启动。

3. 当同步电动机的转速达到同步转速的95%左右时，将励磁绕组与直流电源接通，加入直流励磁，转子磁场与定子磁场之间的相互引力便能把转子拉住，使它跟着定子旋转磁场以同步速度旋转，这即所谓的牵入同步。

在同步电动机作异步启动时，为了限制过大的启动电流，通常采用自耦变压器或电抗器来降压启动，当电动机的转速达到某一定值后，再恢复全电压，最后给予直流励磁，电动机即牵入同步运行。

四、同步电动机的制动

同步电动机的反接制动，与异步电动机一样会产生很大的冲击电流，并且控制复杂，一般很少采用。因此，常常采用能耗制动，如图9—27所示。当运转的同步电动机断开三相交流电后，将

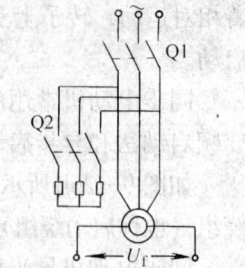

图9—27 能耗制动线路图

定子绕组立即接入外电阻 R2 上，并保持转子励磁绕组的直流供电，即可使同步电动机进行能耗制动。其机械特性和异步电动机能耗制动相似。

【习题】

1. 何谓生产机械的负载转矩特性？常见的生产机械负载转矩有哪几种？
2. 什么叫电动机的固有机械特性和人为机械特性？
3. 电力拖动稳定运行的条件是什么？
4. 什么是异步电动机的固有机械特性？分析在曲线中的几个特殊点上电动机的工作情况。
5. 什么是异步电动机的人为机械特性？试分析降低电源电压时的人为机械特性。
6. 为什么异步电动机启动时电流很大而启动转矩却不很大？
7. 试分析他励式直流电动机的机械特性。
8. 他励式直流电动机的人为机械特性是由改变电路的哪些参数得到的？试分析电枢串电阻时的人为机械特性。
9. 如何改变他励式直流电动机的转向？
10. 直流电动机在启动时通常采用哪些方法来降低启动电流？
11. 比较他励式直流电动机的几种调速方法。
12. 简述直流电动机的几种制动方法。
13. 同步电动机为什么不能自行启动？
14. 试述同步电动机的异步启动法，在启动瞬间，其励磁绕组为什么不能开路？

第十章 电力拖动的电气控制

§10—1 概　述

一、电气控制线路及其图示法

目前电力拖动自动控制系统，通常由继电器、接触器等有触点电器组成电器控制单元控制电动机运行。这种系统所采用的电器元件以及作为主要控制对象的电动机，都含有通电元件，如继电器的吸引线圈和触点、电动机的电枢绕组及磁场绕组等。把这些导电部件按一定的要求用导线连接起来，就成为电气控制线路。

电气控制线路根据流过电流的大小可分成主电路和辅助电路两部分。前者为强电流通过的部分，例如，从电源经刀开关、接触器主触点到电动机的通电回路；后者为弱电流通过的部分，它包括继电器和接触器的吸引线圈、继电器的触点、接触器的辅助触点、按钮、照明灯、信号灯、照明变压器等电器元件组成的控制电路、照明电路、信号电路、保护电路及连锁电路等。由于控制电路为辅助电路的主要部分，所以有时也称辅助电路为控制电路。

通常，用电气线路图来表明各电器元件及其间的相互联系，在图上用规定的图形符号表示，并用文字符号标出各元件的名称和用途。为了通用，这些图形符号及文字符号必须采用国家颁布的标准。

电气控制线路图示法有以下两种：

1. 电气原理图　如图 10—1a 所示，这是 C616 型车床电气原理图，从三相电源经刀开关 QS1、接触器主触点 KM1 到主电动机 M1 的定子绕组，以及通过刀开关 QS2 到冷却液泵电动机 M2

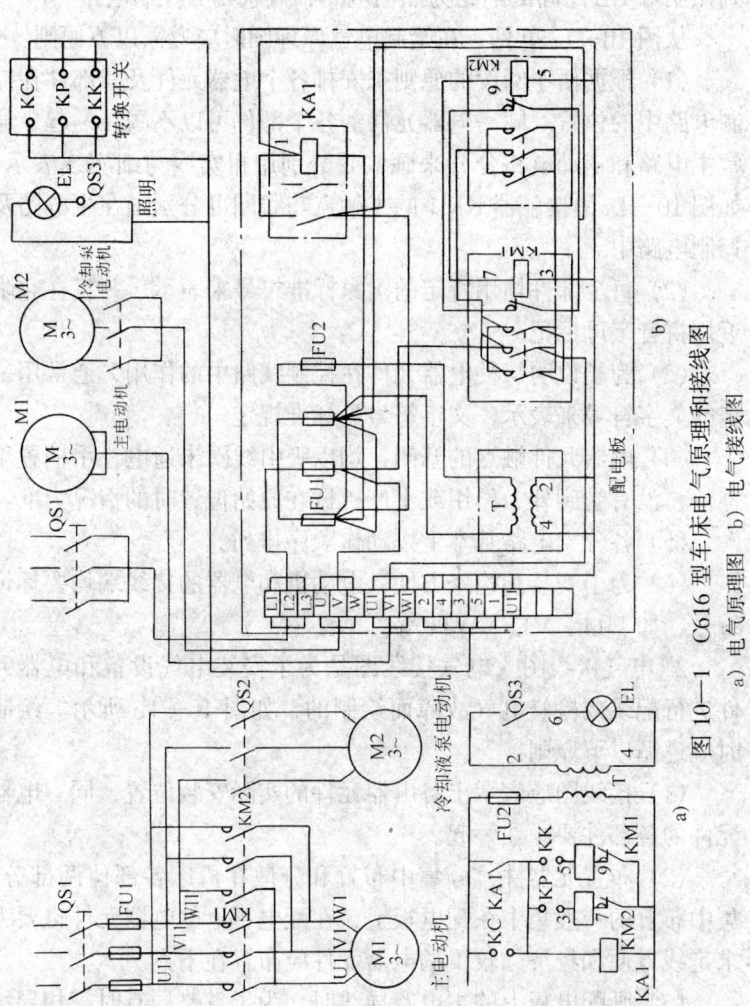

图 10—1 C616 型车床电气原理和接线图
a) 电气原理图　b) 电气接线图

的定子绕组的回路构成主电路。

辅助电路包括控制回路和照明电路，其中从照明变压器T到照明灯 EL 之间的电路为照明电路，其余则为控制电路。

从图 10—1a 可见，在绘制电气原理图时应遵循以下原则：

(1) 根据便于阅读的原则来安排各个电器元件及其部件在控制电路中的位置。同一电器元件的各个部件可以不画在一起，通常主电路和辅助电路分开来画，并分别用粗实线与细实线表示，如图 10—1a 中接触器 KM1 的主触点与线圈可分别画在主电路及控制电路中。

(2) 每个部件均用特定的国家标准符号来表示，并且在它附近用拼音字母标记。

(3) 为了说明每种电器元件在控制线路中的作用，通常用一定的文字符号来表示，文字符号见标准规定。

(4) 电器元件触点的开闭，均以吸引线圈未通电，手柄置于零位，没有受到外力作用或生产机械在原始位置时的情况为准。

(5) 各分支电路基本上按动作顺序排列。

(6) 为了安装和检修方便，电动机和电器的接线端均要标记编号，如 U11、V11、W11 等。

2. 电气接线图　电气接线图是为了安装电气设备和电器元件进行配线或检修电气故障而绘制的，如图 10—1b 所示。绘制时应遵循以下原则：

(1) 接线图应表示出各电器元件的实际安装位置，同一电器元件的各部件要画在一起。

(2) 布置元器件，分集中布置和分散在机床各部位两部分。集中布置的一般集中在配电板上，在配电板上的电器元件也要力求走线方便和经济，较重的电器元件应布置在下方。

(3) 画配电板上的主电路导线时，为了省略，有时三相导线画成一根线条，也有时把一相导线画成一根线条。

(4) 绘制控制电路，也应考虑少交叉、省线、经济、美观。

(5) 文字标注应采用国家最新标准的标注文字符号。

二、电动机常用的参数控制原则

在初级电工培训中，已经介绍了三相异步电动机的启动、停止、正反转以及两台电动机顺次启动所采用的最基本控制环节。但要控制比较复杂的生产工艺过程还是不够的。实际上，一个工艺过程的进行，必须伴随着一些物理量的变化，这些变化的参数可以是电流、时间、行程（位置）、速度、电压、温度、压力等等。根据这一规律，可以选定其中的一个或几个参数，利用感知元件准确地测量和反映出这些参数的变化，再通过电器元件（各类继电器和行程开关等）去控制接触器，从而实现线路的切换以及电动机运转状态的改变，使工艺过程按预定要求自动完成。这种根据参数变化对电动机和电路实现自动控制的规律，称为参数控制原则。选用何种参数，就称为何种原则。常用的控制原则有电流原则、时间原则、行程原则和速度原则等。下面举两个实例说明电流原则和时间原则的控制。

1. **电流原则** 图 10—2 所示系按电流原则控制直流电动机启动的线路。合上电源开关 QS 后，压下启动按钮 SB2 时，接触器 KM1 和时间继电器 KT 吸合，KM1 并自锁，又使电动机电枢回路中串入电阻 R 启动，同时 KM3 吸合，其常闭触点断开，KT 延时闭合，此时 KM2 不能动作。当电动机转速升高，电枢电流下降后，KM3 释放，其常闭触点恢复闭合，使 KM2 吸合，KM2 的常开触点将电阻 R 短接，电动机在额定电压下正常运转。时间继电器 KT 的延时闭合触点，保证了电阻 R 在启动时不被 KM2 短接，以得到良好的启动特性。

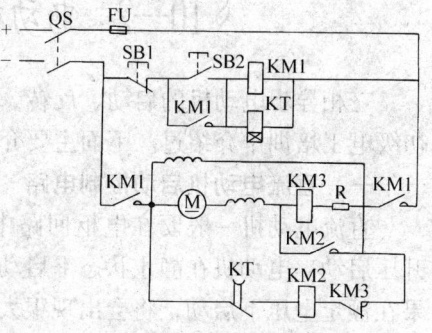

图 10—2 按电流控制直流电动机起动的线路

2．时间原则 图10—3所示系按时间原则控制直流电动机启动的线路。合上电源开关QS后，压下启动按钮SB2时，接触器KM1吸合并自锁，在电动机M的电枢回路内串入电阻R启动，几秒钟后，KT1的延时闭合的常开触点闭合，使接触器KM2和时间继电器KT2吸合，将电阻R1短接，使电动机加速；又几秒钟后，KT2延时闭合的常开触点闭合，使接触器KM3吸合，又将电阻R2短接，电动机在额定电压下运转，启动完毕。

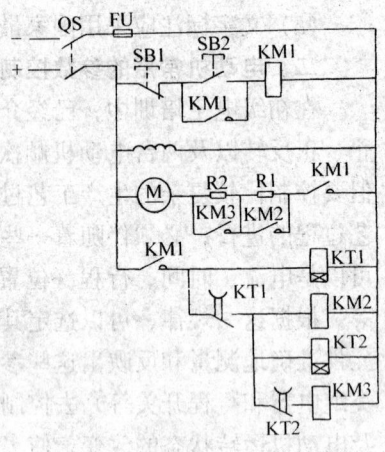

图10—3 按时间原则控制直流电动机起动的线路

§10—2 电动机的控制

三相异步电动机的启动、反转、调速、制动等控制电路已在初级电工培训中介绍过。下面主要介绍直流电动机的控制。

一、直流电动机启动控制电路

直流电动机一般要在电枢回路中串接适当的电阻R以逐渐升压启动。电动机在静止状态下启动时，因电枢电动势为零，如果在额定电压下启动，将会出现很大的启动电流。其启动线路图见图10—3，它是用二级电阻启动的控制线路，是采用时间继电器按时间原则控制的。

二、直流电动机的制动控制线路

1．直流电动机的能耗控制线路 直流电动机能耗制动的控制线路如图10—4所示，先压下停止按钮SB1，接触器KM1释放，其常闭触点恢复闭合，使电压继电器KV吸合，其常开触点闭合，使制动接触器 KM2 吸合。将制动电阻 R_{xd} 并联在直流电动机的电枢两端,这时,因励磁电流方向未变,电动机产生的转矩为制动转矩,使电动机制动停止下来,当电枢反电动势低于电压继电器 KV 释放电压时,KV 释放,又使 KM2 释放,制动完毕。

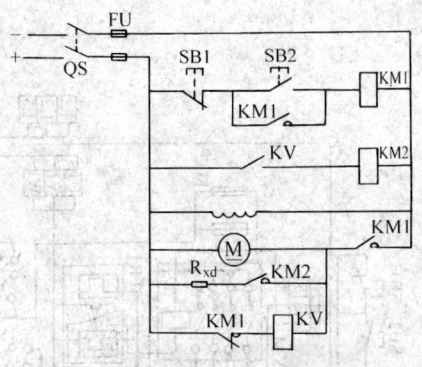

图 10—4　直流电动机能耗制动控制线路

2. 直流电动机反接制动控制线路　直流电动机反接制动控制线路如图 10—5 所示,合上电源开关 QS 后,压下起动按钮 SB2 时,接触器 KM1 吸合并自锁,直流电动机 M 的励磁绕组和电枢均供电,电动机 M 运转。而制动时压下停止按钮 SB1,KM1

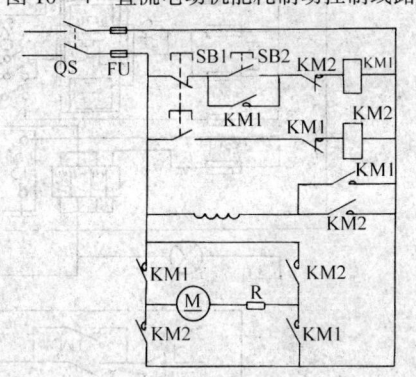

图 10—5　直流电动机反接制动控制线路

释放,然后制动接触器 KM2 吸合,将电动机的电枢电源反接,电动机此时的电磁转矩为制动转矩,使电动机转速迅速下降到接近零时,松开停止按钮 SB1,制动完毕。

§10—3　车床的电气控制

本节以最典型的 C620 型车床的电气线路为例来叙述普通车床的电气控制线路,其电气原理图和接线图如图 10—6 所示。

从图 10—6 可见,主电路是主电动机和液泵电动机的电路。

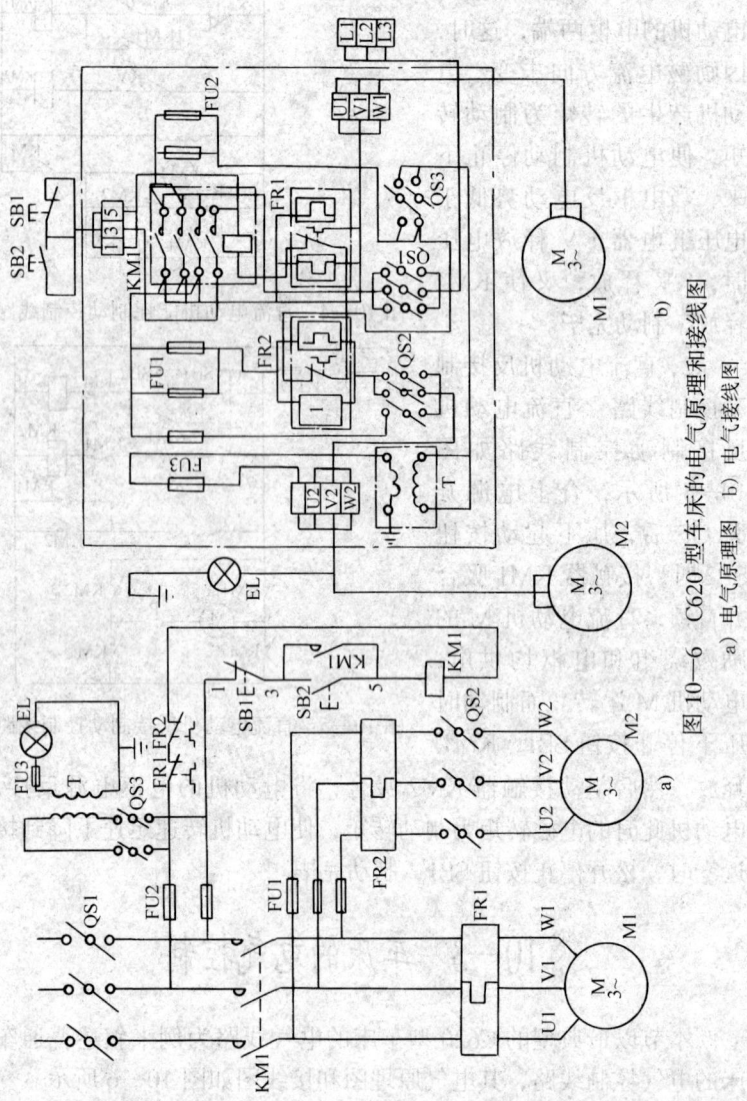

图 10—6 C620 型车床的电气原理和接线图
a) 电气原理图 b) 电气接线图

合上总电源开关 QS1 后，压下启动按钮 SB2 时，接触器 KM1 吸合并自锁，主电动机 M1 运转，此时加工需要冷却液时，即合上开关 QS2，液泵电动机 M2 运转，带动液泵供冷却液，热继电器 FR1、FR2 起过载保护作用，熔断器 FU1、FU2 起短路保护作用。当需要停止时，只需压下按钮 SB1，则 KM1 释放，全部电动机停止运转。从接线图 10—6b 中可以看出，机座的大部分电器元件分布在电气盒的配电板上，如图中虚线内的部分，而两台电动机、按钮、照明灯则分布在机床各合理的部位。因为配电板在机床的背面，操作者在机床正面操作，自然，按钮及开关手柄应在机床正面易操作部位，而电源开关、液泵电动机开关、照明开关均在配电板上，并用长杆接到机床的正面，手柄放在易操作处。液泵电动机在机床尾部，照明灯在机床的中部。为了安全和可靠起见，用铁管从电气盒通到机床的尾部，内有导线，在铁管中部，用"三通"将照明灯线引出。电源由车间动力箱（采用电源护头）接线端（接线端子）引至配电板上的总电源开关 QS1 的下侧。

§10—4 万能铣床的电气控制

X8120W 型万能工具铣床电气控制线路如图 10—7 所示，其主电路有 2 台三相异步电动机，M1 为冷却液泵电动机，M2 为双速铣头电动机。转换开关 QS2 控制 M1 的启动和停止。M2 由接触器 KM1 和 KM2 控制其正反方向运转。由双速开关 SA1 控制接触器 KM3 和 KM4，使双速电动机 M2 接成三角形（△）联结低速运转，或接成双星形（YY）联结高速运转。

X8120W 型万能工具铣床的控制电路主要有以下两部分：

1. 铣头电动机 M2 的控制　合总电源开关 QS1 后，把双速开关 SA1 扳到"低速"位置，压下按钮 SB2，此时接触器 KM1 和 KM3 吸合，铣头电动机 M2 低速正方向运转。若把双速开关 SA1 扳到"高速"位置，压下按钮 SB2，接触器 KM1 和 KM4 吸合，

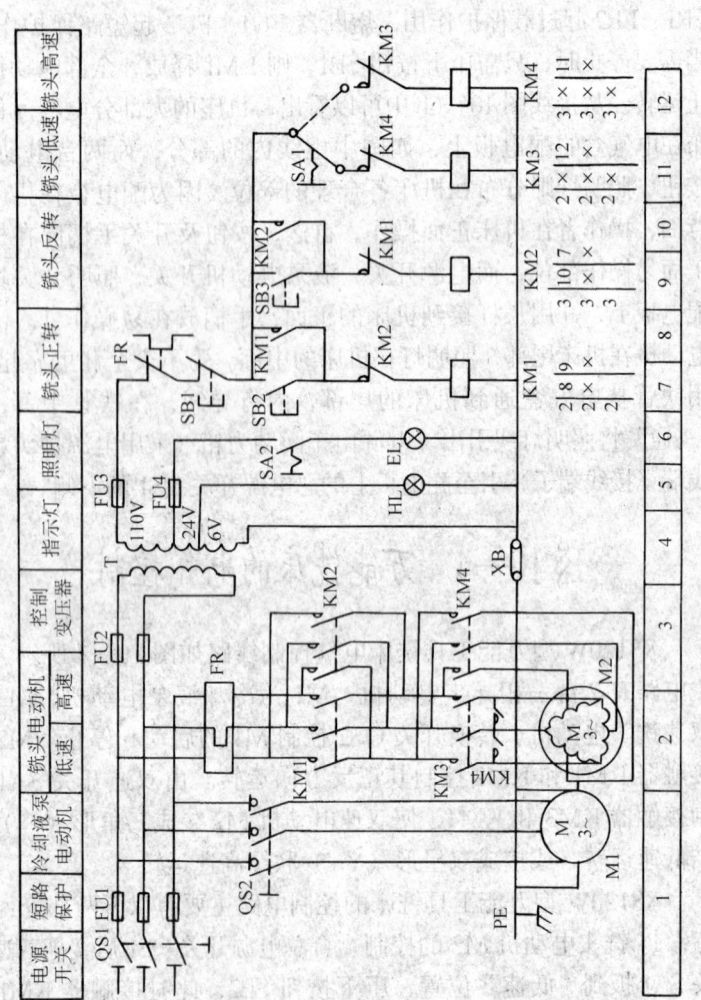

图10—7 X8120W 型万能工具铣床电气线路

铣头电动机 M2 高速正方向运转，若压下按钮 SB3，则接触器 KM2 吸合，铣头电动机 M2 反方向运转。

2. 冷却液泵电动机 M1 的控制　合上转换开关 QS2，M1 启动并带动冷却液泵供给加工用的冷却液。

主电路和控制电路均有熔断器作短路保护，铣头电动机没有热继电器作过载保护，照明电路由变压器 T 供电。

§10—5　平面磨床的电气控制

一、M7120A 型平面磨床的电气线路

M7120A 型平面磨床的电气线路如图 10—8a 所示，它的电气原理图分主电路和控制电路两部分。在主电路中有 4 台三相异步电动机：M1 为磨头电动机；M2 为冷却液泵电动机；M3 为油泵电动机；M4 为主轴油泵电动机。熔断器 FU1 起主电路的短路保护作用；热继电器 FR1、FR2、FR3 起电动机 M1、M2、M3、M4 的过载保护作用。M1 和 M2 由接触器 KM1 控制，同时启动和停止；M3 和 M4 由接触器 KM2 控制，同时启动和停止。

在总电源开关 QS1 合上后，当压下按钮 SB2 时，接触器 KM2 吸合，M3 和 M4 启动运转；压下按钮 SB4 时，接触器 KM1 吸合，M1 和 M2 启动运转；压下停止按钮 SB3 时，KM1 释放，M1 和 M2 停止运转。当 4 台电动机都在运转时，压下总停按钮 SB1，KM1、KM2 同时释放，4 台电动机均停止运转。接触器 KM1 的线圈回路中有 KM2 的常开触点，即一定要 KM2 启动后，KM1 才能供电，满足机床必须先启动 2 个油泵后，磨床才能工作的机械要求。在接触器 KM2 的线圈回路中串有欠电流继电器 KA 的常开触点，也即磁力吸盘 YH 有了足够的吸力，KA 才能吸合，才能开动机器，从而起到保护作用。R1 是限流电阻，R2 是用作释放工作台在切断电源瞬间所产生反电动势的通路，开关 K4 作充磁和退磁使用，整流桥 V 是供吸盘的励磁直流电源。

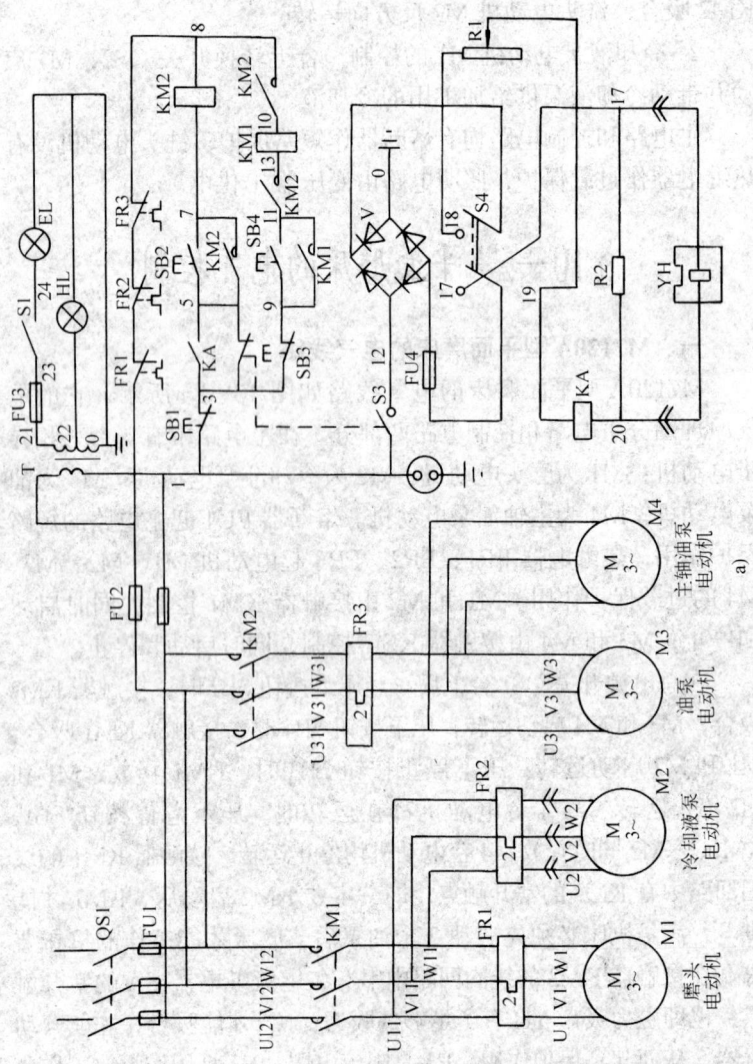

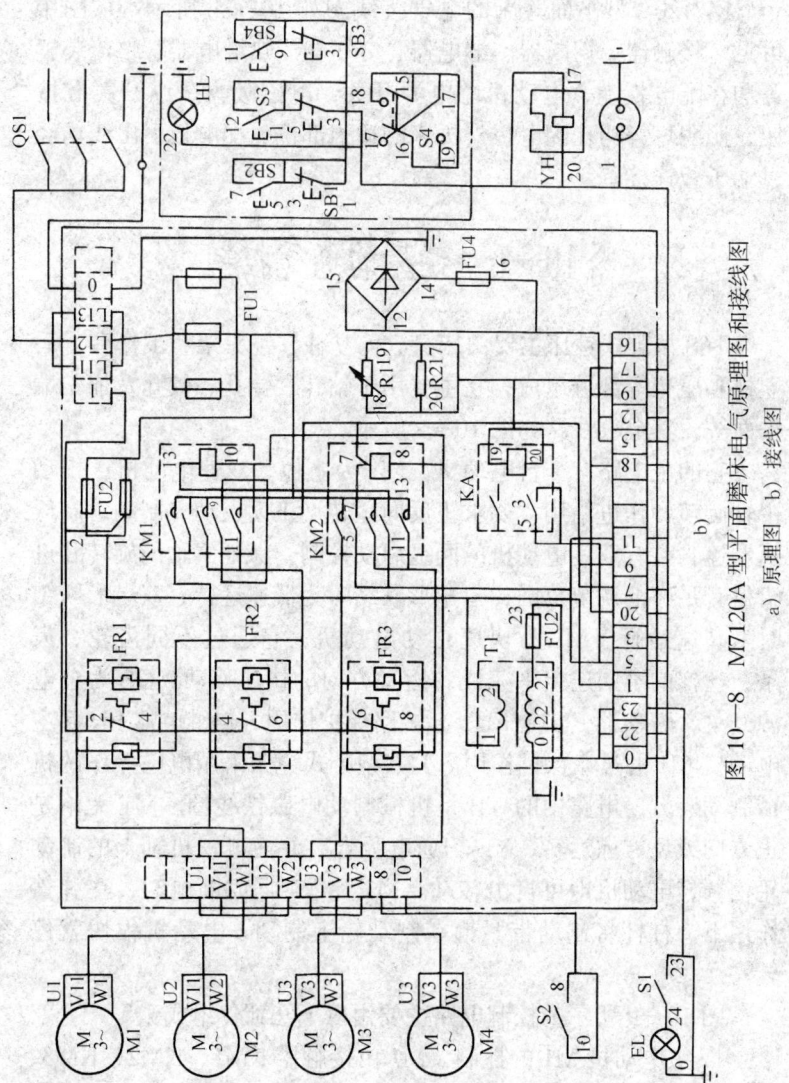

图 10—8 M7120A 型平面磨床电气原理图和接线图
a) 原理图 b) 接线图

二、M7120A 型平面磨床电气接线图

M7120A 型平面磨床的电气接线图如 10—8b 所示。从图中可见，接触器、熔断器、继电器、变压器、热继电器、整流装置等均在配电板上，电动机总电源开关，电磁吸盘操纵开关和按钮、照明灯等均在配电板外机床的适当部位，配电板引出线均经过端子板连接。

§10—6 镗床的电气控制

T68 型卧式镗床主要由床身、前立柱、镗头架、工作台、后立柱和尾架等部分组成，它主要用于钻孔、镗孔、铰孔及加工端平面等，其电气线路如图 10—9 所示。

它的主电路有 2 台电动机，M1 为主拖动双速电动机，带动主轴旋转和作进给用，要求正反向运转、正反点动、制动、高低速调速，并有双速电动机的两级启动控制，保证主轴的旋转和进给量有足够的调节范围；三角形联结时为低速运行，双星形联结时为高速运行。M2 为快速移动电动机，它通过不同齿轮、齿条、丝杠的不同连接来完成各运动方向的快速移动。QS 为总电源开关，熔断器 FU1、FU2 起短路保护作用，热继电器 FR 起主电动机 M1 的过载保护作用。T68 型卧式镗床采用电磁操作的机械制动装置，电路中的 YB 是机械制动电磁铁线圈。M1 无论是正方向或反方向运转，YB 均通电吸合，并使电动机轴上的制动轮松开，电动机即可自由转动。M1 和 YB 同时断电时，在弹簧作用下，杠杆将制动带紧箍在制动轮上制动，电动机很快就停转。

图 10—9 所示的控制电路主要由以下几部分组成：

1. 主电动机 M1 的控制　M1 由接触器 KM1、KM2、KM3、KM4、KM5，按钮 SB1、SB2、SB3、SB4、SB5 和时间继电器 KT、行程开关 SQ1、SQ2 等控制。

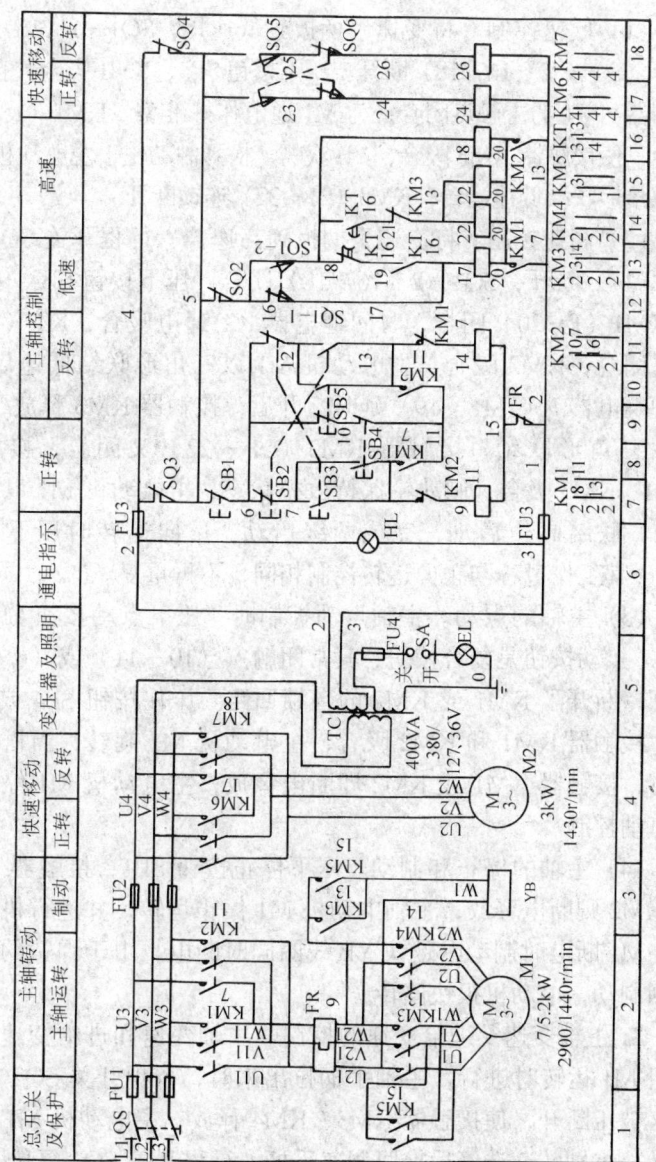

图 10—9 T68 型卧式镗床电气原理图

(1) 低速控制。将变速手柄扳到低速挡，SQ1—1 (16-17) 闭合，SQ1—2 (16-18) 断开。压下按钮 SB3，KM1 吸合并自锁，接触器 KM1 的主触点闭合，为 M1 通电作好准备。KM1 (1-20) 闭合，使接触器 KM3 吸合，YB 获电，松开制动轮，主电动机 M1 以三角形联结低速运转，KM3 (21-22) 连锁断开。

(2) 高速控制。将变速手柄扳到高速挡，行程开关 SQ1—1 (16-17) 断开，SQ1—2 (16-18) 闭合。压下按钮 SB3，接触器 KM1 (1-20) 闭合，时间继电器 KT 通电吸合，KT (17-19) 闭合，KM3 吸合，主电动机 M1 以三角形联结低速启动。时间继电器 KT (18-19) 延时断开后，接触器 KM3 释放，M1 切除三角形联结，接触器 KM3 (21-22) 又闭合，接触器 KM4、KM5 吸合，制动轮保持放松状态，主电动机 M1 以双星 (YY) 联结高速启动，完成两级启动。反向运转时压下按钮 SB2，其工作过程与正向运转控制相同，不再重复。

(3) 主轴的点动。主轴点动控制时，压下点动按钮 SB4 或 SB5。点动按钮是复合按钮，其常闭触点 (10-11) 或 (6-10) 断开，断开了 KM1 或 KM2 的自锁回路。压住按钮 SB4 或 SB5 时，接触器 KM1 和 KM2 吸合，主电动机 M1 旋转，当松开按钮时，接触器 KM1 或 KM2 即断电释放，主电动机 M1 停转实现点动控制。

(4) 主轴的停止和制动。压下停止按钮 SB1，接触器 KM1 或 KM2 则断电释放，主轴电动机 M1 停止运转，并进行机械制动。M1 断电时制动电磁铁 YB 线圈同时断电，由于弹簧的作用抱闸制动，电动机很快停转。

2. 主轴变速及进给变速的控制　　主轴变速和进给变速在电动机 M1 运转时进行，主轴手柄拉出来时，行程开关 SQ2 (5—16) 被压断开，使接触器 KM3、KM4 释放，主电动机 M1 停止运转。主轴转速选好后推回调速手柄，行程开关 SQ2 复位，M1 自行启动工作。进给变速时，拉出进给变速操纵手柄，SQ2 被压分断，M1 停止转动；当进给量选好后，将变速手柄推回，SQ2 复位，主轴电动机 M1 自动工作。变速手柄推不上时可来回推动，使手柄轴通过弹簧装置作用于行程开关 SQ2，使主轴电动机 M1 进行冲动，以便于齿轮啮合，变速完成后正常进行工作。

3. 快速移动电动机 M2 的控制　机床各部分的快速移动由单独的电动机 M2 来拖动。由快速移动手柄操纵压下按钮 SQ5（5-25）或 SB6（5-23）闭合，接触器 KM6 或 KM7 吸合，电动机 M2 旋转实现快速移动。

4. 机械和电气连锁保护　连锁行程开关 SQ4 有一个机械机构和工作台及主轴箱进给操作手柄相连，操作手柄处于"进给"的位置时，连锁行程开关 SQ4 的常闭触点（4-5）处于断开状态。行程开关 SQ3 也有一个机械机构和主轴及平旋盘与进给操作手柄相连，这操作手柄处在"进给"位置时，SQ3 的常闭触点（4-5）也处于断开状态。这两个手柄同时扳在"进给"位置时，则连锁行程开关 SQ3 和 SQ4 的触点都处在断开状态，切断控制电路，M1 和 M2 则无法启动，起到连锁保护作用，保证了在误操作时不会造成事故。

§10—7　桥式吊车的电气控制

起重机俗称吊车，一般可分为桥式起重机、塔式起重机、门式起重机、旋转起重机和缆索起重机等。其中以桥式起重机应用最为广泛。

工厂常用的桥式吊车，吨位有大有小；有单梁、双梁；有带座舱和地面操作两种操作形式；有带鼓型控制器和不带鼓型控制器之分。图 10—10 为 15/3 t 桥式起重机的电气线路图。

它有 5 台绕线式三相异步电动机，M1 为副钩电动机；M2 为小车电动机，M3、M4 为大车电动机；M5 为主钩电动机。这 5 台电动机都是转子串电阻调速。

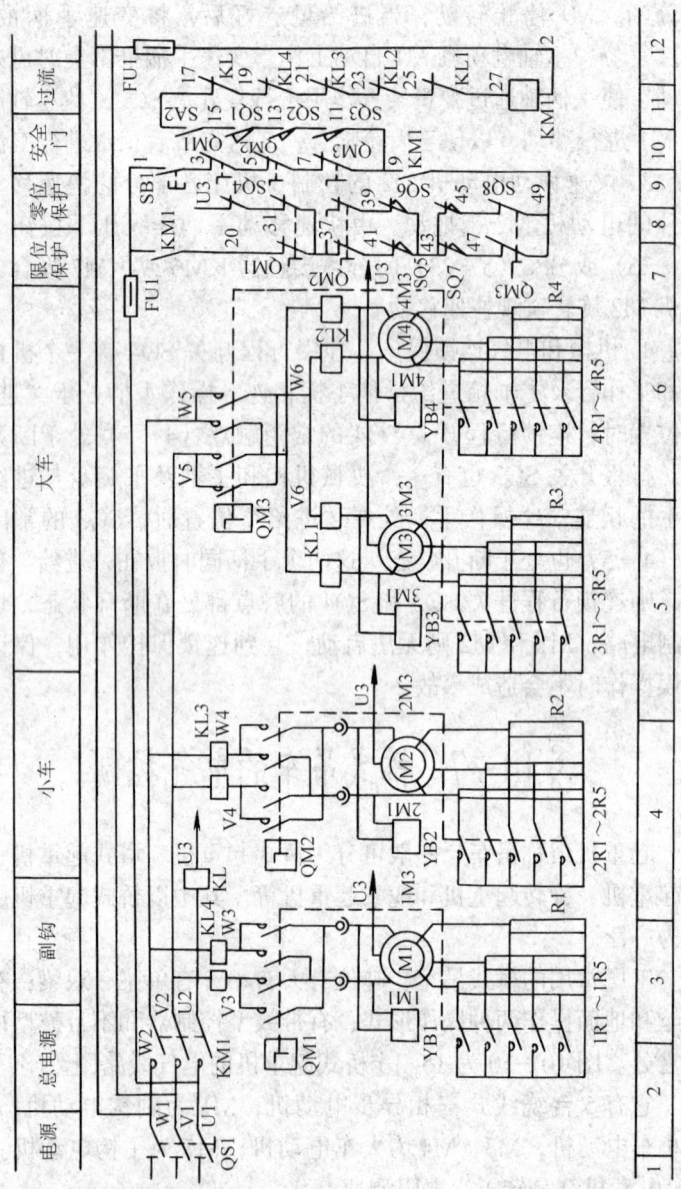

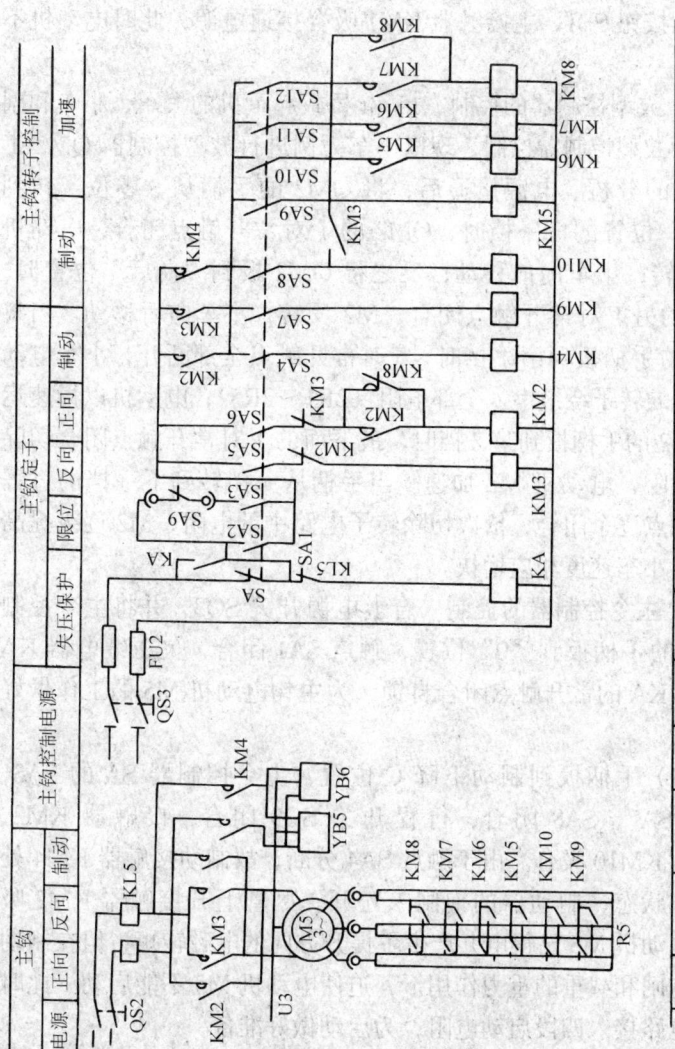

图 10—10 15/3 t 桥式起重机电气控制线路

1. 主接触器 KM1 的控制　起重机投入运行前，应将所有鼓型控制器手柄扳到"零位"，鼓型控制器 QM1、QM2、QM3 在主接触器 KM1 控制线路中的常闭触点都处于闭合状态，然后压下启动按钮 SB1，主接触器 KM1 吸合接通电源，此时电动机不启动。

2. 鼓型控制器的控制　15/3t 桥式起重机的大车、小车和副钩都由鼓型控制器控制，现以小车为例进行鼓型控制器 QM2 工作情况的分析。电源接通后，将 QM2 的手柄从"零位"转到"向前"位置的任一挡时，QM2 的 1 对常开触点闭合，电动机 M2 正转，小车向前移动；反之将 QM2 扳到"向后"位置时，QM2 的另 1 对常开触点闭合，M2 反转，小车向后移动。当将 QM2 的手柄扳到第 1 挡时，5 对常开触点全部断开，小车电动机 M2 的转子绕组串入全部电阻（2R1～2R5），电动机以慢速运转；M2 的手柄扳到第 2 挡时，最下面的 1 对常开触点闭合切除一段电阻，电动机 M2 加速。当手柄从一挡转到下一挡的过程中，触点逐个闭合，依次切除转子电路中的电阻，M2 逐级提高转速，小车速度相应增快。

3. 主令控制器的控制　合上电源开关 SQ3，并将主令控制器 SA 的手柄扳到"0"位置，触点 SA1 闭合，欠压继电器 KA 吸合，KA 的常开触点闭合自锁，为主钩电动机 M5 的工作做好准备。

（1）手柄扳到制动下降 C 位置，主令控制器 SA 的 SA3、SA6、SA7、SA8 闭合，行程开关 SQ9 闭合，接触器 KM2、KM9、KM10 吸合。由于触点 SA4 分断，故制动接触器 KM4 处于释放状态，制动器的抱闸未松开。尽管上升接触器 KM2 吸合，电动机 M5 已得电并产生了提升方向的电磁转矩，但在制动转矩抱闸和载重的重力作用下，迫使电动机 M5 不能启动。此时转子电路接入四段启动电阻，为启动做好准备。

（2）手柄扳到制动下降"1"位置，主令控制器 SA 的 SA3、

SA4、SA6、SA7 闭合时，制动接触器 KM4 吸合，电磁制动器 YB5、YB6 的抱闸松开；同时接触器 KM2、KM9 吸合。由于触点 SA8 断开，使接触器 KM10 释放，转子电路接入五段电阻，同时使电动机 M5 产生的提升方向的电磁转矩减小。若此时载重足够大，在负载重力作用下，电动机开始作下降方向运转，电磁转矩变为制动转矩，重负载低速下降。

(3) 手柄扳到制动下降"2"位置，主令控制器 SA 的触点 SA3、SA4、SA6 闭合时 SA7 断开，接触器 KM9 释放，此时转子电阻全部接入，使电动机 M5 向提升方向的电磁转矩进一步减少，重负载下降速度比"1"位置时增加。

(4) 手柄扳到强力下降"3"位置，SA 的触点 SA2、SA4、SA5、SA7、SA8 闭合时，SA3 断开，把上升行程开关 SQ9 从控制回路切除。SA6 断开，上升接触器 KM2 释放；SA5 闭合，下降接触器 KM3 吸合；SA7、SA8 闭合，接触器 KM9、KM10 吸合，使转子电路中有四段电阻。制动接触器 KM4 通过 KM2 的常开触点闭合自锁，以保证接触器 KM2 与 KM3 在切换过程通电松闸，而不会产生机械冲击，此时轻负载在电动机 M5 下降方向的电磁转矩作用下强力下降（轻负载在电动机电磁转矩作用下的下降称为强力下降）。

(5) 手柄扳到下降"4"位置，SA 的触点 SA2、SA4、SA5、SA7、SA8、SA9 闭合时，KM5 又切除一段电阻，M5 进一步加速运转。即轻负载进一步加速下降。

(6) 手柄扳到强力下降"5"位置，SA 的触点 SA2、SA4、SA5、SA7、SA8、SA9、SA10、SA11、SA12 闭合时，KM5 吸合，KM5 常开触点闭合，使 KM6、KM7、KM8 先后吸合，它们的常开触点依次闭合，电阻逐级切除，从而避免了过大的冲击电流。M5 以最高速运转，负载加速下降。在此位置上，下降较重负载时，负载转矩大于电磁转矩，则转子下降转速大于同步转速，电动机进入发电制动状态，使重负载稳步下降。

§10—8 机床控制线路的分析和维修

一、机床继电器、接触器、控制线路的一般分析方法

1. 阅读机床电气原理图中的主电路时,要注意看该机床由几台电动机拖动,各电动机的类型,并确定主拖动电动机和各辅助拖动电动机的作用。可从主电路中看出各电动机的启动方法,是否要求正、反转,有无电气制动与机械制动等。

2. 从主电路接触器触点的文字符号,到控制电路中去找它对应的线路,进一步看懂电动机的控制方式。一般来说,同一台电动机的控制电路绘在相邻处,这样可将一台机床的整个控制电路划分为若干部分,而每一部分则控制一台电动机。另外,电气控制电路往往按动作先后次序,由上而下并联排列,所以在阅读控制电路时,也要从上到下,一个环节一个环节地进行分析。

3. 根据该机床对电气控制的要求和机、电、液的相互联系,进一步分析控制电路中的连锁关系。尤其是一些机床的机械操作手柄与电气联动,更应了解操作情况并配合电器动作来分析控制电路。

4. 统观线路中各种保护环节,如短路保护、过载保护、欠压保护、限位保护、过流保护、欠流保护及油压保护等。

5. 归纳总结该机床的控制特点。对于控制器、组合开关、转换开关等电器应结合触点闭合表,有时还应参看电气安装图来分析其闭合情况。

6. 阅读机床的有关技术文件,以便对其工作原理有尽可能多的了解。

二、机床电气设备的故障分析和检修

1. 修理前的调查研究

(1) 看、嗅。通过这种办法检查熔丝是否熔断,其他电器元件有无烧毁、发热、断线,导线连接螺钉是否松动,有无异常的

气味等。

(2) 问。向操作者了解故障发生的前、后情况,根据电气设备的工作原理来判断发生故障的部位,分析故障的原因。一般询问项目是:故障是经常发生还是偶然发生;有哪些现象(如响声、冒火、冒烟等);故障发生前有无频繁启动、停止、制动、过载,是否经过保养检修等。

(3) 听。听电动机、变压器和电器元件运行的声音是否正常,可以帮助寻到故障部位。

(4) 摸。电动机、变压器和电磁线圈等发生故障时,温度显著上升,可切断电源用手去摸一摸,根据经验判断是否正常。

2. 熟悉机床电气线路 一台机床中的任何一个电器元件损坏或任一根连接导线断裂或脱落,都会造成故障。不同的故障原因有时会出现相似的故障现象,而同一种故障原因在不同的情况下有时会出现不同的故障现象。因此,要做到有目的地检查故障,并能够正确地判断和迅速排除故障,就必须了解整台机床电气线路的工作原理。

3. 确定故障发生的范围 从故障现象出发,按线路工作原理进行分析,便可判断故障发生的可能范围,以便进一步分析,找出故障发生的确切部位。

4. 进行外表检查 在判断故障可能发生的范围内对有关电器元件进行外表检查,常能发现故障的确切位置。

5. 试验控制电路的动作顺序 经外表检查未发现故障点时,可进一步检查电器元件的动作情况,如操作开关或按钮,查看线路中各电器的触点是否按规定顺序动作。若不符合规定顺序动作,则说明此电器有关电路存在问题,再在此电路中逐项分析和检查,以便发现故障,但应注意安全。要尽可能切断主电路电源,仅在控制电路带电情况下进行检查;如需电动机运转,则应使其空载运行,避免机床运动部分误动作而发生撞击;要暂时隔断有故障的主电路,以免故障扩大;并预先充分估计到局部线路动作后可能发生的不良后果。

6. 利用仪表检查　利用万用表来检测线路的电压、电流值是否正常，三相是否平衡，检测电路元件是否短路或断路。有时可用验电笔、校火灯等来检查故障，也可通过用完好的电器元件来代换可疑的电器元件的方法找出故障元件，还可以采用局部输入信号的方法，来寻找控制线路中的故障点。

7. 检查是否存在机械故障　在电气设备中，电器元件的动作与机械构件有着密切的关系，所以在检修电气故障的同时，应检查、调整和排除机械故障。

在每次排除故障时应作好维修记录，其内容应包括：机床的名称、型号、编号，故障发生的日期、现象、部位，损坏的电器及故障的原因等，以及修复措施与修复后的运行情况等。维修记录要作为档案存档，以备日后维修时参考。

【习题】

1. 试述绘制电气控制线路原理图的原则。
2. 试述绘制电气控制线路安装图的原则。
3. 何谓按"电流原则"设计控制线路？
4. 按时间原则设计：两台电动机同时启动，停止时一台先停，半分钟后第二台再自动停止的线路。
5. 分析 C620 型车床控制线路图。
6. 分析 X812W 型万用铣床工作台进给的各个控制电路。
7. 分析 T68 型镗床进给运动状况。
8. M7120A 型平面磨床退磁器的工作原理。

附表 I　国内外常用电气图形符号对照（新旧对照）

名称	中国 新符号 GB4728—85	中国 旧符号 GB312—64	国际电工委员会 IEC617—83	日本 JISC0301—82	德国 DIN	英国 DS3939—85	美国 ANSI/IEEE315—75
直流	或 ---	—	或 ---	—	或 ---	或 ---	或 ---
交流	∼	∼	∼	∼	∼	∼	∼
交直流	≃	≃	≃	≃	≃	≃	≃
中线（中性线）	N	N	N	N	N	N	
正极	+	+	+	+	+	+	+
负极	−	−	−	−	−	−	−
接地	⏚	⏚	⏚	⏚	⏚	⏚	⏚
接机壳	⏌ 或 ⏊	⏊ 或 ⏌	⏌ 或 ⏊	⏌	⏌	⏌	⏌
变换器	◇		◇	◇	◇	◇	

续表

名称	中国		国际电工委员会 IEC617—83	日本 JISC0301—82	德国 DIN	英国 DS3939—85	美国 ANSI/IEEE315—75
	新符号 GB4728—85	旧符号 GB312—64					
导线、电缆和母线的一般符号	—	—	—	—	—	—	—
导线的多线连接	┼	┼	┼	┼	┼	┼	┼
导线的不连接	┼	┼	┼	┼	┼	┼	┼
端子	○	○ 或 ⌀	○	○ ●	○	○	○
插头和插座	→) 或 →»	→» 或 →)	→) 或 →)	→»	→) 或 →)	→)	→)
连接片	⊏⊐ 或 ┴┴	⊏⊐	⊏⊐ 或 ┴┴	⊏⊐	⊏⊐ 或 ┴┴	⊏⊐	⊏⊐
电阻器一般符号	⊏⊐ 或 ∿	⊏⊐	⊏⊐ 或 ∿	∿ 或 ⊏⊐	⊏⊐	∿	∿
可变电阻器 可调电阻器	⊏⊐ 或 ⊏⊐	⊏⊐	⊏⊐	⊏⊐	⊏⊐	⊏⊐	∿ 或 ∿
两个固定抽头的电阻器	⊏⊐	⊏⊐	⊏⊐	⊏⊐	⊏⊐	⊏⊐	⊏⊐

续表

名称	中国		国际电工委员会 IEC617—83	日本 JISC0301—82	德国 DIN	英国 DS3939—85	美国 ANSI/IEEE315—75
	新符号 GB4728—85	旧符号 GB312—64					
电容器一般符号							
极性电容器							
电感器							
有两个抽头的电感器							
晶体二极管一般符号							
三极晶体闸流管							
NPN型半导体管							
PNP型半导体管							

续表

名称	中国		国际电工委员会 IEC617—83	日本 JISC0301—82	德国 DIN	英国 DS3939—35	美国 ANSI/IEEE315—75
	新符号 GB4728—85	旧符号 GB312—64					
串励直流电动机		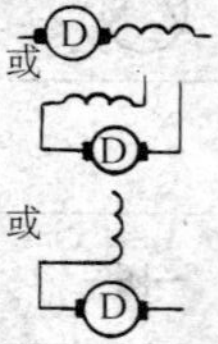		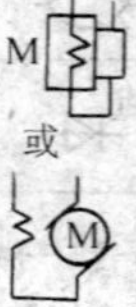	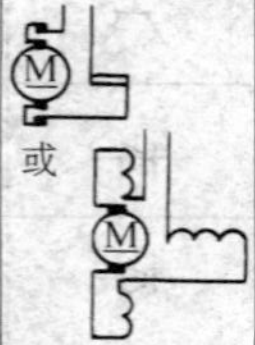		
并励直流发电机				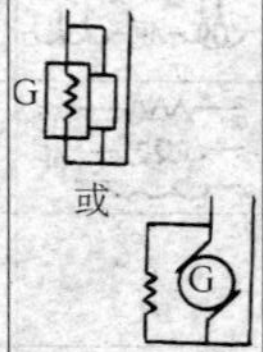	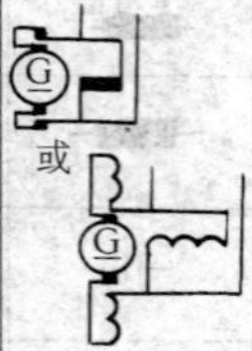		
三相永磁同步发电机							

· 498 ·

续表

名称	中国		国际电工委员会 IEC617—83	日本 JISC0301—82	德国 DIN	英国 BS3939—85	美国 ANSI/IEEE315—75
	新符号 GB4728—85	旧符号 GB312—64					
三相笼型异步电动机				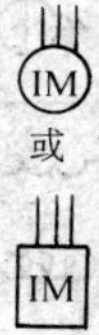			
三相绕线转子异步电动机							
双绕组变压器							

· 499 ·

续表

名称	中国		国际电工委员会 IEC617—83	日本 JISC0301—82	德国 DIN	英国 BS3939—85	美国 ANSI/IEEE315—75
	新符号 GB4728—85	旧符号 GB312—64					
三绕组变压器							
自耦变压器							
电抗器							
电流互感器							

续表

名称	中国		国际电工委员会 IEC617—83	日本 JISC0301—82	德国 DIN	英国 BS3939—85	美国 ANSI/IEEE315—75
	新符号 GB4728—85	旧符号 GB312—64					
电压互感器							
动合（常开）触点							
动断（常闭）触点							
先断后合的转换触点							
先合后断的转换触点							

续表

中国		国际电工委员会 IEC617—83	日本 JISC0301—82	德国 DIN	英国 BS3939—85	美国 ANSI/IEEE315—75	名称
新符号 GB4728—85	旧符号 GB312—64 继电器 接触器						
							延时闭合的动合(常开)触点
							延时断开的动合(常开)触点
							延时断开的动断(常闭)触点
							延时闭合的动断(常闭)触点
							三极熔断器式隔离开关

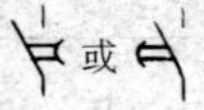

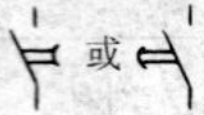

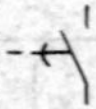

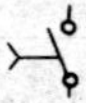

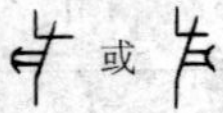

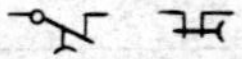

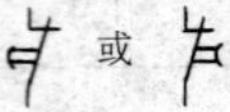

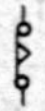

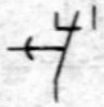

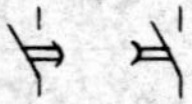

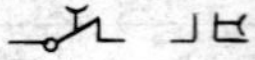

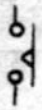

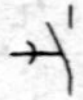

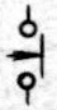

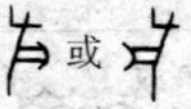

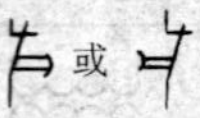

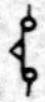

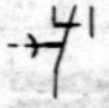

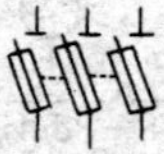

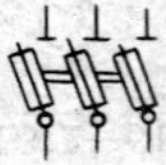

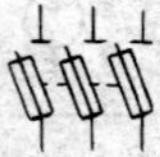

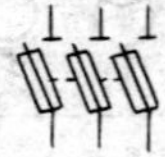

· 502 ·

续表

名称	中国 新符号 GB4728—85	中国 旧符号 GB312—64	国际电工委员会 IEC617—83	日本 JISC0301—82	德国 DIN	英国 BS3939—85	美国 ANSI/IEEE315—75
动合(常开)按钮							
动断(常闭)按钮							
液位开关							
继电器线圈一般符号							或
缓放继电器线圈							或 SR
缓吸继电器线圈							或 SO
热继电器的驱动器件							或

续表

名称	中国		国际电工委员会 IEC617—83	日本 JISC0301—82	德国 DIN	英国 BS3939—85	美国 ANSI/IEEE315—75
	新符号 GB4728—85	旧符号 GB312—64					
过流继电器	中>	中>	中>	中>	中>	中>	⟩
欠压继电器	中<	中<	中<	中<	中<	中<	⟩UV
熔断器				或		或	或
火花间隙							
避雷器				或			或
电流表	Ⓐ	Ⓐ	Ⓐ	Ⓐ	Ⓐ	Ⓐ	Ⓐ
电压表	Ⓥ	Ⓥ	Ⓥ	Ⓥ	Ⓥ	Ⓥ	Ⓥ
电能表	kWh	kWh	kWh	kWh	kWh	kWh	kWh

续表

名称	中国		国际电工委员会 IEC617—83	日本 JISC0301—82	德国 DIN	英国 BS3939—85	美国 ANSI/IEEE315—75
	新符号 GB4728—85	旧符号 GB312—64					
放大器	▷或□▷	▷	▷或□▷	▷或□▷	▷或□▷	▷或□▷	▷
桥式全波整流器	◇▲	◇	◇▲	◇或◇	◇▲	◇▲	◆
电喇叭	⊐	⊐	⊐	⊐或⊐	⊐	⊐	⊐
电铃	∩或⚲	∩	∩	∩	∩	∩	⚲
蜂鸣器	⌒或⌒	⌒	⌒	⌒	⌒	⌒	⌒
信号灯	⊗	⊗	⊗	⊗或⊗	⊗	⊗	☼
照明灯	⊗	⊗	⊗	⊕	×	⊕	⊕

· 505 ·

附表 Ⅱ　电气设备常用基本文字符号（新旧对照）

序号	名称	新符号 单字母	新符号 多字母	旧符号
	电机类			
1	发电机	G		F
2	直流发电机	G	GD (C)	ZLF, ZF
3	交流发电机	G	GA (C)	JLF, JF
4	异步发电机	G	GA α	YF
5	同步发电机	G	GS **	TF
6	变频机	G	GF *	BP
7	测速发电机		TG **	CSF, CF
8	发电机-电动机组		G-M	F-D
9	永磁发电机	G	GP	YCF
10	励磁机	G	GE	L
11	电动机	M		D
12	直流电动机	M	MD (C)	ZLD, ZD
13	交流电动机	M	MA (C)	JLD, JD
14	异步电动机	M	MA	YD
15	同步电动机	M	MS **	TD
16	调速电动机	M	MA (S)	TSD
17	伺服电动机		SM **	SD
18	笼型电动机	M	MC	LD
19	绕线转子电动机	M	MW (R)	
20	电机扩大机	A	AR	JDF
21	感应同步器		IS **	
22	自整角机	B	BS (Y)	
23	绕组（线圈）	W		Q
24	电枢绕组	W	WA	SQ
25	定子绕组	W	WS	DQ
26	转子绕组	W	WR	ZQ
27	励磁绕组	W	WE	LQ
28	并励绕组	W	WS (H)	BQ
29	串励绕组	W	WS (E)	CQ
30	他励绕组	W	WS (P)	TQ
31	稳定绕组	W	WS (T)	WQ
32	换向绕组	W	WC (M)	HXQ

续表

序号	名称	新符号 单字母	新符号 多字母	旧符号
33	补偿绕组	W	WC (P)	BCQ
34	控制绕组	W	WC	KQ
35	启动绕组	W	WS (T)	QQ
36	反馈绕组	W	WF	FQ
37	给定绕组	W	WG	GDQ
	变压器、互感器和电抗器类			
38	变压器	T		B
39	电力变压器	T	TM*	
40	升压变压器	T	T (S) U	SYB, SB
41	降压变压器	T	T (S) D	JYB, JB
42	自耦变压器	T	TA (U)	ZOB, OB
43	隔离变压器	T	TI (N)	GB
44	照明变压器	T	TL	ZB
45	整流变压器	T	TR	ZLB, ZB
46	电炉变压器	T	TF	DLB, LB
47	饱和变压器	T	TS (A)	BHB, BB
48	启动变压器	T	TS (T)	QB
49	控制变压器	T	TC*	KB
50	脉冲变压器	T	TI, TP	MCB, MB
51	调压变压器	T	TT (C)	TB
52	同步变压器	T	TS (Y)	
53	调压器	T	TV (R)	
54	互感器	T		H
55	电压互感器	T	TV* (或 PT)	YH
56	电流互感器	T	TA* (或 CT)	LH
57	电抗器	L		K
58	饱和电抗器	L	LT	BHK
59	限流电抗器	L	LC (L)	XLK
60	平衡电抗器	L	LB	PHK
61	启动电抗器	L	LS	QK

续表

序号	名称	新符号		旧符号
		单字母	多字母	
62	滤波电抗器	L	LF	LBK
	开关、控制器类			
63	开关	Q, S		K
64	刀开关	Q	QK	DK
65	组合开关	S	SCB	
66	转换开关	S	SC (O)	HK
67	负荷开关	Q	QS (F)	
68	熔断器式刀开关	Q	QF (S)	DK-RD
69	断路器	Q	QF*	ZK, DL, GD
70	隔离开关	Q	QS*	GK
71	控制开关	S	SA*	KK
72	接地开关	Q	QG	JDK, DK
73	限位开关,终端开关	S	SQ*	ZDK, ZK, XWK, XK
74	微动开关	S	SM (G)	WK
75	接近开关	S	SP	JK
76	行程开关	S	ST	XK, CK
77	灭磁开关	Q	QF (D)	MK
78	水银开关	S	SM	SYK, YK
79	脚踏开关	S	SF	JTK, TK
80	按钮	S	SB*	AN
81	启动按钮	S	SB (T)	QA
82	停止按钮	S	SB (P)	TA
83	控制按钮	S	SB (C)	KA
84	操作按钮	S	SB (O)	CA
85	信号按钮	S	SB (S)	XA
86	事故按钮	S	SB (F)	SA
87	复位按钮	S	SB (R)	FA
88	合闸按钮	S	SB (L)	HA
89	跳闸按钮	S	SB (I)	TA
90	试验按钮	S	SB (E)	YA
91	检查按钮	S	SB (D)	JCA, JA
92	控制器	Q		
93	凸轮控制器	Q	QCC	TK

续表

序号	名称	新符号 单字母	新符号 多字母	旧符号
94	平面控制器	Q	QFA	
95	鼓形控制器	Q	QD	GK
96	主令控制器	Q	QM	LK
97	程序控制器	Q	QP	CK
	接触器、继电器和保护器件类			
98	接触器	K	KM*	C
99	交流接触器	K	KM (A)	JLC, JC
100	直流接触器	K	KM (D)	ZLC, ZC
101	正转（向）接触器	K	KMF	ZC
102	反转（向）接触器	K	KMR	FC
103	启动接触器	K	KM (S)	QC
104	制动接触器	K	KM (B)	ZDC, ZC
105	励磁接触器	K	KM (E)	LC
106	辅助接触器	K	KM (U)	FZC, FC
107	线路接触器	K	KM (L)	XLC, XC
108	加速接触器	K	KM (A)	JSC, JC
109	给磁接触器	K	KM (G)	ZC
110	合闸接触器	K	KM (C)	HC
111	连锁接触器	K	KM (I)	LSC, LC
112	启动器	K		Q
113	电磁启动器	K	KEM	CQ
114	星-三角启动器	K	KS (D)	XJQ, XQ
115	自耦减压启动器	K	KA (T)	OBQ, BQ
116	综合启动器	K	KS (Y)	ZQ
117	继电器	K		J
118	电压继电器	K	KV	YJ
119	过电压继电器	K	KOV	GYJ, GJ
120	欠电压继电器	K	KUV	QYJ, QJ
121	零电压继电器	K	KHV	LYJ, LJ
122	电流继电器	K	KA（或 KI）	LJ
123	过电流继电器	K	KOC	GLJ, GJ

续表

序号	名 称	新符号 单字母	新符号 多字母	旧符号
124	欠电流继电器	K	KUC	QLJ, QJ
125	零电流继电器	K	KHC	LLJ, LJ
126	功率继电器	K	KP	GJ
127	频率继电器	K	KF	
128	控制继电器	K	KC	KJ
129	制动继电器	K	KB	ZDJ, ZJ
130	差动继电器	K	KD	CJ
131	接地继电器	K	KE (F)	
132	过载继电器	K	KOL	
133	时间继电器	K	KT*	SJ
134	温度继电器	K	KT (E)	WJ
135	热继电器	K (或 F)	KR (或 FR)	RJ
136	速度继电器	K	KS (P)	SDJ, SJ
137	加速度继电器	K	KA (C)	JSJ, JJ
138	压力继电器	K	KP (R)	YLJ, YJ
139	同步继电器	K	KS	TJ
140	极化继电器	K	KP*	JJ
141	连锁继电器	K	KI (N)	LSJ, LJ
142	中间继电器	K	KA	ZJ
143	气体继电器	K	KG	WSJ
144	合闸继电器	K	KC (L)	HJ
145	跳闸继电器	K	KT (R)	TJ
146	信号继电器	K	KS (I)	XJ
147	动力制动继电器	K	K (D) B	DZJ, DJ
148	无触点继电器	K	KN (C)	
149	避雷器	F	FA*	BL
150	熔断器	F	FU*	RD
	电子元器件类			
151	二极管	V	VD	D, Z, ZP
152	三极管,晶体管	V	VT	BG, Tr
153	晶闸管	V	VT (H)	SCR, KP, Th

续表

序号	名称	新符号 单字母	新符号 多字母	旧符号
154	稳压管	V	VS	WY, WG
155	单结晶体管	V	VU	DW UJT, DJG BT
156	场效应晶体管	V	VF (E)	FET
157	发光二极管	V	VL (E)	
158	整流器	U	UR	ZL
	控制电路用电源整流器	V	VC*	
159	逆变器	U	UI	
160	电阻器	R		R
161	变阻器	R	RH	
162	电位器	R	RP*	W
163	频敏变阻器	R	RF	BP, PR
164	励磁变阻器	R	RE	
165	热敏电阻器	R	RT*	
166	压敏电阻器	R	RV*	
167	放电电阻器	R	RD	FDR
168	启动电阻器	R	RS (T)	QR
169	制动电阻器	R	RB	ZDR
170	调速电阻器	R	RA	TSR
171	附加电阻器	R	RA (D)	FJR
172	调速电位器	R	R (P) A	TSW
173	分流器	R	RS*	FL
174	分压器	R	RV (D)	FY
175	电容器	C		C
	测量元件和仪表类			
176	电流表	P	PA**	A
177	电压表	P	PV**	V
178	功率因数表	P		$\cos\varphi$
179	温度计	P		
180	转速表	P		
181	检流计	P		G
	电气操作的机械器件类			

续表

序号	名称	新符号		旧符号
		单字母	多字母	
182	电磁铁	Y	YA*	DT
183	起重电磁铁	Y	YA (L)	QT
184	制动电磁铁	Y	YA (B)	ZT
185	电磁离合器	Y	YC*	CLH
186	电磁吸盘	Y	YH*	DX
187	电磁阀	Y	YV*	DCF
188	电动阀	Y	YM*	
189	牵引电磁铁	Y	YA (T)	
190	电磁制动器	Y	YB*	
	组件、门电路类			
191	电流调节器	A	ACR	LT, IR
192	电压调节器	A	AUR	YT, UR
193	速度调节器	A	ASR	ST, SR
194	磁通调节器	A	AMR	
195	功率调节器	A	APR	GT
196	电压变换器	B	BU	YB
197	电流变换器	B	BC	LB
198	速度变换器	B	BV*	SB, SDB
199	位置变换器	B	BQ*	WZB
200	触发器	A	AT	CF
201	放大器	A		FD
202	运算放大器	N		
203	晶体管放大器	A	AD*	BF
204	集成电路放大器	A	AJ*	
205	计数器	P	μC*	JS
206	信号发生器	P	PS	
207	与门	D	DA	YM
208	或门	D	DO	HM
209	与非门	D	D (A) N	YF
210	非门,反相器	D	DN	F
211	给定积分器	A	AG	AR, GI
212	函数发生器	A	AF	FG
	其他			

· 512 ·

续表

序号	名称	新符号 单字母	新符号 多字母	旧符号
213	插头	X	XP*	CT
214	插座	X	XS*	CZ
215	信号灯,指示灯	H	HL*	ZSD, XD
216	照明灯	E	EL*	ZD
217	电铃	H	HA*	DL
218	电喇叭,蜂鸣器	H	HA*	FM, LB, JD
219	端子板,接线板	X	XT*	JX, JZ
220	测试插孔	X	XJ*	CK
221	红色信号灯	H	HLR	HD
222	绿色信号灯	H	HLG	LD
223	黄色信号灯	H	HLY	UD
224	白色信号灯	H	HLW	BD
225	蓝色信号灯	H	HLB	AD

注:1. 上表文字符号摘自机械工业出版社《关于执行电气技术中的文字符号暂行规定》。

2. 带*的文字符号为 GB7159—87 中规定采用的符号,带**的文字符号为 GB4728—84、85 中规定必须采用的符号。

3. 在使用中一般采用单字母,在需要用文字符号区别同一类设备、装置和元器件时,可采用双字母或三字母(一般不超过三字母)。表中所列三字母符号,在不发生重复的情况下,可以只使用两字母(即括号内字母可省略)。

附表Ⅲ **S7-10 kV 及以下系列低损耗电力**

本系列采用铜导线线圈和 DQ151-35 冷轧取向电工钢片，高压侧带无

额定容量 (kVA)	额定电压 (kV) 高压	额定电压 (kV) 低压	联结组标号	电抗电压 (%)	损耗 (W) 空载	损耗 (W) 负载	每匝电压 (V)	铁心 直径 (mm)	铁心 心柱截面积 (cm^2)	铁心 心柱中心距 (mm)	窗高 (mm)	电工钢片质量 (kg)
30	10 6.3 6.0	0.4	Y,yn0	4	149	792 782 800	2.221 15	95	63.2	195	260	85
50	10 6.3 6.0	0.4	Y,yn0	4	187	1 152 1 130 1 169	2.75	110	85	215	305	130
63	10 6.3 6.0	0.4	Y,yn0	4	220	1 398 1 276 1 314	3.039 5	115	93.2	225	325	150.5
80	10 6.3 6.0	0.4	Y,yn0	4	266	1 614 1 614 1 655	3.609 4	125	110.8	235	315	182
100	10 6.3 6.0	0.4	Y,yn0	4	302	1 925 1 915 1 970	3.982 8	130	118.7	240	335	203
125	10 6.3 6.0	0.4	Y,yn0	4	346	2 438 2 297 2 365	4.358 5	135	129.2	250	350	230.2
160	10 6.3 6.0	0.4	Y,yn0	4	443	2 771 2 643 2 716	5.133 3	145	160.4	270	370	286.6
200	10 6.3 6.0	0.4	Y,yn0	4	538	3 431 3 431 3 317	5.634 1	150	160.7	275	410	325
250	10 6.3 6.0	0.4	Y,yn0	4	605	3 935 3 936 3 926	6.243 2	160	182.6	290	430	389
315	10 6.3 6.0	0.4	Y,yn0	4	766	4 795 4 785 4 753	7.218 8	170	205.4	305	445	459
400	10 6.3 6.0	0.4	Y,yn0	4	875	5 800 5 790 5 796	7.965 5	180	231.2	320	490	553
500	10 6.3 6.0	0.4	Y,yn0	4	1 030	6 686 6 588 6 398	8.884 6	190	258.5	335	525	654
630	10 6.3 6.0	0.4	Y,yn0	4.5	1 290	8 169 8 068 7 999	10.5	205	302.2	380	575	848
800	10 6.3 6.0	0.4	Y,yn0	8	1 476	9 680 9 608 9 724	11	210	315.7	460	580	968
1 000	10 6.3 6.0	0.4	Y,yn0	4.5	1 777	11 530 11 561 11 424	12.833 3	230	381	410	735	1 298
1 250	10 6.3 6.0	0.4	Y,yn0	4.5	2 198	13 793 14 005 13 234	14.437 5	240	410.7	420	765	1 401

变压器的主要技术数据
励磁调压分接开关,调压范围±5%,温升标准:线圈65℃,油顶层55℃

高压线圈					低压线圈				
导线规格(mm)	型号	总匝数	并绕根数	导线净质量(kg)	导线规格(mm)	型号	总匝数	并绕根数	导线净质量(kg)
φ0.83 φ1.06 φ1.06	QQ-2	2 600 1 638 1 560	1	20.7 21.3 20.1	2.24×7.5	ZB-0.45	104	1	16.7
φ1.06 φ1.35 φ1.35	QQ-2	2 100 1 323 1 323	1	30.5 31. 29.5	2.8×11.8	ZB-0.45	84	1	30.5
φ1.18 φ1.6 φ1.6	QQ-2	1 900 1 197 1 140	1	35.3 41.1 39.1	2.8×1.4	ZB-0.45	76	1	34.2 35 34.8
φ1.35 φ1.7 φ1.7	QQ-2	1 600 1 008 960	1	41 40.9 38.7	5.6×8.0	ZB-0.45	64	1	35 35 35.7
φ1.5 φ1.9 φ1.9	QQ-2	1 450 914 870	1	47 47.4 45.3	5.6×9.5	ZB-0.45	58	1	38.9
φ1.6 φ2.12 φ2.12	QQ-2	1 325 835 795	1	50.8 56.5 53.7	3.15×10.6	ZB-0.45	53	2	47 48 48
φ1.8 φ2.36 φ2.36	QQ-2	1 125 709 675	1	58.6 63.5 60.5	3.55×13.2	ZB-0.45	45	2	60.6
φ2.12 φ2.65 φ2.8	QQ-2	1 025 646 615	1	76.7 75.3 80.2	5.6×8.0	ZB-0.45	41	2	54.4
φ2.5 1.6×5 1.9×4.5	QQ-2 ZB -0.45	925 583 555	1	101.2 100.6 100.8	5.6×9.0	ZB-0.45	37	2	61.8
2×3.15 2.5×4 2.65×4	ZB -0.45	800 504 480	1	111.6 111.5 113.6	2.8×11.2	ZB-0.45	32	2×2	66.8
2.0×4 2.24×5.6 2.65×5	ZB -0.45	725 457 435	1	136 136.5 135.5	3.15×13.2	ZB-0.45	29	2×2	85.5
1.9×5.6 1.9×9 2.24×8.5	ZB -0.45	650 409 390	1	172 175 137	3.15×10.6	ZB-0.45	26	6	96.5
2.36×5.6 2.8×7.5 2.8×8	ZB -0.45	550 346 330	1	208 210 214	3.55×6.7	ZB-0.45	22	2×6	138
2.24×8 3.35×9 2.5×11.2	ZB -0.45	525 315 300	1	324 328 254	2.65×7.1	ZB-0.45	21	2×13	242
2.0×10 3.15×10 3.0×11.2	ZB -0.45	450 284 270	1	283 280 284	3.15×13.2	ZB-0.45	18	2×6	216
2.8×8.5 3.35×11.2 3.55×11.8	ZB -0.45	400 260 252	1	306 320 323	3.15×16	ZB-0.45	16	2×6	241

附表 Ⅳ　　　　SL7－35 kV 及以下统一设计系列低损耗电力

本系列采用铝导线线圈和 DQ166－35 冷轧取向电工钢片，高压侧带无励

额定容量 (kVA)	额定电压 (kV) 高压 / 低压	联结组标号	阻抗电压 (%)	损耗 (W) 空载	损耗 (W) 负载	每匝电压 (V)	铁心 直径 (mm)	铁心 心柱截面积 (cm²)	铁心 心柱中心距 (mm)	窗高 (mm)	电工钢片质量 (kg)
30	10 / 6.3 / 6.0 / 0.4	Y,yn0	4.0	140	806 / 771 / 791	2.158 9	95	60.8	205	310	90.3
50	10 / 6.3 / 6.0 / 0.4	Y,yn0	4.0	189	1 143 / 1 118 / 1 149	2.625	110	82.08	240	415	151.3
	35		6.5	264	1 302	3.039 47	115	89.395	290	420	181.5
63	10 / 6.3 / 6.0 / 0.4	Y,yn0	4.0	223	1 399 / 1 325 / 1 326	2.924	115	89.395	250	415	169
80	10 / 6.3 / 6.0 / 0.4	Y,yn0	4.0	270	1 675 / 1 596 / 1 640	3.253 5	120	96.995	255	450	193
100	10 / 6.3 / 6.0 / 0.4	Y,yn0	4.0	324	2 021 / 1 986 / 2 040	3.609 4	125	106.21	265	475	223
	35		6.5	367	2 237	4.125	135	123.88	320	465	280
125	10 / 6.3 / 6.0 / 0.4	Y,yn0	4.0	378	2 396 / 2 415 / 2 481	4.052 6	130	114.19	270	485	243.5
	35		6.5	416	2 570	3.553 8	125	106.21	320	710	298
160	10 / 6.3 / 6.0 / 0.4	Y,yn0	4.0	460	2 900 / 2 819 / 2 902	4.62	140	132.90	205	550	312
	35		6.5	476	3 166	4.125	135	123.88	335	735	362.4
200	10 / 6.3 / 6.0 / 0.4	Y,yn0	4.0	545	3 419 / 3 321 / 3 426	5.133 3	145	145.73	295	570	356
	35		6.5	542	3 740	4.714 5			355	755	445
250	10 / 6.3 / 6.0 / 0.4	Y,yn0	4.0	630	4 038 / 3 891 / 4 002	5.775	155	165.77	310	595	424.5
	35		6.5	636	4 395	5.133 3	150	155.61	365	810	499
315	10 / 6.3 / 6.0 / 0.4	Y,yn0	4.0	773	4 761 / 4 772 / 4 889	6.243 2	160	176.41	325	695	500
	35		6.5	762	5 370	5.923			375	810	573.6
400	10 / 6.3 / 6.0 / 0.4	Y,yn0	4.0	899	5 919 / 5 675 / 6 810	7	170	199.88	340	735	597.3
	35		6.5	921	5 329	6.6			390	935	720
500	10 / 6.3 / 6.0 / 0.4	Y,yn0	4.0	1 073	6 917 / 6 873 / 6 847	7.965 5	180	225.34	350	755	695
	35		6.5	1 083	7 540	7.451 61			400	975	843

变压器的主要技术数据（1982 年）

磁调压分接开关，调压范围 ±5%，温升标准：线圈 65℃，油顶层 55℃

高压线圈					低压线圈				
导线		总匝数	并绕根数	导线净质量(kg)	导线		总匝数	并绕根数	导线净质量(kg)
规格(mm)	型号				规格(mm)	型号			
φ0.9 φ1.18 φ1.18	QQ-2	2 808 1 765 1 685	1	26.1 28.2 27.0	2.8×9	ZLB-0.45	107	1	8.0
φ1.56 φ2 φ2	QQL-2	2 310 1 452 1 386	1	22.5 23.3 22.2	3×16	ZLB-0.45	88	1	14.4
φ0.6	QQ-2	6 981		40.4	3.15×6.7		76	2	11.2
φ1.7 φ2.24 φ2.24	QQL-2	2 073 1 303 1 244	1	24.9 27.2 25.8	3.55×8.5	ZLB-0.45	79	2	17
φ1.9 φ2.5 φ2.5	QQL-2	1 863 1 171 1 118	1	28.8 31.5 30	3.55×10.6	ZLB-0.45	71	2	19.8
φ2.12 1.6×3.75 1.6×3.75	QQL-2 ZLB-0.45	1 680 1 056 1 008	1	33.7 34.7 33	3.55×12.5	ZLB-0.45	64	2	22.2
φ0.85	QQL-2	5 144		65.3	3.55×11.2		56	2	17.3
φ2.36 1.8×4 1.8×4	QQL-2 ZLB-0.45	1 496 940 897	1	38.1 37.5 35.8	3.75×14	ZLB-0.45	57	2	24.2
φ1.5	QQL-2	597		69.3	5×17		65	1	28.0
1.6×3.55 1.8×5.3 1.8×5.3	ZLB-0.45	1 312 805 787	1	44.2 46.8 45	3.75×9	ZLB-0.45	50	2×2	28.8
φ1.5	QQL-2	5 145		63.6	3.35×10		56	2×2	30.4
1.6×4 2×5.3 2×5.3	ZLB-0.45	1 181 742 709	1	46.7 48.5 46.2	4.5×10.6	ZLB-0.45	45	2×2	38.5
φ1.6	QQL-2	4 501		66.9	4×11.8		49	2×2	40.5
2.0×4.25 2.24×6.3 2.24×6.3	ZLB-0.45	1 050 660 30	1	57.1 60.6 57.7	4.25×12.5	ZLB-0.45	40	2×2	40.3
φ1.8	QQL-2	4 134		80.4	4.25×14		45	2×2	49.3
2.24×5.3 2.8×6.7 2.8×6.7	ZLB-0.45	971 611 583	1	79.7 79.1 75.4	4.25×16	ZLB-0.45	37	2×2	50.9
φ1.9	QQL-2	3 583		81.2	5×16		39	2×2	62
2.65×5.6 2.8×9 2.8×9	ZLB-0.45	866 544 520	1	92 99.8 95.2	4.5×9	ZLB-0.45	33	2×4	56.7
φ2.12	QQL-2	3 215		94.8	5.3×14		35	2×3	82
2.8×6.7 2.8×10.6 2.8×11.2	ZLB-0.45	761 479 457	1	107 108 109	4.5×14	ZLB-0.45	29	2×3	61.6
φ2.5	QQL-2	2 848		120	4.5×16		31	2×3	73

额定容量 (kVA)	额定电压 (kV) 高压	额定电压 (kV) 低压	联结组标号	阻抗电压 (%)	损耗 (W) 空载	损耗 (W) 负载	每匝电压 (V)	铁心 直径 (mm)	铁心 心柱截面积 (cm²)	铁心 心柱中心距 mm	窗高 (mm)	电工钢片质量 (kg)
630	10	0.4	Y,yn0	4.5	1 308	8 151	3.553 3	190	250.8	390	975	934.4
	6.3			4.5	1 308	8 012	3.553 3			390	975	934.4
	6.0			4.5	1 308	8 189	3.553 3			390	975	934.4
	35			6.5	1 245	9 222	8.25			415	1 030	985
800	10	0.4	Y,yn0	4.5	1 513	9 988	10.043 5	205	292.41	405	1 000	1 130
	6.3			4.5	1 513	9 730	10.043 5	205	292.41	405	1 000	1 130
	6.0			4.5	1 513	9 968	10.043 5	205	292.41	405	1 000	1 130
	35			6.5	1 520	10 801	10.043 5	210	307.61	470	1 065	1 295
1 000	10	0.4	Y,yn0	4.5	1 799	11 250	11	215	322.81	420	1 140	1 372
	6.3			4.5	1 799	11 487				420	1 140	1 372
	6.0			4.5	1 799	11 556				420	1 140	1 372
	35			6.5	1 830	13 620				470	1 110	1 399
1 250	10	0.4	Y,yn0	4.5	2 240	13 521	12.833 3	230	369.36	440	1 160	1 614
	6.3			4.5	2 240	13 663	12.833 3	230	369.36	440	1 160	1 614
	6.0			4.5	2 240	14 030	12.833 3	230	369.36	440	1 160	1 614
	35			6.5	2 193	16 047	12.157 9	225	353.02	485	1 200	1 625
1 600	10	0.4	Y,yn0	4.5	2 645	16 358	14.437 5	245	422.37	460	1 280	2 003
	6.3			4.5	2 645	16 122				460	1 280	2 003
	6.0			4.5	2 645	16 461				460	1 280	2 003
	35			6.5	2 594	19 728				500	1 180	1 958
2 000	10	6.3	Y,d11	5.5	3 115.5	20 108	17.12	255	458.185	495	930	1 861.4
	35	10.5		6.5	3 411	19 567	17.018			535	1 080	2 075
	35	6.3		6.5	3 411	19 567	17.027			535	1 080	2 075
2 500	10	6.3	Y,d11	5.5	3 710	23 355	19.207	270	513.76	525	990	2 212
	35	10.5		6.5	4 030	23 317	19.231			560	1 100	2 396.7
	35	6.3		6.5	4 030	23 523	19.207			560	1 100	2 396.7
3 150	10	6.3	Y,d11	5.5	4 448	27 117	22.028	290	591.66	555	1 045	2 696
	38.5	10.5		7	4 844	26 504	21.560 6	285	571.71	590	1 150	2 806
	38.5	6.3		7	4 844	26 723	21.575	285	571.71	590	1 150	2 806
	35	10.5		7	4 844	26 843	21.560 6	285	571.71	590	1 150	2 806
	35	6.3		7	4 844	27 062	21.575	285	571.71	590	1 150	2 806
4 000	10	6.3	Y,d11	5.5	5 344	32 392	25.403	310	678.68	575	1 060	3 178.4
	38.5	10.5		7	5 680	31 925	23.81	300	634.125	610	1 275	3 341
	38.5	6.3		7	5 680	32 194	23.773 6	300	634.125	610	1 275	3 341
	35	10.5		7	5 680	31 244	23.81	300	634.125	610	1 275	3 341
	35	6.3		7	5 680	31 513	23.773 6	300	634.125	610	1 275	3 341
5 000	10	6.3	Y,d11	5.5	6 373	36 632	28.636 36	330	767.98	610	1 140	3 845
	38.5	10.5		7	6 768	36 810	27.132	320	721.145	640	1 315	3 955
	38.5	6.3		7	6 768	37 087	27.155	320	721.145	640	1 315	3 955
	35	10.5		7	6 768	36 977	27.132	320	721.145	640	1 315	3 955
	35	6.3		7	6 768	37 254	27.155	320	721.145	640	1 315	3 955
6 300	10	6.3	Y,d11	5.5	7 662	41 582	31.979 7	350	862.98	640	1 270	4 686
	38.5	10.5		7.5	8 250	40 554	30.882 3	340	816.43	695	1 360	4 726
	38.5	6.3		7.5	8 250	41 940	30.882 3	340	816.43	695	1 360	4 726
	35	10.5		7.5	8 250	41 075	30.882 3	340	816.43	695	1 360	4 726
	35	6.3		7.5	8 250	42 461	30.882 3	340	816.43	695	1 360	4 726

续表

高压线圈					低压线圈			
导线		总匝数	并绕根数	导线净质量(kg)	导线		总匝数	并绕根数	导线净质量(kg)
规格(mm)	型号				规格(mm)	型号			
2×14	ZLB-0.45	709	1	159.5	5×13.2	ZLB-0.45	27	2×4	89.1
3.35×14		445		168.4	5×13.2		27		89.1
3.35×14		425		160.5	4.75×14		28		85.4
1.8×3.55		2 572		138.9	4.75×14		28		85.4
2.65×11.8	ZLB-0.45	604	1	157.6	2.8×16	ZLB-0.45	23	2×4	111.4
4.5×11.2		379		169.1	2.8×16			2×9	139.7
4.5×11.2		362		161.5	3×16			2×9	139.7
1.06×7.1		2 112		157.6	3×16			2×9	139.7
2.65×16	ZLB-0.45	551	1	217	3.55×9.5	ZLB-0.45	21	4×7	139.8
4.75×14		347		214.2	3.55×9.5				139.8
4×17		331		208.9	4×8.5				141.3
1.18×8		1 929		182.7	4×8.5				141.3
2.8×16	ZLB-0.45	472	1	208.4	3.55×11.8	ZLB-0.45	18	4×8	182.9
2.5×14		297	1	204.1	3.55×11.8		18	4×8	182.9
2.5×14		283	1	194.5	5×9.5		19	4×6	160.9
1.25×9.5		1 745	1	215.6	5×9.5		19	4×6	160.9
3.55×15	ZLB-0.45	420	1	232.3	4×15	ZLB-0.45	16	4×8	248
3.15×14		264	1	241.0	4×15			4×8	248
3.15×14		252	2	230.7	4.75×12.5			4×6	181.6
1.4×10		1 470	1	223.4	4.75×12.5			4×6	181.6
3.75×16	ZLB-0.45	354		233.8	3.75×16	ZLB-0.45	368	1	179.9
1.8×11.2		1 246	1	287.5	2.24×14		617		155.3
1.8×11.2		1 246		287.5	3.55×15		370		158.4
5×16	ZLB-0.45	316		292.6	5×15	ZLB-0.45	328	1	210.2
2×11.2		1 102	1	298.2	2.8×16		546		209.7
2×11.2		1 102		298.2	2.8×13.2		323	2	207
4×12.5	ZLB-0.45	275	2	337.4	3.15×15	ZLB-0.45	286	2	248.1
2×14		1 082	1	385.4	3.55×16		487	1	249
2×14		1 082	1	385.4	3.55×13.2		292	2	245.7
2×15		984	1	376.4	3.55×16		487	1	249
2×15		984	1	376.4	3.55×13.2		292	2	245.7
2.65×16	ZLB-0.45	237	3	385.5	3.55×15	ZLB-0.45	248	2	254
2.5×14		981	1	456	2.36×16		441		315
2.5×14		981	1	456	4×16		265		325.6
2.5×16		891	1	474.5	2.36×16		441		315
2.5×16		891	1	474.5	4×16		265		325.6
3.55×16	ZLB-0.45	212	3	444.4	3.55×16	ZLB-0.45	220	3	317.2
2.8×16		212		541.2	3×16		387	2	374.4
2.8×16		212		546.7	3.55×15		232	3	373.4
3.55×14		860		541.2	3×16		387	2	374.4
3.55×14		860					232	3	374.4
3.75×16	ZLB-0.45	782	4	587.7	3.55×17	ZLB-0.45	197	3	386.7
3.75×16		190	1	587.7	2.5×17		340		464
3.75×16		190	1	587.7	4×17		204		444.9
4×17		756	2	775	2.5×17		340		464
2.12×16		687	2	704	4×17		204		444.9

附表 V Y 系列 (IP44) 电动机技术数据 (50 Hz)

型号	额定功率		转速 (r/min)	满载时				堵转电流/额定电流	堵转转矩/额定转矩	最大转矩/额定转矩
	(kW)	(Hp)		电流 (A)		效率 (%)	功率因数			
				220 V	380 V					
Y801-2	0.75	1	2 825	3.21	1.9	75	0.84	7.0	2.2	2.2
Y802-2	1.1	1.5	2 825	4.42	2.6	77	0.86	7.0	2.2	2.2
Y90S-2	1.5	2	2 840	5.87	3.4	78	0.85	7.0	2.2	2.2
Y90L-2	2.2	3	2 840	8.19	4.7	82	0.86	7.0	2.2	2.2
Y100L-2	3	4	2 880	11.04	6.4	82	0.86	7.0	2.2	2.2
Y112M-2	4	5.5	2 890		8.2	85.5	0.87	7.0	2.2	2.2
Y132S1-2	5.5	7.5	2 920		11.1	85.5	0.88	7.0	2.0	2.2
Y132S2-2	7.5	10	2 920		15	86.2	0.88	7.0	2.0	2.2
Y160M1-2	11	15	2 930		21.8	87.2	0.88	7.0	2.0	2.2
Y160M2-2	15	20	2 930		29.4	88.2	0.88	7.0	2.0	2.2
Y160I-2	18.5	25	2 930		35.5	89	0.89	7.0	2.0	2.2
Y180M-2	22	30	2 940		42.2	90	0.89	7.0	2.0	2.2

续表

型号	额定功率		转速 (r/min)	满载时				堵转电流额定电流	堵转矩额定转矩	最大转矩额定转矩
	(kW)	(Hp)		电流(A)		效率(%)	功率因数			
				220 V	380 V					
Y200L1-2	30	40	2 950		56.9	90.5	0.89	7.0	2.0	2.2
Y200L2-2	37	50	2 950		69.8	91	0.89	7.0	2.0	2.2
Y225M-2	45	60	2 970		83.9	92	0.89	7.0	2.0	2.2
Y250M-2	55	75	2 970		102.7	92	0.89	7.0	2.0	2.2
Y280S-2	75	100	2 970		140.1	92	0.89	7.0	2.0	2.2
Y280M-2	90	125	2 970		167	93	0.89	7.0	2.0	2.2
Y315S-2	110	150	2 980		200	93	0.90	7.0	1.8	2.2
Y315M1-2	132	180	2 980		237	94	0.90	7.0	1.8	2.2
Y315M2-2	160	215	2 980		286	94.5	0.90	7.0	1.8	2.2
Y801-4	0.55	3/4	1 390	2.7	1.6	73	0.76	6.5	2.2	2.2
Y802-4	0.75	1	1 390	3.58	2.1	74.5	0.76	6.5	2.2	2.2
Y90S-4	1.1	1.5	1 400	4.60	2.7	78	0.77	6.5	2.2	2.2

续表

型号	额定功率		转速 (r/min)	满载时				堵转电流/额定电流	堵转转矩/额定转矩	最大转矩/额定转矩
	(kW)	(Hp)		电流(A)			效率(%)	功率因数		
				220 V	380 V					
Y90L-4	1.5	2	1 400	6.31	3.7		79	0.79	6.5	2.2	2.2
Y100L1-4	2.2	3	1 420	8.7	5.00		81	0.82	7.0	2.2	2.2
Y100L2-4	3	4	1 420	11.79	6.8		82.5	0.81	7.0	2.2	2.2
Y112M-4	4	5.5	1 440		8.8		84.5	0.82	7.0	2.2	2.2
Y132S-4	5.5	7.5	1 440		11.6		85.5	0.83	7.0	2.2	2.2
Y132M-4	7.5	10	1 440		15.4		87	0.84	7.0	2.2	2.2
Y160M-4	11	15	1 460		22.6		88	0.84	7.0	2.2	2.2
Y160L-4	15	20	1 460		30.3		88.5	0.86	7.0	2.2	2.2
Y180M-4	18.5	25	1 470		35.9		91	0.86	7.0	2.0	2.2
Y180L-4	22	30	1 470		42.5		91.5	0.87	7.0	2.0	2.2
Y200L-4	30	40	1 470		56.8		92.2	0.87	7.0	1.9	2.2
Y225S-4	37	50	1 480		69.8		92.5	0.87	7.0	1.9	2.2

续表

型号	额定功率		转速 (r/min)	满载时				堵转电流额定电流	堵转矩额定转矩	最大转矩额定转矩
	(kW)	(Hp)		电流(A)		效率(%)	功率因数			
				220 V	380 V					
Y225M-4	45	60	1 480		84.2	93	0.88	7.0	1.9	2.2
Y250M-4	55	75	1 480		102.5	93.5	0.88	7.0	2.0	2.2
Y280S-4	75	100	1 480		139.7	93.5	0.88	7.0	1.9	2.2
Y280M-4	90	125	1 480		164.3	93.5	0.89	7.0	1.9	2.2
Y315S-4	110	150	1 480		201	93.5	0.89	7.0	1.8	2.2
Y315M1-4	132	180	1 490		241	94	0.89	7.0	1.8	2.2
Y315M2-4	160	215	1 490		291	94.5	0.89	7.0	1.8	2.2
Y90S-6	0.75	1	910	3.88	2.3	73.5	0.70	6.0	2.0	2
Y90L-6	1.1	1.5	910	5.46	3.2	74	0.72	6.0	2.0	2
Y100L-6	1.5	2	940	6.87	4.0	78	0.74	6.0	2.0	2
Y112M-6	2.2	3	940	9.7	5.6	81.5	0.74	6.0	2.0	2
Y132S-6	3	4	960	12.48	7.2	84	0.76	6.5	2.0	2

续表

型号	额定功率		转速 (r/min)	满载时				堵转电流额定电流	堵转转矩额定转矩	最大转矩额定转矩
				电流(A)		效率(%)	功率因数			
	(kW)	(Hp)		220 V	380 V					
Y132M1-6	4	5.5	960		9.4	85	0.76	6.5	2.0	2
Y132M2-6	5.5	7.5	960		12.6	86.5	0.78	6.5	2.0	2
Y160M-6	7.5	10	970		17.0	87.5	0.78	6.5	2.0	2
Y160L-6	11	15	970		24.6	88.5	0.78	6.5	2.0	2
Y180L-6	15	20	970		31.4	89.5	0.81	6.5	1.8	2
Y200L1-6	18.5	25	970		37.7	90.5	0.83	6.5	1.8	2
Y200L2-6	22	30	970		44.6	90.5	0.83	6.5	1.8	2
Y225M-6	30	40	980		59.5	91.5	0.84	6.5	1.7	2
Y250M-6	37	50	980		72	92	0.86	6.5	1.8	2
Y280S-6	45	60	980		85.4	93	0.87	6.5	1.8	2
Y280M-6	55	75	980		104.9	93	0.87	6.5	1.8	2
Y315S-6	75	100	990		141	93	0.87	6.5	1.6	2

续表

型号	额定功率		转速 (r/min)	满载时				堵转电流/额定电流	堵转转矩/额定转矩	最大转矩/额定转矩
	(kW)	(Hp)		电流(A)		效率(%)	功率因数			
				220 V	380 V					
Y315M1-6	90	125	990		168	93.5	0.87	6.5	1.6	2
Y315M2-6	110	150	990		204	94	0.87	6.5	1.6	2
Y315M3-6	132	180	990		245	94	0.87	6.5	1.6	2
Y132S-8	2.2	3	710	10.1	5.8	81	0.71	5.5	2	2
Y132M-8	3	4	710	13.3	7.7	82	0.72	5.5	2	2
Y160M1-8	4	5.5	720		9.9	84	0.73	6	2	2
Y160M2-8	5.5	7.5	720		13.3	85	0.74	6	2	2
Y160L-8	7.5	10	720		17.7	86	0.75	5.5	2	2
Y180L-8	11	15	730		25.1	86.5	0.77	6	1.7	2
Y200L-8	15	20	730		34.1	87.8	0.76	6	1.8	2
Y225S-8	18.5	25	730		41.3	89.5	0.76	6	1.7	2
Y225M-8	22	30	730		47.6	90	0.78	6	1.8	2

续表

型号	额定功率		转速(r/min)	满载时				堵转电流/额定电流	堵转转矩/额定转矩	最大转矩/额定转矩
	(kW)	(Hp)		电流(A) 220 V	380 V	效率(%)	功率因数			
Y250M-8	30	40	730		63.0	90.5	0.80	6	1.8	2
Y280S-8	37	50	740		78.2	91	0.79	6	1.8	2
Y280M-8	45	60	740		93.2	91.7	0.80	6	1.8	2
Y315S-8	55	75	740		111	92	0.82	6.5	1.6	2
Y315M1-8	75	100	740		150	92.5	0.82	6.5	1.6	2
Y315M2-8	90	125	740		179	93	0.82	6.5	1.6	2
Y315M3-8	110	150	740		219	93	0.82	6.5	1.6	2
Y315S-10	45	60	590		99	91	0.76	6.5	1.4	2
Y315M1-10	55	75	590		120	91.5	0.76	6.5	1.4	2
Y315M2-10	75	100	590		161	92	0.77	6.5	1.4	2